职业教育电子技术类专业系列教材

实用电力电子技术

主编　熊宇

副主编　任娟平　梁奇峰　何薇薇

電子工業出版社

Publishing House of Electronics Industry

北京 · BEIJING

内容简介

本书以电力电子技术领域实际应用最广泛的典型产品为载体，主要设计了调光灯、低电压大电流整流电镀电源、电动自行车充电器、电磁炉、太阳能光伏发电并网逆变电路、变频器、软启动器七个教学项目，将电力电子技术必要的基本理论知识（电力电子器件、变流电路拓扑及其控制技术）以及应用实例分别融入各教学项目。每个项目遵循“学以致用、理实一体”的原则，按照“器件—电路—控制—应用”为主线展开介绍。

本书针对高等职业教育的教学要求，注重知识的实用性和学生的认知规律，对复杂的计算及推导进行了简化，增加了相关产品的具体资料和参数等具有实用价值的内容，对实践教学具有指导性和可操作性。

本书可以作为高等职业教育院校电气工程类专业、应用电子类专业教材，也可供工程技术人员参考。

图书在版编目（CIP）数据

实用电力电子技术/熊宇主编. --北京：电子工业出版社，2015.9
ISBN 978-7-121-27133-5

Ⅰ. ①实…　Ⅱ. ①熊…　Ⅲ. ①电力电子技术－高等学校－教材　Ⅳ. ①TM76

中国版本图书馆 CIP 数据核字(2015)第 215036 号

策划编辑：朱怀永
责任编辑：朱怀永　　　　特约编辑：底　波
印　　刷：北京七彩京通数码快印有限公司
装　　订：北京七彩京通数码快印有限公司
出版发行：电子工业出版社
　　　　　北京市海淀区万寿路 173 信箱　邮编　100036
开　　本：787×1092　1/16　　印张：16.25　　字数：406 千字
版　　次：2015 年 9 月第 1 版
印　　次：2024 年 1 月第 9 次印刷
定　　价：35.80 元

凡所购买电子工业出版社图书有缺损问题，请向购买书店调换，若书店售缺，请与本社发行部联系，联系及邮购电话：(010)88254888。

质量投诉请发邮件至 zlts@phei.com.cn，盗版侵权举报请发邮件至 dbqq@phei.com.cn。

服务热线：(010)88258888。

前　　言

本教材依据高素质技术技能型人才培养目标，以职业活动的工作为依据，以培养与工作紧密相关的综合职业能力的课程观为指导，按照工作过程系统化课程范式而编写。

教材编写过程中遵循“学以致用，理实一体”的原则，注重教材的“科学性、实用性、通用性、新颖性”，力求做到学科体系完整、理论联系实际，展现实现新技术的发展；加强学生实践能力的培养，并在培养实践能力的过程中提高学生的创新素质以及诚信敬业、团队合作等职业素质。

本书以实际应用最广泛的典型产品为载体，将电力电子技术必要的基本理论知识（电力电子器件、变流电路拓扑及其控制技术）和应用实例分别融入到调光灯、低电压大电流整流电镀电源、电动自行车充电器、电磁炉、太阳能光伏发电并网逆变器、变频器、软启动器七个教学项目，每个项目开始处设置了“任务导入与项目分析”，然后按照“器件—电路—控制—应用”为主线展开介绍。

本书具有以下特点：

1. 所选项目载体与工业生产和日常生活结合紧密，典型实用，因而易于激发学生的学习兴趣。

2. 教材内容以完成工作任务为目标，结构上以工作过程为导向，教学实施模式强调“教、学、做”一体化，组织方式更符合学生的认知规律。

3. 教学目标参照了电力电子行业当前的技术规范与职业资格标准，同时根据电力电子技术的发展合理充实新知识、新技术，使教材具有鲜明的时代特征。

4. 教材编写的承载方式上，增加了直观的图形、波形，图文并茂，增加了教材的可读性。

本书参考学时为80学时，建议采用理实一体化模式教学。

本书可作为高等职业教育电气工程类和应用电子类专业的教材，也可供从事电力电子技术工作的工程技术人员参考。

本书由中山火炬职业技术学院的熊宇任主编，任娟平、梁奇峰、何薇薇任副主编，参加本书编写工作的还有廖鸿飞、庄武良。

在编写过程中，参阅了许多同行专家们的论著、教材、文献，在此表示诚挚谢意。

由于编者学识水平有限，书中难免有疏漏之处，敬请广大读者批评指正。

编　者

2015年6月

目　　录

绪　论

一、什么是电力电子技术

目前，我国正处于经济高速发展期，对能源的需求非常迫切，同时能源的严重不足与利用率明显偏低这一矛盾十分突出，而电力电子技术就是以实现"高效率用电和高品质用电"为目标，可以说电力电子技术的发展，正是解决这一矛盾的有力措施。

电力电子技术(Power Electronics Technology)是应用电力电子器件构成的电力电子电路对电能进行变换和控制的技术，即应用于电力领域的电子技术。电力电子技术变换的"电力"，可大到数百 MW(10^6 W)甚至 GW(10^9 W)，也可小到数 W 甚至 mW 级。

电力电子技术是横跨"电子"、"电力"、"控制"三个领域的综合学科。它主要研究电力电子器件(目前电力电子器件均用半导体制成，故也称电力半导体器件)、变流电路以及对电能进行有效变换的控制电路三个部分，它是现代控制理论、材料科学、电机工程、微电子技术等许多领域相互渗透的综合性的新型工程技术学科。它运用弱电(电子技术)控制强电(电力技术)，是强弱电相结合的新学科。电力电子技术是电气领域目前最活跃、发展也最快的一门学科，已成为电类专业不可缺少的一门专业核心课，在培养电类专业人才中占有重要地位。

二、电力电子技术的发展

电力电子技术可以分为电力电子器件制造技术和电能变换技术两大方面。电力电子器件的制造技术是电力电子技术的基础(其理论基础是半导体物理)，也是电力电子技术发展的动力。电能变换技术是电力电子技术的核心(其理论基础是电路理论)。两者相辅相成、互相促进。

1. 电力电子器件的发展

电力电子器件(Power Electronic Device)——可直接用于处理电能的主电路中，实现电能的变换或控制的电子器件。

主电路(Main Power Circuit)——电气设备或电力系统中，直接承担电能的变换或控制任务的电路。

同处理信息的电子器件相比，电力电子器件的一般特征是：

① 电力电子器件处理电功率的能力一般都远大于处理信息的电子器件。

② 电力电子器件一般都工作在开关状态。

③ 电力电子器件往往需要信息电子电路来控制。

④ 电力电了器件一般需要安装散热器。

电力电子器件的发展对电力电子技术的发展起着决定性的作用，因此，电力电子技术的发展史是以电力电子器件的发展史为纲的。电力电子技术的发展是从以低频技术处理问题为主的传统电力电子技术，向以高频技术处理问题为主的现代电力电子技术方向发展。电力电子技术的发展历史见图 0-1。

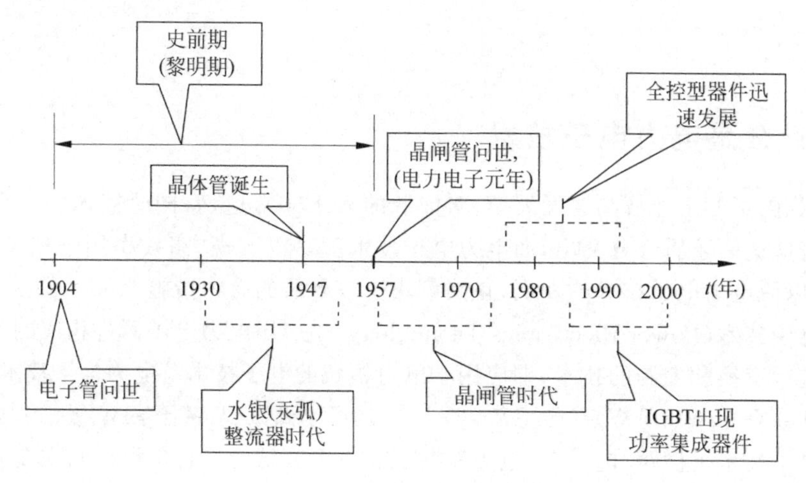

图 0-1　电力电子技术的发展历史

(1) 第一代电力电子器件

1957 年美国通用电气公司(GE)研制出第一个晶闸管(SCR)，标志着电力电子技术的诞生。以电力二极管和晶闸管为代表的第一代电力电子器件，以其体积小、功耗低等优势首先在大功率整流电路中迅速取代老式的汞弧整流器，取得了明显的节能效果，并奠定了现代电力电子技术的基础。目前，电力二极管已形成普通二极管、快恢复二极管和肖特基二极管三种主要类型。晶闸管诞生后，其结构的改进和工艺的改革，为新器件的不断出现提供了条件。由晶闸管及其派生器件构成的各种电力电子系统在工业应用中主要解决了传统的电能变换装置中所存在的能耗大和装置笨重等问题，因而大大提高电能的利用率，同时也使工业噪声得到一定程度的控制。然而由于晶闸管是半控型(通过门极只能控制其开通而不能控制其关断)，并且开关频率难有较大提高，这就使得它的应用范围受到较大的限制。但由于晶闸管价格低廉，在高电压和大功率的变流领域中仍然占有优势，其他器件还不易取代。

(2) 第二代电力电子器件

自 20 世纪 70 年代中期起，电力晶体管(GTR)、可关断晶闸管(GTO)、电力场效应晶体管(功率 MOSFET)等全控型器件(指通过控制极可以控制其导通与关断)相继问世，这些器件的开关速度普遍高于晶闸管，可用于开关频率较高的电路，为电力电子技术的应用开辟了广阔的前景。

20 世纪 80 年代后期，以绝缘栅双极晶体管(IGBT)、静电感应晶体管(SIT)、静电感应晶闸管(SITH)、MOS 控制晶闸管(MCT)和集成门极换流晶体管(IGCT)为代表的高频电力电子器件相继问世。它们集 MOSFET 管驱动功率小、开关速度快和 GTR(或 GTO)载流能力大的优点于一身，在大功率、高频率的电力电子装置中应用越来越广。

一般将这类具有自关断能力的器件称为第二代电力电子器件。

(3) 第三代电力电子器件

进入20世纪90年代以后，为了提高电力电子装置的功率密度，使电力电子装置的结构紧凑、体积减少，常常把若干个电力电子器件及必要的辅助元件做成模块的形式，这给应用带来了很大的方便。后来，又把驱动、控制、保护电路和功率器件集成在一起，构成功率集成电路(PIC)。PIC的应用更方便、更可靠。也就是说，电力电子器件的研究和开发已进入高频化、模块化、集成化和智能化时代。电力电子器件的高频化是今后电力电子技术创新的主导方向，而硬件结构的标准模块化是电力电子器件发展的必然趋势。

2. 电能变换技术

电力电子技术主要用于实现电能的转换和控制。不同负载对电源有着不同的要求，而从电网获得的交流电和蓄电池获得的直流电往往不能满足要求，这就需要进行电能的变换。电能变换有整流、逆变、斩波、调压、变压、变频等多种类型，它们是通过以电力电子器件组成的不同变流电路来实现的。

(1) 整流

将交流电变换为固定或可调的直流电，亦称为AC/DC变换。完成整流的电力电子装置叫整流器(Rectifier)。晶闸管组成的整流器可将不变的交流电压变换为大小可调的直流电压，即实现可控整流。晶闸管可控整流可以广泛应用于机床、轧钢、造纸、纺织、充电、电解、电镀等领域。

(2) 逆变

把直流电变换为频率固定或可调的交流电，亦称为DC/AC变换，它是整流的逆过程。完成逆变的电力电子装置叫逆变器(Inverter)。其中，把直流电能变换为50Hz的交流电反送交流电网称为有源逆变，它通常用于直流电机的可逆调速、绕线型异步电机的串级调速、高压直流输电和太阳能发电等方面。如果逆变器的交流侧直接接到负载，则称为无源逆变，输出可以是恒频或变频(此时变流装置叫变频器)，如用于各种变频电源、中频感应加热电源和交流电机的变频调速等。

(3) 直流斩波

把固定的直流电变换为固定或可调的直流电，亦称为DC/DC变换，实现这一功能的电力电子装置叫斩波器(Chopper)或直流变换器，它主要用于直流电压变换，开关电源和电车、地铁、矿车、搬运车等直流电动机的牵引传动。

(4) 交流变换

把交流电能的参数(幅值、频率)加以变换，称为交流变换电路，也称为AC/AC变换。根据变换参数的不同，交流变换电路可以分为交流调压电路和交-交变频电路。交流调压电路是维持频率不变，仅改变输出电压的幅值，它广泛用于电炉温度控制、灯光调节、异步电机的软启动和调速等场合。交交变频电路也称直接变频电路或周波变换器(Cycloconverter)，是不通过中间直流环节把电网频率的交流电直接变换成不同频率的交流电的变换电路，主要用于大功率电机调速系统。变流技术的不同类型见表0-1。

表 0-1　变流技术的不同类型

输出 \ 输入	交流(AC)	直流(DC)
直流(DC)	整流	斩波
交流(AC)	交流变换	逆变

上述变换功能通称为变流，故电力电子技术通常也成为变流技术。实际应用中，可将上述各种功能进行组合。

控制技术：分相控和斩控两种方式。斩控方式以其工作功率因数高、产生谐波容易控制等优点而成为现在电力电子研究和应用的主要方向。在介绍斩波、逆变、AC/AC 变换(交流/交流变换)时着重介绍 PWM 控制技术。同时也介绍软开关技术和矩阵变频技术等新兴斩控技术。

3. 电力电子技术的应用

1) 电力电子技术的重要作用

电力电子技术在国民经济中具有十分重要的地位，电力电子技术的重要作用体现在以下几个方面。

① **促进电能的最佳利用**。电网供电的形式是固定的，而用电设备对电能形式的要求是多种多样的。为了合理高效地利用电能，通常在用电设备的前端对电能形式进行变换与处理。现在发达国家电能的 75%要经过电力电子变换或控制后使用，我国经过变换或控制后使用的电能目前仅占 30%，利用电力电子技术使用电能的发展余地还很大。

② **改造传统产业实现节能降耗**。应用电力电子技术改造传统产业，具有明显的节能、节材、改善产品性能等效果。例如：风机、水泵用变频调速运行，则降速 10%节电可达约 30%，节能十分可观。又如：变压器的铁芯截面积与其供电频率成反比，因此采用高频逆变技术的电源装置的铁芯材料的使用比工频整流装置要少得多，如逆变式电焊机比工频交流和直流弧焊机节电 30%～40%，省材约 75%。

③ **发展新能源技术等高新产业**。航天、激光、电动汽车、机器人、新能源(太阳能、风能、燃料电池)等领域都和电力电子技术有着密切关系。如：太阳能发电中须利用 DC/DC 变换装置将太阳能电池输出的电能充电给蓄电池，再用 DC/AC 变换装置将蓄电池储存的电能变换为交流电供用电设备使用或传输给电网。

2) 电力电子技术的应用

电力电子技术的应用领域相当广泛，遍及庞大的发电厂设备、小巧的家用电器等几乎所有电气工程领域，主要分为三个领域：电气传动、电力系统和开关电源。容量可达 1GW 至几瓦不等，工作频率也可由几赫兹至 100MHz。

(1) 一般工业

工业中大量应用各种交直流电动机。直流电动机有良好的调速性能，为其供电的可控整流电源或直流斩波电源都是电力电子装置。近年来，由于电力电子变频技术的迅速发展，使得交流电动机的调速性能可与直流电动机相媲美，交流调速技术大量应用并占据主导地位。大至数千千瓦的各种轧钢机，下到几百瓦的数控机床的伺服电动机都广泛采用电力电子交直流调速技术。一些对调速性能要求不高的大型鼓风机等近年来也采用了变频装置,以达到节能的目的。还有一些不调速的电动机为了避免启动时的电路冲击而采用了软启动装置,这种软启动装置也是电力电子装置。

电化学工业大量使用直流电源,电解铝、电解食盐水等都需要大容量整流电源。电镀装置也需要整流电源。

电力电子技术还大量用于冶金工业中的高频或中频感应加热电源、淬火电源等场合。

(2) 交通运输

电气化铁道中广泛采用电力电子技术。电力机车中的直流机车中采用整流装置,交流机车采用变频装置。直流斩波器也广泛用于铁道车辆。在未来的磁悬浮列车中,电力电子技术更是一项关键技术。除牵引电动机传动外,车辆中的各种辅助电源也都离不开电力电子技术。

电动汽车的电机靠电力电子装置进行电力变换和驱动控制,其蓄电池的充电也离不开电力电子装置。一台高级汽车中需要许多控制电机,它们也要靠变频器和斩波器驱动并控制。

飞机、船舶需要很多不同要求的电源,因此航空和航海都离不开电力电子技术。如果把电梯也算做交通运输工具,那么它也需要电力电子技术。以前的电梯大都采用直流调速系统,而近年来交流调速已成为主流。

(3) 电力系统

电力电子技术在电力系统中有着非常广泛的应用。电力系统在通向现代化的进程中,电力电子技术是关键技术之一。可以毫不夸张地说,如果离开电力电子技术,电力系统的现代化就是不可想象的。

直流输电在长距离、大容量输电时有很大的优势,其送电端的整流阀盒、受电端的逆变阀都采用晶闸管变流装置。近年发展起来的柔性交流输电也是依靠电力电子装置才得以实现。

无功补偿和谐波抑制对电力系统有重要的意义。晶闸管控制电抗器(TCR)、晶闸管投切电容器(TSC)都是重要的无功补偿装置。近年来出现的静止无功发生器(SVG)、有源电力滤波器(APF)等新型电力电子装置具有更为优越的无功功率和谐波补偿的性能。在配电网系统,电力电子装置还可用于防止电网瞬时停电、瞬时电压跌落、闪变等,以进行电能质量控制,改善供电质量。

在变电所中,给操作系统提供可靠的交直流操作电源,给蓄电池充电等都需要电力电子装置。

(4) 电子装置用电源

各种电子装置一般都需要不同电压等级的直流电源供电。通信设备中的程控交换机所用的直流电源采用全控型器件的高频开关电源。大型计算机所需的工作电源、微型计算机内部的电源也都采用高频开关电源。在各种电子装置中,以前大量采用线性稳压电源供电,由于开关电源体积小、质量轻、效率高,现在已逐步取代了线性电源。因为各种信息技术装置都需要电力电子装置提供电源,所以可以说信息电子技术离不开电力电子技术。不间断电源(UPS)在现代社会中的作用越来越重要,用量也越来越大。目前,UPS在电力电子产品中已占有相当大的份额。

(5) 家用电器

种类繁多的家用电器，小至一台调光灯具、高频荧光灯具，大至通风取暖设备、微波炉以及众多电动机驱动设备都离不开电力电子技术。电力电子技术广泛用于家用电器，使得该技术和我们的生活变得十分贴近。

总之，电力电子技术的应用范围十分广泛。从人类对宇宙和大自然的探索，到国民经济的各个领域，再到我们的衣食住行，到处都能感受到电力电子技术的存在和巨大魅力。

4. 教材内容与教学建议

“电力电子技术”课程的知识体系包含电力电子器件、电力电子电路、电力电子控制技术等部分，这几部分相互支撑，相互配合，构成一个整体。其中，电力电子器件是基础，基本单元拓扑电路是载体，控制策略是电力电子装置的灵魂，工程应用是是目的。器件部分主要讲授不可控器件、半控器件、全控器件、新型电力电子器件的结构、工作原理、特性参数、使用方法以及驱动和保护等内容，重点是掌握器件的外部特性、极限参数、导通关断的条件和使用注意事项，具有根据不同应用正确选择开关器件的能力。

“电力电子技术”课程的主体部分是“四大”基本变换电路，即整流(AC/DC)电路、逆变(DC/AC)电路、直流变流(DC/DC)电路和交流/交流(AC/AC)变流电路，这部分的教学目的要求学生做到“四会”——会分析、会画、会计算、会选。会分析，即会分析电路的工作原理以及不同负载对电路工作特性的影响；会画，即会画出变流电路的主电路拓扑及其工作波形；会计算，即会计算一些重要的电气量，如整流电路输出电压的平均值、功率开关器件承受的电压大小等；会选，即会选择合适的功率开关器件和主电路元件参数，主要是功率开关器件的电压定额和电流定额。

控制部分是“电力电子技术”课程的拓展部分，除要求掌握电力电子器件的驱动控制外，着重要求学生掌握 SPWM 逆变器及其控制技术和开关电源中的软开关技术。

本教材以实际典型产品为载体，将电力电子技术必要的基本理论知识(电力电子器件、变流电路拓扑及其控制技术)、技能点以及应用实例分别融入各教学项目，每个项目按照“器件—电路—控制—应用”为主线展开介绍。主要设计了调光灯、低电压大电流整流电镀电源、电动自行车充电器、电磁炉、太阳能光伏发电并网逆变电路、变频器、软启动器七个教学项目。本教材补充了电力电子技术在节能、环保方面的应用案例。每一项目都反映了各种与电力电子相关技术的工作岗位需要的知识和技能要求。

项目一为调光灯电路。通过引入分析调光灯电路，主要讲述了晶闸管的工作原理、特性及由其组成的单相半波可控整流电路、单相桥式整流电路、单结晶体管触发电路工作原理。

项目二为低电压大电流整流电镀电源电路。通过引入分析低电压大电流整流电镀电源电路，主要讲述了三相半波整流电路、三相全桥整流电路的工作原理，并对负载以及晶闸管的电压波形进行分析；根据整流电路形式及元件参数进行输出电压、电流等参数的计算和元器件选择；熟悉可控整流电路的保护方法。

项目三为电动自行车充电器电路。通过引入分析电动自行车充电器电路，主要讲述了DC/DC 变换电路(Buck 电路、Boost 电路、Boost-Buck 电路、正激式电路、反激式电路、半桥电路)的结构、工作原理以及设计注意事项。

项目四为电磁炉电路。通过引入分析电磁炉电路，主要讲述了中高频感应加热装置原理,IGBT 的工作原理、驱动保护电路及外部特性、极限参数,还介绍单相串/并联谐振逆变电路的工作原理。

项目五为太阳能光伏发电并网逆变电路。通过引入分析太阳能光伏发电并网逆变电路,主要讲述了光伏电池的工作原理、光伏发电的最大功率点跟踪(MPPT)技术、光伏并网逆变器、孤岛效应及其反孤岛技术、太阳能光伏并网逆变器的应用实例。

项目六为变频器。主要讲述变频器的组成、工作原理、变频器的应用、PWM 调制型逆变电路。

项目七为软启动器。通过引入分析晶闸管电机软启动器电路,主要讲述了交流开关、单相交流调压电路、三相交流调压电路、交流过零调功电路和斩控电路。

在每个项目的教学中可以遵循以下思路:电能变换目标—基本电路构成—器件工作原理—电路的控制方法—电路工作模态—电路工作波形—电路的工作特性参数计算,并注意以应用为目的先定性分析,再定量计算。按照上述思路进行授课,不仅可以使学生对课程内容有较好的把握,而且可以提高学生分析问题、解决问题的能力和专业素养。

项目一　以调光灯为典型应用的单相整流电路

【项目聚焦】 本项目通过对相控调光灯的主电路和控制电路进行了介绍和分析，讲解了晶闸管、单相半波可控整流电路、双向晶闸管、单结晶体管触发电路以及单相全控桥式整流电路的工作原理，在扩展部分讲解了带电容滤波的单相不可控整流电路的工作原理。

【知识目标】

【器件】 了解普通晶闸管、双向晶闸管和单结晶体管器件的工作原理，掌握器件的外部特性、极限参数和使用注意事项。

【电路】 ① 掌握单相半波整流电路和单结晶体管触发电路的工作原理；

② 掌握单相全控桥式整流电路的工作原理；

③ 会分析调光灯的工作原理。

【控制】 ① 掌握相控调压控制的原理；

② 理解触发电路与主电路电压同步的基本概念。

【技能目标】

① 学会调光灯电路的安装与调试技能；

② 能识别和选用普通晶闸管、双向晶闸管和单结晶体管等器件；

③ 会画出单相半波整流电路、单相全控桥式整流电路的电路拓扑和输出直流电压的波形。

【拓展部分】

了解带电容滤波的单相不可控整流电路的工作原理。

【学时建议】 16 学时。

【任务导入与项目分析】

在日常生活中应用非常广泛的调光灯，其工作原理是怎样的？它的灯光是如何进行调节的？为实现调光，需要改变灯泡两端电压的大小，从而改变流过灯泡的电流，而输出电压的改变最简单的方法是使用变阻器直接分压或调压器调压，但是这两种方法一般不被采用，有没有更好的调压方法？

目前使用最为广泛的调光方法是晶闸管相控调光法，即通过控制晶闸管的导通角，改变输出电压的大小，从而实现调光。这种调光灯电路具有体积小、价格合理和调光功率控制范围宽的优点。图 1-1(a)是常见的调光台灯,图 1-1(b)为晶闸管相控调光灯原理图。调光灯是一种最简单的电力电子装置,学习和掌握其工作原理可以为学习其他电力电子电路打下基础。

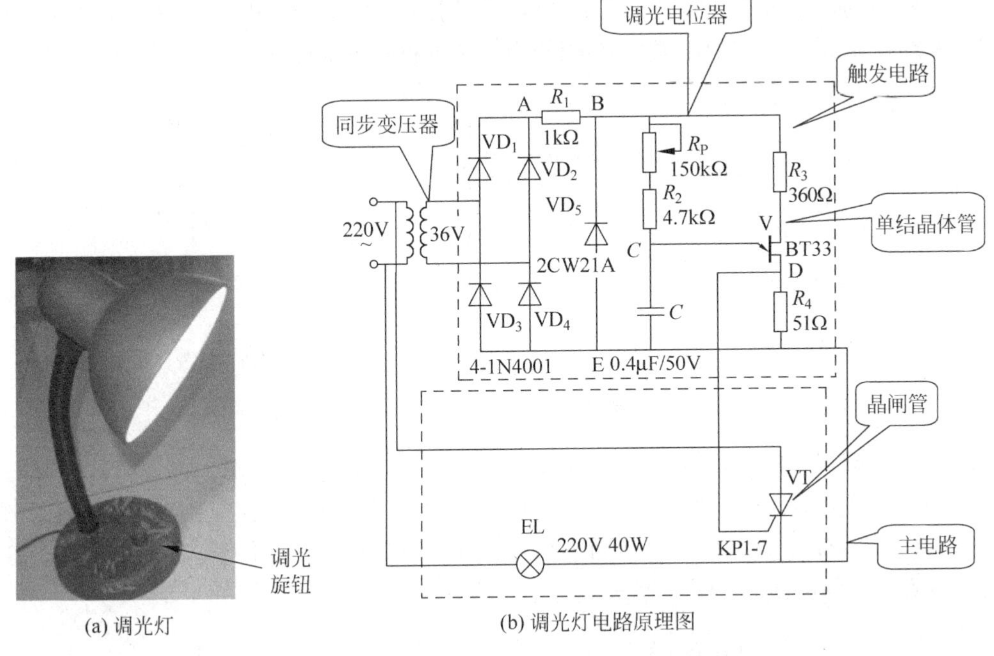

(a) 调光灯　　(b) 调光灯电路原理图

图 1-1　调光灯及其电路原理图

调光灯电路中常用的电力电子开关器件有普通晶闸管、双向晶闸管、单结晶体管,涉及的电路拓扑有单相半波整流电路、单相全控桥式电路。由图 1-1 可以看出,要完成这个项目的设计和制作,首先要完成以下任务:

◇ 认识单结晶体管;
◇ 认识晶闸管;
◇ 掌握单相半波整流电路的工作原理;
◇ 掌握单相全控桥式整流电路的工作原理;
◇ 认识双向晶闸管;
◇ 理解触发电路与主电路电压同步的概念。

任务一　认识晶闸管

一、初识晶闸管

晶闸管(Thyristor)是硅晶体闸流管的简称,也称为硅可控整流器(Silicon Controlled Rectifier,SCR),简称可控硅。在电力电子开关器件中,晶闸管能承受的电压和电流容量最高,在大容量的场合具有重要地位。晶闸管是一种半控型的电力电子开关器件(半控型:通过控制信号可以控制其导通而不能控制其关断)。

二、晶闸管的外形及结构

晶闸管是具有三个PN结的四层三端半导体元件($P_1N_1P_2N_2$),由最外的P_1层和N_2层引出两个电极,分别为阳极A和阴极K,由中间P_2层引出的电极是门极G(也称控制极)。晶闸管的内部结构如图1-2(a)所示,其等效电路、电气图形符号分别如图1-2(b)和图1-2(c)所示。

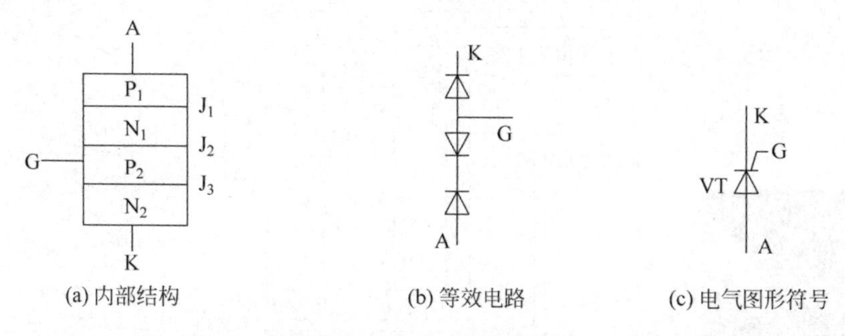

图1-2　晶闸管内部结构、等效电路及电气符号

常用的晶闸管有塑封式、螺栓式和平板式三种外形,如图1-3所示。晶闸管在工作过程中会因损耗而发热,因此必须安装散热器。螺栓式晶闸管是靠阳极(螺栓)拧紧在铝制散热器上,可自然冷却;平板式晶闸管由两个相互绝缘的散热器夹紧晶闸管,靠冷风冷却。额定电流大于200A的晶闸管都采用平板式外形结构。

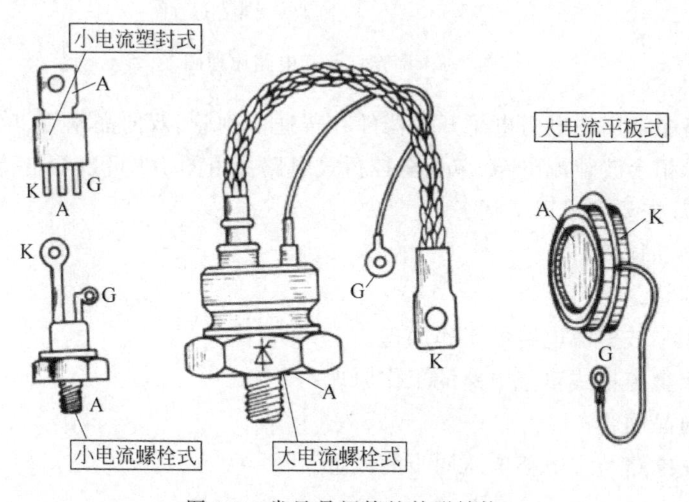

图1-3　常见晶闸管的外形结构

三、晶闸管的工作原理

1. 晶闸管的导通、关断实验

为了说明晶闸管的工作原理,先做一组小实验(含9个小实验),实验电路如图1-4所示。阳极电源E_a、可调电位器R_P、白炽灯(负载)串联接到晶闸管的阳极A与阴极K,组成晶闸管的主电路。流过晶闸管阳极的电流称阳极电流I_a,晶闸管阳极和阴极两端的电压称为阳极电压U_a。门极电源E_g连接晶闸管的门极G与阴极K,组成的控制电路亦称触发电

路。流过门极的电流称门极电流 I_g，门极与阴极之间的电压称门极电压 U_g。用灯泡来观察晶闸管的通断情况。这些实验如下。

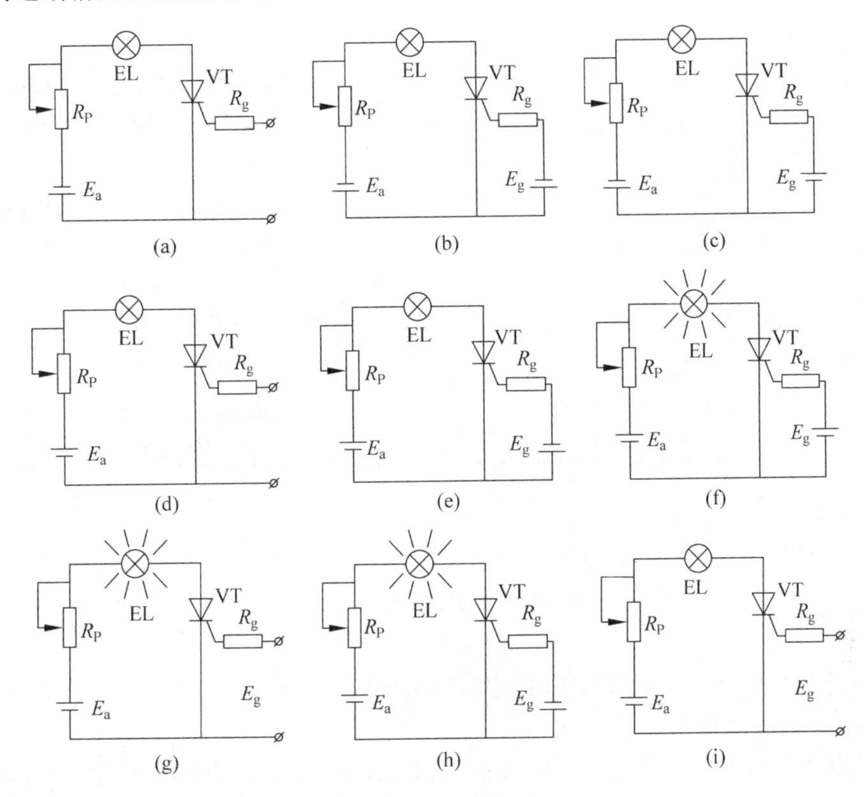

图 1-4　晶闸管导通关断条件实验电路

实验 1：按图 1-4(a)接线，阳极和阴极之间加反向电压(阴极为正，阳极为负)，门极和阴极之间不加电压，指示灯不亮，晶闸管不导通。

实验 2：按图 1-4(b)接线，阳极和阴极之间加反向电压，门极和阴极之间加反向电压(门极为负，阴极为正)，指示灯不亮，晶闸管不导通。

实验 3：按图 1-4(c)接线，阳极和阴极之间加反向电压，门极和阴极之间加正向电压(门极为正，阴极为负)，指示灯不亮，晶闸管不导通。

实验 4：按图 1-4(d)接线，阳极和阴极之间加正向电压(阳极为正，阴极为负)，门极和阴极之间不加电压，指示灯不亮，晶闸管不导通。

实验 5：按图 1-4(e)接线，阳极和阴极之间加正向电压，门极和阴极之间加反向电压，指示灯不亮，晶闸管不导通。

实验 6：按图 1-4(f)接线，阳极和阴极之间加正向电压，门极和阴极之间也加正向电压，指示灯亮，晶闸管导通。

实验 7：按图 1-4(g)接线，去掉触发电压，指示灯亮，晶闸管仍导通。

实验 8：按图 1-4(h)接线，门极和阴极之间加反向电压，指示灯亮，晶闸管仍导通。

实验 9：按图 1-4(i)接线，去掉触发电压，将电位器阻值加大，晶闸管阳极电流减小，当电流减小到一定值时，指示灯熄灭，晶闸管关断。

实验现象与结论列于表 1-1 中。

表 1-1　晶闸管导通和关断实验

实验顺序		实验前灯的情况	实验时晶闸管条件		实验后灯的情况	结　论
			阳极电压 U_a	门极电压 U_g		
导通实验	1	暗	反向	反向	暗	晶闸管在反向阳极电压作用下，不论门极为何电压，它都处于关断状态
	2	暗	反向	零	暗	
	3	暗	反向	正向	暗	
	1	暗	正向	反向	暗	晶闸管同时在正向阳极电压与正向门极电压作用下才能导通
	2	暗	正向	零	暗	
	3	暗	正向	正向	亮	
关断实验	1	亮	正向	正向	亮	已导通的晶闸管在正向阳极作用下，门极失去控制作用
	2	亮	正向	零	亮	
	3	亮	正向	反向	亮	
	4	亮	正向(逐渐减小到接近于零)	任意	暗	晶闸管在导通状态时，当阳极电压减小到接近于零时，晶闸管关断

实验结果说明：

① 当晶闸管承受反向阳极电压时，无论门极是否有触发电流，晶闸管不导通，只有很小的反向漏电流流过管子，这种状态称为反向阻断状态。说明晶闸管像整流二极管一样，具有单向导电性。

② 当晶闸管承受正向阳极电压时，门极加上反向电压或者不加电压，晶闸管不导通，这种状态称为正向阻断状态。

③ 当晶闸管承受正向阳极电压时，门极加上正向触发电压，晶闸管导通，这种状态称为正向导通状态。这就是晶闸管闸流特性，即可控特性。

④ 晶闸管一旦导通后维持阳极电压不变，将触发电压撤除管子依然处于导通状态。即晶闸管一旦导通，门极就失去控制作用。

⑤ 要使晶闸管关断，只能使晶闸管的电流降到接近于零的某一数值以下。

结论：

① 晶闸管导通的条件：一，阳极加正向电压；二，门极加适当正向电压。条件一和二需要同时满足，这是晶闸管导通的必要条件。

② 关断条件：流过晶闸管的电流小于维持电流。关断实现的方式：减小阳极电压或施加反向阳极电压；增大负载电阻。

2. 晶闸管的工作原理

晶闸管是四层($P_1N_1P_2N_2$)三端元件，因此可用三个串联的二极管等效(如图 1-2(b)所示)。当阳极 A 和阴极 K 两端加正向电压时，J_2 处于反偏，$P_1N_1P_2N_2$ 结构处于阻断状态，只能通过很小的正向漏电流；当阳极 A 和阴极 K 两端加反向电压时，J_1 和 J_3 处于反偏，$P_1N_1P_2N_2$ 结构也处于阻断状态，只能通过很小的反向漏电流，所以晶闸管具有正反向阻断特性。

晶闸管的 $P_1N_1P_2N_2$ 结构又可以等效为由 PNP 和 NPN 两个晶体管互补连接而成，晶闸管的双晶体管模型如图 1-5(a)所示。晶闸管的导通关断原理可以通过其等效电路来分析，如图 1-5(a)所示。

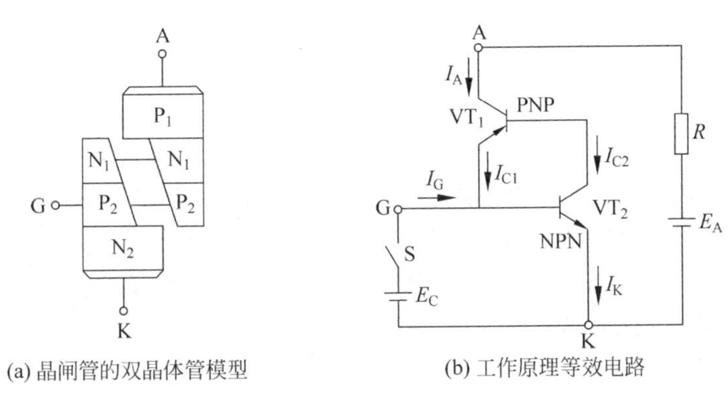

(a) 晶闸管的双晶体管模型　　(b) 工作原理等效电路

图 1-5　晶闸管的双晶体管模型及工作原理等效电路

当晶闸管加上正向阳极电压，门极也加上足够的门极电压时，则有电流 I_G 从门极流入 NPN 管 VT_2 的基极，经 VT_2 管放大后的集电极电流 I_{C2} 又是 PNP 管 VT_1 的基极电流，再经 PNP 管 VT_1 的放大，其集电极电流 I_{C1} 又流入 VT_2 管的基极，如此循环，产生强烈的正反馈过程，如图 1-6 所示，使两个晶体管快速饱和导通，从而使晶闸管由阻断迅速地变为导通。晶闸管一旦导通后，门极不起控制作用。也就是说，晶闸管是一种由门极控制其导通而不能控制其关断的半控型器件。

$$I_G\uparrow \longrightarrow I_{B2}\uparrow \longrightarrow I_{C2}(=\beta_2 I_{B2})\uparrow = I_{B1}\uparrow \longrightarrow I_{C1}(=\beta_1 I_{B1})\uparrow$$

图 1-6　晶闸管导通时的电流变化过程

若要晶闸管关断，只有降低阳极电压到零或对晶闸管加上反向阳极电压，使 I_{C1} 的电流减少至 $N_1P_2N_2$ 管接近截止状态，即流过晶闸管的阳极电流小于维持电流，晶闸管方可恢复阻断状态。

3. 晶闸管的伏安特性

晶闸管的伏安特性是指阳极与阴极间电压 U_A 和阳极电流 I_A 之间的关系，正确使用晶闸管必须要了解其伏安特性。图 1-7 所示为晶闸管的阳极伏安特性曲线，包括正向特性（第一象限）和反向特性（第三象限）两部分。

(1) 正向特性

晶闸管的正向特性又有正向阻断状态和正向导通状态之分。

① 正向阻断特性。

晶闸管的正向阻断特性与控制极电流的大小有关。当 $I_G=0$ 时，如果在晶闸管两端所加正向电压 U_A 未增到正向转折电压 U_{BO} 时，晶闸管都处于正向阻断状态，只有很小的正向漏电流。

在正向阻断状态时，晶闸管的伏安特性是一组随门极电流 I_G 的增加而不同的曲线簇。当 $I_G=0$ 时，逐渐增大阳极电压 U_A，只有很小的正向漏电流，晶闸管正向阻断；随着阳极电压的增加，当达到正向转折电压 U_{BO} 时，漏电流突然剧增，晶闸管由正向阻断突变为正向导通状态。这种在 $I_G=0$ 时，依靠增大阳极电压而强迫晶闸管导通的方式称为“硬开通”。多次“硬开通”会使晶闸管损坏，因此通常不允许这样做。为防止晶闸管不受控制地自行导通，晶闸管阳极与阴极的电压不要接近 U_{BO} 值。

② 正向导通特性。

晶闸管的正向导通特性是指晶闸管已经导通之后其 I_A 与 U_A 之间的关系。随着门极电流 I_G 的增大，晶闸管的正向转折电压 U_{BO} 迅速下降，当 I_G 足够大时，晶闸管的正向转折电压很小，可以看成与一般二极管一样，只要加上正向阳极电压，管子就导通了。晶闸管正向导通的伏安特性与二极管的正向特性相似，即当流过较大的阳极电流时，晶闸管的压降很小(约 1.4V)，回路中电源的大部分电压都降落在负载上，因此，I_A 的大小事实上是由电源和负载决定的。由于是已经导通之后的特性，所以这部分特性与控制极电流 I_G 无关。

(2) 反向特性

晶闸管的反向伏安特性如图 1-7 中第三象限所示，它与整流二极管的反向伏安特性相似，并且与控制极电流无关。处于反向阻断状态时，阴极与阳极之间只有很小的反向漏电流，当反向电压超过反向击穿电压 U_{RO} 时，反向漏电流急剧增大，造成晶闸管反向击穿而损坏。一般的商品器件其 U_{RO} 值可达几百伏以上，使用中防止作用在晶闸管上的实际反向电压幅度接近 U_{RO}，以避免被反向击穿而烧毁。

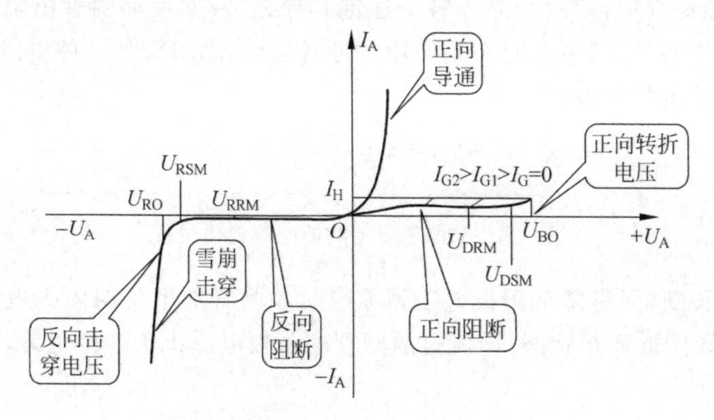

图 1-7　晶闸管的伏安特性

4. 晶闸管的开关特性

晶闸管在电路中一般起开关作用，其开通和关断过程是十分复杂的，此处只对这一过程作简单介绍，其开关特性如图 1-8 所示。

(1) 晶闸管的开通时间

第一段延迟时间 t_d 为阳极电流从零上升到正常工作电流 10% I_A 所需的时间，此时 J_2 结仍为反偏，晶闸管的电流不大；第二段上升时间 t_r 为阳极电流由 10% I_A 上升到 90% I_A 所需的时间，此时 J_2 结已经由反偏转为正偏，电流迅速增加。通常定义开通时间 t_{on} 为延迟时间 t_d 与上升时间 t_r 之和，即 $t_{on}=t_d+t_r$。普通晶闸管的开通时间约为 6μs。开通时间与触发脉冲的陡度大小、结温以及主回路中的电感量等有关。

(2) 晶闸管的关断时间

晶闸管导通时，内部存在大量的载流子。通常把晶闸管从正向阳极电流下降为零到它恢复正向阻断能力所需要的这段时间称为晶闸管的关断时间 t_{off}，它为反向阻断恢复时间 t_{rr} 和正向阻断恢复时间 t_{gr} 之和，即 $t_{off}=t_{rr}+t_{gr}$。反向阻断恢复时间 t_{rr} 指正向电流降为零到反

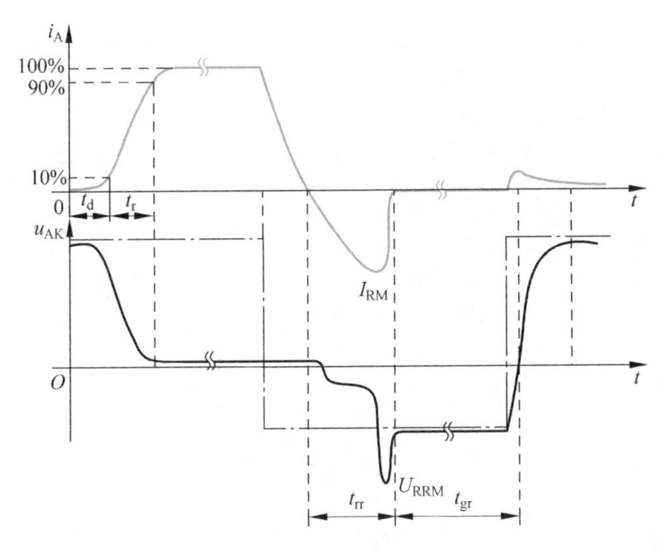

图 1-8　晶闸管的开关特性

向恢复电流衰减至接近于零的时间。正向阻断恢复时间 t_{gr} 指晶闸管恢复其对正向电压的阻断能力还需要的时间。在正向阻断恢复时间内如果重新对晶闸管施加正向电压，晶闸管内部各 PN 结附近仍然有大量的载流子未消失，此时晶闸管仍会不经触发而立即导通，只有再经过一定时间，待元件内的载流子通过复合而基本消失之后，晶闸管才能完全恢复正向阻断能力。

实际应用中，应对晶闸管施加足够长时间的反向电压，使晶闸管充分恢复其对正向电压的阻断能力，电路才能可靠工作。晶闸管的关断时间与元件结温、关断前阳极电流的大小以及所加反压的大小有关。普通晶闸管的 t_q 约为几十到几百微秒。

5. 晶闸管的主要参数

要对电力电子装置进行合理设计，如何正确地选用电力电子开关器件就很重要。对于选择晶闸管而言，主要包括两个方面：一方面要根据实际情况确定所需晶闸管的额定值；另一方面根据额定值确定晶闸管的型号。为了正确地选择和使用晶闸管，必须了解晶闸管主要参数的含义。

晶闸管的各项额定参数在晶闸管生产后，由厂家经过严格测试而确定，作为使用者来说，只需要能够正确地选择管子就可以了。表 1-2 列出了晶闸管的一些主要参数。

表 1-2　晶闸管的主要参数

型号	通态平均电流/A	通态峰值电压/V	断态正反向重复峰值电流/mA	断态正反向重复峰值电压/V	门极触发电流/mA	门极触发电压/V	断态电压临界上升率/(V/μs)	推荐用散热器	安装力/kN	冷却方式
KP5	5	≤2.2	≤8	100～2000	<60	<3		SZ14		自然冷却
KP10	10	≤2.2	≤10	100～2000	<100	<3	250～800	SZ15		自然冷却
KP20	20	≤2.2	≤10	100～2000	<150	<3		SZ16		自然冷却
KP30	30	≤2.4	≤20	100～2400	<200	<3	50～1000	SZ16		强迫风冷　水冷

续表

型号	通态平均电流/A	通态峰值电压/V	断态正反向重复峰值电流/mA	断态正反向重复峰值电压/V	门极触发电流/mA	门极触发电压/V	断态电压临界上升率/(V/μs)	推荐用散热器	安装力/kN	冷却方式
KP50	50	≤2.4	≤20	100～2400	<250	<3		SL17		强迫风冷　水冷
KP100	100	≤2.6	≤40	100～3000	<250	<3.5		SL17		强迫风冷　水冷
KP200	200	≤2.6	≤0	100～3000	<350	<3.5		L18	11	强迫风冷　水冷
KP300	300	≤2.6	≤50	100～3000	<350	<3.5		L18B	15	强迫风冷　水冷
KP500	500	≤2.6	≤60	100～3000	<350	<4	100～1000	SF15	19	强迫风冷　水冷
KP800	800	≤2.6	≤80	100～3000	<350	<4		SF16	24	强迫风冷　水冷
KP1000	1000			100～3000				SS13		
KP1500	1000	≤2.6	≤80	100～3000	<350	<4		SF16	30	强迫风冷　水冷
KP2000								SS13		
	1500	≤2.6	≤80	100～3000	<350	<4		SS14	43	强迫风冷　水冷
	2000	≤2.6	≤80	100～3000	<350	<4		SS14	50	强迫风冷　水冷

1）晶闸管的电压定额

（1）断态重复峰值电压 U_{DRM}

在门极断开和晶闸管正向阻断的条件下，可重复加在晶闸管两端的正向峰值电压称为正向重复峰值电压 U_{DRM}。一般规定此电压为正向转折电压 U_{BO} 的 80%。U_{DRM} 是指当门极断开和晶闸管处在额定结温时，允许重复加在管子上的正向峰值电压。晶闸管正向工作时有两种工作状态：阻断状态简称断态；导通状态简称通态。参数中提到的断态和通态一定是正向的，因此，“正向”两字可以省去。

（2）反向重复峰值电压 U_{RRM}

在门极断路时，可以重复加在晶闸管两端的反向峰值电压称为反向重复峰值电压 U_{RRM}。此电压取反向击穿电压 U_{RO} 的 80%。U_{RRM} 是指当门极断开和晶闸管处在额定结温时允许重复加在管子上的反向峰值电压。一般晶闸管若承受反向电压，它一定是阻断的。因此参数中“阻断”两字可省去。

（3）额定电压 U_{Tn}

将 U_{DRM} 和 U_{RRM} 中的较小值按百位取整后作为该晶闸管的额定值，$U_{Tn}=\mathrm{int}((U_{DRM}, U_{RRM})\min)$。例如：一晶闸管实测 $U_{DRM}=812\text{V}$，$U_{RRM}=756\text{V}$，将两者较小的 756V 按表 1-3 取整得 700V，该晶闸管的额定电压为 700V。

在晶闸管的铭牌上，额定电压是以电压等级的形式给出的，通常标准电压等级规定为：电压在 1000V 以下，每 100V 为一级，1000V 到 3000V，每 200V 为一级，用百位数或千位和百位数表示级数。电压等级见表 1-3。

在使用过程中，环境温度的变化、散热条件以及出现的各种过电压都会对晶闸管产生影响，因此在选择管子的时候，应当使晶闸管的额定电压 U_{Tn} 是实际工作时可能承受的最大电压 U_{TM} 的 2～3 倍，即

$$U_{Tn} \geqslant (2 \sim 3)U_{TM} \tag{1-1}$$

表 1-3　晶闸管标准电压等级

级别	正反向重复峰值电压/V	级别	正反向重复峰值电压/V
1	100	12	1200
2	200	14	1400
3	300	16	1600
4	400	18	1800
5	500	20	2000
6	600	22	2200
7	700	24	2400
8	800	26	2600
9	900	28	2800
10	1000	30	3000

（4）通态平均电压 $U_{T(AV)}$

在规定环境温度、标准散热条件下，元件通以额定电流时，阳极和阴极间电压降的平均值，称通态平均电压（一般称管压降），其数值按表 1-4 分组。从减小损耗和元件发热来看，应选择 $\boldsymbol{U_{T(AV)}}$ 较小的管子。实际当晶闸管流过较大的恒定直流电流时，其通态平均电压比元件出厂时定义的值要大，约为 1.5V。

表 1-4　晶闸管通态平均电压分组

组别	A	B	C	D	E
通态平均电压/V	$U_T \leqslant 0.4$	$0.4 < U_T \leqslant 0.5$	$0.5 < U_T \leqslant 0.6$	$0.6 < U_T \leqslant 0.7$	$0.7 < U_T \leqslant 0.8$
组别	F	G	H	I	
通态平均电压/V	$0.8 < U_T \leqslant 0.9$	$0.9 < U_T \leqslant 1.0$	$1.0 < U_T \leqslant 1.1$	$1.1 < U_T \leqslant 1.2$	

2）晶闸管的电流定额

（1）额定电流 $\boldsymbol{I_{T(AV)}}$

晶闸管额定电流的标定与其他电器设备不同，采用的是平均值，而不是有效值，又称为通态平均电流（或正向平均电流）。所谓通态平均电流是指在环境温度为 40℃ 和规定的散热条件下，晶闸管在导通角不小于 170°的电阻性负载电路中，当不超过额定结温且稳定时，所允许的最大通态平均电流。通常所说晶闸管是多少安就是指这个电流。

如果正弦半波电流的最大值为 I_M，则：

$$I_{T(AV)} = \frac{1}{2\pi}\int_0^{\pi} I_M \sin\omega t \, d(\omega t) = \frac{I_M}{\pi} \tag{1-2}$$

额定电流有效值为

$$I_T = \sqrt{\frac{1}{2\pi}\int_0^{\pi} I_M^2 (\sin\omega t)^2 d(\omega t)} = \frac{I_M}{2} \tag{1-3}$$

晶闸管的有效值与通态平均电流的关系为 $I_{Tn} = 1.57 I_{T(AV)}$，I_{Tn} 为有效值，$I_{T(AV)}$ 为通态电流平均值。例如，额定电流为 100A 的晶闸管，其允许通过的电流有效值为 157A。晶闸管在实际选择时，其额定电流的确定一般按以下原则：管子在额定电流时的电流有效值大于其所在电路中可能流过的最大电流的有效值，同时取 1.5～2 倍的安全裕量，即

$$I_{T(AV)} = (1.5 \sim 2)I_{Tn}/1.57 \tag{1-4}$$

由于电路不同、负载不同、导通角不同，流过晶闸管的电流波形不一样，从而它的电流平均值和有效值的关系也不一样。在实际使用中，流过晶闸管的电流波形形状、波形导通角并不是一定的，各种含有直流分量的电流波形都有一个电流平均值(一个周期内波形面积的平均值)，也就有一个电流有效值(均方根值)。现定义某电流波形的有效值与平均值之比为这个电流的波形系数，用 K_f 表示。例如，正弦半波电流的波形系数为：$K_f = I_T/I_{T(AV)} = \pi/2 = 1.57$；正弦双半波电流的波形系数为 $K_f = I_T/I_{T(AV)} = \left(\frac{I_M}{\sqrt{2}}\right)\Big/\left(\frac{2}{\pi}I_m\right) = 1.11$。

不同的电流波形有不同的平均值与有效值，波形系数 K_f 也不同。在选用晶闸管的时候，首先要根据管子的额定电流(通态平均电流)求出元件允许流过的最大有效电流。不论流过晶闸管的电流波形如何，只要流过元件的实际电流最大有效值小于或等于管子的额定有效值，且散热冷却在规定的条件下，管芯的发热就能限制在允许范围内。由于晶闸管的电流过载能力比一般电机、电器要小得多，因此在选用晶闸管额定电流时，根据实际最大的电流计算后至少要乘以1.5～2的安全系数，使其有一定的电流裕量。

例 1-1　一晶闸管接在220V交流电路中，通过晶闸管电流的有效值为50A，问如何选择晶闸管的额定电压和额定电流？

解：晶闸管额定电压：$U_{Tn} \geqslant (2\sim3)U_{TM} = (2\sim3)\sqrt{2}\times220V = 622\sim933V$

按晶闸管参数系列取800V，即8级。

晶闸管的额定电流

$$I_{T(AV)} \geqslant (1.5 \sim 2)I_{Tn}/1.57 = 48 \sim 64A$$

按晶闸管参数系列取50A。

(2) 维持电流 $\boldsymbol{I_H}$

在室温下门极断开时，元件从较大的通态电流降到刚好能保持导通的最小阳极电流称为维持电流 I_H，或者说维持晶闸管继续导通的最小电流称为维持电流 I_H。维持电流与元件容量、结温等因素有关，额定电流大的管子维持电流也大，同一管子结温低时维持电流增大，维持电流大的管子容易关断。同一型号的管子其维持电流也各不相同。

(3) 擎住电流 $\boldsymbol{I_L}$

在晶闸管加上触发电压，当元件从阻断状态刚转为导通状态就去除触发电压，此时要保持元件持续导通所需要的最小阳极电流，称擎住电流 I_L。对同一个晶闸管来说，通常擎住电流比维持电流大数倍。

3) 门极参数

(1) 门极触发电流 $\boldsymbol{I_{gT}}$

室温下，在晶闸管的阳极-阴极加上6V的正向阳极电压，管子由断态转为通态所必需的最小门极电流，称为门极触发电流 $\boldsymbol{I_{gT}}$。$\boldsymbol{I_{gT}}$要受外界温度的影响：温度升高时，$\boldsymbol{I_{gT}}$值减小；温度降低时，I_{gT}值增加。

(2) 门极触发电压 $\boldsymbol{U_{gT}}$

产生门极触发电流 $\boldsymbol{I_{gT}}$所必需的最小门极电压，称为门极触发电压 U_{gT}。

为了保证晶闸管的可靠导通，常常采用实际的触发电流比规定的触发电流大。

4）动态参数

（1）断态电压临界上升率 du/dt

du/dt 是在额定结温和门极开路的情况下，不导致从断态到通态转换的最大阳极电压上升率。实际使用时的电压上升率必须低于此规定值。限制元件正向电压上升率的原因是：在正向阻断状态下，反偏的 J_2 结相当于一个结电容，如果阳极电压突然增大，便会有一充电电流流过 J_2 结，相当于有触发电流。若 du/dt 过大，即充电电流过大，就会造成晶闸管的误导通。所以在使用时，采取保护措施，使它不超过规定值。

（2）通态电流临界上升率 di/dt

di/dt 是指在规定条件下，由门极触发晶闸管使其导通时，晶闸管能够承受而不导致损坏的最大通态电流上升率。

如果阳极电流上升太快，则晶闸管刚一开通时，会有很大的电流集中在门极附近的小区域内，会使门极电流密度过大，从而导致局部过热而使晶闸管损坏。因此，在实际使用时要采取保护措施，使其被限制在允许值内。

6. 晶闸管的型号

根据国家的有关规定，普通晶闸管的型号及含义如图 1-9 所示。

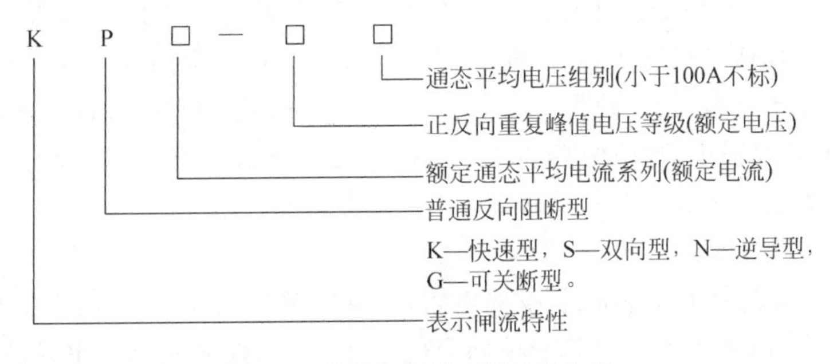

图 1-9　普通晶闸管的型号及含义

如 KP100—12G 表示额定电流为 100A，额定电压为 1200V，管压降为 1V 的普通晶闸管。

7. 晶闸管的检测

1）判别极性

由晶闸管的结构图 1-2 可知，晶闸管的门极 G 与阴极 K 之间为一个 PN 结，具有单向导电特性，阳极与阴极之间具有两个反极性串联的 PN 结。因此，通过用指针式万用表 R×100 或R×1k 挡测量普通晶闸管各引脚之间的电阻值先判定门极 G，进而可以确定其他两个电极。具体方法如下：

将万用表黑表笔任意接晶闸管的某一极，红表笔依次触碰另外两个极，可以得到表 1-5 所示的六种情况。若测量结果中有一次阻值很小（约几百欧，见表 1-5 情况 3），另一次阻值很大（见表 1-5 情况 4，约几千欧），则可以判明黑表笔接触的是门极 G，在阻值较小的那次测量中，红笔接触的是阴极 K，在阻值较大的那次测量中红笔接的是阳极 A。若两次测得的阻值都很大，说明黑笔接的不是门极，应该改接其他电极。指针式万用表的黑笔与表内电池正极相连，因此，在测试门极与阴极之间的正向电阻时应该将黑笔与门极相连。

表 1-5　晶闸管引脚间的电阻值

测试情况	黑笔	红笔	阻　值	
1	A	K	无穷大	R×1k
2	K	A	无穷大	R×1k
3	G	K	几百欧	R×100
4	K	G	几千欧	R×100
5	G	A	几百千欧以上或无穷大	R×1k
6	A	G	几百千欧以上或无穷大	R×1k

2）判别晶闸管的质量

可以用万用表粗测晶闸管的好坏。

（1）A、K 之间的测试

如用万用表 R×1k 挡测量阳极 A 和阴极 K 之间的正、反向电阻，正常时均应为无穷大（∞），若测得 A、K 之间的正、反向电阻为零或阻值很小，则说明晶闸管内部击穿或漏电。

（2）G、K 之间的测试

测量门极 G 与阴极 K 之间的正、反向电阻值，正常时应有类似二极管的正、反向阻值（实际测量结果较普通二极管的正、反向阻值小一些），即正向电阻较小（一般小于 2kΩ）、反向电阻较大（约几十千欧）。若测得 G、K 之间的正、反向电阻都很大，则说明晶闸管 G、K 极之间开路；若电阻都很小，则说明 G、K 之间存在短路；若测得正反向电阻阻值相等或很接近，则说明晶闸管已失效，G、K 之间的 PN 结已经失去单向导电作用。

（3）A、G 之间的测试

测量阳极 A 与门极 G 之间的正反向电阻，正常时都为几百千欧（kΩ）或无穷大，若出现正、反向阻值不一样（有类似二极管的单向导电），则 G、A 极之间反向串联的两个 PN 结中的一个已经击穿短路。

（4）触发能力测试

对于小功率晶闸管（工作电流 5A 以下），可用万用表的 R×1 挡测量，方法如下：

步骤 1　万用表的黑表笔接阳极 A，红表笔接阴极 K，此时表针不动，显示阻值为无穷大。

步骤 2　万用表的黑表笔同时接触万用表的阳极和门极（红表笔仍接阴极 K），相当于给门极施加触发电压，此时电阻值为几欧或几十欧，表明晶闸管因为正向触发而导通。

步骤 3　阳极 A 与阴极 K 上的表笔不动，断开阳极 A 与门极 G 之间的连接（去掉门极的触发电压），若表针指示值仍保持在几欧或几十欧不动，则说明此晶闸管的触发性能良好。

8. 晶闸管的触发电路

前面已知要使晶闸管导通，除了加上正向阳极电压外，还必须在门极和阴极之间加上适当的正向触发电压与电流。为门极提供触发电压与电流的电路称为触发电路。对晶闸管触发电路的要求如下：

① 触发信号可为直流、交流或脉冲电压。由于晶闸管触发导通后，门极触发信号即失

去控制作用,为了减小门极的损耗,一般不采用直流或交流信号触发晶闸管,而广泛采用脉冲触发信号。

② 触发脉冲应有足够的功率。触发脉冲的电压和电流应大于晶闸管要求的数值,并留有一定的裕量。触发功率的大小是决定晶闸管元件能否可靠触发的一个关键指标。由于晶闸管元件门极参数的分散性很大,随温度的变化也大,为使所有合格的元件均能可靠触发,可参考元件出厂的试验数据或产品目录来设计触发电路的输出电压和电流值。

③ 触发脉冲应有一定的宽度,脉冲的前沿尽可能陡,以使元件在触发导通后,阳极电流能迅速上升超过擎住电流而维持导通。普通晶闸管的导通时间约为 6μs,故触发脉冲的宽度至少应有 6μs 以上。对于电感性负载,由于电感会抵制电流上升,因而触发脉冲的宽度应更大一些,通常为 0.5～1ms。为了快速可靠地触发大功率晶闸管,常在触发脉冲的前沿叠加上一个强触发脉冲,其波形如图 1-10 所示。

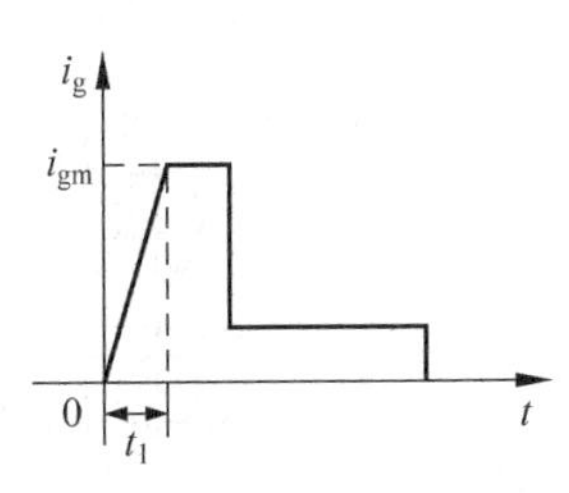

图 1-10　强触发电流波形

④ 触发脉冲必须与晶闸管的阳极电压同步,脉冲移相范围必须满足电路要求。为保证控制的规律性,要求晶闸管在每个阳极电压周期都必须在相同的控制角触发导通,这就要求触发脉冲与阳极电压的频率保持一致,且触发脉冲与阳极电压应保持固定的相位关系,这叫做触发脉冲与阳极电压同步。

任务二　认识单结晶体管

前面已知在调光灯电路中要使晶闸管导通,除了加上正向阳极电压外,还必须在门极和阴极之间加上适当的正向触发电压与电流,为门极提供触发信号的电路称为触发电路。图 1-11 所示为单结晶体管(型号为 BT33)组成的同步触发电路。

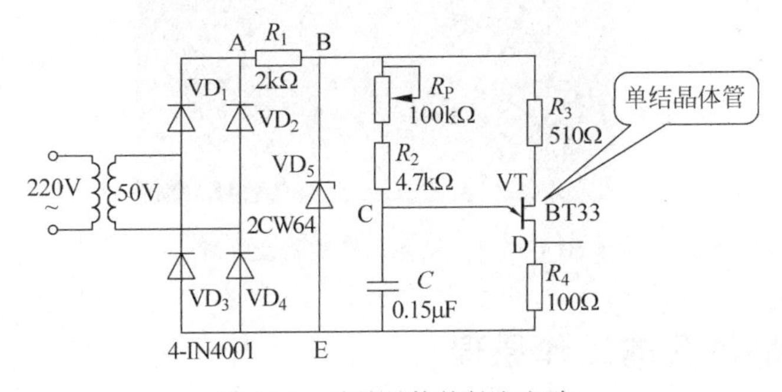

图 1-11　单结晶体管触发电路

一、单结晶体管的结构

单结晶体管有一个发射极和两个基极,外形和普通三极管相似。单结晶体管的结构是在一块高电阻率的 N 型半导体基片上引出两个欧姆接触的电极：第一基极 b_1 和第二基极 b_2；在两个基极间靠近 b_2 处,用合金法或扩散法渗入 P 型杂质,引出发射极 e。单结晶体管是一种特殊的半导体器件,有三个电极,只有一个 PN 结,因此称为“单结晶体管”,又因为管子有两个基极，所以又称为“双基极二极管”。其结构示意图和电气符号如图 1-12 所示。b_2、b_1 间加入正向电压后，发射极 e、基极 b_1 间呈高阻特性，但是当 e 的电位达到 b_2、b_1 间电压的某一比值(例如 59%)时，e、b_1 间立刻变成低电阻，这是单结晶体管最基本的特点。单结晶体管的等效电路如图图 1-12(b)所示，两个基极之间的电阻 $r_{bb}=r_{b1}+r_{b2}$，在正常工作时，r_{b1} 是随发射极电流大小而变化，相当于一个可变电阻。PN 结可等效为二极管 VD，它的正向导通压降常为 0.7V。单结晶体管的图形符号如图 1-12(c)所示。

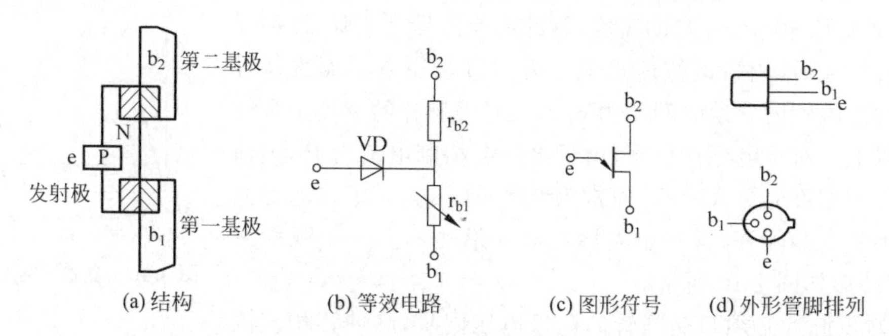

图 1-12　单结晶体管

单结晶体管的型号用“BT”表示，触发电路常用的国产单结晶体管的型号主要有 BT31、BT33、BT35。如 BT33 含义：B——半导体，T——特种管，3——三个电极，3——耗散功率 100mW。其外形与管脚排列如图 1-12(d)所示。单结晶体管的实物及引脚如图 1-13 所示。

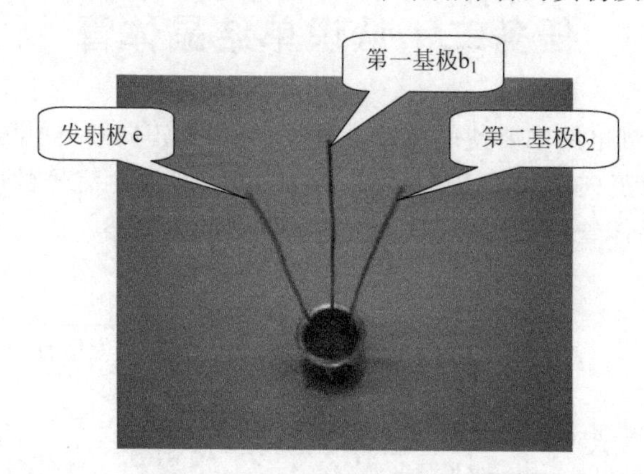

图 1-13　单结晶体管实物及管脚

二、单结晶体管的工作原理

图 1-14 所示为单结晶体管的特性实验电路及其等效电路。将单结晶体管等效成一个二极管和两个电阻 r_{b1}、r_{b2} 组成的等效电路。单结晶体管的伏安特性：当两基极 b_1 和 b_2 之间加某一固定直流电压 U_{bb} 时，发射极正向电压 U_e 与发射极电流 I_e 之间的关系曲线称为单结晶体管的伏安特性 $U_e=f(I_e)$，单结晶体管的伏安特性曲线如图 1-15 所示。

当基极上加电压 U_{bb} 时，电压 U_{bb} 通过单结晶体管等效电路中的 r_{b1} 和 r_{b2} 分压，得 A 点电位 U_A：

$$U_A=\frac{r_{b1}U_{bb}}{r_{b1}+r_{b2}}=\eta U_{bb} \tag{1-5}$$

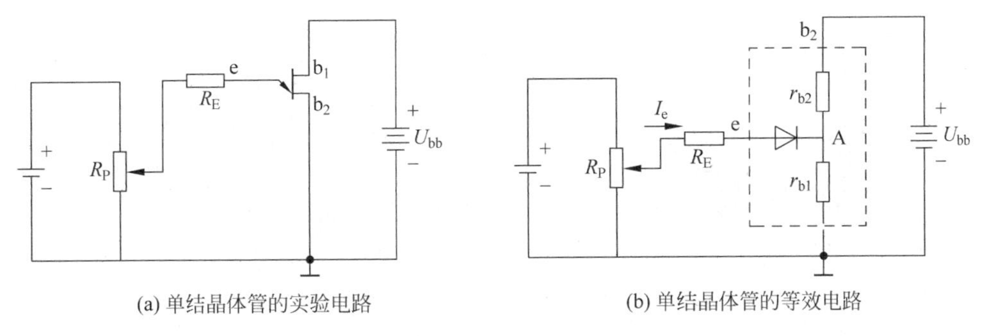

图 1-14　单结晶体管的特性试验电路和等效电路

式(1-5)中,η 为分压比,是单结晶体管的主要参数,η 一般为 0.5～0.9。

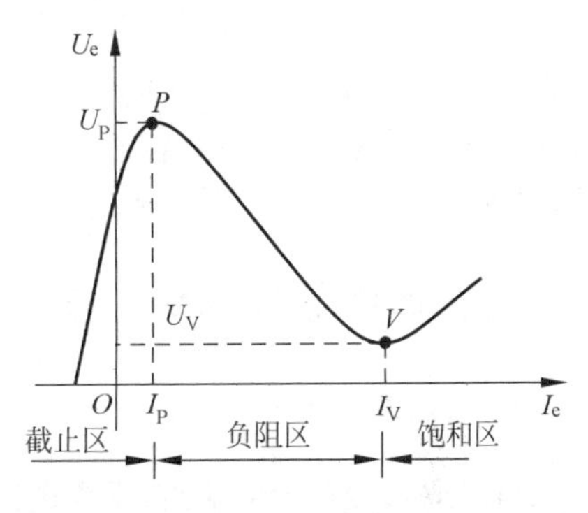

图 1-15　单结晶体管的伏安特性曲线

调节 R_P,使 U_e 从零逐渐增加。当 $U_e < U_A$ 时,单结晶体管 PN 结处于反向偏置状态,只有很小的反向漏电流。当发射极电位 U_e 比 ηU_{bb} 高出一个二极管的管压降 U_{VD} 时,单结晶体管开始导通,这个电压称为峰点电压 U_P,故 $U_P = \eta U_{bb} + U_{VD}$,此时的发射极电流称为峰点电流 I_P,I_P 是单结晶体管导通所需的最小电流。

当 I_E 增大至一定程度时,载流子的浓度使注入空穴遇到阻力,即电压下降到最低点,这一现象称为饱和。欲使 I_e 继续增大,必须增大电压 U_e。由负阻区转化到饱和区的转折点 V 称为谷点。与谷点对应的电压和电流分别称为谷点电压 U_V 和谷点电流 I_V。谷点电压是维持单结晶体管导通的最小电压,一旦 U_e 小于 U_V,则单结晶体管将由导通转化为截止。

综上所述,单结晶体管具有以下特点:

① 当发射极电压等于峰点电压 U_p 时,单结晶体管导通。导通之后,当发射极电压小于谷点电压 U_V 时,单结晶体管就恢复截止。

② 单结晶体管的峰点电压 U_p 与外加固定电压及其分压比 η 有关。

③ 不同单结晶体管的谷点电压 U_V 和谷点电流 I_V 都不一样。谷点电压在 2～5V 之间。在触发电路中,常选用 η 稍大一些,U_V 低一些和 I_V 大一些的单结晶体管,以增大输出脉冲幅度和移相范围。

三、单结晶体管的张驰振荡电路

利用单结晶体管的负阻特性和 RC 充放电电路,可以组成单结晶体管的张驰振荡电路。单结晶体管张驰振荡电路的电路图和波形图如图 1-16 所示。

设电容器初始电压为 0,电路接通以后,单结晶体管是截止的,电源经电阻 R、R_P 对电容 C 进行充电,电容电压从零起按指数充电规律上升,充电时间常数为 R_EC;当电容两端电压达到单结晶体管的峰点电压 U_P 时,单结晶体管导通,电容开始放电。随着电容放电,电容电压降低,当电容电压降到谷点电压 U_V 以下,单结晶体管截止,接着电源又重新对电容进

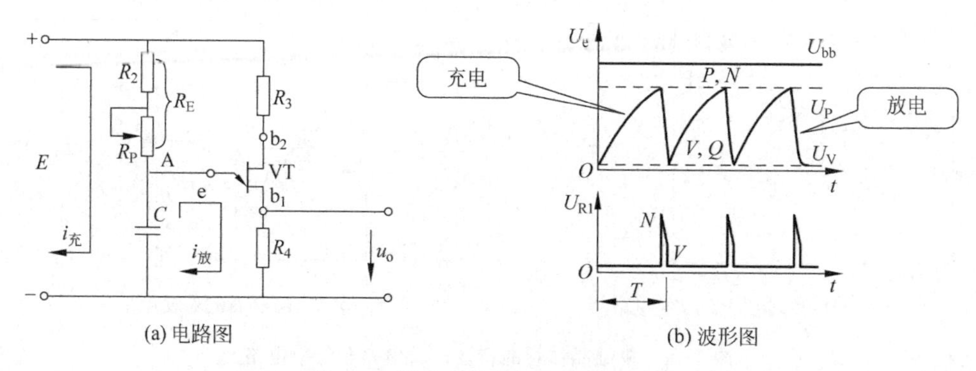

图 1-16 单结晶体管的张驰振荡电路

行充电，……。如此周而复始，由于电容 C 的放电时间常数 $\tau_1=(R_4+R_{b1})C$，远小于充电时间常数 $\tau_2=R_EC$，故在电容 C 两端会产生一个锯齿波，在电阻 R_4 两端将产生一个尖脉冲波，如图 1-16(b)所示。改变 R_E 的大小，可以改变 C 的充电速度，从而改变电路的自振荡频率。

四、单结晶体管的识别与测试

1. 识别发射极 e

可以通过测量 PN 结正、反向电阻大小来识别发射极。若某个电极与另外两个电极的正向电阻都小于反向电阻，则该电极为发射极 e。将指针式万用表置于 R×100 挡或 R×1k 挡，黑表笔接发射极 e，红表笔接基极 b_1、b_2 时，测得管子 PN 结的正向电阻一般应为几至几十千欧，要比普通二极管的正向电阻稍大一些。再将红表笔接发射极 e，黑表笔分别接基极 b_1 或 b_2，测得 PN 结的反向电阻，正常时指针偏向∞(无穷大)。一般来讲，反向电阻与正向电阻的比值应大于 100 为好。

2. 识别基极 b_1、b_2

测量基极电阻 R_{bb}，将万用表的红、黑表笔分别接任意极 b_1 和 b_2，测量 b_1、b_2 间的电阻应在 2～12kΩ 范围内，阻值过大或过小都不好。单结晶体管 b_1 和 b_2 的判断方法是：把万用表置于 R×100 挡或 R×1k 挡，用黑表笔接发射极，红表笔分别接另外两极，两次测量中，电阻大的一次，红表笔接的就是 b_1 极。

应当说明的是，上述判别 b_1、b_2 的方法，不一定对所有的单结晶体管都适用，有个别管子的 e、b_1 间的正向电阻值较小。不过准确地判断哪极是 b_1 哪极是 b_2 在实际使用中并不特别重要。即使 b_1、b_2 用颠倒了，也不会使管子损坏，只影响输出脉冲的幅度(单结晶体管多作脉冲发生器使用)，当发现输出的脉冲幅度偏小时，只要将原来假定的 b_1、b_2 对调过来就可以了。

3. 测量负阻特性

在管子的基极 b_1、b_2 之间外接 10V 直流电源，将万用表 R×100 挡或 R×1k 挡，红表笔接 b_1 极，黑表笔接 e 极，因这时接通了仪表内部电池，相当于在 e、b_1 极之间加上 1.5V 正向电压。由于此时管子的输入电压(1.5V)远低于峰点电压 U_P，管子处于截止状态且远离负阻区，所以发射极电流 I_e 很小（微安级电流），仪表指针应偏向左侧，表明管子具有负阻特性。如果指针偏向右侧，即 I_e 相当大（毫安级电流），与普通二极管伏安特性类似，则表明被测管无负阻特性，当然不宜使用。

任务三　认识双向晶闸管

一、双向晶闸管的工作原理

1. 双向晶闸管的结构

无论是从结构上还是从特性上都可以看作是一对反并联的普通晶闸管，它有两个主电极 T_1、T_2 和一个门极 G，其内部是一种 NPNPN 五层结构的三端器件。双向晶闸管的内部结构、等效电路及图形符号如图 1-17 所示，双向晶闸管相当于两个晶闸管反并联（$P_1N_1P_2N_2$ 和 $P_2N_1P_1N_4$）。

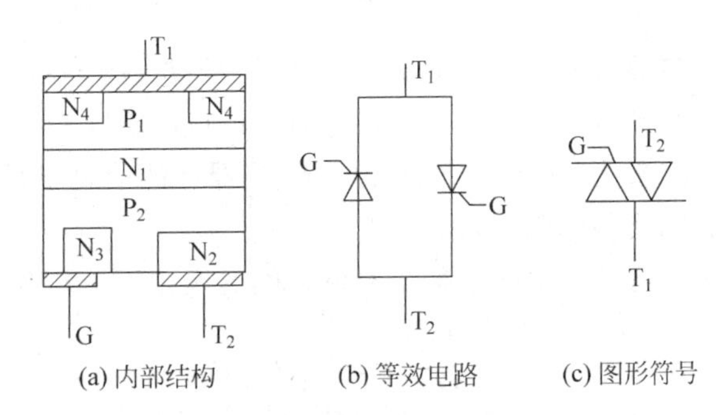

图 1-17　双向晶闸管的内部结构、等效电路及图形符号

双向晶闸管与单向晶闸管一样，也具有触发控制特性。不过，它的触发控制特性与单向晶闸管有很大的不同，这就是无论在主电极 T_1、T_2 间接入何种极性的电压，只要在它的门极 G 加上一个触发脉冲，也不管这个脉冲是什么极性的，都可以使双向晶闸管导通。因此双向晶闸管的主电极也就没有阳极、阴极之分，通常把这两个主电极称为 T_1 电极和 T_2 电极，将接在 P 型半导体材料上的主电极称为 T_1 电极，将接在 N 型半导体材料上的电极称为 T_2 电极。

双向晶闸管的外形与普通晶闸管类似，有塑封式、螺栓式、平板式，其外形如图 1-18 所示。

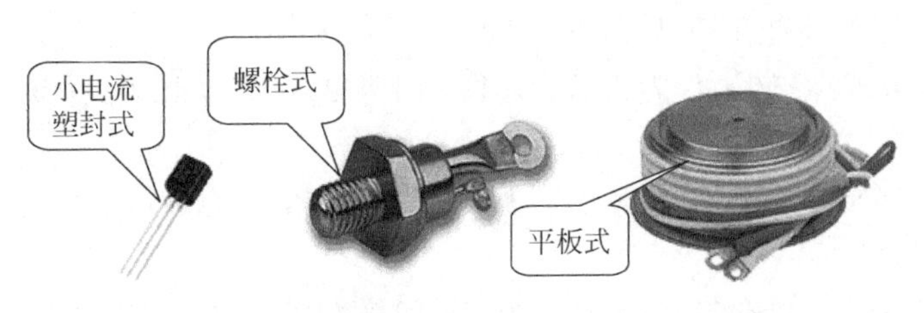

图 1-18　双向晶闸管的外形

2. 双向晶闸管的特性与参数

双向晶闸管有正反向对称的伏安特性曲线。正向部分位于第Ⅰ象限，反向部分位于第Ⅲ象限。如图1-19所示。

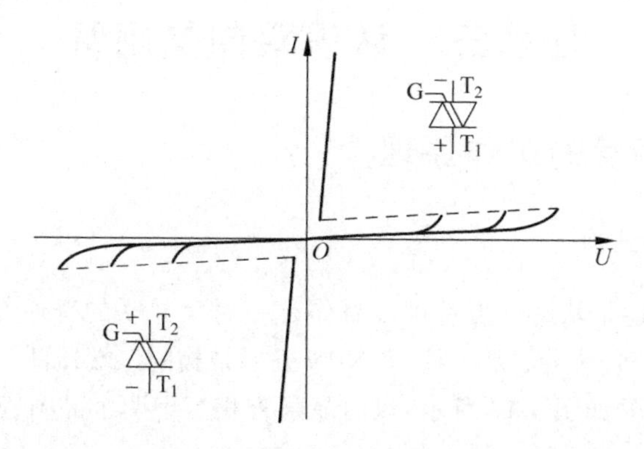

图1-19　双向晶闸管伏安特性

双向晶闸管的主要参数中只有额定电流与普通晶闸管有所不同，其他参数定义相似。由于双向晶闸管工作在交流电路中，正反向电流都可以流过，所以它的额定电流不用平均值而是用有效值来表示。定义为：在标准散热条件下，当器件的单向导通角大于170°，允许流过器件的最大交流正弦电流的有效值，用 $I_{T(RMS)}$ 表示。

双向晶闸管额定电流与普通晶闸管额定电流之间的换算关系式为

$$I_{T(AV)}=\frac{\sqrt{2}}{\pi}I_{T(RMS)}=0.45I_{T(RMS)} \tag{1-6}$$

以此推算，一个100A的双向晶闸管与两个反并联45A的普通晶闸管电流容量相等。

虽然双向晶闸管能在正反两个方向导通，双向晶闸管在一个方向导通结束时，管芯硅片各层中的载流子还没有复合，在反向电压作用下，这些剩余载流子可能作为触发电流而使其误导通，从而失去控制，因而它重新施加 du/dt 的能力较差。且与普通晶闸管相比，它的额定电流值比较低，在需要控制极大电流时不能与普通晶闸管竞争。另外，双向晶闸管控制电感性负载较困难且只能用于低频。

二、双向晶闸管的触发方式

双向晶闸管正反两个方向都能导通，门极加正负电压都能触发。主电压与触发电压相互配合，可以得到四种触发方式（见图1-20）：

① Ⅰ+触发方式　主极 T_1 为正，T_2 为负；门极电压G为正，T_2 为负。特性曲线在第Ⅰ象限。

② Ⅰ−触发方式　主极 T_1 为正，T_2 为负；门极电压G为负，T_2 为正。特性曲线在第Ⅰ象限。

③ Ⅲ+触发方式　主极 T_1 为负，T_2 为正；门极电压G为正，T_2 为负。特性曲线在第Ⅲ象限。

④ Ⅲ−触发方式　主极 T_1 为负，T_2 为正；门极电压G为负，T_2 为正。特性曲线在第

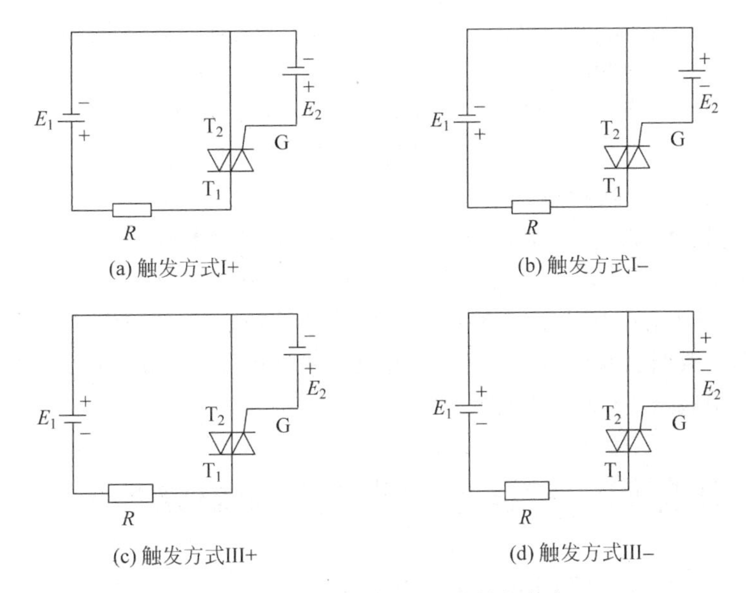

图 1-20　双向晶闸管的四种触发方式

Ⅲ象限。

由于双向晶闸管的内部结构原因，四种触发方式中灵敏度不相同，以Ⅲ＋触发方式灵敏度最低，使用时要尽量避开，常采用的触发方式为Ⅰ＋触发方式和Ⅲ＋触发方式。

三、双向晶闸管的型号及识别测试

1. 双向晶闸管的型号

国产双向晶闸管用KS(新标准)或3CTS(旧标准)表示。如：KS100—12表示额定电压为1200V、额定电流为100A的双向晶闸管；3CTS1表示额定电压为400V、额定电流为1A的双向晶闸管。

国外双向晶闸管：TRIAC(TRIode AC semiconductor switch)是双向晶闸管的统称。各个生产商有其自己产品命名方式。

2. 双向晶闸管的识别与测试

(1) 电极的判定

① 将万用表置R×100挡或R×1k挡，测量双向晶闸管任意两脚之间的阻值，如果测出某脚和其他两脚之间的电阻均为无穷大(∞)，则该脚为T_1极。如果测得的电阻都很小，则说明被测双向晶闸管的极间已击穿或漏电短路，性能不良，不宜使用。

② 将万用表置于R×1挡或R×10挡，测量双向晶闸管主电极T_1与控制极(门极)G之间的正、反向电阻，若读数在几十欧至一百欧之间，则为正常，且测量G、T_1极间正向电阻时的读数要比反向电阻稍微小一些，由此可以判断出G与T_1。如果测得G、T_1极间的正、反向电阻均为无穷大(∞)，则说明被测晶闸管已开路损坏。

(2) 电极的判断与触发特性测试

确定T_1极后，可假定其余两脚中某一脚为T_2电极，而另一脚为G极，然后采用触发导通测试方法确定假定极性的正确性。首先将负表笔(与电池正极性端相连)接 T_2 极,正表笔(与电池负极性端相连)接 T_1 极,所测电阻应为无穷大。然后用导线将 T_1 极与 G 极短接,相当于给 G 极加上负触发信号,此时所测 T_2 和 T_1 极间电阻应为 10Ω 左右,证明双向晶闸管已触发导通。将 T_1 极与 G 极间的短接导线断开,电阻值若保持不变,说明管子在 $T_2 \rightarrow T_1$ 方向上能维持导通状态。

再将正表笔接 T_2 极,负表笔接 T_1 极,所测电阻也应为无穷大,然后用导线将 T_1 极与 G 极短接,相当于给 G 极加上正触发信号,此时所测 T_2 和 T_1 极间电阻应为 10Ω 左右,若断开 T_1 极与 G 极间的短接导线阻值不变,则说明管子经触发后,在 $T_1 \rightarrow T_2$ 方向上也能维持导通状态,且具有双向触发性能。上述试验也证明极性的假定是正确的,否则是假定与实际不符,需重新作出假定,重复上述测量过程。

任务四　掌握单相半波整流电路的原理

在认识学习了调光灯电路涉及的电力电子器件之后,下一步就是要掌握调光灯的主电路拓扑。调光灯主电路实际上就是负载为阻性的单相半波可控整流电路,理解单相半波可控整流电路的工作原理和能分析输出电压以及各元器件的波形对于调试调光灯电路来说非常重要。同时,学习单相半波可控整流电路是学习单相全桥整流电路的基础。

一、电阻性负载

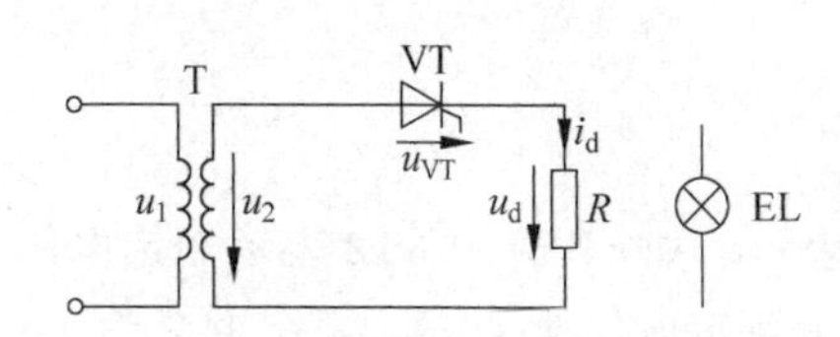

图 1-21　单相半波可控整流电路

图 1-21 所示为调光灯主电路的电路拓扑——单相半波可控整流电路,电路由整流变压器、晶闸管和电阻(灯泡)组成。电阻性负载的特点是:负载两端的电压和流过负载的电流波形形状和相位相同。

其中整流变压器起变换电压和隔离的作用(也可以直接由电网供电),其一次和二次电压瞬时值分别用 u_1 和 u_2 表示,二次电压 u_2 为 50Hz 的正弦波,其有效值为 U_2,直流输出电压的平均值和有效值分别用 U_d 和 U 表示,横坐标是电角度 ωt,周期是 2π。单相半波可控整流电路电阻负载时的工作波形如图 1-22 所示。

1. 工作原理及波形分析

在分析单相半波整流电路的原理之前先掌握整流电路中常用的几个名词术语和概念。

控制角 α:控制角 α 也叫触发角或触发延迟角,是指晶闸管从承受正向阳极电压开始到触发脉冲出现之间的电角度。对于单相整流电路而言,$\alpha=\omega t_a$,t_a 为触发脉冲出现的时刻。

导通角 θ:是指晶闸管在一周期内处于导通的电角度,即晶闸管开始导通到晶闸管关断之间的电角度,$\theta=\pi-\alpha$。

移相:是指改变触发脉冲出现的时刻,即改变控制角 α 的大小。在单相半波整流电路中,改变 α 的大小即改变触发脉冲在每周期内出现的时刻,则 u_d 和 i_d 的波形也随之改变,但是直流输出电压瞬时值 u_d 的极性不变,其波形只在 u_2 的正半周出现。

相控方式：这种通过对触发脉冲的控制来实现控制直流输出电压大小的控制方式称为相位控制方式，简称相控方式。

半波整流：输出电压波形为脉动直流，波形只在 u_2 正半周内出现，故称“半波”整流。

单相半波可控：采用了可控器件晶闸管，且交流输入为单相，故该电路为单相半波可控整流电路。

单脉波：输出直流电压波形在一个电源周期中只脉动 1 次，故该电路为单脉波整流电路。

如图 1-22 所示，图(a)、图(b)、图(c)、图(d)分别表示电源电压 u_2、触发脉冲 u_g、输出电压 u_d、晶闸管端电压 u_{VT} 的波形。在电源的正半周，ωt 在 $0\sim\omega t_1$ 阶段内，晶闸管加上正向阳极电压，但未加触发脉冲，不满足晶闸管的导通条件，晶闸管无法导通，故晶闸管处于阻断状态，电路中无电流通过。此时负载电阻上没有输出电压，全部电源电压施加在晶闸管两端。

当 $\omega t=\omega t_1$ 时，晶闸管门极加上触发脉冲 u_g，VT 立即导通，电路中有电流通过，电源电压全部加在负载电阻 R 上（忽略晶闸管电压降），负载上得到输出电压的波形 u_d 是与电源电压 u_2 形状相同。

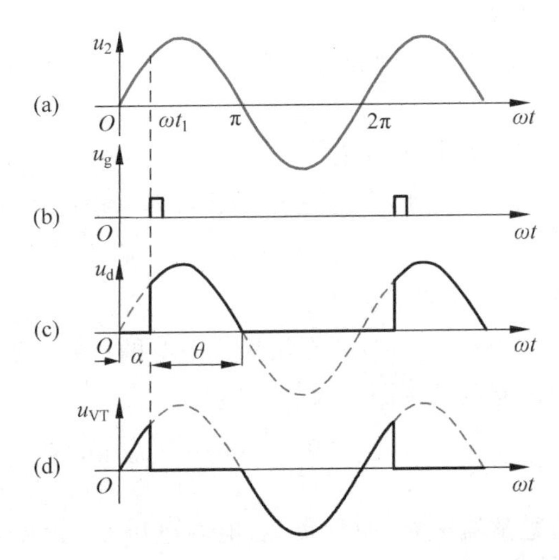

图 1-22　单相半波可控整流电路电阻负载时的波形

当 $\omega t=\pi$ 时，电源电压 u_2 过零时，流过晶闸管的电流随着下降到零，小于管子的维持电流而关断，晶闸管由导通状态转入阻断状态，负载上得到的输出电压 u_d 为零。

在电源电压的负半周内，晶闸管承受反向电压不能导通，电源电压又全部加在晶闸管两端，负载上的电压和电流均为零。直至下一个周期，晶闸管又在正向电压作用下，再次施加触发脉冲时，晶闸管重新导通。当电源电压的每一个周期都以恒定的时刻加上触发脉冲时，则负载 R 上就能得到稳定的缺角半波电压输出波形，如此循环重复上述过程。这是一个单方向的脉动直流电压。对于电阻性负载，负载电流与电压波形相同。

2. 基本的物理量计算

(1) 负载端输出电压平均值

$$U_d=\frac{1}{2\pi}\int_{\alpha}^{\pi}\sqrt{2}U_2\sin\omega t\,\mathrm{d}(\omega t)=0.45U_2\,\frac{1+\cos\alpha}{2} \tag{1-7}$$

(2) 负载端输出平均电流

$$I_d = \frac{U_d}{R_d} = 0.45\frac{U_2}{R_d}\frac{1+\cos\alpha}{2} \tag{1-8}$$

可见，输出直流电压平均值U_d与整流变压器二次侧交流电压U_2和控制角α有关。当U_2给定后，U_d仅与α有关，当$\alpha=0$时，则$U_{d0}=0.45U_2$，为最大输出直流平均电压。当$\alpha=0$时，$U_d=0$。只要控制触发脉冲送出的时刻，U_d就可以在$0\sim0.45U_2$之间连续可调。

(3) 负载上电压有效值

根据有效值的定义，U应是u_d波形的方均根值，即

$$U = \sqrt{\frac{1}{2\pi}\int_{\alpha}^{\pi}(\sqrt{2}U_2\sin\omega t)^2\mathrm{d}(\omega t)} = U_2\sqrt{\frac{\pi-\alpha}{2\pi}+\frac{\sin2\alpha}{4\pi}} \tag{1-9}$$

(4) 负载电流有效值

负载电流有效值的计算：

$$I = \frac{U_2}{R_d}\sqrt{\frac{\pi-\alpha}{2\pi}+\frac{\sin2\alpha}{4\pi}} \tag{1-10}$$

(5) 晶闸管电流有效值 $\boldsymbol{I_T}$

在单相半波可控整流电路种，晶闸管与负载串联，所以负载电流的有效值也就是流过晶闸管电流的有效值，其关系为$I_T=I$。

(6) 与管子两端可能承受的最大电压

由图1-22中u_T波形可知，晶闸管可能承受的正反向峰值电压为

$$U_{TM} = \sqrt{2}U_2 \tag{1-11}$$

(7) 变压器二次侧输出的功率因数$\cos\varphi$

电源输入的视在功率为$S=U_2I$，若忽略晶闸管VT的损耗，则变压器二次侧输出的有功功率为$P=I^2R_d=UI$，电路的功率因数为

$$\cos\varphi = \frac{P}{S} = \frac{UI}{U_2I} = \sqrt{\frac{\pi-\alpha}{2\pi}+\frac{\sin2\alpha}{4\pi}} \tag{1-12}$$

例1-2　单相半波可控整流电路，阻性负载，电源电压U_2为220V，要求的直流输出电压为50V，直流输出平均电流为20A，试计算：

① 晶闸管的控制角α；

② 输出电流有效值；

③ 电路功率因数；

④ 确定晶闸管的额定电压和额定电流，并选择晶闸管的型号。

解：

① 已知U_2、U_d，由式(1-9)计算输出电压为50V时的晶闸管控制角α

$\cos\alpha=\frac{2\times50}{0.45\times220}-1\approx0$，求得$\alpha=90°$。

② $R_d=\frac{U_d}{I_d}=\frac{50}{20}=2.5\Omega$，当$\alpha=90°(\pi/2)$时，$I=\frac{U_2}{R_d}\sqrt{\frac{\pi-\alpha}{2\pi}+\frac{\sin2\alpha}{2\pi}}=44.4\text{A}$。

③ $\alpha=90°$，即$\pi/2$代入式(1-14)，可得$\cos\phi=0.5$。

④ 根据额定电流有效值I_T大于等于实际电流有效值I的原则$I_T\geqslant I$，根据式(1-4)，则

$I_{T(AV)} \geqslant (1.5\sim2) I_T/1.57$，取 2 倍安全裕量，晶闸管的额定电流为 $I_{T(AV)} \geqslant 42.4\sim56.6\text{A}$。按电流等级可取额定电流 50A。晶闸管的额定电压为 $U_{Tn}=(2\sim3)U_{TM}=(2\sim3)\sqrt{2}\times220=622\sim933\text{V}$，按电压等级可取额定电压 700V，即 7 级。选择晶闸管型号为 KP50—7。

二、电感性负载

在实际生产中除了电阻性负载外，经常会遇到电感性负载，即负载可以等效成电感 L 和电阻 R 串联，负载的感抗 ωL_d 和电阻 R_d 的大小相比不可忽略时，这种负载称电感性负载。属于此类负载的有工业上电机的励磁线圈、输出串接电抗器的负载等。电感性负载与电阻性负载时有很大不同。

电感性负载的特点：电感对电流变化有阻碍作用，使得流过电感的电流不能发生突变。电感线圈对电流变化的阻碍作用如图 1-23 所示，当流过电感线圈的电流增大时，L_d 两端就要产生感应电动势，即 $u_L=L_d\text{d}i_d/\text{d}t$，其方向应阻止 i_d 的增大（自感电动势的方向是上正下负），如图 1-23(a)所示。反之，i_d 要减小时，L_d 两端感应的电动势方向应阻碍的 i_d 减小（自感电动势的方向是下正上负），如图 1-23(b)所示。

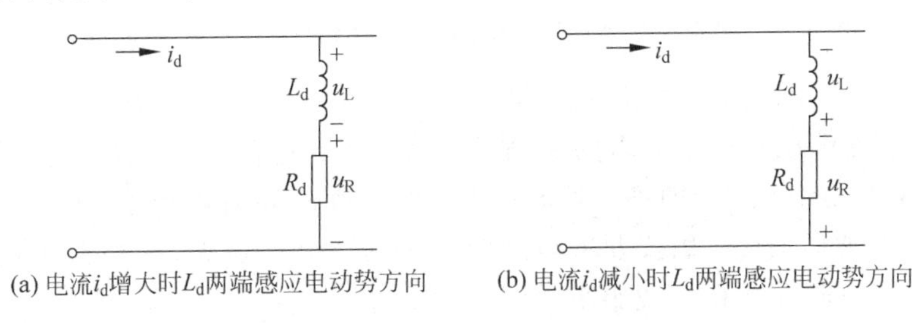

图 1-23　电感线圈对电流变化的阻碍作用

1. 无续流二极管时

图 1-24 为单相半波整流电路电感性负载（无续流二极管）的原理图。图 1-25 为单相半波整流电路在电感性负载时输出电压及电流的波形。从波形图上可以看出：

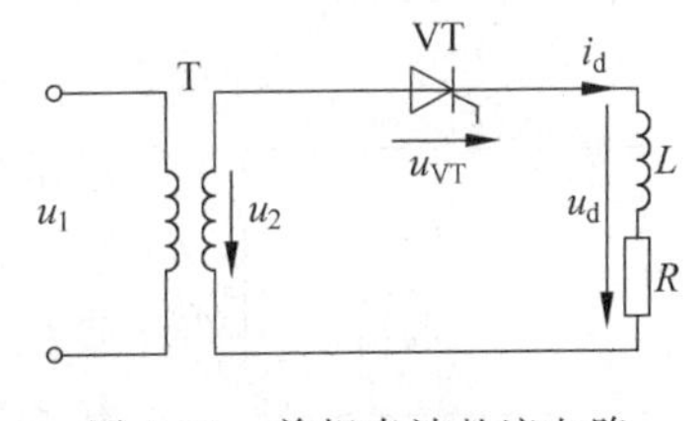

图 1-24　单相半波整流电路（电感性负载）

① 在 $0<\omega t<\alpha$ 期间：晶闸管阳极电压大于零，此时晶闸管门极没有触发信号，晶闸管处于正向阻断状态，$u_{VT}=u_2$，$u_d=0$，$i_d=0$。

② 在 $\omega t=\alpha$ 时刻：门极加上触发信号，晶闸管被触发导通，电源电压 u_2 施加在负载上，输出电压 $u_d=u_2$，$u_{VT}=0$。由于电感的存在，在 u_d 的作用下，负载电流 i_d 只能从零按指数规律逐渐上升。

③ 在 $\omega t=\pi$ 时刻：交流电压过零，$u_d=0$，$u_{VT}=0$，但由于电感的存在，流过晶闸管的阳极电流仍大于零，晶闸管会继续导通，此时电感储存的能量一部分释放变成电阻的热能，同时另一部分送回电网，电感的能量全部释放完后，晶闸管在电源电压 u_2 的反压作用下而截止。直到下一个周期正半周的 $2\pi+\alpha$ 时刻，晶闸管再次被触发导通。如此循环，其输出电压、电流波形如图图 1-25 所示。

由于电感的存在，使得晶闸管的导通角增大，在电源电压由正到负的过零点也不会关

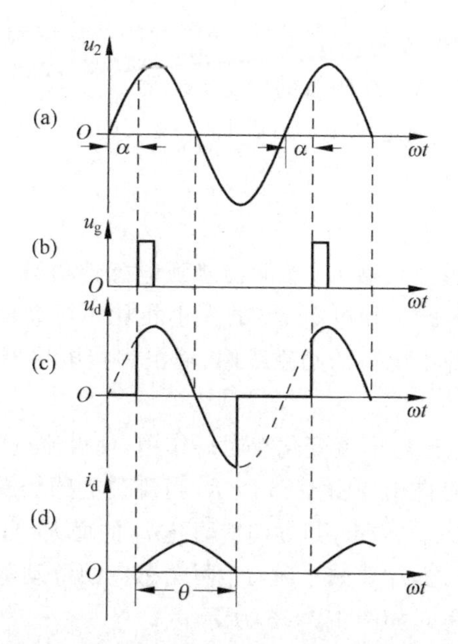

图 1-25　单相半波整流电路电感性负载时输出电压及电流的波形

断，使负载电压波形出现部分负值，其结果使输出电压平均值 U_d 减小。电感越大，维持导电时间越长，输出电压负值部分占的比例越大，U_d 减少越多。当电感 L_d 非常大时（满足 $\omega L_d >> R_d$，通常 $\omega L_d > 10R_d$ 即可），对于不同的控制角 α，导通角 θ 将接近 $2\pi - 2\alpha$，这时负载上得到的电压波形正负面积接近相等，平均电压 $U_d \approx 0$。可见，不管如何调节控制角 α，U_d 值总是很小，电流平均值 I_d 也很小，没有实用价值。

实际的单相半波可控整流电路在带有电感性负载时，都在负载两端并联有续流二极管。

2. 接续流二极管时

(1) 电路结构

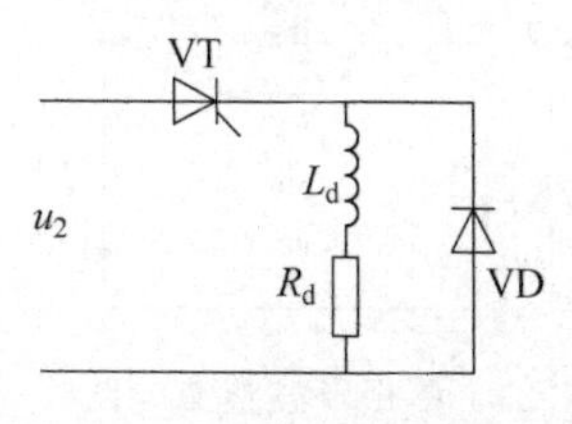

图 1-26　电感性负载接续流二极管时的电路

为了使电源电压过零变负时能及时地关断晶闸管，使 u_d 波形不出现负值，又能给电感线圈 L_d 提供续流的旁路，可以在整流输出端并联二极管，如图 1-26 所示。由于该二极管是为电感负载在晶闸管关断时提供续流回路，故称续流二极管，目的是使负载不出现负电压。

(2) 工作原理

图 1-27 所示为电感性负载接续流二极管在某一控制角 α 时输出电压、电流的波形。

从波形图上可以看出：

① 在电源电压正半周（$0 \sim \pi$ 区间），晶闸管承受正向电压，触发脉冲在 α 时刻触发晶闸管导通，负载上有输出电压和电流。在此期间续流二极管 VD 承受反向电压而关断。

② 在电源电压负半周（$\pi \sim 2\pi$ 区间），电感的感应电压使续流二极管 VD 承受正向电压导通续流，此时电源电压 $u_2 < 0$，u_2 通过续流二极管使晶闸管承受反向电压而关断，负载两端的输出电压仅为续流二极管的管压降。如果电感足够大，续流二极管一直导通到下一周

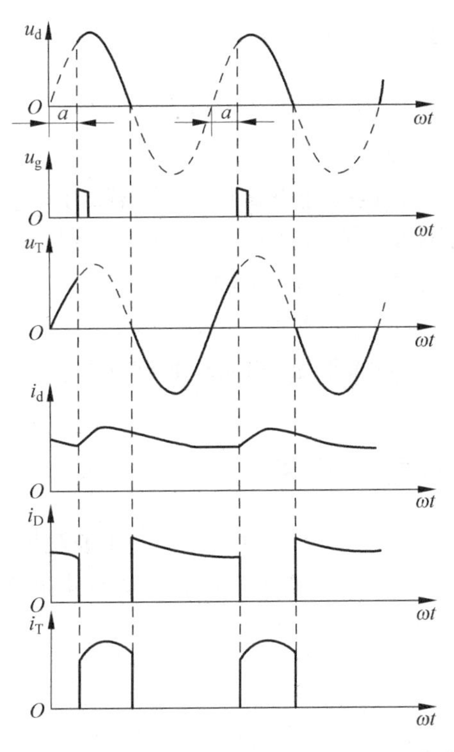

图 1-27　电感性负载接续流二极管时输出电压及电流的波形

期晶闸管导通，使电流 i_d 连续，且 i_d 波形近似为一条直线。

电阻负载加续流二极管后，输出电压波形与电阻性负载波形相同，可见续流二极管的作用是为了提高输出电压。负载电流波形连续且近似为一条直线，如果电感无穷大，则负载电流为一直线。流过晶闸管和续流二极管的电流波形是矩形波。

三、基本的物理量计算

1. 输出电压平均值 U_d 与输出电流平均值 I_d

输出电压平均值 U_d 的公式与式(1-9)相同，输出电流有效值 I_d 公式与式(1-10)相同。

2. 流过晶闸管电流的平均值 I_{dT} 和有效值 I_T

$$I_{dT}=\frac{\pi-\alpha}{2\pi}I_d \tag{1-13}$$

$$I_T=\sqrt{\frac{1}{2\pi}\int_{\alpha}^{\pi}I_d^2\mathrm{d}(\omega t)}=\sqrt{\frac{\pi-\alpha}{2\pi}}I_d \tag{1-14}$$

3. 流过续流二极管电流的平均值 I_{dD} 和有效值 I_D

$$I_{dD}=\frac{\pi+\alpha}{2\pi}I_d \tag{1-15}$$

$$I_D=\sqrt{\frac{\pi+\alpha}{2\pi}}I_d \tag{1-16}$$

4. 晶闸管和续流二极管承受的最大正反向电压

晶闸管和续流二极管承受的最大正反向电压都为电源电压的峰值，即

$$U_{TM} = U_{DM} = \sqrt{2}U_2$$

单相半波可控整流电路的特点：电路简单，但输出脉动大，变压器二次侧电流中含直流分量，造成变压器铁芯直流磁化。实际上很少应用此种电路，分析该电路的主要目的在于利用其简单易学的特点，建立起整流电路的基本概念。

任务五 掌握单相桥式整流电路的原理

一、单相桥式全控整流电路

单相桥式整流电路输出的直流电压、电流比单相半波整流电路输出的直流电压、电流小，且可以改善变压器存在直流磁化的现象。单相桥式整流电路分为单相桥式全控整流电路和单相桥式半控整流电路。

1. 电阻性负载

(1) 工作原理及波形分析

单相桥式全控整流电路如图 1-28 所示。电路由四个晶闸管和负载电阻 R_d 组成。晶闸管 VT_1 和 VT_3 组成一对桥臂，VT_2 和 VT_4 组成另一对桥臂。

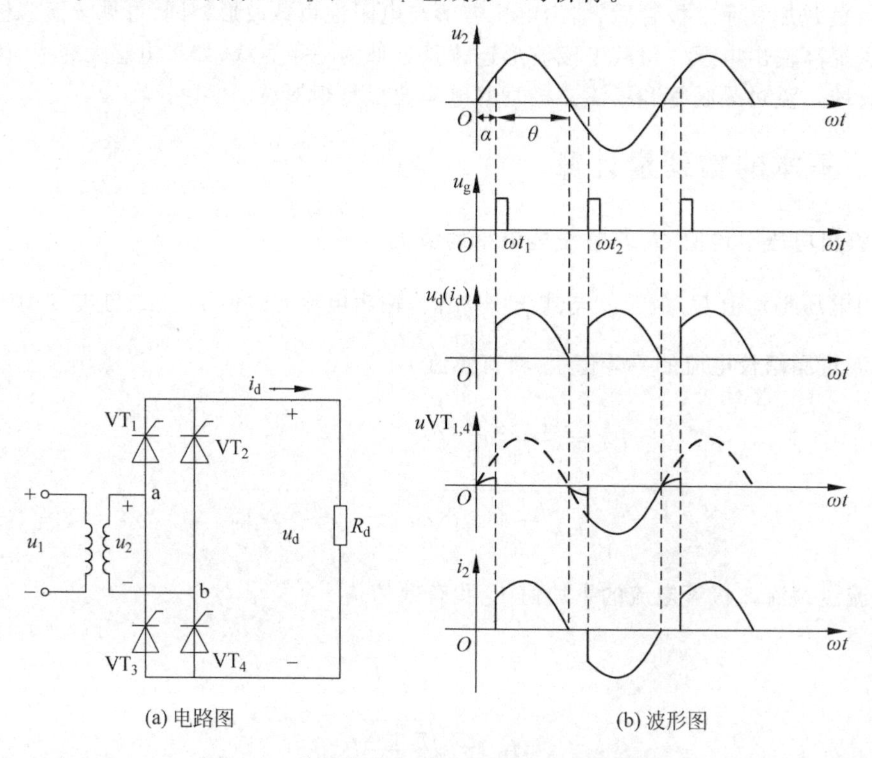

图 1-28 单相桥式全控整流电路(电阻性负载)

① 在 $0<\omega t<\omega t_1$ 期间：在交流电源的正半周，即 a 端为正，b 端为负，VT_1 和 VT_4 无触发脉冲截止，VT_1 和 VT_4 各分担 $U_2/2$ 的正向阻断电压，VT_2 和 VT_3 各分担 $U_2/2$ 的反向电压，$u_d=0$，$i_d=0$，$i_2=0$，i_2 为变压器二次侧输出电流。

② 在 $\omega t_1\leqslant\omega t<\pi$ 期间：在 $\omega t=\omega t_1=\alpha$ 时刻门极加上触发信号，VT_1 和 VT_4 被触发导通，电源电压 u_2 施加在负载上，输出电压 $u_d=u_2$，$u_{VT_1}=u_{VT_4}=0$，$i_d=u_d/R_d$，$i_2=i_d$，VT_2、VT_3 承受 U_2 的反向电压。

③ 在 $\omega t=\pi$ 时刻：交流电压过零，当电源电压 u_2 过零时，两只晶闸管的阳极电流降低为零，故 VT_1 和 VT_4 会因电流小于维持电流而关断，$u_d=0$，$i_d=0$，$u_{VT}=0$，u_d 也为 0。

④ 在 $\pi<\omega t<\omega t_2$ 期间：在电源负半周区间，即 a 端为负，b 端为正，晶闸管 VT_2 和 VT_3 分别承担 $U_2/2$ 的正向阳极电压，VT_1 和 VT_4 各分担 $U_2/2$ 的反向电压，$u_d=0$，$i_d=0$，$i_2=0$。

⑤ $\omega t_2\leqslant\omega t<2\pi$，在 $\omega t=\omega t_2=\pi+\alpha$ 的时刻给 VT_2 和 VT_3 同时加脉冲，则 VT_2 和 VT_3 被触发导通。电流 i_d 从电源 b 端经 VT_2、负载 R_d 及 VT_3 回电源 a 端，$u_d=u_2$，$u_{VT_2}=u_{VT_3}=0$，$i_d=u_d/R_d$，$i_2=i_d$，负载电压方向也还为上正下负，与正半周一致。此时，VT_1 和 VT_4 则因为 VT_2 和 VT_3 的导通而承受反向的电源电压 u_2 而处于截止状态。直到电源电压负半周结束，电源电压 u_2 过零时，电流 i_d 也过零，使得 VT_2 和 VT_3 关断。下一周期重复上述过程。

(2) 基本物理量的计算

单相全控桥式整流电路带电阻性负载电路主要参数的计算如下：

① 输出电压平均值的计算公式：

$$U_d=\frac{1}{\pi}\int_{\alpha}^{\pi}\sqrt{2}U_2\sin\omega t\,d(\omega t)=0.9U_2\frac{1+\cos\alpha}{2}\tag{1-17}$$

当控制角 $\alpha=0$ 时，相当于不可控桥式整流，晶闸管轮流导通，整流输出电压为最大值，即 $U_d=U_{dmax}=0.9U_2$；当控制角 $\alpha=180°$ 时，整流输出电压最小，$U_d=0$，所以此电路的移相范围是 0～180°。

② 负载电流平均值的计算公式：

$$I_d=\frac{U_d}{R_d}=0.9\frac{U_2}{R_d}\frac{1+\cos\alpha}{2}\tag{1-18}$$

③ 输出电压的有效值的计算公式：

$$U=\sqrt{\frac{1}{\pi}\int_{\alpha}^{\pi}(\sqrt{2}U_2\sin\omega t)^2d(\omega t)}=U_2\sqrt{\frac{1}{2\pi}\sin2\alpha+\frac{\pi-\alpha}{\pi}}\tag{1-19}$$

④ 负载电流有效值的计算公式：

$$I=\frac{U_2}{R_d}\sqrt{\frac{1}{2\pi}\sin2\alpha+\frac{\pi-\alpha}{\pi}}\tag{1-20}$$

⑤ 流过每只晶闸管(在一个周期内轮流导通)的电流的平均值的计算公式：

$$I_{dT}=\frac{1}{2}I_d=0.45\frac{U_2}{R_d}\frac{1+\cos\alpha}{2}\tag{1-21}$$

⑥ 流过每只晶闸管的电流的有效值的计算公式：

$$I_T=\sqrt{\frac{1}{2\pi}\int_{\alpha}^{\pi}\left(\frac{\sqrt{2}U_2}{R_d}\sin\omega t\right)^2d(\omega t)}=\frac{U_2}{R_d}\sqrt{\frac{1}{4\pi}\sin2\alpha+\frac{\pi-\alpha}{2\pi}}=\frac{1}{\sqrt{2}}I\tag{1-22}$$

在选择晶闸管以及导线截面积时，要考虑发热问题，应根据电流的有效值进行计算，即对晶闸管来说要根据通态平均电流和波形系数折算成电流有效值。

⑦ 在一个周期内电源通过变压器两次向负载提供能量，因此负载电流有效值 I 与变压器次级电流有效值 I_2 相同，则电路的功率因数可以按下式计算：

$$\cos\varphi=\frac{P}{S}=\frac{UI}{U_2I_2}=\frac{U}{U_2}=\sqrt{\frac{\sin 2\alpha}{2\pi}+\frac{\pi-\alpha}{\pi}} \tag{1-23}$$

⑧ 晶闸管可能承受的最大电压为：

$$U_{\mathrm{TM}}=\sqrt{2}U_2$$

(3) 与单相半波整流电路比较

① 单相全桥在一个周期内有两个相同的波形，故负载上的直流输出电压平均值正好是单相半波整流电路的 2 倍，晶闸管的控制角可为 0～180°，导通角 $\theta_{\mathrm{T}}=\pi-\alpha$。晶闸管承受的最大反向电压为$\sqrt{2}U_2$，而其承受的最大正向电压为$\frac{\sqrt{2}}{2}U_2$。

② 在相同的负载功率下，流过晶闸管的平均电流减小一半。

③ 功率因数提高了$\sqrt{2}$倍。

2. 电感性负载

(1) 工作原理

在生产实践中，除了电阻性负载外，最常见的负载还有电感性负载。为了便于分析和计算，在电路图中将电阻和电感分开表示负载，如电动机的励磁绕组，整流电路中串入的滤波电抗器等。当整流电路带电感性负载时，整流工作的物理过程和电压、电流波形都与带电阻性负载时不同。因为电感对电流的变化有阻碍作用，即电感元件中的电流不能突变，当电流变化时电感要产生感应电动势而阻碍其变化，所以，电路电流的变化总是滞后于电压的变化。

图 1-29 为单相桥式全控整流电路带电感性负载的电路图和相关波形图。假设电路电感很大，输出电流 i_{d} 连续且电路处于稳态。

在电源 u_2 正半周时，在相当于 α 角的时刻给 $\mathrm{VT_1}$ 和 $\mathrm{VT_4}$ 同时加触发脉冲，则 $\mathrm{VT_1}$ 和 $\mathrm{VT_4}$ 会导通，输出电压为 $U_{\mathrm{d}}=U_2$。当电源电压过零变负时，由于电感产生的自感电动势会使 $\mathrm{VT_1}$ 和 $\mathrm{VT_4}$ 继续导通，而输出电压仍为 $U_{\mathrm{d}}=U_2$，所以出现了负电压的输出。此时，可关断晶闸管 $\mathrm{VT_2}$ 和 $\mathrm{VT_3}$ 虽然已承受正向电压，但还没有触发脉冲，所以不会导通。直到在负半周相当于 α 角的时刻($\omega t=\pi+\alpha$)，给 $\mathrm{VT_2}$ 和 $\mathrm{VT_3}$ 同时加触发脉冲，则因 $\mathrm{VT_2}$ 的阳极电压比 $\mathrm{VT_1}$ 高，$\mathrm{VT_3}$ 的阴极电位比 $\mathrm{VT_4}$ 的低，故 $\mathrm{VT_2}$ 和 $\mathrm{VT_3}$ 被触发导通，分别替换了 $\mathrm{VT_1}$ 和 $\mathrm{VT_4}$，而 $\mathrm{VT_1}$ 和 $\mathrm{VT_4}$ 将由于 $\mathrm{VT_2}$ 和 $\mathrm{VT_3}$ 的导通承受反压而关断，负载电流也改为经过 $\mathrm{VT_2}$ 和 $\mathrm{VT_3}$ 了，此过程称换相，也称换流。

由图 1-29(d)的输出负载电压 u_{d}、负载电流 i_{d} 的波形可看出，与电阻性负载相比，u_{d} 的波形出现了负半周部分，i_{d} 的波形则是连续地近似一条直线，这是由于电感中的电流不能突变，电感起到了平波的作用，电感越大则电流越平稳。

两组管子轮流导通，每只晶闸管的导通时间较电阻性负载时延长了，导通角 $\theta_{\mathrm{T}}=\pi$，与 α 无关。

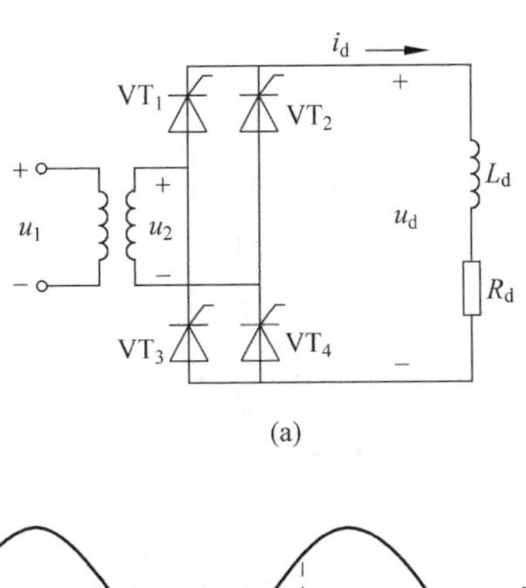

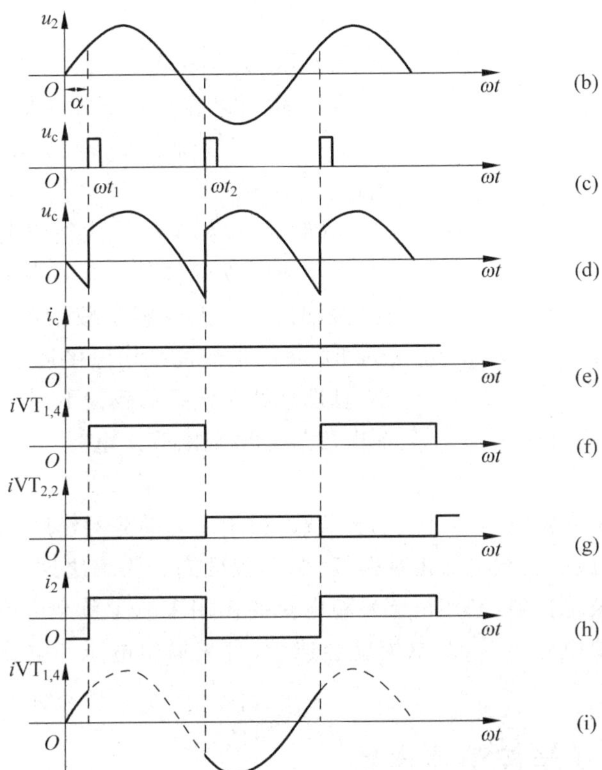

(a) 电路图；(b) 电源电压；(c) 触发脉冲；(d)输出电压；(e)输出电流；
(f) 晶闸管VT_1、VT_4上的电流；(g) 晶闸管VT_1、VT_4上的电流；
(h) 变压器副边电流；(i) 晶闸管VT_1、VT_4上的电压

图 1-29　单相桥式全控整流电路带电感性负载电路及波形

(2) 基本物理量的计算

单相全控桥式整流电路带电感性负载电路参数的计算如下。

① 输出电压平均值的计算公式：

$$U_d = 0.9U_2\cos\alpha \tag{1-24}$$

在 $\alpha=0$ 时，输出电压 U_d 最大，$U_d=0.9U_2$；当 $\alpha=90°$时，输出电压 U_d 最小，等于零。因此 α 的移相范围是 0～90°。

② 负载电流平均值的计算公式：

$$I_{\mathrm{d}} = \frac{U_{\mathrm{d}}}{R_{\mathrm{d}}} = 0.9\frac{U_2}{R_{\mathrm{d}}}\cos\alpha \tag{1-25}$$

③ 流过一只晶闸管的电流的平均值和有效值的计算公式：

$$I_{\mathrm{dT}} = \frac{1}{2}I_{\mathrm{d}} \tag{1-26}$$

$$I_{\mathrm{T}} = \frac{1}{\sqrt{2}}I_{\mathrm{d}} \tag{1-27}$$

④ 晶闸管可能承受的最大正、反向电压为：

$$U_{\mathrm{TM}} = \sqrt{2}U_2$$

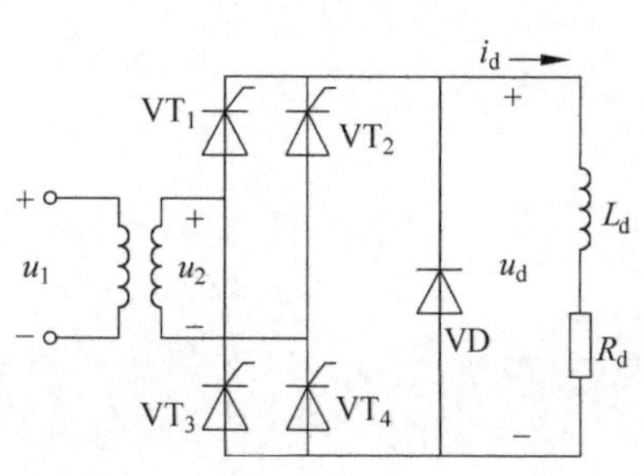

图 1-30　并接续流二极管的单相全控桥

为了扩大移相范围，去掉输出电压的负值，提高 U_{d} 的值，也可以在负载两端并联续流二极管，如图 1-30 所示。接了续流二极管以后，α 的移相范围可以扩大到 0～180°。

很明显，单相全控桥式整流电路具有输出电流脉动小、功率因数高和变压器利用率高等特点。然而值得注意的是，在大电感负载情况下，当控制角 α 接近 $\pi/2$ 时，输出电压的平均值接近于零，负载上的电压太小，且理想的大电感负载是不存在的，故实际电流波形不可能是一条直线，而且在 $\alpha=\pi/2$ 之前电流就会出现断续。电感量越小，电流开始断续的 α 值就越小。

对于直流电动机和蓄电池等反电动势负载，由于反电动势的作用，使整流电路中晶闸管导通的时间缩短，相应的负载电流出现断续，脉动程度高。为解决这一问题，往往在反电动势负载侧串接一平波电抗器，利用电感平稳电流的作用来减少负载电流的脉动并延长晶闸管的导通时间。只要电感足够大，电流就会连续，直流输出电压和电流就与电感性负载时一样。

二、单相桥式半控整流电路

在单相桥式全控整流电路中，由于每次都要同时触发两只晶闸管，因此线路较为复杂。为了简化电路，实际上可以采用一只晶闸管来控制导电回路，然后用一只整流二极管来代替另一只晶闸管。所以把图 1-28 中的 VT_3 和 VT_4 换成二极管 VD_3 和 VD_4，就形成了单相桥式半控整流电路，如图 1-31 所示。

1. 电阻性负载

单相半控桥式整流电路带电阻性负载时的电路如图 1-31 所示。工作情况同桥式全控整流电路相似，两只晶闸管仍是共阴极连接，即使同时触发两只管子，也只能是阳极电位高的晶闸管导通。而两只二极管是共阳极连接，总是阴极电位低的二极管导通，因此，在电源 u_2 正半周一定是 VD_4 正偏，在 u_2 负半周一定是 VD_3 正偏。所以，在电源正半周时，触发晶闸管 VT_1 导通，二极管 VD_4 正偏导通，电流由电源 a 端经 VT_1 和负载 R_{d} 及 VD_4，回电源 b

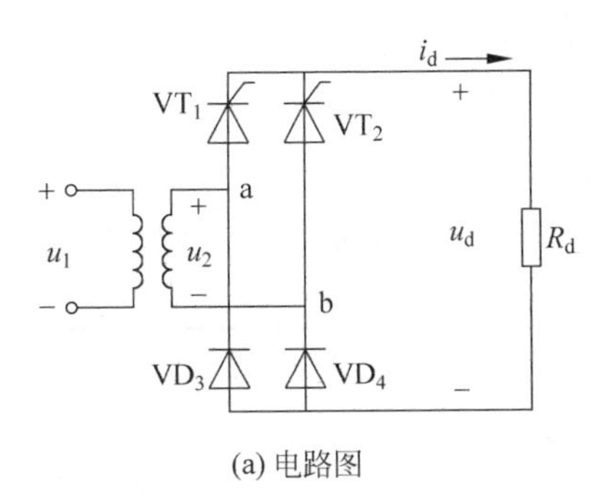

(a) 电路图

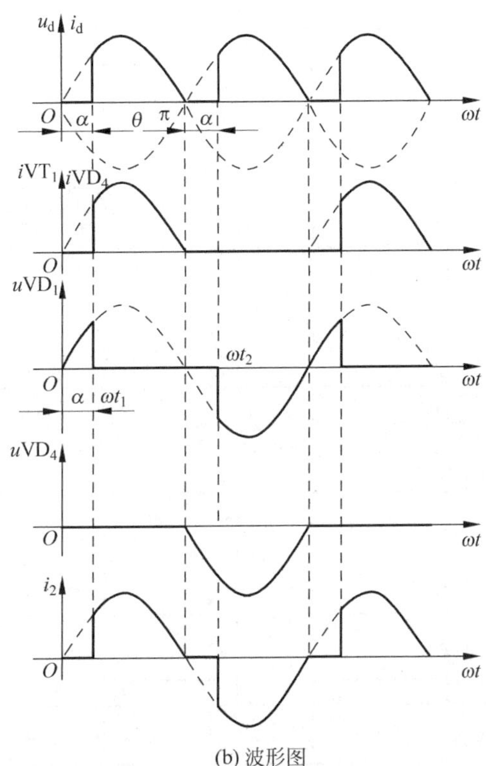

(b) 波形图

图 1-31　单相桥式半控整流电路带电阻性负载

端，若忽略两管的正向导通压降，则负载上得到的直流输出电压就是电源电压 u_2，即 $u_d=u_2$。在电源负半周时，触发 VT_2 导通，电流由电源 b 端经 VT_2 和负载 R_d 及 VD_3，回电源 a 端，输出仍是 $u_d=u_2$，只不过在负载上的方向没变。在负载上得到的输出波形（如图 1-31(b)所示）与全控桥带电阻性负载时是一样的。

单相半控桥式整流电路带电阻性负载电路参数的计算如下。

① 输出电压的平均值：同公式(1-19)，α 的移相范围是 0～180°。

② 负载电流平均值：同公式(1-20)。

③ 流过一只晶闸管和整流二极管的电流的平均值和有效值的计算公式：

$$I_{dT}=I_{dD}=\frac{1}{2}I_d,\quad I_T=\frac{1}{\sqrt{2}}I$$

④ 晶闸管可能承受的最大电压为 $U_{TM}=\sqrt{2}U_2$。

2. 电感性负载(不带续流二极管)

单相半控桥式整流电路带电感性负载时的电路和波形如图 1-32 所示。

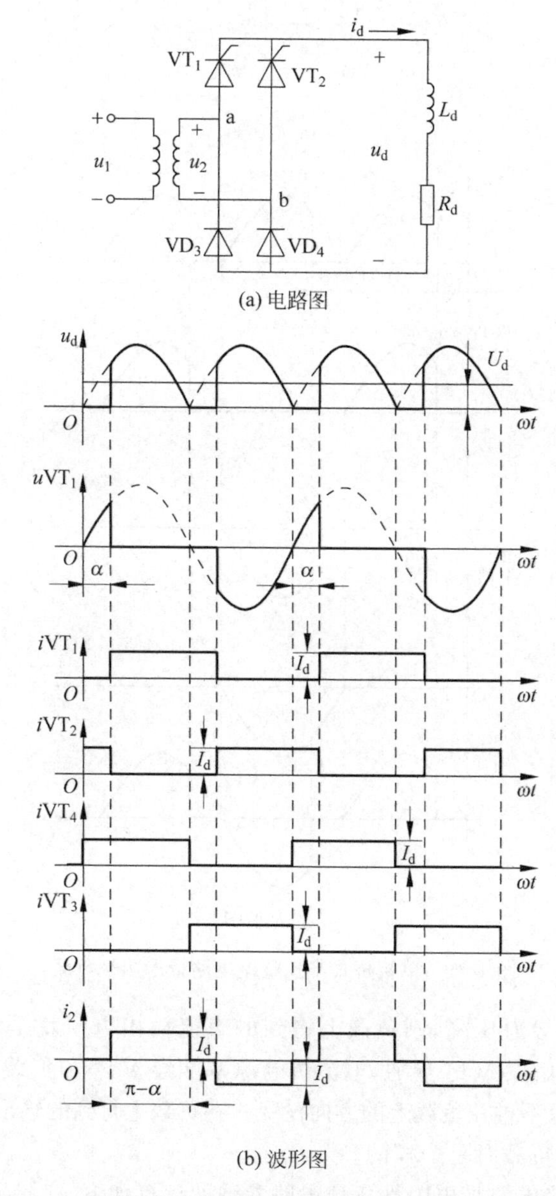

图 1-32 单相桥式半控整流电路带电感性负载的电路和波形

① 在交流电源的正半周区间内,二极管 VD_4 处于正偏状态,在相当于控制角 α 的时刻给晶闸管加脉冲,则电源由 a 端经 VT_1 和 VD_4 向负载供电,负载上得到的电压 $u_d=u_2$,方向为上正下负。

② 电源 u_2 过零变负时,由于电感自感电动势的作用,会使晶闸管继续导通,但此时二极管 VD_3 的阴极电位变的比 VD_4 的要低,所以电流由 VD_4 换流到了 VD_3。此时,负载电流

经 VT_1、R_d 和 VD_3 续流，而没有经过交流电源。因此，负载上得到的电压为 VT_1 和 VD_3 的正向压降，接近为零，这就是单相桥式半控整流电路的自然续流现象。

③ 在 u_2 负半周相同 α 角处($\omega t=\pi+\alpha$)，触发管子 VT_2，由于 VT_2 的阳极电位高于 VT_1 的阳极电位，所以，VT_1 换流给了 VT_2，电源经 VT_2 和 VD_3 向负载供电，直流输出电压也为电源电压，方向上正下负。

④ 同样，当 u_2 由负变正时，又改为 VT_2 和 VD_4 续流，输出又为零。

单相桥式半控整流电路带大电感负载时的工作特点：电路输出电压的波形与带电阻性负载时一样，但直流输出电流的波形由于电感的平波作用而变为一条直线。晶闸管在触发时刻换流，二极管则在电源过零时刻换流；电路本身就具有自然续流作用，负载电流可以在电路内部换流，所以，即使没有续流二极管，输出也没有负电压，与全控桥电路时不一样。

虽然此电路看起来不用像全控桥一样接续流二极管也能工作，但实际上若突然关断触发电路或突然把控制角 α 增大到 180°时，电路会发生失控现象。失控后，即使去掉触发电路，电路也会出现正在导通的晶闸管一直导通，而两只二极管轮流导通的情况，使 u_d 仍会有输出，但波形是单相半波不可控的整流波形，这就是所谓的失控现象。

三、单相桥式半控整流电路带电感性负载(加续流二极管)

为解决失控现象，单相桥式半控整流电路带电感性负载时，仍需在负载两端并接续流二极管 VD。这样，当电源电压过零变负时，负载电流经续流二极管续流，使直流输出接近于零，迫使原导通的晶闸管关断。加了续流二极管后的电路及波形如图 1-33 所示。

加了续流二极管后，单相全控桥式整流电路带电感性负载电路参数的计算如下。

① 输出电压平均值的计算公式同式(1-19)，α 的移相范围是 0～180°。

② 负载电流平均值的计算公式同式(1-20)。

③ 流过一只晶闸管和整流二极管的电流的平均值和有效值的计算公式：

$$I_{dT}=I_{dD}=\frac{\pi-\alpha}{2\pi}I_d \tag{1-28}$$

$$I_T=I_D=\sqrt{\frac{\pi-\alpha}{2\pi}}I_d \tag{1-29}$$

④ 流过续流二极管的电流的平均值和有效值分别为：

$$I_{dDR}=\frac{2\alpha}{2\pi}I_d=\frac{\alpha}{\pi}I_d \tag{1-30}$$

$$I_{DR}=\sqrt{\frac{\alpha}{\pi}}I_d \tag{1-31}$$

⑤ 晶闸管可能承受的最大电压为

$$U_{TM}=\sqrt{2}U_2$$

由于半控电路本身具有续流作用，所以从电能转换来看，半控电路只能将交流电变为直流电能，而直流电能不能返回到交流电能中去，即能量只能单方向传递。同理，带续流二极管的全控电路能量也只能单方向传递。

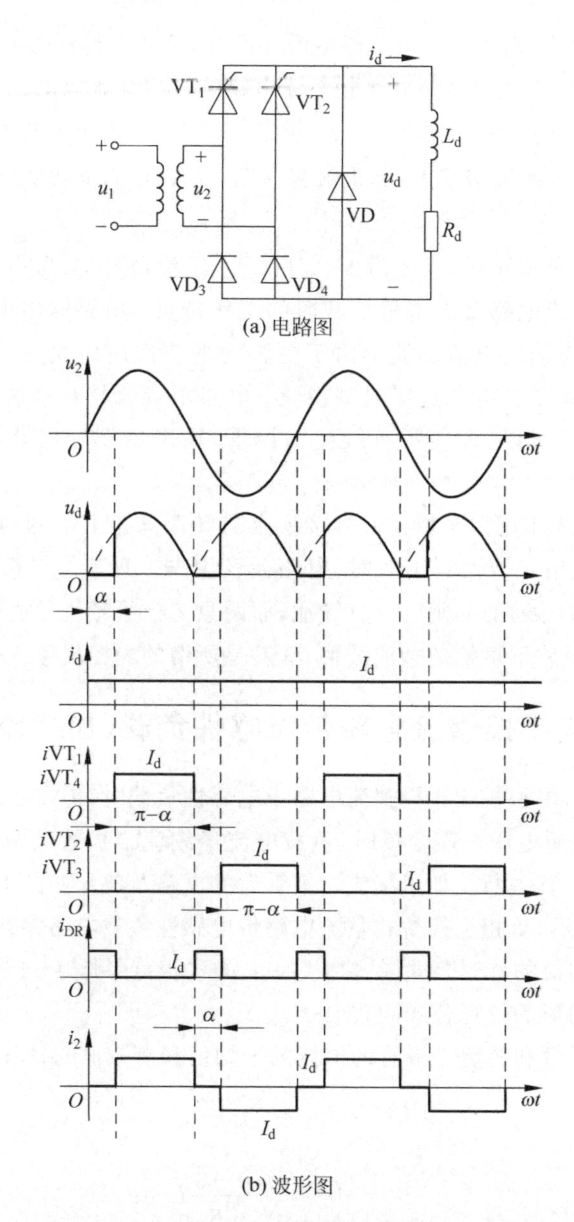

图 1-33 单相桥式半控整流电路带电感性负载(加续流二极管)的电路及波形

任务六 调光灯电路的分析与设计

一、主电路拓扑采用单相半波整流电路的调光灯电路

1. 电路原理分析

主电路拓扑为单相半波整流电路,其电路原理在上文中已经分析,此处只分析控制触发电路。图 1-34 为采用单相半波整流电路的调光灯电路。在该电路拓扑中,主电路采用的是

单相半波整流电路，主电路开关器件是晶闸管。触发电路是由单结晶体管组成的自激振荡电路，它由同步(降压)变压器、不可控全桥整流电路、限流电阻、稳压管、RC充放电电路等组成。

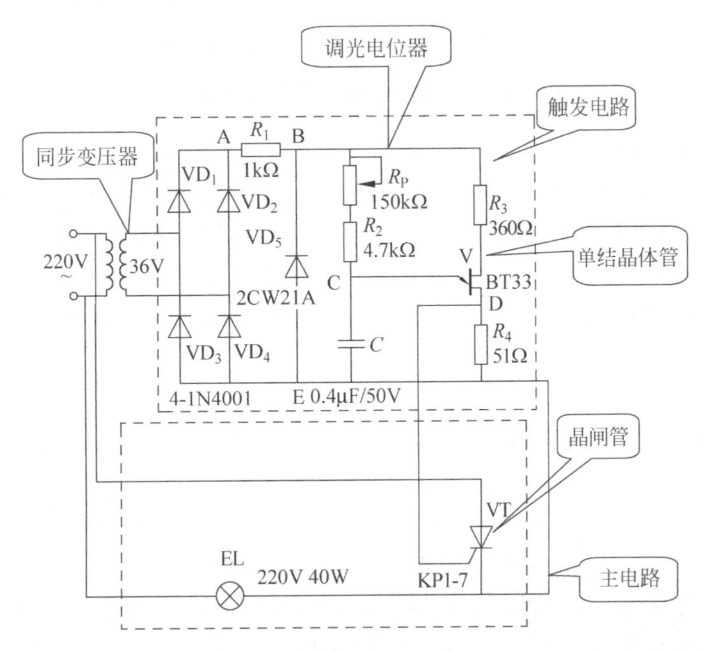

图 1-34　由单相半波整流电路组成的调光灯电路

1）触发电路

通过前文可知，由单结晶体管组成的自激振荡电路产生的尖脉冲能使晶闸管触发导通，但不能直接用于触发晶闸管，还应保证触发脉冲与晶闸管的阳极电压同步。触发电路分为同步电路和脉冲移相与形成电路两部分组成的。

(1) 同步电路

触发脉冲信号与主电路电源电压在频率和相位上相互协调(触发信号的频率与主电路的频率保持一致或固定比例，触发信号的相位与主电路的相位保持一定相差)的关系叫同步。

例如，在单相半波可控整流电路中，触发脉冲应出现在电源电压正半周范围内，而且每个周期的触发角相同，确保电路输出波形不变，输出电压稳定。对于图 1-34 所示的调光灯电路，触发脉冲应出现在电源电压正半周范围内，而且每个周期的 α 角相同，确保电路输出波形不变，输出电压稳定。

同步电路由同步变压器、不可控整流桥式电路(四个二极管 $VD_1 \sim VD_4$)、电阻 R_1 及稳压管 VD_5 组成。同步变压器一次侧与晶闸管整流电路接在同一相电源上，交流电压经同步变压器降压、单相不可控桥式整流后再经过稳压管稳压削波形成一梯形波电压，作为触发电路的供电电压。梯形波电压零点与晶闸管阳极电压过零点一致，从而实现触发电路与整流主电路的同步。

同步电路的相关波形如图 1-35 所示，其中图 1-35(a)为不可控桥式整流后的输出电压波形，图 1-35(b)为削波后的梯形波电压波形。

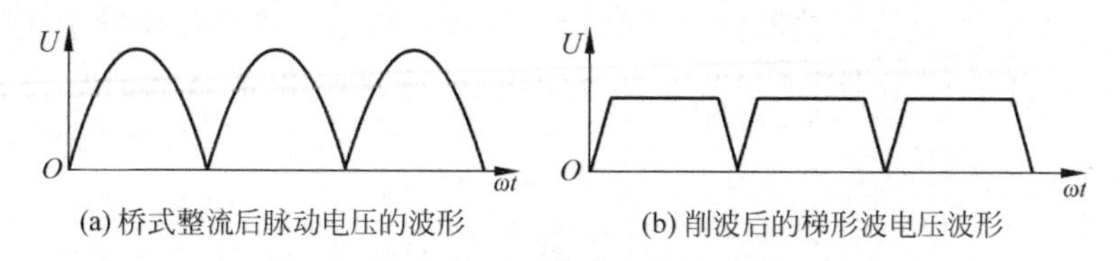

(a) 桥式整流后脉动电压的波形　(b) 削波后的梯形波电压波形

图 1-35 触发电路的同步信号波形

(2) 脉冲移相与形成

脉冲移相与形成电路实际上是张驰振荡电路，脉冲移相由电阻 R_E(由 R_P 与 R_2 串联电阻之和)和电容 C 组成，脉冲形成由单结晶体管、温补电阻 R_3、输出电阻 R_4 组成。改变张驰振荡电路中的充电电阻的阻值，就可以改变充电的时间常数($\tau_C = R_E C$)，图中用电位器 R_P 来实现这一变化。例如：$R_P \uparrow \rightarrow \tau_C \uparrow \rightarrow$ 出现第一个脉冲的时间后移 $\rightarrow \alpha \uparrow \rightarrow U_d \downarrow \rightarrow$ 调光灯变暗。

2) 波形分析

由于电容每半个周期在电源电压过零点从零开始充电，当电容两端的电压上升到单结晶体管峰点电压 U_p 时，单结晶体管导通，电容通过单结晶体管和电阻 R_4 放电，在 R_4 两端产生一个尖脉冲波作为晶闸管的触发脉冲，当放电到 U_V 时单结晶体管截止，然后又由 U_V 开始充电。如此反复，直到电源电压减小到零，结束半个周期，$U_c = 0$，从而获得一系列的尖脉冲电压 u_g，但只有第一个脉冲起到触发晶闸管的作用，一旦晶闸管被触发，后面的脉冲不再起作用。电容电压的波形(图 1-34 中“C”点)如图 1-36(a)所示，输出电压波形如图 1-36(b)所示。电容的容量和充电电阻 R_E 的大小决定了电容两端的电压从零上升到单结晶体管峰点电压的时间，因此本项目中的触发电路无法实现在电源电压过零点即 $\alpha = 0$ 时送出触发脉冲。

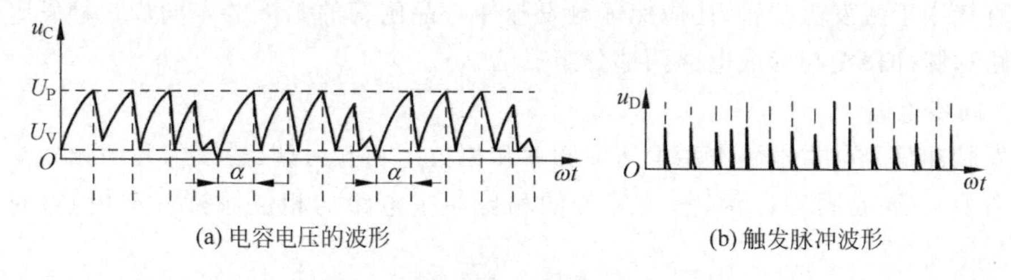

(a) 电容电压的波形　(b) 触发脉冲波形

图 1-36 电容电压以及输出电压波形

2. 电路关键参数的选择

1) 触发电路各元件参数的选择

(1) 充电电阻 $\boldsymbol{R_E}$ 的选择

应该注意，当 R_E 的值太大或太小时，不能使电路振荡。当 R_E 太大时，较小的发射极电流 I_E 能在 R_E 上产生大的压降，使电容两端的电压 U_C 升不到峰点电压 U_p，单结晶体管就不能工作到负阻区。当 R_E 太小时，单结晶体管导通后的 I_E 将一直大于 I_V，单结晶体管不能关断。欲使电路振荡，R_E 的值应满足下列条件：

$$\frac{E - U_P}{I_P} \geqslant R_E \geqslant \frac{E - U_V}{I_V} \tag{1-32}$$

式(1-32)中，E——加于触发电路两端的电源电压；

U_V——单结晶体管的谷点电压；

I_V——单结晶体管的谷点电流；

U_P——单结晶体管的峰点电压；

I_P——单结晶体管的峰点电流。

如忽略电容的放电时间，上述电路的自振荡频率近似为

$$f=\frac{1}{T}=\frac{1}{R_E C\ln\left(\frac{1}{1-\eta}\right)} \tag{1-33}$$

(2) 电阻 $\boldsymbol{R}_3$ 的选择

电阻 R_3 是用来补偿温度对峰点电压 U_P 的影响，通常取值范围为 200～600Ω。

(3) 输出电阻 $\boldsymbol{R}_4$ 的选择

输出电阻 $\boldsymbol{R}_4$ 的大小将影响输出脉冲的宽度与幅值，通常取值范围为 50～100Ω。

(4) 电容 $\boldsymbol{C}$ 的选择

电容 C 的大小与脉冲宽窄有关(脉冲宽窄同时与 $\boldsymbol{R}_E$ 的大小有关)，通常取值范围为 0.1～1.0μF。

2) 主电路元件参数的选择

根据图 1-34 调光灯电路中的参数，选择本项目中晶闸管的型号，设计步骤如下。

(1) 确定晶闸管的额定电压

确定单相半波可控整流调光电路晶闸管实际可能承受得的最大电压 U_{TM} 为单相半波电路电压有效值的 $\sqrt{2}$ 倍，考虑 2～3 倍的裕量额定电压为 $(2\sim3)U_{TM}$。

(2) 确定晶闸管的额定电流

根据白炽灯的功率额定值(假定调光灯功率为 40W)计算出其阻值的大小为：

$$R_d=\frac{220^2}{40}=1210\Omega$$

确定流过晶闸管电流的有效值：在单相半波可控整流调光电路中，当 $\alpha=0$ 时，流过晶闸管的电流最大，且电流的有效值是平均值的 1.57 倍。由前面的分析可以得到流过晶闸管的平均电流 $I_d=0.45U_2/R_d$。

由此可得，当 $\alpha=0$ 时流过晶闸管电流的最大有效值 $I_{Tm}=1.57I_d$。

考虑 1.5～2 倍的余量，则晶闸管的有效值为 $(1.5\sim2)I_{Tm}$。

确定晶闸管的额定电流 $I_{T(AV)}\geqslant(1.5\sim2)I_{Tm}/1.57$。

根据晶闸管的电压电流参数定额确定晶闸管的型号(在晶闸管型号参数表中按照临近就高原则选取晶闸管的型号)。

二、其他调光灯电路

1. 由双向晶闸管组成的简易调光灯电路

图 1-37 是一个典型的双向晶闸管调光灯电路，电位器 R_P 和电阻 R_1、R_2 与电容 C_2 构成移相触发网络，当 C_2 的端电压上升到双向触发二极管 VD_H(双向触发二极管具有对称击穿

特性，不分极性，这种二极管两端电压达到击穿电压数值，击穿电压通常为 30V 左右）的击穿电压时，VD_H 击穿导通，双向可控硅 TRIAC 被触发导通，灯泡点亮。调节 R_P 可改变 C_2 的充电时间常数，双向晶闸管 TRAIC 的导通角随之改变，改变了灯泡两端的电压，也就改变了流过灯泡的电流，结果使得白炽灯的亮度随着 R_P 的调节而变化。

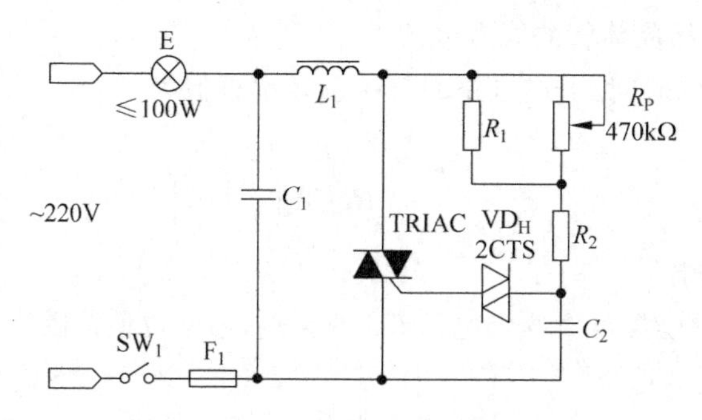

图 1-37　双向晶闸管的简易触发电路

简易调光灯电路的设计注意事项：

① 双向晶闸管　一旦被触发导通后，双向晶闸管将持续导通到交流电压过零时才会截止。晶闸管承担着流过白炽灯的工作电流，由于白炽灯在冷态时的电阻值非常低，再考虑到交流电压的峰值，为避免开机时的大电流冲击，选用可控硅时要留有较大的电流余量。

② 触发电路　触发脉冲应该有足够的幅度和宽度才能使晶闸管完全导通，为了保证晶闸管在各种条件下均能可靠触发，触发电路所送出的触发电压和电流必须大于晶闸管的触发电压 U_{GT} 与触发电流 I_{GT} 的最小值，并且触发脉冲的最小宽度要持续到阳极电流上升到维持电流（擎住电流 I_L）以上，否则晶闸管会因为没有完全导通而重新关断，这就是我们经常看到的闪烁现象。

③ 保护电阻　R_2 是保护电阻，用来防止 R_P 调整到零电阻时，过大的电流造成半导体器件的损坏。R_2 太大又会造成可调光范围变小，所以应适当选择。

④ 功率调整电阻　R_1 决定白炽灯可调节到的最小功率，若不接入 R_1，则在 R_P 调整到最大值时，白炽灯将完全熄灭，这在家庭应用中会造成一定不便。接入 R_1 后，当 R_P 调整到最大值时，由于 R_1 的并联分流作用，仍有一定电流给 C_2 充电，实现白炽灯的最小功率可以调节，若将 R_1 换为可变电阻器，则可实现更精确的调节。同时 R_1 还有改善电位器线性的作用，使灯光变化更适合人眼的感光特性。

⑤ 电位器　小功率调光器一般都选择带开关的电位器，在调光至最小时可以联动切断电源，这种电位器通常分为推动式（PUSH）和旋转式（ROTARY）两种。对于功率较大的调光器，由于开关触点通过的电流太大，一般将电位器和开关分开安装，以节省材料成本。考虑到调光特性曲线的要求，一般都选择线性电位器，这种电位器的电阻带是均匀分布的，单位长度的阻值相等，其阻值变化与滑动距离或转角成直线关系。

⑥ 滤波网络　由于通过晶闸管（或双向晶闸管）调节后的电压不再呈现正弦波形，由此产生大量谐波干扰，严重污染电网系统，所以要采取有效的滤波措施来降低谐波污染。图 1-37 中 L_1 和 C_1 构成的滤波网络用来消除晶闸管工作时产生的这种干扰，以便使产品符合相关的电磁兼容要求，避免对电视机、收音机等设备的影响。

⑦ 温度保险丝　对于大功率的调光器或用于组群安装的调光器，内部温升比平时要

高，在电路中安装一只温度保险，可以在异常温升时切断电路，防止灾害事故的发生。

⑧ 最小负载限制　使用晶闸管调光器时，当负载小于一定功率时，灯泡就会出现闪烁现象，这是由于晶闸管的最小维持电流不足所引起的。由于不同型号的晶闸管的最小维持电流并不一致，所以生产厂家都会在产品说明上标示出适用的最小负载功率限制，在使用时必须注意这个问题。

⑨ 白炽灯的闪烁　人眼的瞳孔会随外界亮度的变化而调节大小，以控制进入眼睛的光线强度，但这个调节速度与景物的变化有一个约 50～200ms 的时间差，目的是用来防止外界亮度快速变化引起的眼部肌肉疲劳，人眼的这个特性称为“视觉暂留”。白炽灯使用的是交变的 50Hz 电压，由于交流电的正负半波都会使白炽灯发光，所以白炽灯在 1s 内要闪烁 100 次，也就是闪烁周期是 10ms，这个时间小于人眼的最小视觉暂留时间，同时由于灯丝发光后的热惰性较大，所以人眼很难感觉到白炽灯的闪烁存在。

⑩ 调光器的噪声　使用双向晶闸管调光器控制白炽灯时，我们经常会感觉到一种轻微的嗡嗡声，这是双向可控硅调光器的固有特点，它产生的原因如下：晶闸管调光器在输入端加有一个 LC 滤波器，它的作用是用来吸收可控硅的开关噪声，平滑周期性开关导致的电压波动，防止调光器对外界产生谐波干扰。LC 滤波器中的电感器在 100Hz 的大电流（以 50Hz 电源为例）流过时，由于磁芯振荡，就会发出嗡嗡声。特别是当灯泡调至最亮时，100Hz 的电流呈最大值，调光器发出的嗡嗡声就更加明显，这是不可避免的一个电路特性。在正常情况下，磁芯发出的噪声是在可接受的范围内，倘若噪声太大，在设计阶段可以通过更换磁芯材质或加大磁芯尺寸来解决这一问题，对于用户来说，更换一个更大功率的调光器通常也能消除这种噪声。

2. 由双向触发二极管和晶闸管组成的简易调光灯电路

图 1-38 所示是一个由双向触发二极管和晶闸管组成的简易调光灯电路。主电路工作原理：由 220V 交流电经 VD_1～VD_4 桥式整流成为 100Hz 脉动直流电，再经灯泡 E 加到晶闸管 VT 的阳极与阴极间。

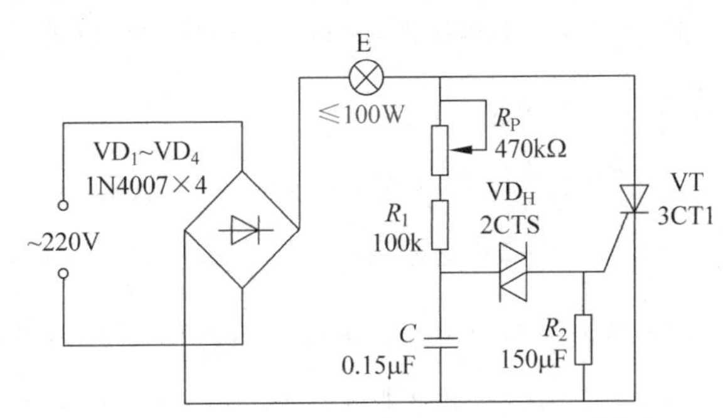

图 1-38　双向晶闸管的简易触发电路

触发控制电路工作原理：在电源的每个半周期内，通过 R_P、R_1 向电容 C 充电，当 C 两端充电电压达到双向触发二极管 VD_H 的击穿电压时就导通时就导通，C 向 R_2 放电，在 R_2 两端即形成尖脉冲加到 VT 的门极，使 VT 开通，E 通电发光。VT 开通后，其阳-阴极间电压降为 1V 左右，当交流电过零时，VT 关断，待下一周期，电容 C 又充电，重复上述过程。

所以调节电位器 R_P 可改变电容 C 充电时间的快慢，从而可控制灯泡 E 上电压的平均值，使亮度可调。

任务七　了解带电容滤波的单相不可控整流电路（拓展）

目前大量普及的微机、电视机等家电产品中所采用的开关电源中，其整流部份多是单相桥式不可控整流电路，因此有必要对电容滤波的不可控整流电路进行了解。由于电路中的整流器件采用的是整流二极管，故也称这类电路为二极管整流电路。

一、工作原理

图 1-39 为仅用电容滤波的单相不可控整流电路。在分析时将时间坐标取在 u_2 正半周和 u_d 的交点处，见图 1-39(b)。当 $u_2 < u_d$ 时，二极管 VD_1、VD_2、VD_3、VD_4 均不导通，电容 C 放电，向负载 R_d 提供电流，u_d 下降。$\omega t = 0$ 后，$u_2 > u_d$，VD_1、VD_4 导通，交流电源向电容 C 充电，同时也向负载 R_d 供电。设 u_2 正半周过零点与 VD_1、VD_2 开始导通时刻相差的角度为 δ，则 u_2 可用下式表示：

$$u_2 = \sqrt{2}U_2 \sin(\omega t + \delta) \tag{1-34}$$

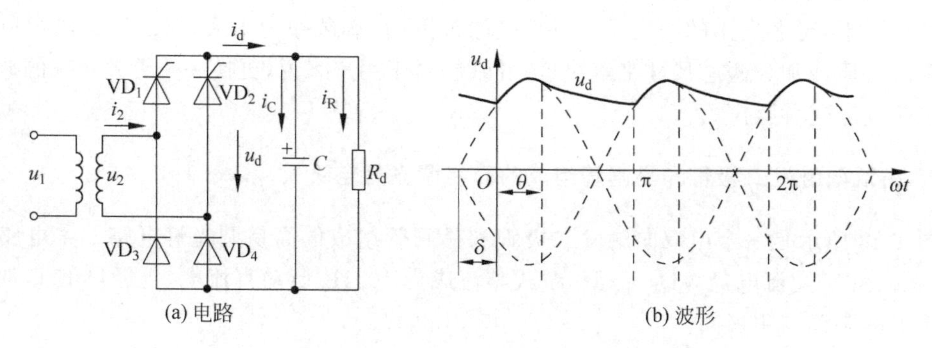

图 1-39　仅用电容滤波的单相桥式不可控整流电路

在 VD_1、VD_2 导通时间内，下式成立：

$$\begin{cases} u_d(0) = \sqrt{2}U_2 \sin\delta \\ u_d(0) + \dfrac{1}{C}\displaystyle\int_0 i_C \, dt = u_2 \end{cases} \tag{1-35}$$

式中，$u_d(0)$ 为 VD_1 与 VD_4 开始导通时刻直流侧电压值。将 u_2 代入并求解得

$$i_C = \sqrt{2}\omega C U_2 \cos(\omega t + \delta) \tag{1-36}$$

而负载电流为

$$i_R = \frac{u_2}{R} = \frac{\sqrt{2}U_2}{R}\sin(\omega t + \delta) \tag{1-37}$$

于是

$$i_d = i_C + i_R = \sqrt{2}\omega C U_2 \cos(\omega t + \delta) + \frac{\sqrt{2}U_2}{R}\sin(\omega t + \delta) \tag{1-38}$$

设 VD_1 和 VD_4 的导通角为 θ，则当 $\omega t=\theta$ 时，VD_1 和 VD_4 关断，将 $i_d(\theta)=0$ 代入式(1-38)，得

$$\tan(\theta+\delta)=-\omega RC \tag{1-39}$$

二极管导通后 u_2 开始向 C 充电时的 u_d 与二极管关断后 C 放电结束时的 u_d 相等，则有：

$$\sqrt{2}U_2\sin(\theta+\delta)\cdot e^{-\frac{\pi-\theta}{\omega RC}}=\sqrt{2}U_2\sin\delta \tag{1-40}$$

注意到 $\delta+\theta$ 为第二象限的角，由式(1-39)和式(1-40)可得

$$\pi-\delta=\theta+\arctan(\omega RC) \tag{1-41}$$

$$\frac{\omega RC}{\sqrt{(\omega RC)^2+1}}\cdot e^{-\frac{\arctan(\omega RC)}{\omega RC}}\cdot e^{-\frac{\theta}{\omega RC}}=\sin\theta \tag{1-42}$$

在 ωRC 已知时，即可由式(1-41)、式(1-42)求出 δ 和 θ。显然 δ 和 θ 仅由乘积 ωRC 决定。表 1-6 表示了起始导电角 δ、导通角 θ、u_d/u_2 与 ωRC 的函数关系。

表 1-6　起始导电角 δ、导通角 θ、u_d/u_2 与 ωRC 的函数关系

ωRC	0($C=0$)	1	5	10	40	100	500	∞(空载)
δ(°)	0	14.5	40.3	51.7	69	75.3	83.7	90
θ(°)	180	120.5	61	44	22.5	14.3	5.4	0
U_d/U_2	0.9	0.96	1.18	1.27	1.36	1.39	1.4	1.414

二、主要的数量关系

1. 输出电压平均值

整流电压平均值 u_d 可根据前述波形及有关计算公式推导得出，但推导过程烦琐。空载时 $R=\infty$，放电时间常数为无穷大，输出电压最大为相电压的峰值，$U_d=\sqrt{2}U_2$；重载时，u_d 逐渐趋近于 $0.9u_2$，即趋近于接近电阻负载时的特性。

通常在设计时根据负载的情况选择电容 C 值，使 $RC\geqslant(3\sim5)T/2$，T 为交流电源的周期。此时输出电压为：

$$U_d\approx1.2U_2$$

2. 电流平均值

输出电流平均值为 $I_R=u_d/R$。在稳态时，电容 C 在一个周期内吸收的能量和释放的能量相等，其电压平均值保持不变。相应地，流经电容的电流在一周期内的平均值为零，又由 $i_d=i_c+i_R$ 得出

$$I_d=I_R$$

二极管电流 i_D 平均值为 $I_D=I_d/2=I_R/2$。

3. 二极管承受的电压

二极管承受的反向电压最大值为变压器二次侧电压的峰值 $\sqrt{2}U_2$。

感容滤波的二极管整流电路见图 1-40，由图可见 u_d 波形更平直，电流 i_2 的上升段平缓了许多，这对于电路的工作是有利的。

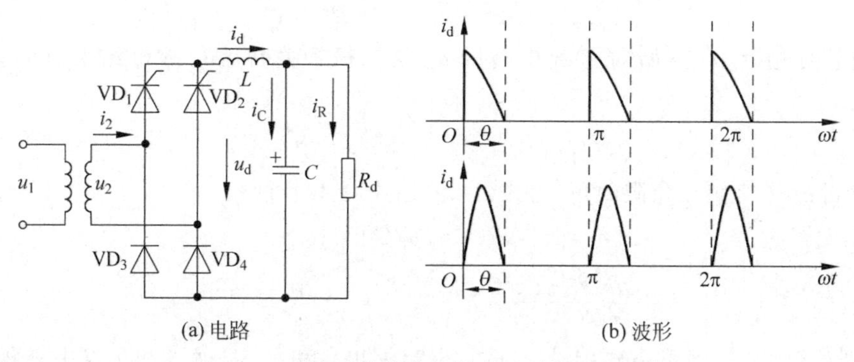

(a) 电路　　(b) 波形

图 1-40　感容滤波的单相桥式不可控整流电路

【项目小结】

调光灯在日常生活中的应用非常广泛。本项目主要介绍了晶闸管、单相半波可控整流电路、双向晶闸管、单结晶体管触发电路等内容，此外还介绍了单相全控桥式整流电路以及带电容滤波的单相不可控整流电路。

晶闸管是学习电力电子技术的基础，双向晶闸管是晶闸管众多派生器件中应用最广泛的器件之一。完成本项目的学习后，学生能够掌握晶闸管、双向晶闸管、单结晶体管的工作原理，用万用表测试晶闸管和单结晶体管质量的好坏，使学生能够理解调光灯电路的工作原理，分析单相半波整流电路、单相全桥整流电路和单结晶体管触发电路的工作原理，掌握分析电路的方法，掌握触发电路与主电路电压同步的基本概念。

思考与练习一

1-1　晶闸管的导通条件是什么？导通后流过晶闸管的电流和负载上的电压由什么决定？各为多少？

1-2　晶闸管的关断条件是什么？如何实现？晶闸管处于阻断状态时其两端的电压大小由什么决定？

1-3　调试图 1-41 所示晶闸管电路，在断开负载 R 测量输出电压 U_d 是否可调时，发现电压表读数不正常，接上 R_d 后一切正常，请分析为什么？

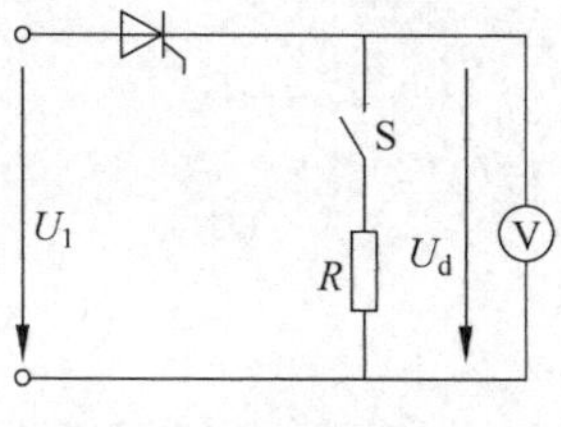

图 1-41　习题 1-3 图

1-4　如何用万用表判断晶闸管的好坏？

1-5　画出图 1-42 所示电路电阻 R_d 上的电压波形(不考虑管子的导通压降)。

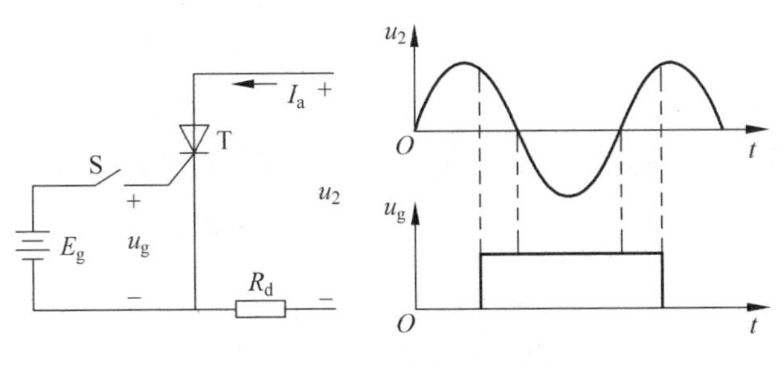

图 1-42　习题 1-5 图

1-6　型号为 KP100-3、维持电流 $I_H = 3mA$ 的晶闸管，分别使用在图 1-43 所示的三个电路中是否合理？为什么(不考虑电压、电流裕量)？

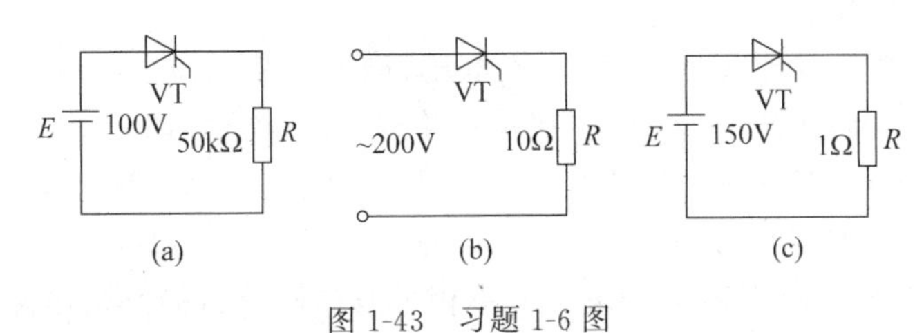

图 1-43　习题 1-6 图

1-7　图 1-44 中实线部分表示流过晶闸管的电流波形，其为正弦双半波波形，其最大值为 I_m，试计算图中的电流平均值、电流有效值和波形系数。如不考虑安全裕量，问额定电流 100A 的晶闸管允许流过的平均电流是多少？

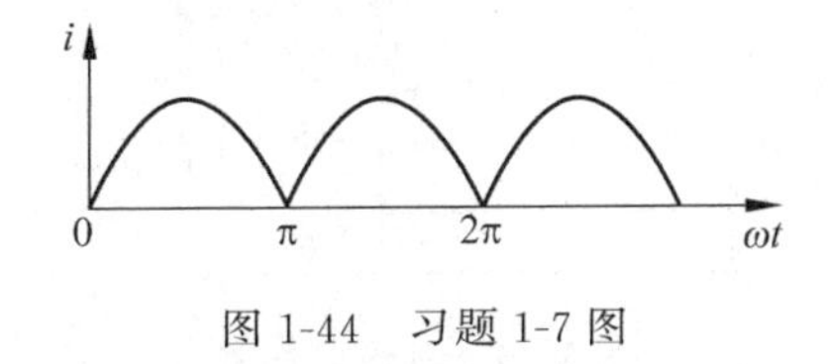

图 1-44　习题 1-7 图

1-8　某晶闸管型号规格为 KP200-8D，试问型号规格代表什么意义？

1-9　名词解释

控制角(移相角)、导通角、移相、移相范围

1-10　双向晶闸管额定电流的定义和普通晶闸管额定电流的定义有何不同？额定电流为 200A 的两只普通晶闸管反并联可以用额定电流为多少的双向晶闸管代替？

1-11　如图 1-45 所示的电路，指出双向晶闸管的触发方式。

1-12　有一单相半波可控整流电路，带电阻性负载 $R_d = 10\Omega$，交流电源直接从 220V 电网获得，控制角 $\alpha = 60°$，试求：

(1) 输出电压平均值 U_d；

(2) 整流电流的平均值和电流的有效值。

1-13　单相半波整流电路，如门极不加触发脉冲；晶闸管内部短路；晶闸管内部断开。试分析上述 3 种情况下晶闸管两端电压和负载两端电压波形。

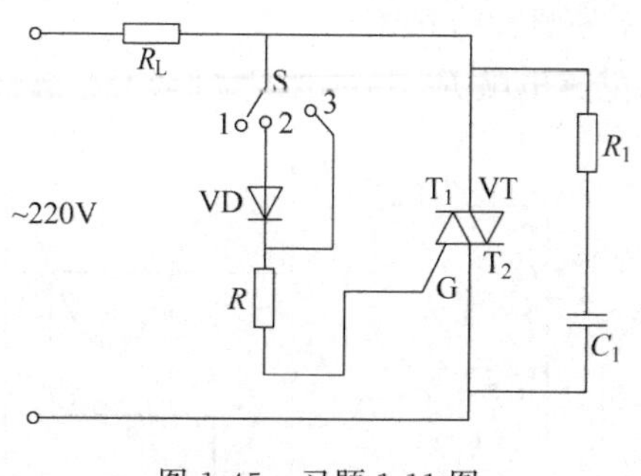

图 1-45 习题 1-11 图

1-14 画出单相半波可控整流电路，当 $\alpha=60°$时，以下三种情况的 u_d、i_T 及 u_T 的波形。

(1) 电阻性负载。

(2) 大电感负载不接续流二极管。

(3) 大电感负载接续流二极管。

1-15 某电阻性负载要求 0～24V 直流电压，最大负载电流 $I_d=30A$，如用 220V 交流直接供电与用变压器降压到 60V 供电，都采用单相半波整流电路，是否都能满足要求？试比较两种供电方案所选晶闸管的导通角、额定电压、额定电流值以及电源和变压器二次侧的功率因数以及对电源的容量的要求有何不同，两种方案哪种更合理(考虑 2 倍裕量)？

1-16 图 1-46 是中小型发电机采用的单相半波晶闸管自激励磁电路，L 为励磁电感，发电机满载时相电压为 220V，要求励磁电压为 40V，励磁绕组内阻为 2Ω，电感为 0.1H，试求满足励磁要求时，晶闸管的导通角及流过晶闸管与续流二极管的电流平均值和有效值。

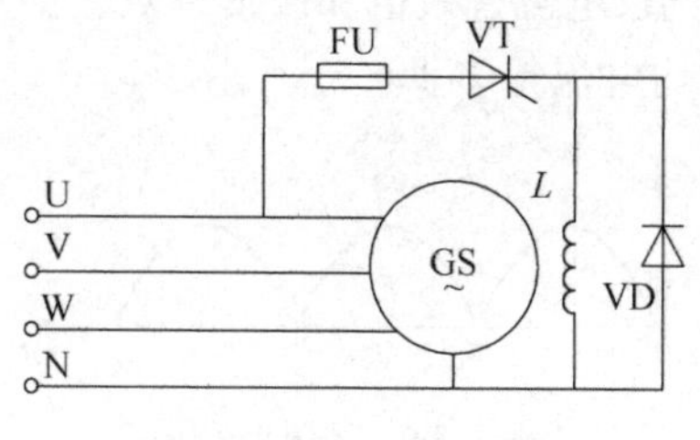

图 1-46 习题 1-16 图

1-17 单结晶体管张驰振荡电路是根据单结晶体管的什么特性进行工作的？振荡频率的高低与什么因素有关？

1-18 试述晶闸管变流装置对门极触发电路的一般要求。

1-19 单相桥式全控整流电路中，若有一只晶闸管因过电流而烧成短路，结果会怎样？若这只晶闸管烧成断路，结果又会怎样？

1-20 单相桥式全控整流电路带大电感负载时，它与单相桥式半控整流电路中的续流二极管的作用是否相同？为什么？

1-21 单相桥式全控整流电路，大电感负载，交流侧电流有效值为 220V，负载电阻 R_d 为 4Ω，计算当 $\alpha=60°$时，直流输出电压平均值 U_d、输出电流的平均值 I_d；若在负载两端并接续流二极管，其 U_d 和 I_d 又是多少？此时流过晶闸管和续流二极管的电流平均值和有效值又是多少？画出上述两种情形下的电压电流波形。

1-22 单相桥半控整流电路，对直流电动机供电，加有电感量足够大的平波电抗器和续流二极管，变压器二次侧电压 220V，若控制角 $\alpha=60°$，且此时负载电流 $I_d=30A$，计算晶闸管、整流二极管和续流二极管的电流平均值及有效值，以及变压器的二次侧电流 I_2、容量 S。

1-23　图 1-47 为单结晶体管和普通晶闸管组成的简易调光灯电路，试分析其工作原理。

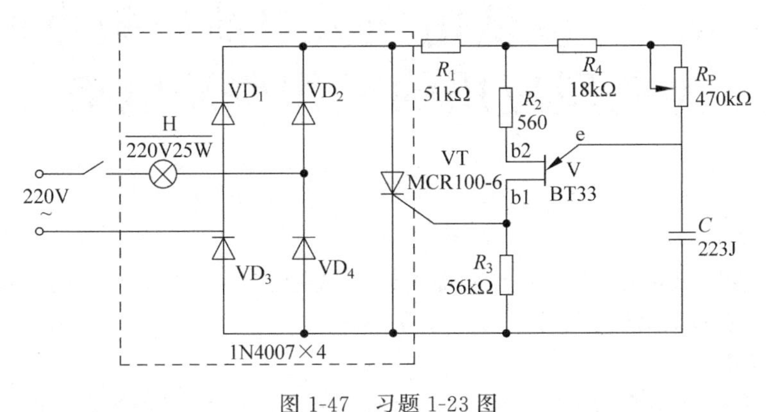

图 1-47　习题 1-23 图

项目二　以低电压大电流电镀电源为典型应用的三相整流电路

【项目聚焦】

通过晶闸管组成的低电压大电流整流电镀电源主电路为载体，介绍三相半波整流电路、三相全桥整流电路的原理及应用。

【知识目标】

【器件】 进一步熟悉和掌握晶闸管的工作原理、外部特性、极限参数和以及驱动保护等注意事项。

【电路】 能分析三相半波整流电路、三相全桥整流电路、带平衡电抗器的双反星型可控整流电路的工作原理，并能对负载、晶闸管的电压波形进行分析；能根据整流电路形式及元件参数进行输出电压、电流等参数的计算和元器件选择；熟悉可控整流电路的保护方法。

【控制】 ① 了解同步的概念及实现同步的方法；

② 了解三相半波整流电路，三相全桥整流电路的触发控制方法。

【技能目标】

① 会画出三相整流电路负载以及晶闸管两端的电压波形；

② 了解常用集成触发电路的运用及注意事项。

【拓展部分】

了解带电容滤波的三相不可控整流电路。

【学时建议】 12 学时。

【任务导入与项目分析】

电镀是采用电化学方法使金属离子还原为金属，并在金属或非金属制品表面形成符合要求的平滑、致密的金属覆盖层。电镀的基本原理：电镀电源是用来在电镀中产生电流的装置，电流通过镀槽是电镀的必要条件，镀件上的金属镀层在电流流过电镀槽时，引起电化学反应而形成。电镀过程如图 2-1 所示。从电镀的基本原理可以看出，改进镀层质量可以从两个方面入手：调整电镀溶液；改进电镀电源。现实中，广泛采用了改进电镀电源的方法。

大功率电镀工业需要低电压、大电流电源，其输出电压一般为几伏到几十伏，而输出电流可达几十千安。采用晶闸管整流器是大功率电镀电源最常用的技术。若采用三相桥式整流电路，变压器利用率高，但整流元件数量加倍，而且电流的每条通路都要经过两个整流元件，有两倍的管压降损耗，降低了整流装置的效率。此类电源整流元件的导通压降和线路

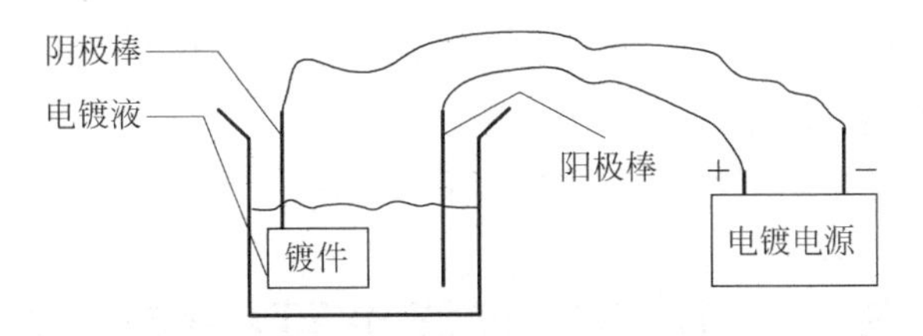

图 2-1　电镀过程示意图

压降对整流效率的影响极大，在设计时双反星型晶闸管整流器依然是首选，图 2-2 为双反星型带平衡电抗器的 6 脉冲拓扑结构的整流器。可控整流电源是一种把交流电压变换成固定或可调直流电压的装置，其工作原理是将交流电源经过由晶闸管组成的整流电路，通过移相触发改变可控硅导通角大小的方式控制输出的直流电的大小。广泛应用于冶金、化工、电解、电镀、矿山、直流电动机调压调速等大功率工业控制领域。图 2-3 是某公司生产的大功率可控硅电镀整流电源柜。

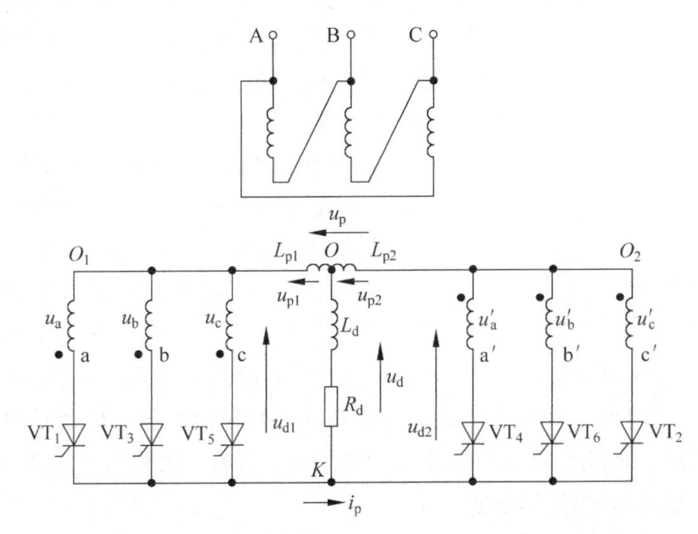

图 2-2　双反星型带平衡电抗器的 6 脉冲整流器图

图 2-3　大功率可控硅电镀整流电源柜

由图 2-2 可以看出，要了解低压大电流电镀电源的工作原理，首先要完成以下任务：

◇ 认识三相半波整流电路；

◇ 认识带平衡电抗器的双反星型可控整流电路的工作原理。

任务一　认识三相半波可控整流电路

要认识双反星型六脉冲整流器必须先了解三相半波整流电路，而三相半波整流电路是最基本的三相可控整流电路，其余三相可控整流电路都可以看作是三相半波整流电路以不同方式串联或并联组成的。

一、电阻性负载

三相半波（又称三相零式）可控整流电路如图 2-4 所示，电路的特点是：图中 T 是整流变压器，变压器二次侧接成星形连至零线，而一次侧接成三角形避免 3 次谐波流入电网。三个晶闸管的阳极分别接入 a、b、c 三相电源，三只晶闸管的阴极连在一起，接到负载的一端，称为共阴极接法，负载的另一端接到整流变压器的中线，形成回路。三相半波整流电路可以等效为 3 个并联的单相半波整流电路。

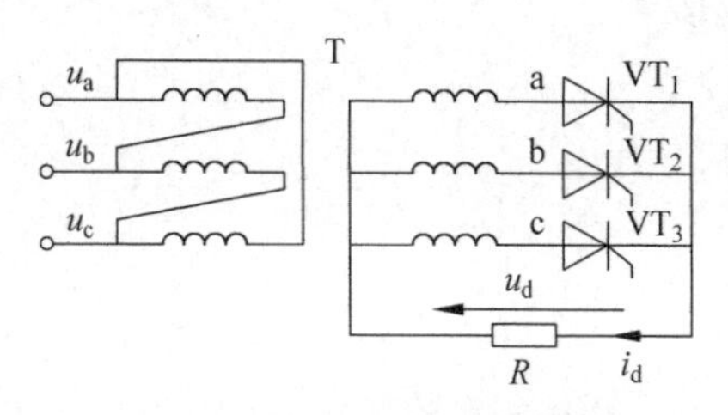

图 2-4　三相半波可控整流电路电阻性负载

在分析三相半波整流电路之前，要先认识三相整流电路的自然换流点和晶闸管共阴极接法的换相规律。自然换相点（也称自然换流点）：当把电路中所有的晶闸管用二极管（不可控元件）代替时，各二极管的导电转换点。自然换相点是各相晶闸管能触发导通的最早时刻，将其作为计算各晶闸管触发角 α 的起点，即 $\alpha=0°$ 时 $\omega t_1=30°$（ωt_1 点离 α 相相电压 u_a 的原点 $\pi/6$ 电角度的点）的点作为控制角 α 的计算起点。

共阴极接法晶闸管的换流规律：在晶闸管阴极电位相同的前提下，阳极电位更高的那相晶闸管导通。下面来分析 α 为不同角度时电路的工作原理。

1. $\alpha=0°$

三相半波可控整流电路电阻性负载 $\alpha=0°$ 时的波形如图 2-5 所示。图 2-5(a)为 $\alpha=0°$ 时的三相半波晶闸管整流电路的主电路（等效于采用二极管的三相半波不可控整流电路）；图 2-5(b)表示三相交流电 u_a、u_b 和 u_c 的波形，三相相电压正半周的交点 1、2、3 是各相之间不用控制时整流的自然换流点，也分别是二极管 VT_1、VT_2 和 VT_3 的导通起始点；图 2-5(c)表示 $\alpha=0°$ 时的触发波形；图 2-5(d)表示输出电压 u_d 的波形（i_d 的波形形状与 u_d 相同）；图 2-5(e)、图 2-5(f)分别表示流过二极管的电流和二极管两端的电压。由于整流二极管导通的唯一条件就是阳极电位高于阴极电位，而三只二极管又是共阴极连接的，且阳极所接的三相电源的相电压是不断变化的，所以哪一相的二极管导通就要看其阳极所接的相电压 u_a、u_b 和 u_c 中哪一相的瞬时值最高，则与该相连接的二极管就会导通，其余两相的二极管就会因承受反向电压而关断。例如，在图 2-5(b)中 $\omega t_1 \sim \omega t_2$ 区间，a 相的瞬时电压值 u_a 最高，因此与 a 相相连的二极管 VT_1 优先导通，所以与 b 相、c 相相连的二极管 VT_2 和 VT_3 则分别承受反向线电压 u_{ba}、u_{ca}关断。若忽略二极管的导通压降，此时，输出电压 u_d 就等于 u 相的电源电压 u_a。同理，当在 ωt_2 时，由于 b 相的电压 u_b 开始高于 a 相的电压 u_a 而变为最高，因此，电流就要由 VT_1 换流给 VT_2，VT_1 和 VT_3 又会承受反向线电压而处于阻断状态，输出电压 $u_d=u_b$。同样，在 ωt_3 以后，因 c 相电压 u_c 最高，所以 VT_3 导通，VT_1 和 VT_2 受反压而关断，输出电压 $u_d=u_c$。下一周期又重复上述过程。

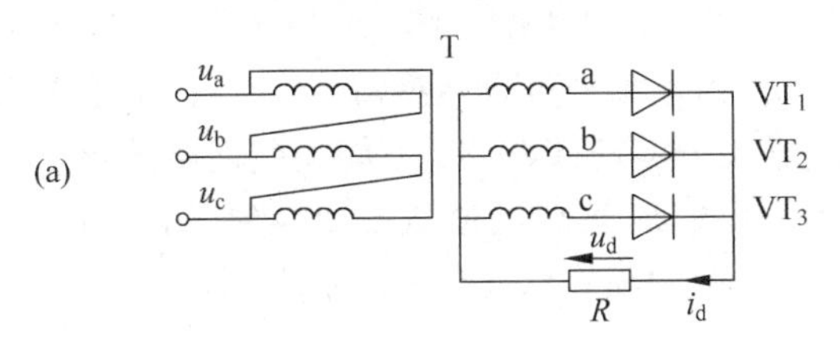

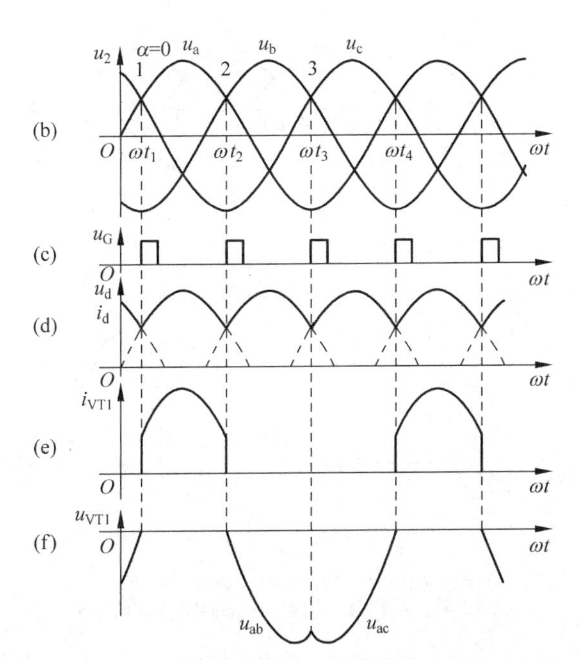

(a) 电路；(b) 电源相电压；(c) 触发脉冲；(d) 输出电压；
(e) 流过VT_1的电流；(f) 晶闸管VT_1上的电压

图 2-5　三相半波可控整流电路电阻性负载 α=0°时的波形

可以看出，三相半波不可控整流电路中三个二极管轮流导通，导通角均为 120°，输出电压 u_d 是脉动的三相交流相电压波形的正向包络线，负载电流波形形状与 u_d 相同。其输出直流电压的平均值 U_d 为(U_2 为电源相电压的有效值)：

$$U_d=\frac{2}{2\pi}\int_{\frac{\pi}{6}}^{\frac{5\pi}{6}}\sqrt{2}U_2\sin\omega t\,\mathrm{d}\omega t=\frac{3\sqrt{6}}{2\pi}U_2=1.17U_2 \tag{2-1}$$

整流二极管承受的电压的波形如图 2-5(f)所示。以 VT_1 为例，在 $\omega t_1\sim\omega t_2$ 区间，由于 VT_1 导通，所以 u_{T1} 为零；在 $\omega t_2\sim\omega t_3$ 区间，VT_2 导通，则 VT_1 承受反向电压 u_{ab}，即 $u_{T1}=u_{ab}$；在 $\omega t_3\sim\omega t_4$ 区间，VT_3 导通，则 VT_1 承受反向电压 u_{ac}，即 $u_{T1}=u_{ac}$。从图 2-5 中还可看出，整流二极管承受的最大的反向电压就是三相交压的峰值，即$\sqrt{6}U_2$。

在一个周期内，u_d 有三次脉动，脉动的最高频率是150Hz。从中可看出，三相触发脉冲依次间隔120°电角度，在一个周期内三相电源轮流向负载供电，每相晶闸管各导通120°，负载电压是连续的。三相半波整流电路的特点：变压器绕组中流过的是直流脉动电流，在一个周期中，每相绕组只工作1/3周期，因此存在变压器铁芯直流磁化和利用率不高的问题。

2. $\alpha=30°$

$\alpha=30°$时对应着 u_a 上 $\omega t=60°$的电角度。图2-6所示是 $\alpha=30°$时的波形。设 VT_3 已导通，负载上获得c相相电压 u_c，当电源经过自然换流点 ωt_0 时，由于 VT_1 的触发脉冲 u_{g1} 还没来到，因而不能导通，而 u_c 仍大于零，所以 VT_3 不能关断而继续导通；直到 ωt_1 处，此时 u_{g1} 触发 VT_1 导通，VT_3 承受反压关断，负载电流从c相换到a相。以后如此循环下去。从图2-6中可看出，这是负载电流连续的临界状态，一个周期中，每只管子仍导通120°。

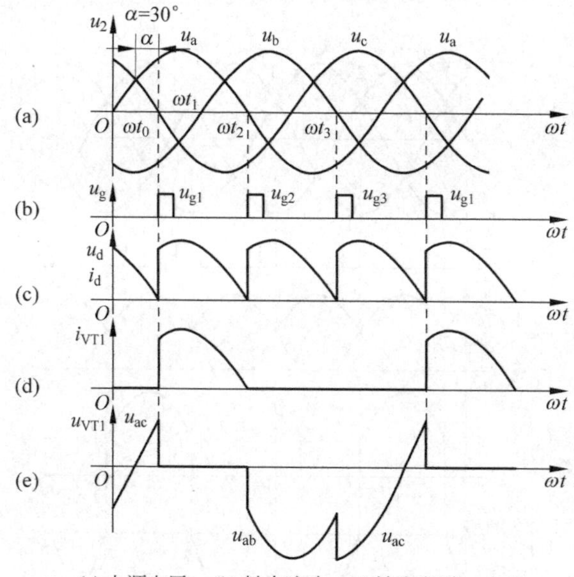

(a) 电源电压；(b) 触发脉冲；(c) 输出电压、电流；
(d) 流过晶闸管的电流；(e) 晶闸管两端的电压

图2-6　三相半波可控整流电路电阻性负载 $\alpha=30°$时的波形

3. $30°\leqslant\alpha\leqslant150°$

当触发角 $\alpha\geqslant30°$时，此时的电压和电流波形断续，各个晶闸管的导通角小于120°。此时 $\alpha=60°(\omega t=90°)$的波形如图2-7所示。

4. 基本的物理量计算

（1）整流输出电压的平均值计算

当 $0°\leqslant\alpha\leqslant30°$时，此时电流波形连续，通过分析可得到

$$U_d=\frac{1}{\frac{2\pi}{3}}\int_{\frac{\pi}{6}+\alpha}^{\frac{5\pi}{6}+\alpha}\sqrt{2}U_2\sin\omega t\,d(\omega t)=\frac{3\sqrt{6}}{2\pi}U_2\cos\alpha=1.17U_2\cos\alpha \tag{2-2}$$

当 $30°\leqslant\alpha\leqslant150°$时，此时电流波形断续，通过分析可得到

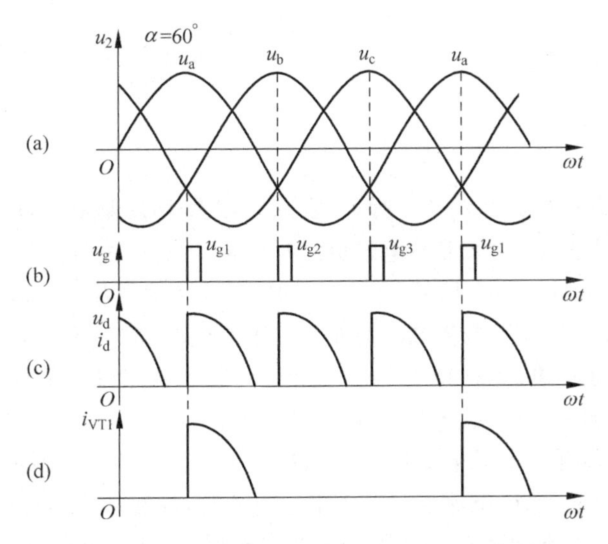

图 2-7　三相半波可控整流电路 $\alpha=60°$的波形

$$U_d = \frac{1}{2\pi/3}\int_{\frac{\pi}{6}+\alpha}^{\pi} \sqrt{2}U_2\sin\omega t\,d(\omega t) = 0.675U_2\left[1+\cos\left(\frac{\pi}{6}+\alpha\right)\right] \tag{2-3}$$

(2) 直流输出平均电流

对于电阻性负载,电流与电压波形是一致的,数量关系为 $I_d=U_d/R_d$。

(3) 晶闸管承受的电压和控制角的移相范围以及导通角

由前面的波形分析可以知道,电流断续时,晶闸管承受的是电源的相电压,所以晶闸管承受的最大正向电压为相电压的峰值,即

$$U_{FM} = \sqrt{2}U_2$$

晶闸管承受的最大反向电压为变压器二次侧线电压的峰值。

$$U_{RM} = \sqrt{2}\times\sqrt{3}U_2 = \sqrt{6}U_2 = 2.45U_2$$

由前面的波形分析还可以知道,当触发脉冲后移到 $\alpha=150°$时,此时正好为电源相电压的过零点,后面晶闸管不再承受正向电压,也就是说,晶闸管无法导通。因此,三相半波可控整流电路在电阻性负载时,控制角的移相范围是 0～150°。

当 $\alpha\leqslant30°$时,电流(压)连续,每相晶闸管的导通角 θ 为 120°;当 $\alpha>30°$时,电流(电压)断续,导通角 θ 小于 120°,导通角为 $\theta=150°-\alpha$。

(4) 负载电流的平均值、晶闸管的平均电流、晶闸管电流的有效值

负载电流的平均值 I_d:

$$I_d = \frac{U_d}{R} \tag{2-4}$$

流过每个晶闸管的平均电流为 I_{dV}:

$$I_{dV} = \frac{1}{3}I_d \tag{2-5}$$

流过每个晶闸管电流的有效值为

$$I_V = \frac{U_2}{R}\sqrt{\frac{1}{\pi}\left(\frac{\pi}{3}+\frac{\sqrt{3}}{4}\cos2\alpha\right)}\quad 0°\leqslant\alpha\leqslant30° \tag{2-6}$$

$$I_V = \frac{U_2}{R}\sqrt{\frac{1}{\pi}\left(\frac{5\pi}{12} - \frac{\alpha}{2} + \frac{\sqrt{3}}{8}\cos 2\alpha + \frac{1}{8}\sin 2\alpha\right)} \quad 30^\circ \leqslant \alpha \leqslant 150^\circ \tag{2-7}$$

二、大电感负载

大电感负载时的波形如图 2-8(a)所示，阻感负载由于 L 值很大，i_d 波形基本平直。当 $\alpha \leqslant 30^\circ$ 时，电路输出电压 u_d 的波形与电阻负载时相同。当 $\alpha > 30^\circ$ 时(图 2-8 中 $\alpha = 60^\circ$)，以 a 相为例，VT_1 管导通到其阳极电压 u_a 过零变负时，因为负载电流趋于减小，L 上的自感电势 e_L 将阻碍电流减小(e_L 的自感电势方向为左负右正，与 i_d 方向一致)，电路中的 $u_a + e_L$ 使晶闸管 VT_1 仍然承受正向电压，维持 VT_1 一直导通，这样，电路输出电压 u_d 的波形出现负电压部分，如图 2-8(b)所示。当 u_{g2} 触发 VT_2 管使其导通时，因 b 相电压大于 a 相电压使 VT_1 承受反压而关断，电路输出 b 相相电压。VT_2 的关断过程与 VT_1 相同，因此，尽管 $\alpha > 30^\circ$，但仍可使各相元件导通，保证电流连续。大电感负载时，虽然 u_d 脉动较大，但可使负载电流 i_d 的波形基本平直。直流电流 i_d 的波形如图 2-8(d)所示。图 2-8(e)是晶闸管 VT_1 上的电

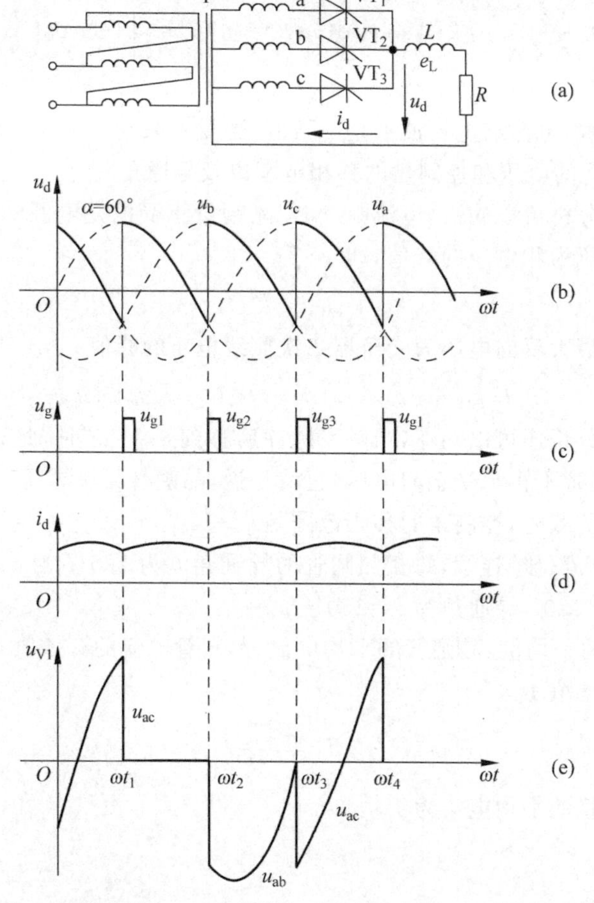

(a) 电路；(b) 输出电压；(c) 触发脉冲；(d) 输出电流；(e) 晶闸管上的电压

图 2-8　三相半波可控整流电路大电感负载 $\alpha = 60^\circ$ 的波形

压波形。在 $\omega t_1 \sim \omega t_2$ 期间，VT_1 导通，VT_1 上的电压为零；在 $\omega t_2 \sim \omega t_3$ 期间，VT_2 导通，VT_1 管承受线电压 u_{ab}；在 $\omega t_3 \sim \omega t_4$ 期间，VT_3 导通，VT_1 管承受线电压 u_{ac}。

由上分析可得：

① 由图 2-8 可看出晶闸管承受的最大正、反向电压均为线电压峰值$\sqrt{6}U_2$，这一点与电阻性负载时晶闸管承受$\sqrt{2}U_2$ 的正向电压是不同的。

② 输出电压的平均值 U_d 可由 u_d 波形在 $\pi/6+\alpha \sim 5\pi/6+\alpha$ 范围内积分求得

$$U_d = \frac{1}{2\pi/3}\int_{\frac{\pi}{6}+\alpha}^{\frac{5\pi}{6}+\alpha} \sqrt{2}U_2 \sin\omega t\, d(\omega t) = 1.17U_2\cos\alpha \tag{2-8}$$

负载电流的平均值 I_d 为

$$I_d = 1.17\frac{U_2}{R}\cos\alpha \tag{2-9}$$

流过晶闸管的电流平均值与有效值为

$$I_{dV} = \frac{1}{3}I_d \tag{2-10}$$

$$I_V = \frac{1}{\sqrt{3}}I_d = 0.577I_d \tag{2-11}$$

③ 由式(2-8)可知，当 $\alpha=0°$时，U_d 为最大值；当 $\alpha=90°$时，$U_d=0$。因此，大电感负载时三相半波整流电路的移相范围为 90°。

三相半波整流电路的特点：变压器绕组中流过的是直流脉动电流，在一个周期中，每相绕组只工作 1/3 周期，因此存在变压器铁芯直流磁化和利用率不高的问题。

三相半波可控整流电路带电感性负载时，可以通过加接续流二极管解决因控制角 α 接近 90°时，输出电压波形出现正、负面积相等而使其平均电压为零的现象，电路如图 2-9(a)所示。图 2-9(b)、(c)是加接续流二极管 VD 后，当 $\alpha=60°$时电路输出的电压和电流波形。以 a 相为例，当 a 相电压过零使电流有减小的趋势时，由于电感 L 的作用产生自感电势 e_L，其方向与电流 i_d 的方向一致，因此使续流二极管 VD 导通，此时电路输出电压 u_d 为二极管两端电压，近似为零，电感 L 释放能量使输出电流 i_d 保持连续，a 相电流为零使 VT_1 管关断。当 VT_2 管的触发脉冲 u_{g2} 使 VT_2 管触发导通后，b 相相电压使二极管 VD 承受反压而截止，电路输出 b 相相电压，重复上述过程。

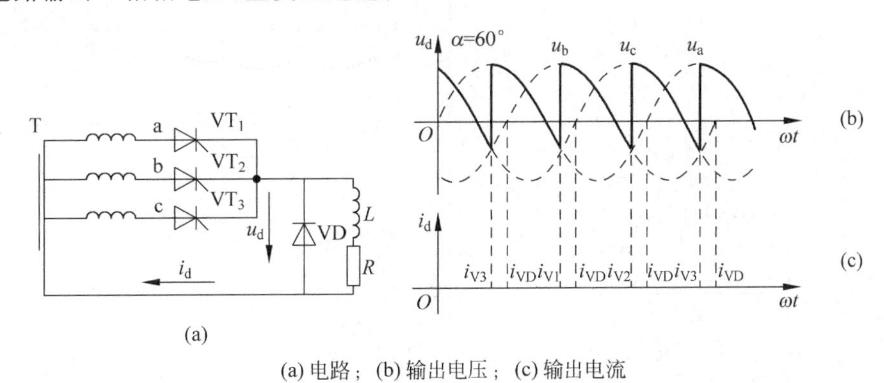

(a) 电路；(b) 输出电压；(c) 输出电流

图 2-9　三相半波可控整流电路电感负载带续流二极管时的波形

很明显，u_d 的波形与纯电阻负载时一样，u_d 的计算公式也与电阻性负载时相同。一个周期内，晶闸管的导通角 $\theta_T=150°-\alpha$。续流二极管在一个周期内导通三次，因此其导通角 $\theta_{VD}=3(\alpha-30°)$。流过晶闸管的平均电流和电流的有效值分别为

$$I_{dV}=\frac{\theta_V}{2\pi}I_d=\frac{150°-\alpha}{360°}I_d \tag{2-12}$$

$$I_V=\sqrt{\frac{\theta_V}{2\pi}}I_d=\sqrt{\frac{150°-\alpha}{360°}}I_d \tag{2-13}$$

流过续流二极管的电流的平均值和有效值分别为

$$I_{dVD}=\frac{\theta_{VD}}{2\pi}I_d=\frac{\alpha-30°}{120°}I_d \tag{2-14}$$

$$I_{VD}=\sqrt{\frac{\theta_{VD}}{2\pi}}I_d=\sqrt{\frac{\alpha-30°}{120°}}I_d \tag{2-15}$$

三、共阳极整流电路

图 2-10(a)所示电路为将三只晶闸管阳极连接在一起的三相半波可控整流电路，称为共阳极接法。这种接法可将散热器连在一起，但三个触发电源必须相互绝缘。共阳极接法中，晶闸管只能在相电压的负半周工作，其阴极电位为负且有触发脉冲时导通，换相总是换到阴极电位更低的那一相去。相电压负半周的交点就是共阳极接法的自然换流点。共阳极整流电路的工作情况、波形及数量关系与共阴极接法相同，仅输出极性相反，其输出电压、电流波形和三个晶闸管中的电流波形如图 2-10(b)、(c)、(d)、(e)、(f)所示，均为负值。大电感负载时，U_d 的计算公式为

$$U_d=-1.17U_2\cos\alpha$$

式中，负号表示电源零线是负载电压的正极端。

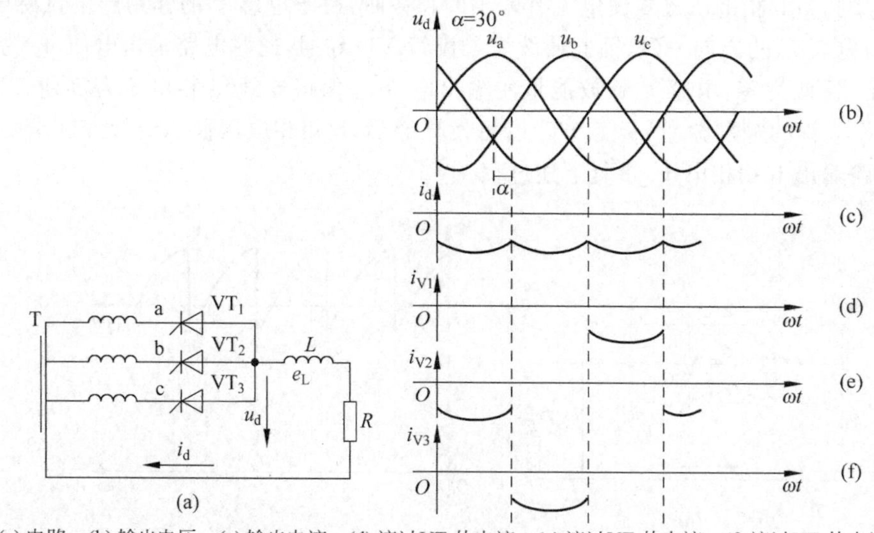

(a) 电路；(b) 输出电压；(c) 输出电流；(d) 流过VT_1的电流；(e) 流过VT_2的电流；(f) 流过VT_3的电流

图 2-10　三相半波共阳极可控整流电路及波形

三相半波可控整流电路只用三只晶闸管，接线简单，与单相电路比较，其输出电压脉动小、输出功率大、三相平衡。但是整流变压器次级绕组在一个周期内只有1/3时间流过电流变压器的利用率低。另外，变压器次级绕组中电流是单方向的，其直流分量在磁路中产生直流不平衡磁动势，会引起附加损耗；如不用变压器，则中线电流较大，同时交流侧的直流电流分量会造成电网的附加损耗。因此，这种电路多用于中等偏小容量的设备上。

共阳极可控整流电路就是把三个晶闸管的阳极接到一起，阴极分别接到三相交流电源。这种电路的电路及波形如图2-10所示，工作原理与共阴极整流电路基本一致。同样，需要晶闸管承受正向电压即阳极电位高于阴极电位时，才可能导通。所以三只晶闸管中，哪一个晶闸管的阴极电位最低，哪个晶闸管就有可能导通。由于输出电压的波形在横轴下面，即输出电压的平均值为

$$U_d = -1.17U_2\cos\alpha \tag{2-16}$$

上述两种整流电路，无论是共阴极可控整流电路还是共阳极可控整流电路，都只用三只晶闸管，所以电路接线比较简单。但是，变压器的绕组利用率较低。绕组的电流是单方向的，因此还存在直流磁化现象。负载电流要经过电源的零线，会导致额外的损耗。所以，三相半波整流电路一般用于小容量场合。

任务二　认识三相全控桥式整流电路

由本项目任务一的介绍可知，共阴极半波可控整流电路实际上只利用电源变压器的正半周期，共阳极半波可控整流电路只利用电源变压器的负半周期，如果两种电路的负载电流一样大小，可以利用同一电源变压器。三相桥式全控整流电路实质上是一组共阴极半波可控整流电路与共阳极半波可控整流电路的串联而成，如图2-11所示。与三相半波电路相比，若要求输出电压相同，则三相桥式整流电路对晶闸管最大正反向电压的要求降低一半；若输入电压相同，则输出电压 u_d 比三相半波可控整流时高一倍。另外，由于共阴极组在电源电压正半周时导通，流经变压器次级绕组的电流为正；共阳极组在电压负半周时导通，流经变压器次级绕组的电流为负，因此在一个周期中变压器绕组不但提高了导电时间，而且也无直流流过，克服了三相半波可控整流电路存在直流磁化和变压器利用率低的缺点。下面将进一步分析其工作原理。

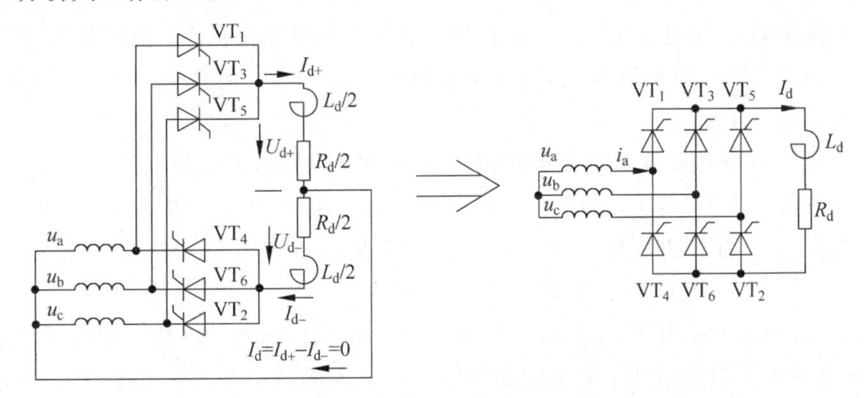

图2-11　三相桥式全控整流电路

一、电阻性负载

为了便于说明晶闸管的导通顺序，把共阴极组的晶闸管依次编号为 VT_1、VT_3、VT_5，而共阳极组的晶闸管依次编号为 VT_4、VT_6、VT_2。三相桥式全控整流电路（电阻性负载）的结构如图 2-12 所示。图中阴极连接在一起的 3 个晶闸管（VT_1、VT_3、VT_5）称为共阴极组，阳极连接在一起的 3 个晶闸管（VT_4，VT_6，VT_2）称为共阳极组。晶闸管导通的顺序是：$VT_1 \rightarrow VT_2 \rightarrow VT_3 \rightarrow VT_4 \rightarrow VT_5 \rightarrow VT_6$。

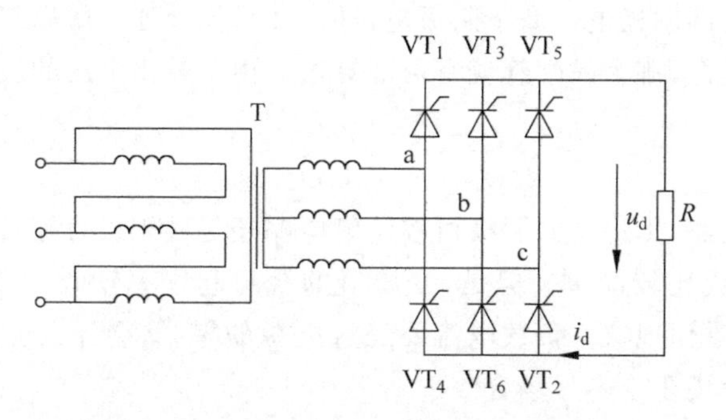

图 2-12　三相桥式全控整流电路（电阻性负载）

（1）工作原理（$\alpha=0°$）

$\alpha=0°$，相当于将电路中的晶闸管换作二极管，为三相桥式不可控整流电路，二极管导通与关断由外加三相电压决定。换流规律是共阴极组的 3 个二极管（晶闸管），阳极所接交流电压值最高的一个导通；共阳极组的 3 个二极管、晶闸管，阴极所接交流电压值最低的一个导通。图 2-13 为三相桥式全控整流电路电阻负载 $\alpha=0°$时的输出波形。

在共阴极组的自然换相点（图 2-13(a)中对应着 A、C、E 三点）分别触发 VT_1、VT_3、VT_5 晶闸管，共阳极组的自然换相点（图 2-13(a)中对应着 B、D、F 三点）分别触发 VT_2、VT_4、VT_6 晶闸管，两组的自然换相点对应相差 60°，电路各自在本组内换流，即在 VT_1、VT_3、VT_5之间进行换流和 VT_2、VT_4、VT_6 之间进行换流。每个管子轮流导通 120°电角度。由于中性线断开，要使电流流通，必须在共阴极和共阳极组中各有一个晶闸管同时导通。

为分析方便，把一个周期分为 6 段（如图 2-13 中Ⅰ段～Ⅵ段），每段相隔 60°。设三相电压的瞬时值为 u_a、u_b、u_c，以 u_a 为基准，$\alpha=0°$对应着 $\omega t=30°$的电角度。

在第Ⅰ段期间，a 相电压最高（u_a 瞬时值最大），b 相电压最低（u_b 瞬时值最小），在触发脉冲作用下，VT_6、VT_1 管同时导通，电流从 a 相流出，经 VT_1、负载 R、VT_6 流回 b 相，负载上得到 a、b 相线电压 u_{ab}。

从第Ⅱ段开始，a 相电压仍保持电位最高，VT_1 继续导通，但 c 相电压开始比 b 相更低，此时触发脉冲触发 VT_2 导通，迫使 VT_6 承受反压而关断，负载电流从 VT_6 换到 VT_2。

从第Ⅲ段开始，b 相电压电位最高，VT_1 关断，VT_3 在触发脉冲作用下导通，负载电流从 VT_1 中换到 VT_3，c 相电压仍然最低，VT_2 继续导通。

以此类推，负载两端电压 u_d 的波形如图 2-13(b)所示，施加于负载上的电压为某一线电压，这个线电压为共阴极组处于通态的晶闸管对应最大的相电压与共阳极组处于通态的晶闸管对应最小的相电压相减，输出整流电压 u_d 波形为线电压在正半周的包络线。任意时刻

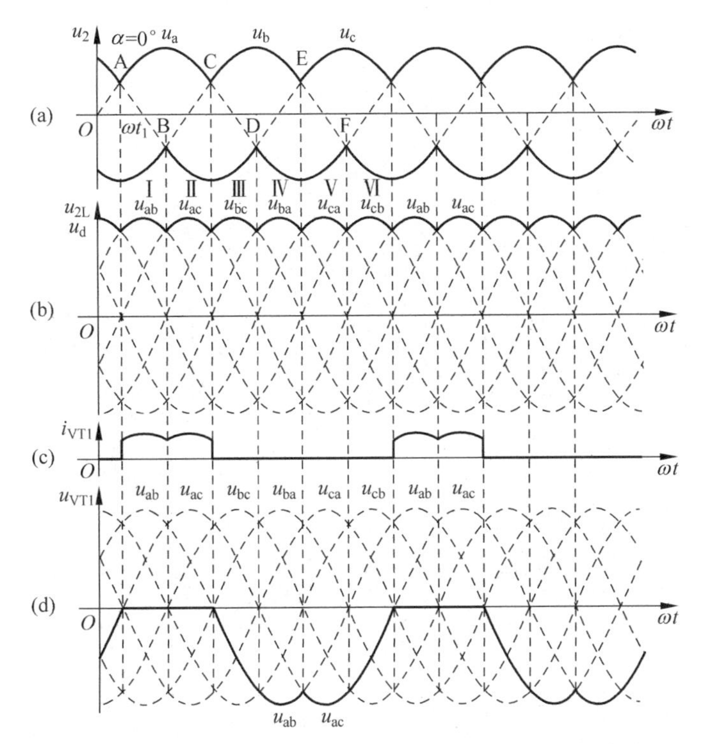

图 2-13　三相桥式全控整流电路电阻负载 $\alpha=0°$时的波形

共阳极组和共阴极组中各有一个晶闸管处于导通状态，流过 VT_1 的电流波形如图 2-13(c)所示。图 2-13(d)所示为 VT_1 两端的电压波形。

导通的晶闸管及负载电压见表 2-1。

表 2-1　导通的晶闸管及负载电压

导通期间	第Ⅰ段	第Ⅱ段	第Ⅲ段	第Ⅳ段	第Ⅴ段	第Ⅵ段
导通晶闸管	VT_1,VT_6	VT_1,VT_2	VT_3,VT_2	VT_3,VT_4	VT_5,VT_4	VT_5,VT_6
共阴极导通相	a 相	a 相	b 相	b 相	c 相	c 相
共阳极导通相	b 相	c 相	c 相	a 相	a 相	b 相
负载电压	u_{ab}	u_{ac}	u_{bc}	u_{ba}	u_{ca}	u_{cb}

(2) $\alpha=60°$时的工作情况

$\alpha=60°$时的工作情况波形如图 2-14 所示。以 u_a 为基准，$\alpha=60°$对应着 $\omega t=90°$的电角度。这种情况与 $\alpha=0°$时的区别在于：晶闸管起始导通时刻推迟了 60°，组成 u_d 的每一段线电压因此推迟 60°。从 ωt_1 开始把一周期等分为 6 段，u_d 波形仍由 6 段线电压构成，每一段导通晶闸管的编号等仍符合表 2-1 的规律。图 2-14(a)所示为三相相电压波形，图 2-14(b)为输出电压 u_d 的波形，图 2-14(c)为晶闸管 VT_1 两端的电压。当 $\alpha\leqslant 60°$时，u_d 波形均连续，对于电阻负载，i_d 波形与 u_d 波形形状一样连续。

变压器二次侧电流 i_a 波形的特点：在 VT_1 处于通态的 120°期间，i_a 为正，i_a 波形的形状与同时段的 u_d 波形相同；在 VT_4 处于通态的 120°期间，i_a 波形的形状也与同时段的 u_d 波形相同，但为负值。与 $\alpha=0°$时相比，此时 u_d 的平均值降低，u_d 出现为零的点，这种情况即为输出电压 u_d 为连续和断续的分界点。

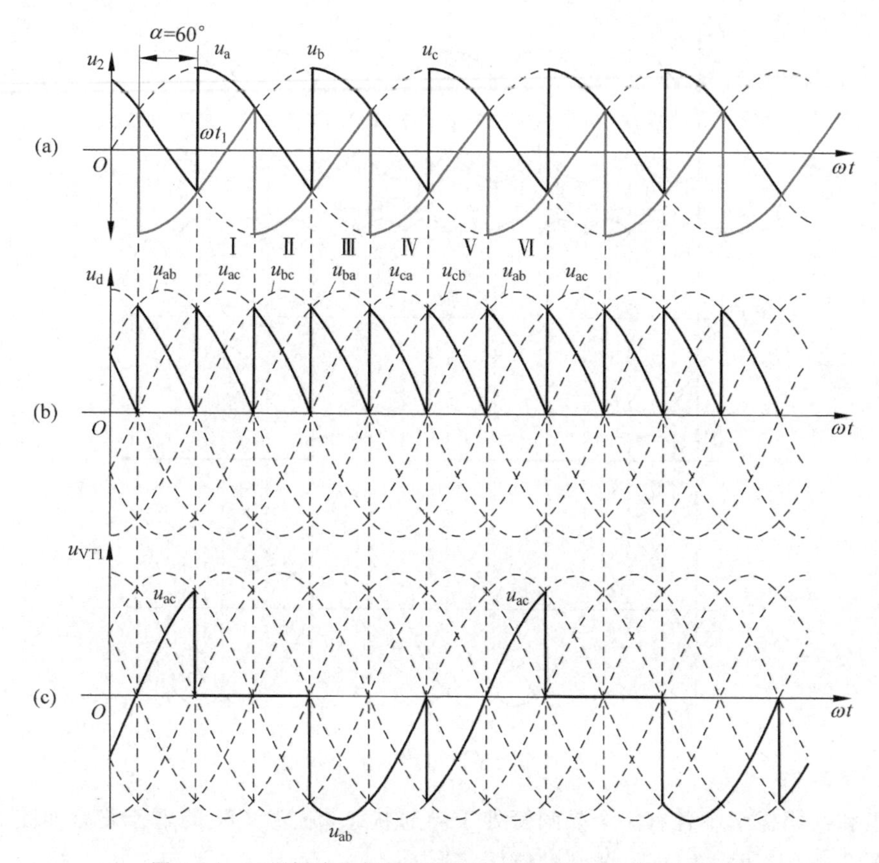

图 2-14 三相桥式全控整流电路电阻负载 $\alpha=60°$时的波形

(3) $\alpha=90°$时的工作情况

$\alpha=90°$时的工作波形如图 2-15 所示。此时 u_d 的波形中每段线电压的波形继续后移，u_d 平均值继续降低。$\alpha=90°$时 u_d 波形断续，每个晶闸管的导通角小于 120°。图 2-15(a)所示为三相相电压波形，图 2-15(b)为输出电压 u_d 的波形，图 2-15(c)为负载电流 i_d 的波形，图 2-15(d)为流过晶闸管 VT_1 的电流，图 2-15(e)为流过变压器 a 相绕组的电流。

(4) 三相桥式全控整流电路(电阻性负载)的特点

① 三相全控桥式整流电路在任何时刻必须有两个晶闸管同时导通才可能形成供电回路，其中共阴极组和共阳极组各一个，且不能为同一相的器件。换流只在本组内进行，每隔 120°换流一次。由于共阴极组与共阳极组换流点相隔 60°，所以每隔 60°有一个元件换流。同组内各晶闸管的触发脉冲相位差为 120°，接在同一相的两个元件的触发脉冲相位差为 180°，而相邻两脉冲的相位差是 60°。

② 对触发脉冲的要求：按 VT_1—VT_2—VT_3—VT_4—VT_5—VT_6 的顺序，相位依次相差 60°，共阴极组 VT_1、VT_3、VT_5 的脉冲依次差 120°，共阳极组 VT_4、VT_6、VT_2 也依次差 120°。同一相的上下两个晶闸管，即 VT_1 与 VT_4、VT_3 与 VT_6、VT_5 与 VT_2，脉冲相差 180°。

③ 当 $\alpha\leqslant 60°$时，u_d 波形均连续，电流连续，每个晶闸管导通 120°，对于电阻负载，i_d 波形与 u_d 波形形状一样，也连续。当 $\alpha>60°$时，u_d 波形每 60°中有一段为零，电流断续，每个晶闸管导通小于 120°，u_d 波形不能出现负值，带电阻负载时三相桥式全控整流电路 α 角的移相范围是 120°。$\alpha=60°$ 是电阻性负载电流连续和断续的分界点。

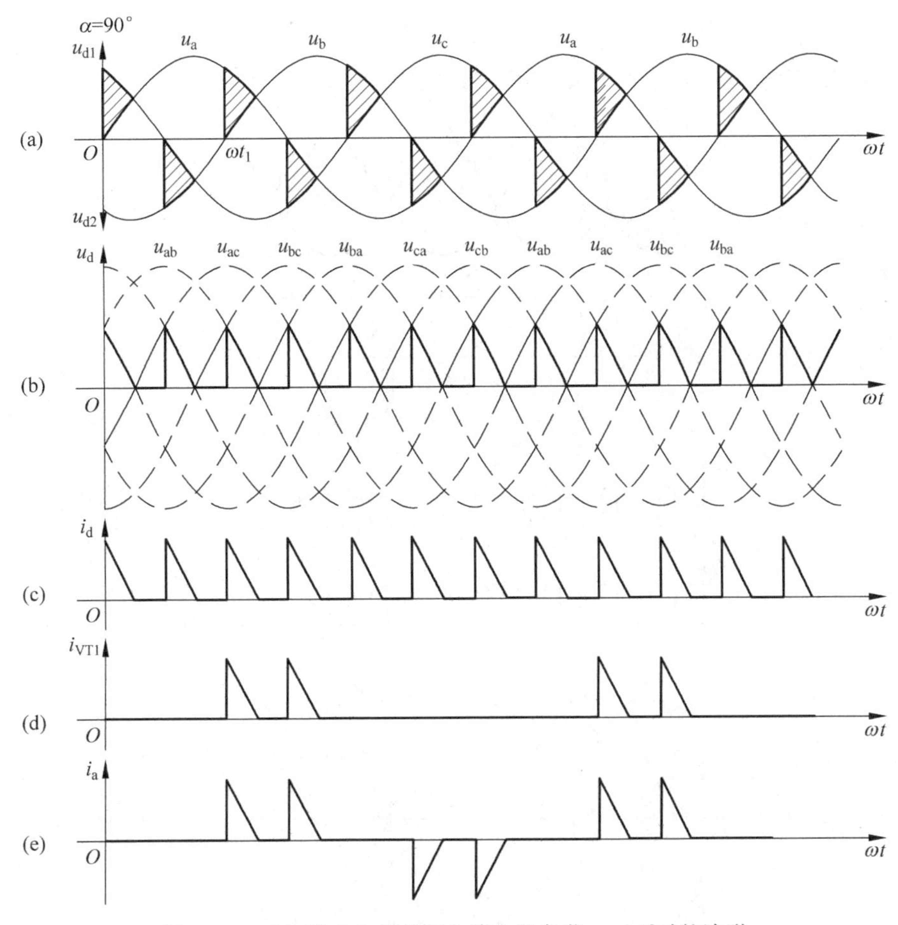

图 2-15 三相桥式全控整流电路电阻负载 $\alpha=90°$时的波形

④ 同三相半波可控整流电路相比，变压器二次侧流过正、负对称的交变电流，不含直流分量，避免直流磁化。

⑤ u_d 一周期脉动 6 次，每次脉动的波形都一样，故该电路为 6 脉波整流电路。

二、电感性负载

1. 工作原理

图 2-16 是三相桥式全控整流电路电感性负载的电路图。图 2-17 是控制角 $\alpha=0°$时电路中的主要波形。同前面分析一样，把一个周期分为 6 段(图 2-17 中 I 段～VI 段)，每段相隔 60°。图 2-17(a)表示三相电压的瞬时值为 u_a、u_a、u_c，A、C、E 为共阴极组的自然换相点，B、D、F 为共阳极组的自然换相点。晶闸管导通及触发脉冲情况如图 2-17(b)、(c)所示。

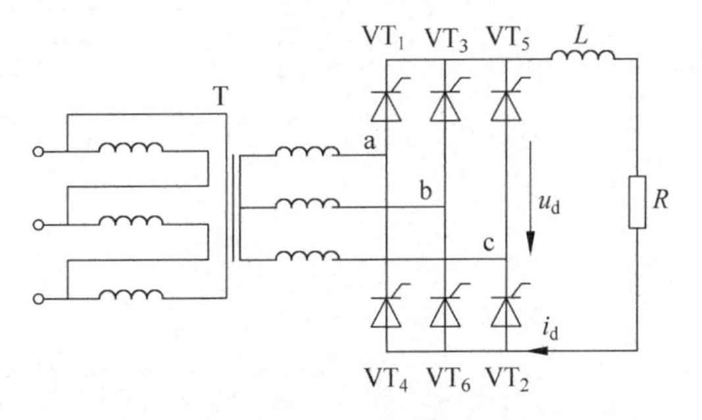

图 2-16 三相桥式全控整流电路(电感负载)

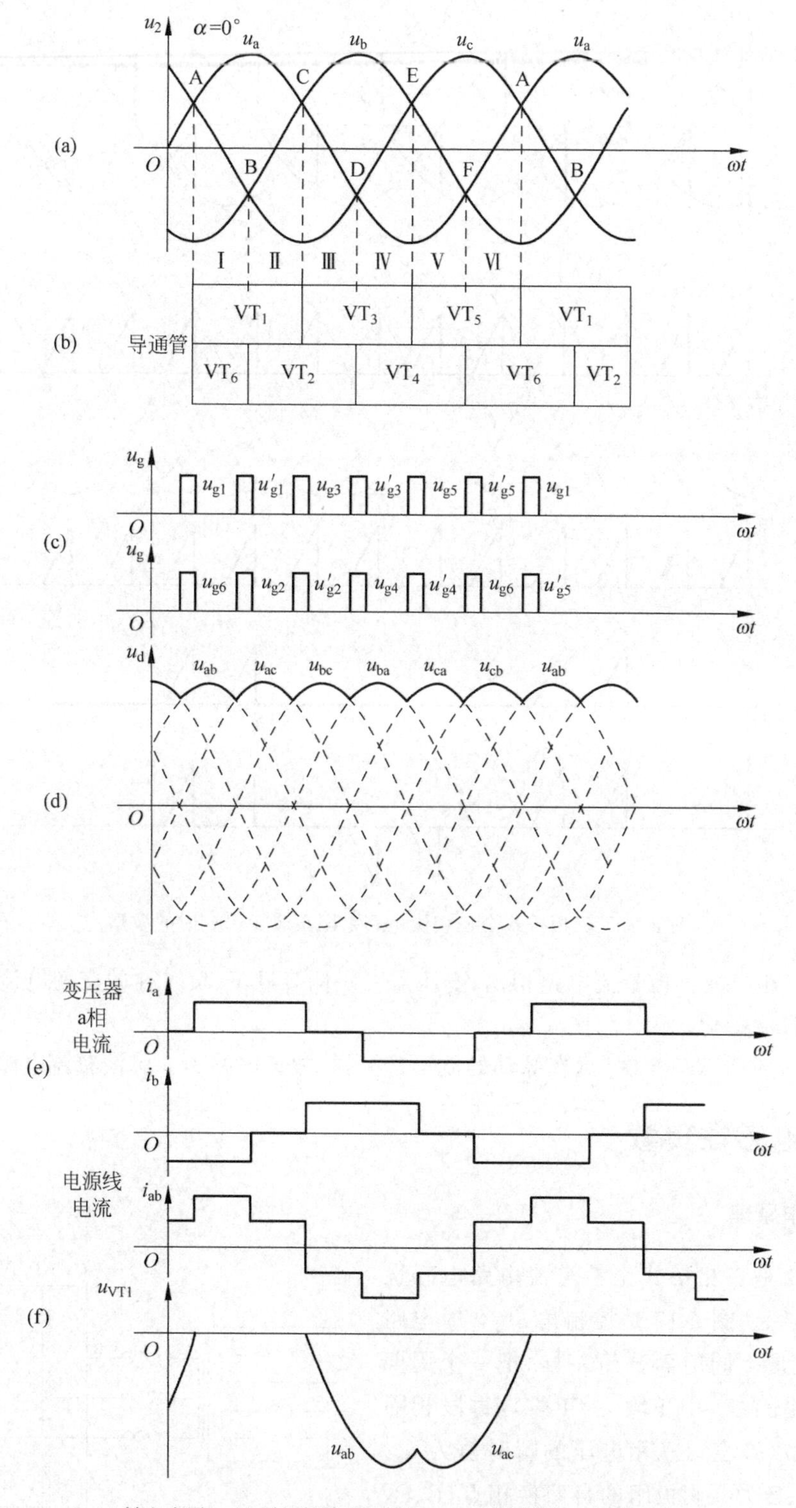

(a) 输入电压；(b) 晶闸管的导通情况；(c) 触发脉冲；(d) 输出电压；
(e) 变压器次级电流及电源线电流；(f) 晶闸管上的电压

图 2-17　三相全控桥式整流电路大电感负载 α＝0°时的波形

在第Ⅰ段期间，a 相电位 u_a 最高，共阴极组的 VT_1 在经过自然换流点 A 后被触发导通，b 相电位 u_b 最低，共阳极组的 VT_6 被触发导通，电流路径为 $u_a \to VT_1 \to R(L) \to VT_6 \to u_b$。变压器 a 和 b 两相工作，共阴极组的 a 相电流 i_a 为正，共阳极组的 b 相电流 i_b 为负，输出电压为线电压 $u_d = u_{ab}$。

在第Ⅱ段期间，u_a 仍最高，VT_1 继续导通，而 u_c 变为最负，电源过自然换流点 B 时触发 VT_2 导通，c 相电压低于 b 相电压，VT_6 因承受反压而关断，电流即从 b 相换到 c 相。这时电流路径为 $u_a \to VT_1 \to R(L) \to VT_2 \to u_c$，变压器 a 和 c 两相工作，共阴极组的 a 相电流 i_a 为正，共阳极组的 c 相电流 i_c 为负，输出电压为线电压 $u_d = u_{ac}$。

在第Ⅲ段期间，u_b 为最高，共阴极组在经过自然换流点 C 时触发 VT_3 导通，由于 b 相电压高于 a 相电压，VT_1 管因承受反压而关断，电流从 a 相换相到 b 相。VT_2 因为 u_c 仍为最低而继续导通。这时电流路径为 $u_b \to VT_3 \to R(L) \to VT_2 \to u_c$，变压器 b 和 c 两相工作，共阴极组的 b 相电流 i_b 为正，共阳极组的 c 相电流 i_c 为负，输出电压为线电压 $u_d = u_{bc}$。以下各段依此类推，可得到在第Ⅳ段时输出电压 $u_d = u_{ba}$；在第Ⅴ段时输出电压 $u_d = u_{ca}$；在第Ⅵ段时输出电压 $u_d = u_{cb}$，以后则重复上述过程。由以上分析可知，三相全控桥式整流电路晶闸管的导通换流顺序是 $VT_6 \to VT_1 \to VT_2 \to VT_3 \to VT_4 \to VT_5 \to VT_6$，电路输出电压 u_d 的波形如图 2-17(d)所示。

2. 结果分析

由以上分析可看出如下几点：

① 为了保证整流装置启动时共阴极组与共阳极组各有一个晶闸管导通或电流断续后能使关断的晶闸管再次导通，必须对两组中应导通的一对晶闸管同时加触发脉冲。采用宽脉冲(必须大于 60°而小于 120°，一般取 80°～100°)或双窄脉冲(在一个周期内对每个晶闸管连续触发两次，两次脉冲间隔为 60°)都可达到上述目的。采用双窄脉冲触发的方式如图 2-17(c)所示。双窄脉冲触发电路虽然复杂，但可减小触发电路功率与脉冲变压器体积，所以较多采用。

② 整流输出电压 u_d 由线电压波头 u_{ab}、u_{ac}、u_{bc}、u_{ba}、u_{ca} 和 u_{cb} 组成，其波形是上述线电压的包络线。可以看出，三相全控桥式整流电压 u_d 在一个周期内脉动 6 次，脉动频率为 300 Hz，比三相半波大一倍(相当于 6 相)。

③ 图 2-17(e)所示为流过变压器次级的相电流和电源线电流的波形。由图可看出，由于变压器采用△/Y 接法，使电源线电流为正、负面积相等的阶梯波，更接近正弦波，谐波影响小，因此在整流电路中，三相变压器多采用△/Y 或 Y/△接法，主磁通为正弦波而没有三次谐波分量，从而就不会产生因三次谐波涡流而引起的局部发热现象。

④ 图 2-17(f)所示为晶闸管所承受的电压波形。由图可看出，在第Ⅰ、Ⅱ两段的 120°范围内，因为 VT_1 导通，故 VT_1 承受的电压为零；在第Ⅲ、Ⅳ两段的 120°范围内，因 VT_3 导通，所以 VT_1 管承受反向线电压 u_{ab}；在第Ⅴ、Ⅵ两段的 120°范围内，因 VT_5 导通，所以 VT_1 管承受反向线电压 u_{ac}。同理也可分析其他管子所承受电压的情况。当触发角 α 变化时，管子电压波形也有规律地变化。可以看出，晶闸管所承受最大正、反向电压均为线电压峰值，即 $U_{VM} = \sqrt{6}U_2$。

⑤ 脉冲的移相范围在大电感负载时为 0°～90°。

⑥ 流过晶闸管的电流与三相半波时相同，电流的平均值和有效值分别为

$$I_{dV} = (1/3)I_d \tag{2-17}$$

$$I_V = \sqrt{1/3}\,I_d = 0.577I_d \tag{2-18}$$

当 $\alpha>0°$时，每个晶闸管都不在自然换流点换流，而是后移一个 α 角开始换流，图 2-18、图 2-19、图 2-20 所示为 $\alpha=30°$、$\alpha=60°$、$\alpha=90°$时电路的波形。从图中可见，当 $\alpha\leqslant60°$时，u_d 的波形均为正值，其分析方法与 $\alpha=0°$时相同。当 $\alpha>60°$时，由于电感 L 的感应电势的作用，u_d 的波形出现负值，但正面积大于负面积，平均电压 u_d 仍为正值。当 $\alpha=90°$时，正、负面积相等，输出电压 $u_d=0$。

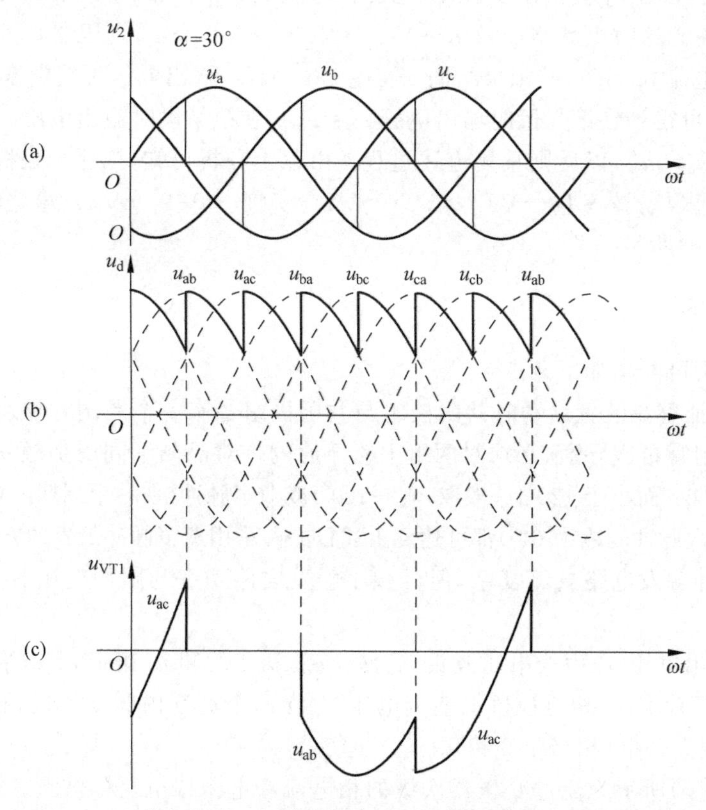

(a) 输入电压；(b) 输出电压；(c) 晶闸管上的电压

图 2-18　三相全控桥式整流电路大电感负载 $\alpha=30°$时的电压波形

⑦ 当 $\alpha\leqslant60°$时，u_d 波形均连续，电路的工作情况与电阻负载相似；各晶闸管的通断情况、输出整流电压 u_d 波形、晶闸管承受的电压波形都一样；区别在于负载不同时，同样的整流输出电压加在负载上，得到的负载电流 i_d 波形不同，电阻负载时 i_d 波形与 u_d 波形形状一样。在阻感负载时，由于电感的作用，使得负载电流波形变得平直，当电感足够大的时候，负载电流 i_d 的波形可近似为一条水平线。$\alpha>60°$时，阻感负载时的工作情况与电阻负载时不同。电阻负载时，u_d 波形不会出现负的部分。阻感负载时，u_d 波形会出现负的部分。带阻感负载时，三相桥式全控整流电路的 α 角移相范围为 90°。

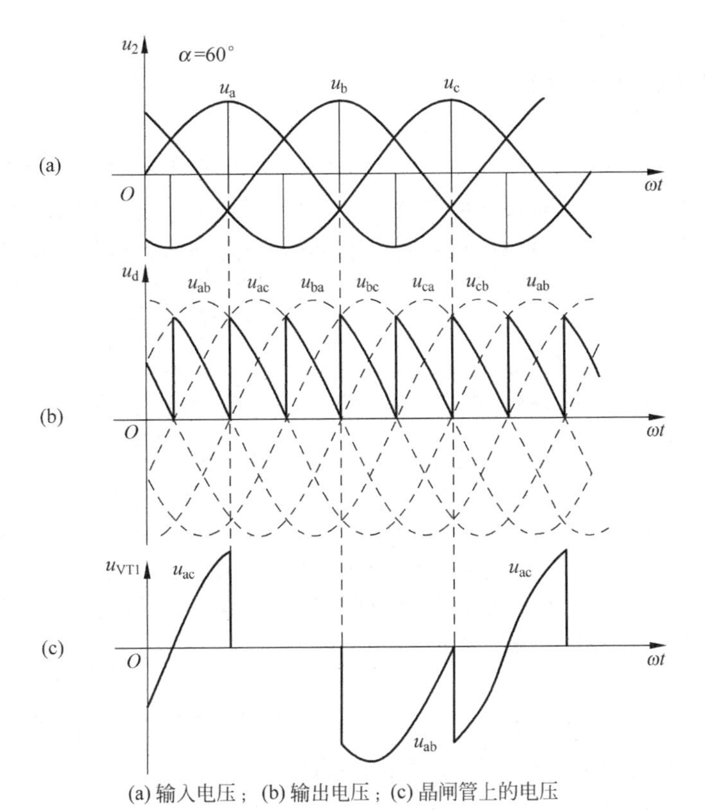

(a) 输入电压；(b) 输出电压；(c) 晶闸管上的电压

图 2-19　三相全控桥式整流电路大电感负载 $\alpha=60°$时的电压波形

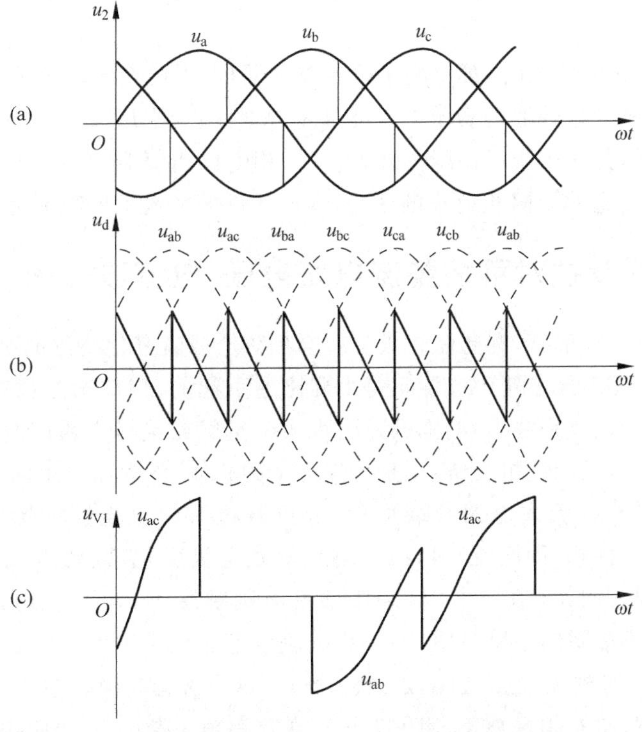

(a) 输入电压；(b) 输出电压；(c) 晶闸管上的电压

图 2-20　三相全控桥式整流电路大电感负载 $\alpha=90°$时的电压波形

三、基本物理量的计算

对相电压 u_a，触发起始时刻对应的电角度为 $\alpha+\pi/6$，而线电压 u_{ab} 超前相电压 u_a $\pi/6$ 电角度，因此以线电压 u_{ab} 过零点作为时间起点，则触发起始时刻对应的电角度为 $\alpha+\pi/3$。当整流输出电压连续时（带阻感负载时，或带电阻负载 $\alpha\leqslant60°$ 时）的负载电压平均值 U_d 为

$$U_d = \frac{1}{\frac{\pi}{3}}\int_{\frac{\pi}{3}+\alpha}^{\frac{2\pi}{3}+\alpha}\sqrt{2}\times\sqrt{3}U_2\sin\omega t\,\mathrm{d}(\omega t) = 2.34U_2\cos\alpha \tag{2-19}$$

带电阻负载且 $\alpha>60°$ 时，整流电压平均值为

$$U_d = \frac{1}{\pi}\int_{\frac{\pi}{3}+\alpha}^{\pi}\sqrt{6}U_2\sin\omega t\,\mathrm{d}(\omega t) = 2.34U_2\left[1+\cos\left(\frac{\pi}{3}+\alpha\right)\right] \tag{2-20}$$

输出电流平均值为

$$I_d = U_d/R \tag{2-21}$$

当整流变压器为采用星形接法，带阻感负载时，变压器二次侧电流波形为正负半周各宽 120°、前沿相差 180°的矩形波，其有效值为

$$I_2 = \sqrt{\frac{1}{2\pi}\left(I_d^2\times\frac{2}{3}\pi+(-I_d)^2\times\frac{2}{3}\pi\right)} = \sqrt{\frac{2\pi}{3}}I_d = 0.816I_d$$

晶闸管电压、电流等的定量分析与三相半波时一致。

任务三　了解变压器漏电抗对整流电路的影响

前面讨论计算整流电压时，都忽略了变压器的漏抗，因此换流时要关断的管子其电流从 I_d 突然降到零，而刚开始导通的管子电流能从零瞬时上升到 I_d，输出电流 i_d 的波形为一条水平线。但是，实际上变压器存在漏电感，可将每相电感折算到变压器的次级，用一个集中电感 L_T 表示。由于电感要阻止电流的变化，因而元件的换流不能瞬时完成。

一、变压器漏抗对可控整流电路电压、电流波形的影响

任何变压器都存在漏感，漏感是指没有耦合到磁心或者其他绕组的可测量的电感量，它就像一个独立的电感串入电路中。漏感是由漏磁通引起的，漏磁通是指在变压器中只有很少一部分磁通经由原（或副绕组）周围的磁阻很大的空气或绝缘介质（如变压器油）闭合，这部分磁通仅与原绕组或副绕组交链，不是传递能量的载体，称为原绕组的漏磁通。

以三相半波可控整流大电感负载为例，分析漏抗对整流电路的影响，其等效电路如图 2-21(a)所示。在换相（即换流）时，由于漏抗阻止电流变化，因此电流不能突变，因而存在一个变化的过程。例如，在图 2-21(b)中，ωt_1 时刻触发 VT_2 管，使电流从 a 相转换到 b 相，a 相电流从 I_d 不能瞬时下降到零，而 b 相电流也不能从零突然上升到 I_d，电流换相需要一段时间，直到 ωt_2 时刻才完成，如图 2-21(c)所示，这个过程叫换相过程。换相过程所对应的时间以相角计算，叫换相重叠角，用 γ 表示。在重叠角 γ 期间，a、b 两相晶闸管同时导电，相当于两相间短路。两相电位之差 u_b-u_a 称为短路电压，在两相漏抗回路中产生一个假想

的短路电流 i_k，如图 2-21(a)虚线所示(实际上晶闸管都是单向导电的，相当于在原有电流上叠加一个 i_k)，a 相电流 $i_a=I_d-i_k$，随着 i_k 的增大而逐渐减小，而 $i_b=i_k$ 是逐渐增大的。当增大到 I_d 也就是 i_a 减小到零时，VT_1 关断，VT_2 管电流达到稳定电流 I_d，完成换相过程。

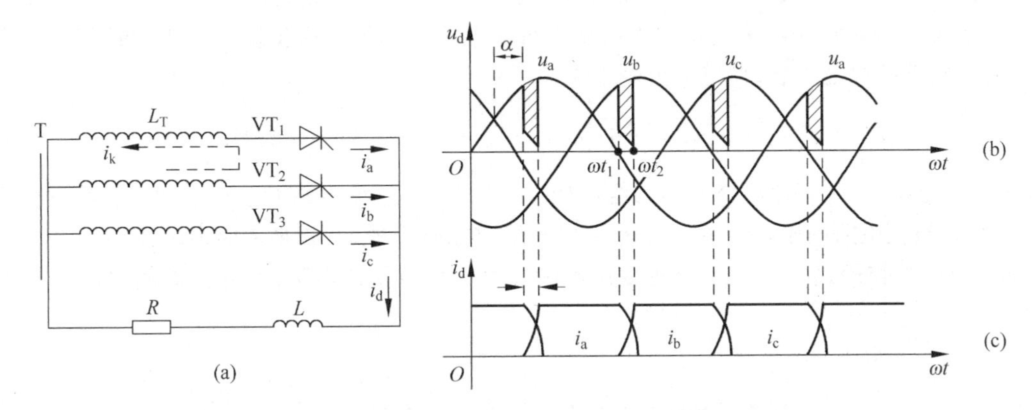

图 2-21　变压器漏抗对可控整流电路电压、电流波形的影响

换相期间，短路电压为两个漏抗电势所平衡，即

$$u_b-u_a=2L_T\frac{di_k}{dt} \tag{2-22}$$

负载上电压为

$$u_d=u_b-L_T\frac{di_k}{dt}=u_b-\frac{1}{2}(u_b-u_a)=\frac{1}{2}(u_a+u_b) \tag{2-23}$$

上式说明，在换相过程中，u_d 波形既不是 u_a 也不是 u_b，而是换流两相电压的平均值，如图 2-21(b)所示。与不考虑变压器漏抗，即 $\gamma=0$ 时相比，整流输出电压波形减少了一块阴影面积，使输出平均电压 U_d 减小了。这块减少的面积是由负载电流 I_d 换相引起的，因此这块面积的平均值也就是 I_d 引起的压降，称为换相压降，其值为图中三块阴影面积在一个周期内的平均值。对于在一个周期中有 m 次换相的其他整流电路来说，其值为 m 块阴影面积在一个周期内的平均值。一个周期内的换相压降为

$$U_\gamma=\frac{m}{2\pi}X_TI_d \tag{2-24}$$

式中，m 为一个周期内的换相次数，三相半波电路 $m=3$，三相桥式电路 $m=6$。X_T 是漏感为 L_T 的变压器每相折算到次级绕组的漏抗。变压器的漏抗 X_T 的计算公式：

$$X_T=\frac{U_2u_k\%}{I_2} \tag{2-25}$$

式中，U_2 为相电压有效值，I_2 为相电流有效值，$u_k\%$ 为变压器短路比，取值在 5%～12%之间。换相压降可看成在整流电路直流侧增加一只阻值为 $mX_T/2\pi$ 的等效内电阻，负载电流 I_d 在它上面产生的压降，区别仅在于这项内电阻并不消耗有功功率。

变压器的漏抗与交流进线串联电抗的作用一样，能够限制短路电流且使电流变化比较缓和，对晶闸管上的电流变化率也有限制作用。但是由于漏抗的存在，在换相期间，相当于两相间短路，使电源相电压波形出现缺口，用示波器观察相电压波形时，在换流点上会出现毛刺，严重时将造成电网电压波形畸变，影响电源本身与其他用电设备的正常运行。

二、可控整流电路的外特性

可控整流电路对直流负载来说是一个有内阻的电压可调的直流电源。考虑换相压降U_T、整流变压器电阻R_T(为变压器次级绕组每相电阻与初级绕组折算到次级的每相电阻之和)及晶闸管压降ΔU后,直流输出电压为

$$U_d = U_{d0}\cos\alpha - n\Delta U - I_d\left(R_T + \frac{mX_T}{2\pi}\right) = U_{d0}\cos\alpha - n\Delta U - I_d R_1 \tag{2-26}$$

式中,U_{d0}为$\alpha=0°$时整流电路输出的电压(对于三相半波整流电路$U_{d0}=1.17U_2$),即空载电压;R_I为整流电路内阻,ΔU是一个晶闸管的正向导通压降,三相半波时电流流经一个整流元件$n=1$,三相桥式时$n=2$。考虑变压器漏抗时的可控整流电路,其外特性曲线如图2-22所示。

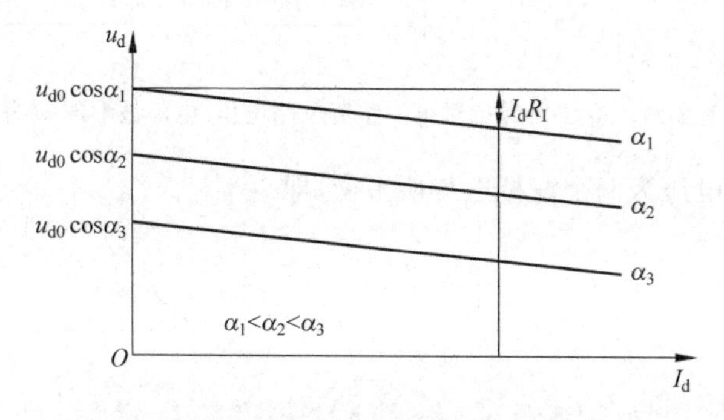

图2-22 考虑变压器漏抗时的可控整流电路外特性

由图2-22可以看出,当控制角α一定时,随着整流电流I_d的逐渐增大,即电路所带负载的增加,整流输出电压逐渐减小,这是由整流电路内阻所引起的。而当电路负载一定时,即整流输出电流不变,则随着控制角α的逐渐增大,输出整流电压也是逐渐减小的。

任务四 认识相控电路的驱动控制和保护

相控电路指晶闸管可控整流电路,通过控制触发角α的大小即控制触发脉冲起始相位来控制输出电压大小。为保证相控电路的正常工作,很重要的一点是应保证按触发角α的大小在正确的时刻向电路中的晶闸管施加有效的触发脉冲。对于相控电路这样使用晶闸管的场合,也习惯称为触发控制,相应的电路习惯称为触发电路。大、中功率的变流器对触发电路的精度要求较高,对输出的触发功率要求较大,故广泛应用的是晶体管触发电路,其中以同步信号为锯齿波的触发电路应用最多。晶闸管对触发电路的基本要求:

① 触发信号可以是交流、直流或脉冲,触发信号只能在门极为正、阴极为负时起作用。为了减小门极的损耗,触发信号常采用脉冲形式。

② 触发脉冲应有足够的功率。触发电压和触发电流应大于晶闸管的门极触发电压和门极触发电流。

③ 触发脉冲应有足够的宽度和陡度。触发脉冲的宽度一般应保证晶闸管阳极电流在脉冲消失前能达到擎住电流,使晶闸管能保持通态,这是最小的允许宽度。触发脉冲前沿越

陡，越有利于并联或串联晶闸管的同时触发。

④ 触发脉冲与主回路电源电压必须同步。为了使晶闸管在每一周波都能重复在相同的相位上触发，保证变流装置的品质和可靠性，触发脉冲与主回路电源电压必须保持某种固定相位关系。这种触发脉冲与主回路电源保持固定相位关系的方法称为同步。

⑤ 触发脉冲的移相范围应能满足变流装置的要求。

整流电路的触发电路有很多种，要根据具体的整流电路和应用场合选择不同的触发电路。触发电路可以分为单结晶体管触发电路（在项目一中已做介绍）、锯齿波同步触发电路和集成触发器。本节主要介绍锯齿波同步触发电路和集成触发器。

一、锯齿波同步触发电路

锯齿波同步触发电路有锯齿波形成、同步移相、脉冲形成放大环节、双脉冲、脉冲封锁等环节和强触发环节等组成，可触发 200A 的晶闸管。由于同步电压采用锯齿波，不直接受电网波动与波形畸变的影响，移相范围宽，在大中容量变流器中得到广泛应用。锯齿波同步触发电路原理如图 2-23 所示，下面分环节进行介绍。

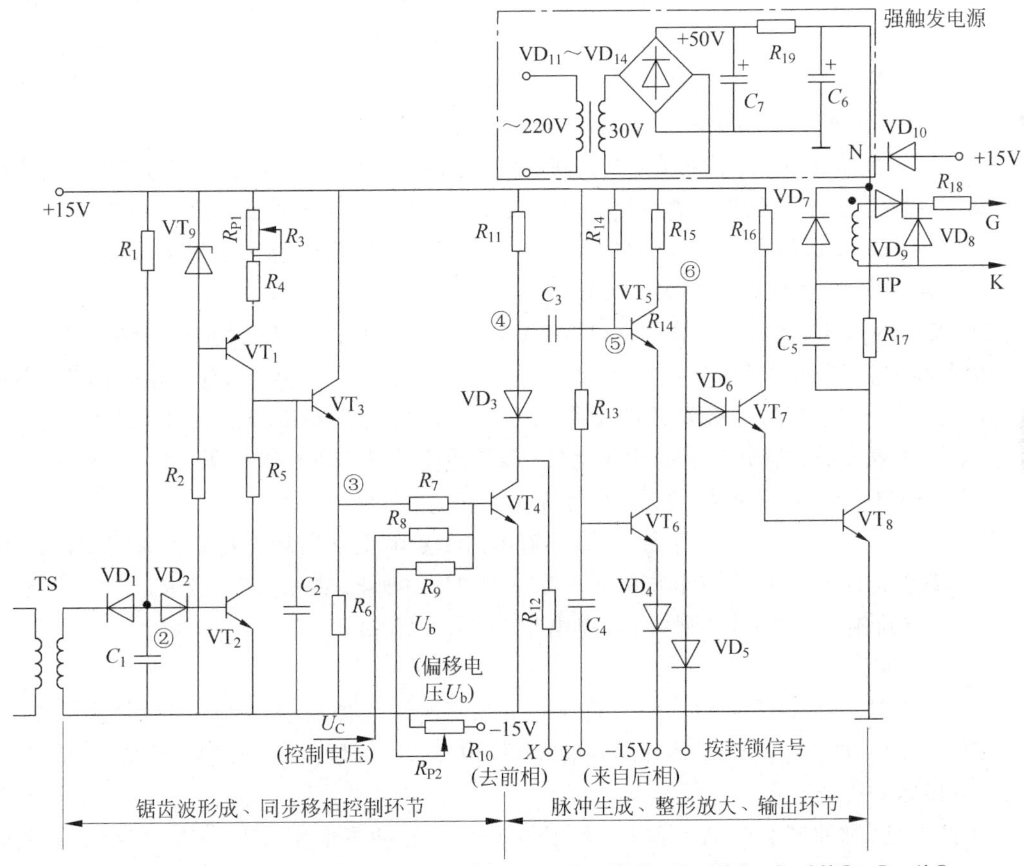

R_1、R_6=10kΩ；R_2、R_4=4.7kΩ；R_5=200kΩ；R_7=3.3kΩ；R_{13}、R_{14}=30kΩ；R_8=12kΩ；R_9=6.2kΩ；R_{12}=1kΩ；R_{15}=6.2kΩ；R_{16}=200Ω；R_{17}=30kΩ；R_{18}=20kΩ；R_{19}=300Ω；R_3、R_{10}=1.5kΩ；C_7=2000μF；C_1、C_2、C_6=1μF；C_1、C_4=0.1μF；C_5=0.47μF；VT_1为3CGID；VT_2~VT_7为3DG12B；VT_8为3DA1B；VT_9为2CW12；VD_1~VD_9为2CG12；VD_{10}~VD_{14}为2CZ11A

图 2-23　锯齿波同步触发电路

1. 锯齿波形成和同步移相控制环节

(1) 锯齿波形成

VT_1、VT_9、R_3、R_4 组成的恒流源电路对 C_2 充电形成锯齿波电压，当 VT_2 截止时，恒流源电流 I_{c1} 对 C_2 恒流充电，电容两端电压为 $u_{c2}=I_{c1}*t/C_2$。

$I_{c1}=U_{vs}/(R_4+R_{P_1})$，因此调节电位器 R_{P_1}，即改变 C_2 的恒定充电电流 I_{c1}，即可调节锯齿波斜率。

当 VT_2 导通时，由于 R_5 阻值很小，C_2 迅速放电。所以只要 VT_2 管周期性导通关断，电容 C_2 两端就能得到线性很好的锯齿波电压。

U_{b4} 为合成电压(锯齿波电压为基础，再叠加 U_b 和 U_c)通过调节 U_c 来调节 α。

(2) 同步环节

同步环节由同步变压器 T_S 和 VT_2 管等元件组成。锯齿波触发电路输出的脉冲怎样才能与主回路同步呢？由前面的分析可知，脉冲产生的时刻是由 VT_4 导通时刻决定(锯齿波和 U_b、U_c 之和达到 0.7V 时)的。由此可见，若锯齿波的频率与主电路电源频率同步即能使触发脉冲与主电路电源同步，锯齿波是由 VT_2 管来控制的，VT_2 管由导通变截止期间产生锯齿波，VT_2 管截止的持续时间就是锯齿波的脉宽，VT_2 管的开关频率就是锯齿波的频率。在这里，同步变压器 T_S 和主电路整流变压器接在同一电源上，用 T_S 次级电压来控制 VT_2 的导通和截止，从而保证了触发电路发出的脉冲与主电路电源同步。

工作时，把负偏移电压 U_b 调整到某值固定后，改变控制电压 U_c，就能改变 u_{b4} 波形与时间横轴的交点，就改变了 VT_4 转为导通的时刻，即改变了触发脉冲产生的时刻，达到移相的目的。

电路中增加负偏移电压 U_b 的目的是为了调整 $U_c=0$ 时触发脉冲的初始位置。

(3) 脉冲形成、整形和放大输出环节

• 当 $u_{b4}<0.7V$ 时，VT_4 管截止，VT_5、VT_6 导通，使 VT_7、VT_8 截止，无脉冲输出。

电源经 R_{13}、R_{14} 向 VT_5、VT_6 供给足够的基极电流，使 VT_5、VT_6 饱和导通，VT_5 集电极⑥点电位为－13.7V(二极管正向压降以 0.7V、晶体管饱和压降以 0.3V 计算)，VT_7、VT_8 截止，无触发脉冲输出。④点电位为 15V，⑤点电位为－13.3V。另外，＋15V→R_{11}→C_3→VT_5→VT_6→－15V 对 C_3 充电，极性左正右负，大小为 28.3V。

• 当 $u_{b4}\geqslant 0.7V$ 时，VT_4 导通，有脉冲输出。④点电位立即从＋15V 下跳到 1V，C_3 两端电压不能突变，⑤点电位降至－27.3V，VT_5 截止，VT_7、VT_8 经 R_{15}、VD_6 供给基极电流饱和导通，输出脉冲，⑥点电位为－13.7V 突变至 2.1V(VD_6、VT_7、VT_8 压降之和)。

另外，C_3 经＋15V→R_{14}→VD_3→VT_4 放电和反充电⑤点电位上升，当⑤点电位从－27.3V 上升到－13.3V 时 VT_5、VT_6 又导通，⑥点电位由 2.1V 突降至－13.7V，于是，VT_7、VT_8 截止，输出脉冲终止。

由此可见，脉冲产生时刻由 VT_4 导通瞬间确定，脉冲宽度由 VT_5、VT_6 持续截止的时间确定。所以，脉宽由 C_3 反充电时间常数($\tau=C_3R_{14}$)来决定。

(4) 强触发环节

晶闸管采用强触发可缩短开通时间，提高管子承受电流上升率的能力，有利于改善串并联元件的动态均压与均流，增加触发的可靠性。因此在大中容量系统的触发电路中都带有强触发环节。

图 2-23 所示电路右上角强触发环节由单相桥式整流获得近 50V 直流电压作电源，在 VT_8 导通前，50V 电源经 R_{19} 对 C_6 充电，N 点电位为 50V。当 VT_8 导通时，C_6 经脉冲变压器一次侧、R_{17} 与 VT_8 迅速放电，由于放电回路电阻很小，N 点电位迅速下降，当 N 点电位下降到 14.3V 时，VD_{10} 导通，脉冲变压器改由＋15V 稳压电源供电。各点波形如图 2-24 所示。

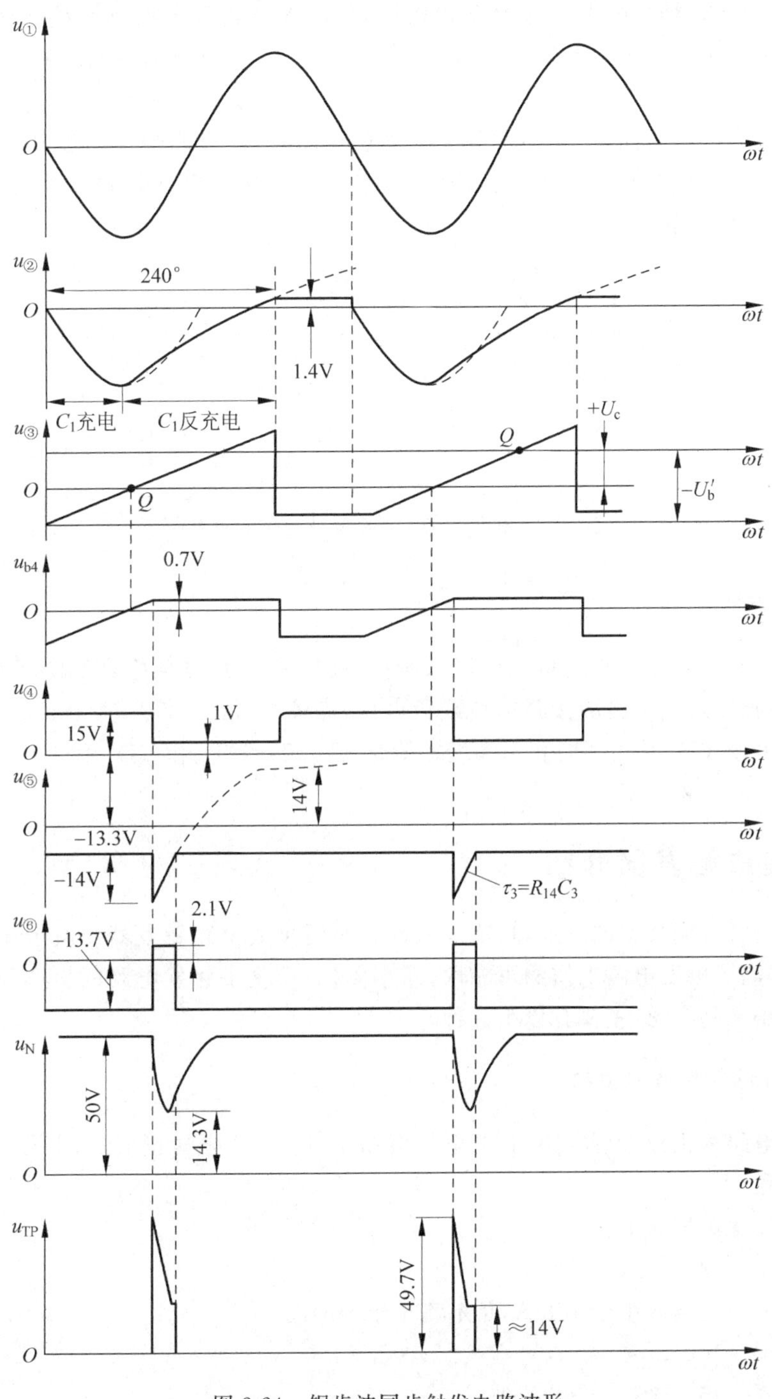

图 2-24　锯齿波同步触发电路波形

(5) 双脉冲形成环节

产生双脉冲有两种方法：内双脉冲和外双脉冲。

锯齿波触发电路为内双脉冲。晶体管 VT_5、VT_6 构成一个“或”门电路，不论哪一个截止，都会使⑥点电位上升到 2.1V，触发电路输出脉冲。VT_5 基极端由本相同步移相环节送来的负脉冲信号使 VT_5 截止，送出第一个窄脉冲，接着有滞后 60°的后相触发电路在产生其本相第一个脉冲的同时，由 VT_4 管的集电极经 R_{12} 的 X 端送到本相的 Y 端，经电容 C_4 微分产生负脉冲送到 VT_6 基极，使 VT_6 截止，于是本相的 VT_8 又导通一次，输出滞后 60°的第二个脉冲。

对于三相全控桥电路，三相电源 a、b、c 为正相序时，六只晶闸管的触发顺序为 $VT_1 \to VT_2 \to VT_3 \to VT_4 \to VT_5 \to VT_6$ 彼此间隔 60°，为了得到双脉冲，6 块触发电路板的 X、Y 可按图 2-25 所示方式连接。

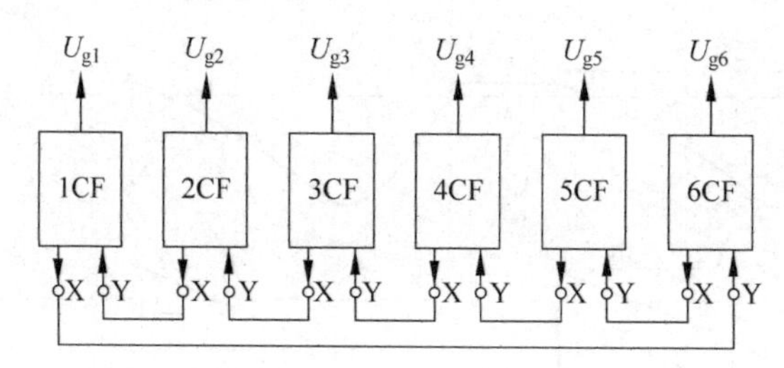

图 2-25　触发电路实现双脉冲连接的示意图

2. 其他说明

在事故情况下或在可逆逻辑无环流系统中，要求一组晶闸管桥路工作，另一组桥路封锁，这时可将脉冲封锁引出端接零电位或负电位，晶体管 VT_7、VT_8 就无法导通，触发脉冲无法输出。串接 VD_5 是为了防止封锁端接地时，经 VT_5、VT_6 和 VD_4 到 −15V 之间产生大电流通路。

二、集成触发器介绍

随着晶闸管变流技术的发展，目前逐渐推广使用集成电路触发器。由于集成电路触发器的应用，提高了触发电路工作的可靠性，缩小体积，简化了触发电路的生产与调试。集成触发器应用越来越广泛，主要有以下几种。

1. KC04 移相集成触发器

此触发电路为正极性型电路，控制电压增加晶闸管输出电压也增加，主要用于单相或三相全控桥装置。

其主要技术数据如下：

电源电压　DC±15V。

电源电流　正电流小于 15mA，负电流小于 8mA。

移相范围　170°。

脉冲宽度　15°～35°。

脉冲幅度　>13V。

最大输出能力　100mA。

KC04 移相集成触发器与分立元件组成的锯齿波触发电路一样，由同步信号、锯齿波产生、移相控制、脉冲形成和放大输出等环节组成，其电路原理如图 2-26 所示。

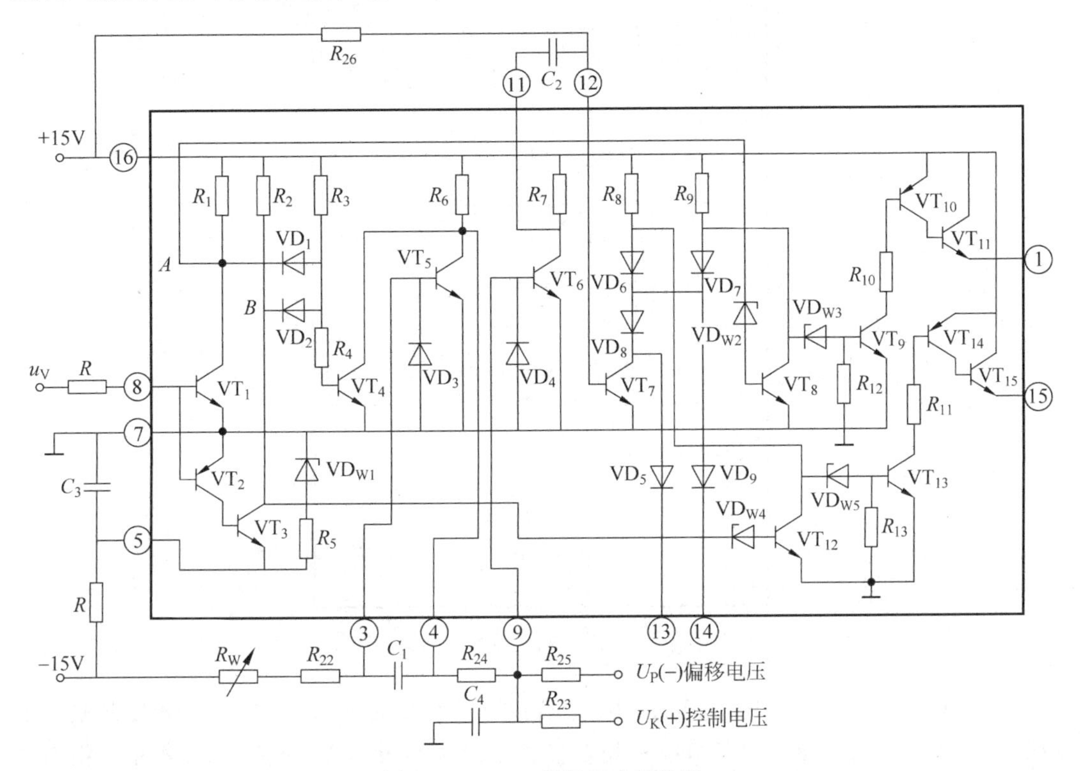

图 2-26　KC04 移相集成触发器

KC04 是一个 16 脚标准封装的集成块。该电路在一个交流电周期内，在①脚和⑮脚输出相位差 180°的两个窄脉冲，可以作为三相全控桥主电路与一相所接的上下晶闸管的触发脉冲；⑯脚接+15V 电源，⑧脚接同步电压，但由同步变压器送出的电压须经微调电位器 1.5kΩ、电阻 5.1kΩ 和电容 1μF 组成的滤波移相，以达到消除同步电压高频谐波的侵入，提高抗干扰能力。④脚形成锯齿波，⑨脚为锯齿波、偏移电压、控制电压综合比较输入。⑬、⑭脚提供脉冲列调制和脉冲封锁控制端。

KC09 是 KC04 的改进型，二者可互换使用，KC09 提高了抗干扰能力和触发脉冲的前沿陡度，脉冲调节范围增大了。

2. KC41C 六路双脉冲形成器

三相全控桥式整流电路要求用双窄脉冲触发，即用两个间隔 60°的窄脉冲去触发晶闸管。产生双脉冲的方法有两种，一种是每个触发电路在每个周期内只产生一个脉冲，脉冲输出电路同时触发两个桥臂的晶闸管，这叫外双脉冲触发；另一种是每个触发电路在一个周期内连续发出两个相隔 60°的窄脉冲，脉冲输出电路只触发一个晶闸管，这称为内双脉冲触发。内双脉冲触发是目前应用最多的一种触发方式。

KC41C是一种内双脉冲发生器，其内部原理如图2-27所示。图中，①～⑥脚是六路脉冲输入端，⑩～⑮脚是脉冲输出端，⑦脚是控制端(当⑦脚为高电平时，⑩～⑮脚输出脉冲被封锁；当⑦脚为低电平时，⑩～⑮脚有输出脉冲)。

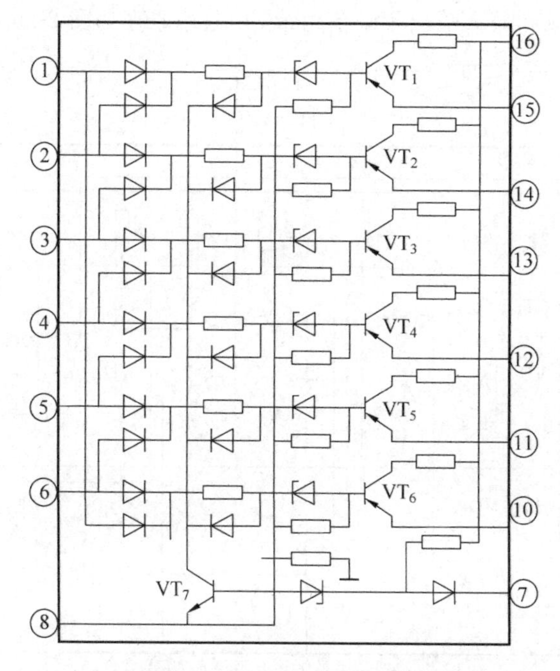

图2-27　KC41C内部原理图

KC41C一般不单独使用，常与KC04结合起来产生触发脉冲，实现控制触发晶闸管的功能。KC41C与三块KC04可组成三相全控桥双脉冲触发电路，如图2-28所示。把三块KC04触发器的6个输出端分别接到KC41C的六路脉冲输入端(①～⑥)，KC41C内部二极管具有的“或”功能形成双窄脉冲，再由集成电路内部6只三极管放大，从⑩～⑮端外接的晶体管作功率放大可得到800mA触发脉冲电流，可触发大功率的晶闸管。KC41C不仅具有双脉冲形成功能，还可作为电子开关提供封锁控制的功能。

三、触发电路与主电路电压的同步问题

制作或修理调整晶闸管装置时，常会碰到一种故障现象：在单独检查晶闸管主电路时，接线正确，元件完好；单独检查触发电路时，各点电压波形、输出脉冲正常，调节控制电压U_c时，脉冲移相符合要求。但是当主电路与触发电路连接后，工作不正常，直流输出电压u_d波形不规则、不稳定，移相调节不能工作。这种故障是由于送到主电路各晶闸管的触发脉冲与其阳极电压之间相位没有正确对应，造成晶闸管工作时控制角不一致，甚至使有的晶闸管触发脉冲在阳极电压负值时出现，当然不能导通。怎样才能消除这种故障使装置工作正常呢？这就是本节要讨论的触发电路与主电路之间的同步(定相)问题。

1. 同步的定义

前文分析可知，触发脉冲必须在管子阳极电压为正时的某一区间内出现，晶闸管才能被

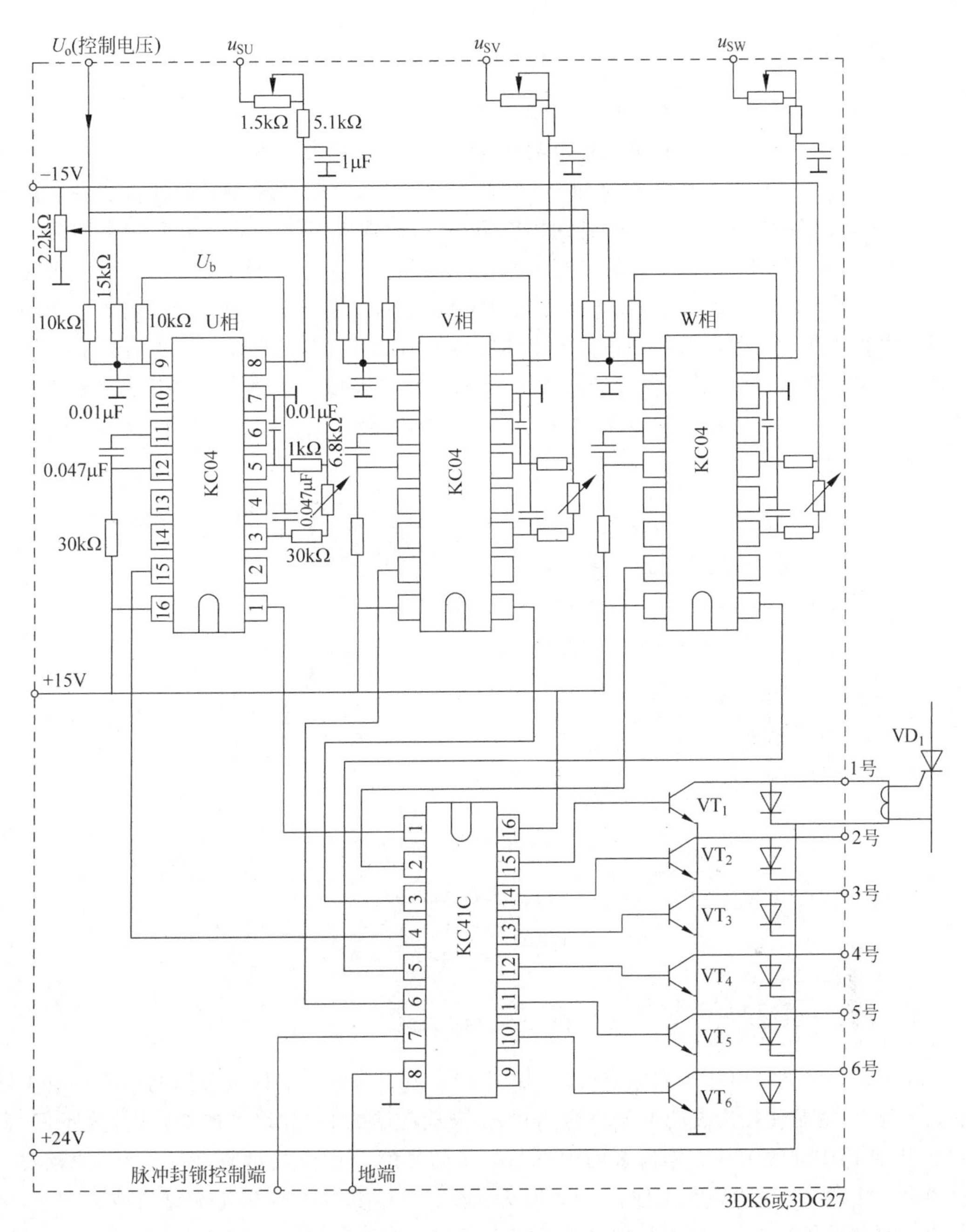

图 2-28　三相全控桥集成触发电路

触发导通，而在锯齿波移相触发电路中，送出脉冲的时刻是由接到触发电路不同相位的同步电压 u_s 来定位，由控制与偏移电压大小来决定移相。因此必须根据被触发晶闸管的阳极电压相位，正确供给触发电路特定相位的同步电压，才能使触发电路分别在各晶闸管需要触发脉冲的时刻输出脉冲。这种正确选择同步信号电压相位以及得到不同相位同步信号电压的方法，称为晶闸管装置的同步或定相。

2. 实现同步的方法

下面用三相全控桥式电路带电感性负载来具体分析。

如图 2-29 主电路接线，电网三相电源为 U_1、V_1、W_1，经整流变压器 T_R 供给晶闸管桥路，对应电源为 U、V、W；假定控制角 $\alpha=0$，则 $u_{g1}\sim u_{g6}$ 六个触发脉冲应在各自的自然换相点，依次相隔 60°；要保证每个晶闸管的控制角一致，六块触发板 1CF～6CF 输入的同步信号电压 u_s 也必须依次相隔 60°。为了得到六个不同相位的同步电压，通常用一只三相同步变压器 T_S，具有两组二次绕组，二次侧得到相隔 60°的六个同步信号电压分别输入六个触发电路。因此只要一块触发板的同步信号电压相位符合要求，那其他五个同步信号电压相位也肯定正确。那么，每个触发电路的同步信号电压 u_s 与被触发晶闸管的阳极电压必须有怎样的相位关系呢？这决定于主电路的不同形式、不同的触发电路、负载性质，以及不同的移相要求。

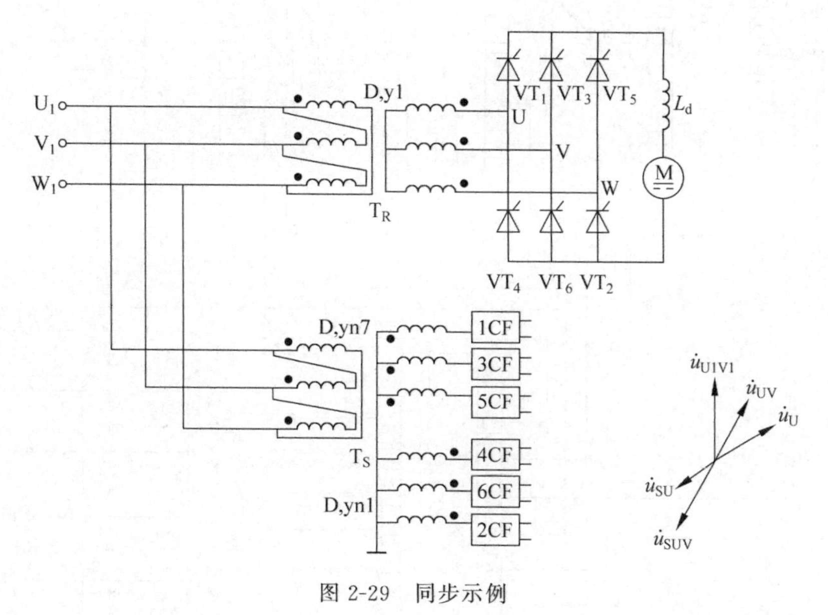

图 2-29　同步示例

对于锯齿波同步电压触发电路(波形如图 2-24 所示)，同步信号负半周的起点对应于锯齿波的起点，通常使锯齿波的上升段为 240°，上升段起始的 30°和终了的 30°线性度不好，舍去不用，使用中间的 180°。锯齿波的中点与同步信号的 300°位置对应，使 $U_d=0$ 的触发角 $\alpha=90°$。当 $\alpha<90°$时为整流工作，$\alpha>90°$时为逆变工作。将 $\alpha=90°$确定为锯齿波的中点，锯齿波向前向后各有 90°的移相范围。于是 $\alpha=90°$与同步电压的 300°对应，也就是 $\alpha=0°$与同步电压的 210°对应。$\alpha=0°$对应于 u_u 的 30°的位置，则同步信号的 180°与 u_u 的 0°对应，说明同步电压 u_s 应滞后于阳极电压 u_u180°。

实现同步的方法步骤如下：

① 根据主电路的结构、负载的性质及触发电路的形式与脉冲移相范围的要求，确定该触发电路的同步电压 u_s 与对应晶闸管阳极电压 u_u 之间的相位关系。

② 根据整流变压器 T_R 的接法，以定位某线电压作参考矢量，画出整流变压器二次电压也就是晶闸管阳极电压的矢量，再根据步骤①确定的同步电压 u_s 与晶闸管阳极电压 u_u 的

相位关系，画出电源的同步相电压和同步线电压矢量。

③ 根据同步变压器二次线电压矢量位置，定出同步变压器 T_S 的钟点数的接法，然后确定出 u_{su}、u_{sv}、u_{sw}分别接到 VT_1、VT_3、VT_5 管触发电路输入端；确定出 $u_{s(-u)}$、$u_{s(-v)}$、$u_{s(-w)}$分别接到 VT_4、VT_6、VT_2 管触发电路的输入端，这样就保证了触发电路与主电路的同步。

3. 同步举例

例 2-1　三相全控桥式整流电路，直流电动机负载，不要求可逆运转，整流变压器 T_R 为 D，y1 接线组别，触发电路采用上文介绍的锯齿波同步的触发电路，考虑锯齿波起始段的非线性，故留出 60°余量。试按简化相量图的方法来确定同步变压器的接线组别与变压器绕组的接法。

解　以 VT_1 管的阳极电压与相应的 1CF 触发电路的同步电压定相为例。

① 根据题意，要求同步电压 u_s 的相位应滞后阳极电压 u_u180°。

② 根据相量图，同步变压器接线组别应为 Dyn7，Dyn1。

③ 根据已求得同步变压器接线组别，就可以画出变压器绕组的接线组别，再将同步电压分别接到相应触发电路的同步电压接线端，即能保证触发脉冲与主电路的同步。

四、整流电路的保护

整流电路的保护主要是晶闸管的保护，因为晶闸管元件有许多优点，但与其他电气设备相比，过电压、过电流能力差，短时间的过电流、过电压都可能造成元件损坏。为使晶闸管装置能正常工作而不损坏，只靠合理选择元件还不行，还要设计完善的保护环节，以防不测。具体保护电路主要有以下几种。

1. 过电压保护

过电压保护有交流侧保护、直流侧保护和器件保护。过电压保护设置如图 2-30 所示。其中，H 属于器件保护，H 左边设置的是交流侧保护，H 右边设置的为直流侧保护。

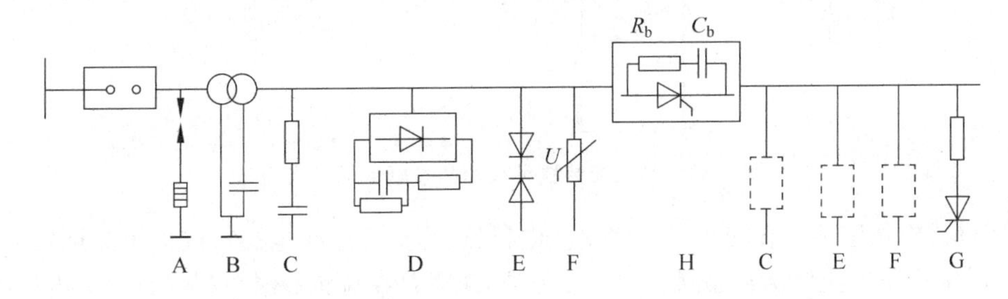

A—避雷器；B—接地电容；C—阻容保护；D—整流式阻容保护；
E—硒堆保护；F—压敏保护；G—晶闸管泄能保护；H—换相过电压保护

图 2-30　晶闸管过电压保护设置示意

(1) 晶闸管的关断过电压及其保护

晶闸管关断引起的过电压，可达工作电压峰值的 5～6 倍，是由于线路电感（主要是变压器漏感）释放能量而产生的。一般情况采用的保护方法是在晶闸管的两端并联 RC 吸收电路，如图 2-31 所示。

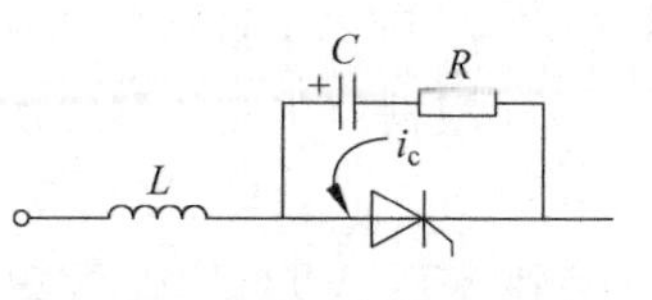

图 2-31　用阻容吸收抑止晶闸管关断过电压

(2) 交流侧过电压保护

由于交流侧电路在接通或断开时感应出过电压，一般情况下，能量较大，常用的保护措施为：

① 阻容吸收保护电路。这种措施应用广泛，性能可靠，但正常运行时，电阻上消耗功率，引起电阻发热，且体积大，对于能量较大的过电压不能完全抑制。根据稳压二极管的稳压原理，目前较多采用非线性电阻吸收装置，常用的有硒堆与压敏电阻。

② 硒堆就是成组串联的硒整流片。单相时用两组对接后再与电源并联，三相时用三组对接成 Y 形或用六组接成 D 形。

③ 压敏电阻是由氧化锌、氧化铋等烧结而成，每一颗氧化锌晶粒外面裹着一层薄薄的氧化锌，构成像硅稳压管一样的半导体结构，具有正反向都很陡的稳压特性。

(3) 直流侧过电压的保护

保护措施一般与交流过电压保护一致。

2. 过电流保护

晶闸管装置出现的元件误导通或击穿、可逆传动系统中产生环流、逆变失败以及传动装置生产机械过载及机械故障引起电机堵转等，都会导致流过整流元件的电流大大超过其正常管子电流，即产生所谓的过电流。通常采用的保护措施如图 2-32 所示。

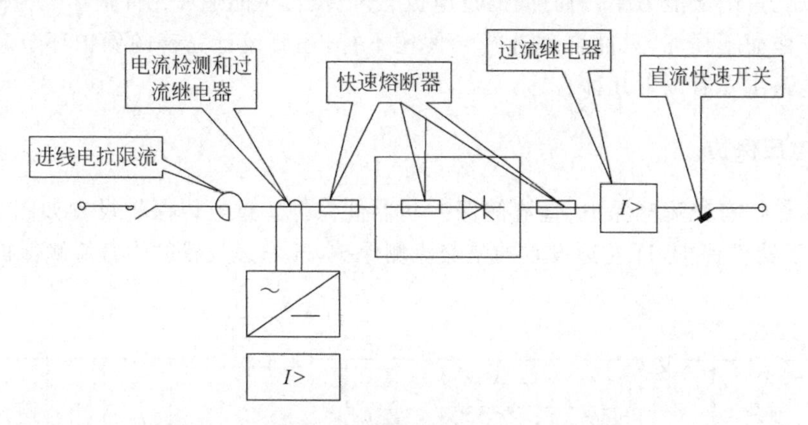

图 2-32　晶闸管装置可采用的过电流保护措施

① 进线电抗限流。在交流进线中串接电抗器(称交流进线电抗)，或采用漏抗较大的变压器是限制短路电流以保护晶闸管的有效办法，缺点是在有负载时要损失较大的电压降。

② 灵敏过电流继电器保护。继电器可装在交流侧或直流侧，在发生过电流故障时动作，使交流侧自动开关或直流侧接触器跳闸。由于过电流继电器和自动开关或接触器动作需几百毫秒，故只能保护由于机械过载引起的过电流，或在短路电流不大时，才能对晶闸管起保护作用。

③ 限流与脉冲移相保护。交流互感器 TA 经整流桥组成交流电流检测电路得到一个能反映交流电流大小的电压信号去控制晶闸管的触发电路。当直流输出端过载，直流电流 I_d 增大时交流电流也同时增大，检测电路输出超过某一电压，使稳压管击穿，于是控制晶闸

管的触发脉冲左移即控制角增大，使输出电压 U_d 减小，I_d 减小，以达到限流的目的，调节电位器即可调节负载电流限流值。当出现严重过电流或短路时，故障电流迅速上升，此时限流控制可能来不及起作用，电流就已超过允许值。在全控整流带大电感负载时，为了尽快消除故障电流，可控制晶闸管的触发脉冲快速左移到整流状态的移相范围之外，使输出端瞬时值出现负电压，电路进入逆变状态，将故障电流迅速衰减到 0，这种称为拉逆变保护。

④ 直流快速开关保护。在大容量、要求高、经常容易短路的场合，可采用装在直流侧的直流快速开关作直流侧的过载与短路保护。这种快速开关经特殊设计，它的开关动作时间只有 2ms，全部断弧时间仅 25～30ms，目前国内生产的直流快速开关为 DS 系列。从保护角度看，快速开关的动作时间和切断整定电流值应该和限流电抗器的电感相协调。

⑤ 快速熔断器保护。熔断器是最简单有效的保护元件，针对晶闸管、硅整流元件过流能力差，专门制造了快速熔断器，简称快熔。与普通熔断器相比，它具有快速熔断特性，通常能做到当电流为 5 倍额定电流时，熔断时间小于 20ms，在流过通常的短路电流时，快熔能保证在晶闸管损坏之前，切断短路电流，故适用于短路保护场合。快熔的选择：$1.57I_{T(AV)}>I_{RD}>I_T$（实际管子最大电流有效值）。

3. 电压与电流上升率的限制

（1）晶闸管的正向电压上升率的限制

晶闸管在阻断状态下它的 J_2 结面存在着结电容。当加在晶闸管上的正向电压上升率较大时，便会有较大的充电电流流过 J_2 结面，起到触发电流的作用，使晶闸管误导通。晶闸管的误导通会引起很大的浪涌电流，使快速熔断器熔断或使晶闸管损坏。

变压器的漏感和保护用的 RC 电路组成滤波环节，对过电压有一定的延缓作用，使作用于晶闸管的正向电压上升率大大地减小，因而不会引起晶闸管的误导通。晶闸管的阻容保护也有抑制的作用。

（2）电流上升率及其限制

晶闸管在导通瞬间，电流集中在门极附近，随着时间的推移导通区域逐渐扩大，直到整个结面导通为止。在此过程中，电流上升率应限制在通态电流临界上升率以内，否则将导致门极附近过热，损坏晶闸管。晶闸管在换相过程中，导通的晶闸管电流逐渐增大，产生换相电流上升率。通常由于变压器漏感的存在而受到限制。晶闸管换相过程中，相当于交流侧线电压短路，交流侧阻容保护电路电容中的储能很快地释放，使导通的晶闸管产生较大的 di/dt。采用整流式阻容保护，可以防止这一原因造成过大的 di/dt。晶闸管换相结束时，直流侧输出电压瞬时值提高，使直流侧阻容保护有一个较大的充电电流，造成导通的晶闸管 di/dt 增大。采用整流式阻容保护，可以减小这一原因造成过大的 di/dt。

任务五　低压大电流可控整流电路原理分析

在电解、电镀等工业应用中，常常需要低电压（几伏至几十伏）、大电流（几千至几万安）的可调直流电源。如果采用通常的三相半波可控整流电路，则每相要很多晶闸管并联才能提供这么大的负载电流，带来元件的均流、保护等问题，还有变压器铁芯直流磁化问题。如果采用三相桥式可控整流电路，虽可以解决直流磁化问题，但整流元件数还要加倍，而电流在每条通路上均要经过两个整流元件，有两倍的管压降损耗，这对大电流装置来说效率是非常低的。与三相桥式电路相比，在采用相同晶闸管的条件下，双反星型电路的输出电流可大一倍。

一、带平衡电抗器的双反星型可控整流电路的工作原理

要得到低压大电流的整流电路，可通过两组三相半波电路并联来解决。并联时只要注意使两组半波电路的变压器次级绕组极性相反，使各自产生的直流安匝相互抵消，就可解决变压器的直流磁化问题。由于两组变压器次级绕组均接成星形且极性相反，这种整流电路形式称为双反星型可控整流电路，如图 2-33 所示。

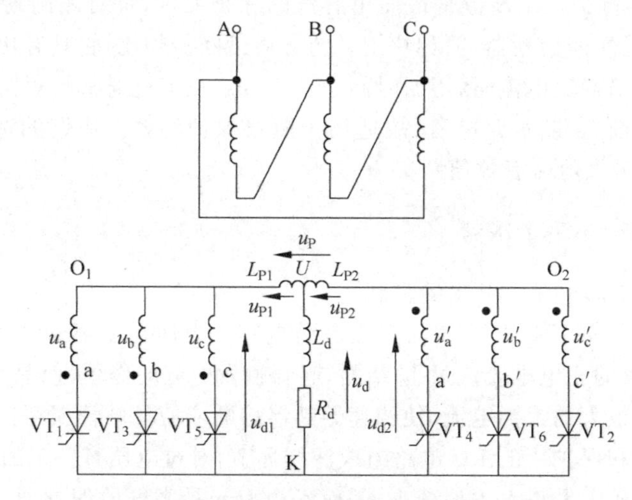

图 2-33　带平衡电抗器的双反星型可控整流电路

双反星型可控整流电路的整流变压器次级每相有两个匝数相同、绕在同一相铁芯柱上的绕组，反极性地接至两组三相半波整流电路中，每组三相间则接成星形，两组星形的中点间接有一个电感量为 L_p 的平衡电抗器。这个电抗器是一个带有中心抽头的铁芯线圈，抽头两侧的电感量相等，即 $L_{p1}=L_{p2}$，当抽头的任一边线圈中有交变电流流过时，L_{p1} 和 L_{p2} 均会感应出大小相等、极性一致的感应电势。

双反星型电路中如不接平衡电抗器，即成为六相半波整流电路。为了说明平衡电抗器的作用，假设将图 2-33 中的 L_p 短接，并设控制角 $\alpha=0°$，这样就成了普通的六相半波整流电路，变压器副边电压波形如图 2-34(a)所示，由于六个整流元件为共阴极接法，任何瞬间只有电压瞬时值最大的那相的晶闸管导通。在 ωt_1 时刻，a 相电压 u_a 最大，VT_1 管导通，则 K 点电位为最高，从而使其他五个开关器件承受反压而不能导通。变压器副边电压按照 u_a、u'_c、u_b、u'_a、u_c、u'_b顺序依次达到最大，故晶闸管亦以 VT_1、VT_2、VT_3、VT_4、VT_5、VT_6 顺序各导通 60°。这样，在 $\alpha=0°$时，输出直流电压为正值相电压的包络线(如图 2-34(a)所示)，其直流平均电压为 $U_{d0}=1.35u_2$。由于任何瞬间只能有一只晶闸管导通，所以每个开关器件以及变压器副边每相绕组都要流过全部的负载电流，而且导通角只有 60°，使每相的峰值电流较高，这就要求用大容量的整流器件和大截面的变压器绕组导线，变压器利用率也低，不适合大电流负载。双反星型电路与六相半波电路的区别就在于有无平衡电抗器，对平衡电抗器

作用的理解是掌握双反星型电路原理的关键。

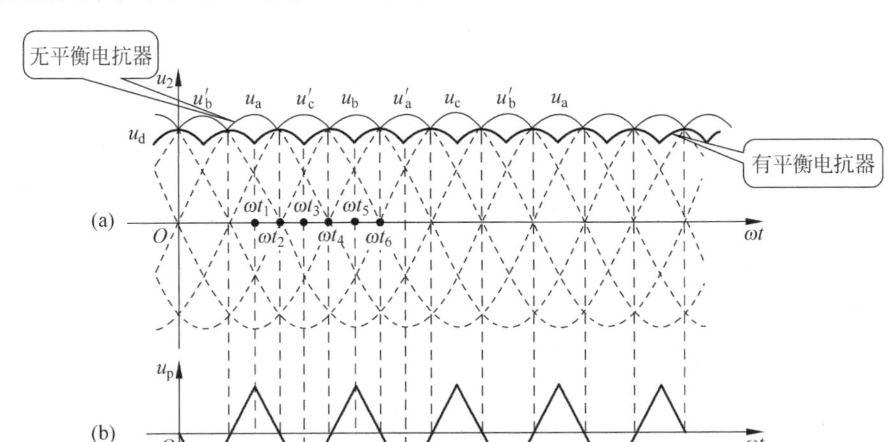

图 2-34　带平衡电抗器的双反星型可控整流电路电压波形图

接入平衡电抗器后晶闸管的导通情况将发生变化，仍以 $\alpha=0°$ 为例来分析，在图 2-34(a)的 $\omega t_1 \sim \omega t_2$ 期间内，u_a 最高，使晶闸管 VT_1 导通，VT_1 导通后，a 相电流 i_a 开始增长，增长的 i_a 将在平衡电抗器 L_{p1} 中感应出 e_{p1}，其极性是左负(－)右正(＋)。由于 L_{P_2} 与 L_{P_1} 匝数及绕向相同，紧密耦合，则在 L_{P_2} 中同样感应出 e_{P_2}，其极性也是左负(－)右正(＋)，且 $e_{P_1}=e_{P_2}$，则以 O 点为电位参考点，e_{P_1} 削弱左侧 a、b、c 组晶闸管的阳极电压，e_{P_2} 增强了右侧 a′、b′、c′组晶闸管的阳极电压。在 $\omega t_1 \sim \omega t_2$ 期间，VT_1 管的阳极电压 u_a 被削弱，此时，U'_C 为次高电压，在 e_{P_2} 的作用下，只要 $u_p=u_{p1}+u_{p2}$ 的大小能使 $u'_c+u_p>u_a$，则晶闸管 VT_2 也承受正向阳极电压而导通。因此，有了平衡电抗器后，其上感应电势 u_p 补偿了 u_a、u'_c 间的电压差，使得 a、c′相的晶闸管能同时导通。VT_1、VT_2 同时导通时，左侧 a 点电位与右侧 c′点电位相等，但此期间相电压仍然保持着 $u_a>u'_c$ 的状态，故 VT_2 导通后 VT_1 不会关断。以后变压器副边相电压发生变化，感应电势 e_p 也变化，但始终保持着 a、c′两点的电位相等，从而维持了 VT_1、VT_2 同时导通。这就是平衡电抗器所起的促使两相能同时导通的平衡电压作用。

在 $\omega t_2 \sim \omega t_3$ 期间内，$u_a<u'_c$，a 相电流出现减小的趋势，使平衡电抗器 L_{P_1} 上感应出的电势极性相反，继续维持 VT_1、VT_2 同时导通。ωt_3 以后，由于 a、b、c 组的相电压 $u_b>u_a$，则 VT_1 换流到 VT_3，使得在 $\omega t_2 \sim \omega t_3$ 期间内 VT_2、VT_3 同时导通，由于平衡电抗器的作用，VT_2 管将从 ωt_1 时刻一直维持到 ωt_5 时刻因导通 VT_4 而关断，共导通 120°电角度。

从以上分析可以看出，由于接了平衡电抗器，使在任何时刻两组三相半波电路中各有一个开关器件同时导通，共同负担负载电流，使流过每一开关器件和变压器副边每相绕组的电流为负载电流的一半，同时每个开关器件的导电角由 60°增加至 120°。这样，在输出同样直流电流 I_d 的条件下，可使晶闸管额定电流及变压器副边电流减小，利用率提高。

电源并联时，只有当电压平均值和瞬时值均相等时，才能使负载均流。双反星型电路中，两组整流电压平均值相等，但瞬时值不等。两个星形的中点 O_1 和 O_2 间的电压等于 u_{d_1} 和 u_{d_2} 之差。该电压加在 L_p 上，产生电流 i_p，它通过两组星形自成回路，不流到负载中去，称为环流或平衡电流。考虑到 i_p 后，将使其中一组三相半波电路的负载电流变化为 $I_d/2+i_p$，另一组三相半波电路的负载电流变化为 $I_d/2-i_p$，每组三相半波承担的电流分别为 $I_d/2$。

为了使两组电流尽可能平均分配，一般使 L_p 值足够大，以便限制环流在负载额定电流的1%～2%以内。双反星型整流电路 $\alpha=0$ 时两组整流电压、电流波形如图 2-35 所示。$\alpha=30°$、$\alpha=60°$和 $\alpha=90°$时输出电压的波形如图 2-36 所示。

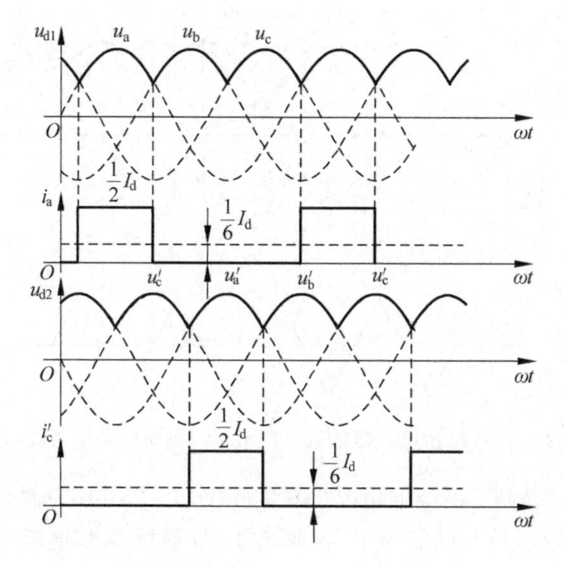

图 2-35　双反星型整流电路 $\alpha=0$ 时两组整流电压、电流波形

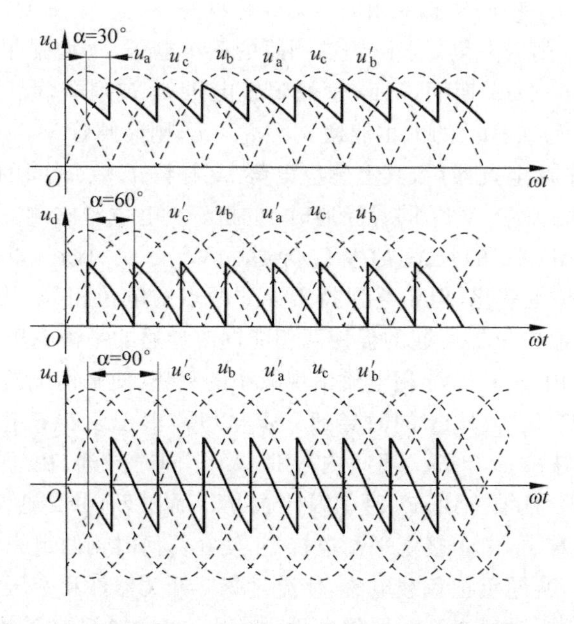

图 2-36　当 $\alpha=30°$、60°、90°时双反星型电路的输出电压波形

二、基本物理量的计算

根据上述分析，可导出 L_p 两端电压、整流输出电压的数学表达式：

$$u_p = u_{d_2} - u_{d_1} \tag{2-27}$$

$$u_d = u_{d_1} - \frac{1}{2}u_p = u_{d_2} + \frac{1}{2}U_p = \frac{1}{2}(u_{d_1} + u_{d_2}) \tag{2-28}$$

上式说明以平衡电抗器中点作为整流电压输出的负端，其输出的整流电压瞬时值为两组三相半波整流电压瞬时值的平均值。可以得出 $\alpha=0$ 时的直流电压平均值计算式：

$$U_d = \frac{1}{2\pi}\int_0^{2\pi} u_d \mathrm{d}\omega t = \frac{1}{2\pi}\int_0^{2\pi} \frac{1}{2}(u_{d_1} + u_{d_2})\mathrm{d}\omega t = \frac{1}{2}(U_{d_1} + U_{d_2}) = 1.17U_2 \tag{2-29}$$

整流电压平均值与三相半波整流电路时相等，控制角为 α 时直流平均电压 u_d 的计算公式为：

$$u_d = 1.17u_2\cos\alpha$$

需要分析各种控制角时的输出波形时，可先求出两组三相半波电路的 u_{d_1} 和 u_{d_2} 波形，然后根据式(2-26)计算出 u_d 波形。

双反星型电路的输出电压波形与三相半波电路比较，脉动程度减小了，脉动频率加大一倍，$f=300\text{Hz}$。电感负载情况下，$\alpha=90°$时，输出电压波形正负面积相等，$U_d=0$，移相范围是 90°。如果是电阻负载，则 u_d 波形不应出现负值，仅保留波形中正的部分。同样可以得出，当 $\alpha=120°$时，$u_d=0$，因而电阻负载要求的移相范围为 120°。

三、与三相半波整流电路和三相桥式电路的比较

1. 将双反星型电路与三相桥式电路进行比较

① 三相桥为两组三相半波串联，而双反星型为两组三相半波并联，且后者需用平衡电抗器；

② 当 u_2 相等时，双反星型的 u_d 是三相桥的 1/2，而 I_d 是单相桥的 2 倍；

③ 两种电路中，晶闸管的导通及触发脉冲的分配关系一样，u_d 和 i_d 的波形形状一样。

2. 将双反星型电路与三相半波电路进行比较

① 直流电压的脉动情况比三相半波时小得多；

② 不存在直流磁化问题；

③ 变压器副边绕组利用率提高一倍；

④ 提高了整流元件的利用率，导通角为 120°。

任务六　认识带电容滤波的三相不可控整流电路(拓展)

一、工作原理

图 2-37 所示的是带电容滤波的三相不可控整流电路及其电压、电流波形。当滤波电容 C 为零时，此电路与前文分析的三相桥式全控整流电路 $\alpha=0°$的情况一样，输出电压为线电压的包络线。当电路中接入滤波电容 C 后，在电源线电压 $u_{2L}>u_d$ 时，其中的一对二极管导通，输出电压等于交流侧线电压中最大的一个，该线电压既向电容供电，也向负载供电，$i_d=i_c+i_R$；在经过二极管的导通角 θ 后，$u_{2L}<u_d$，二极管截止，电容 C 开始向负载放电，u_d 按指

数规律下降。

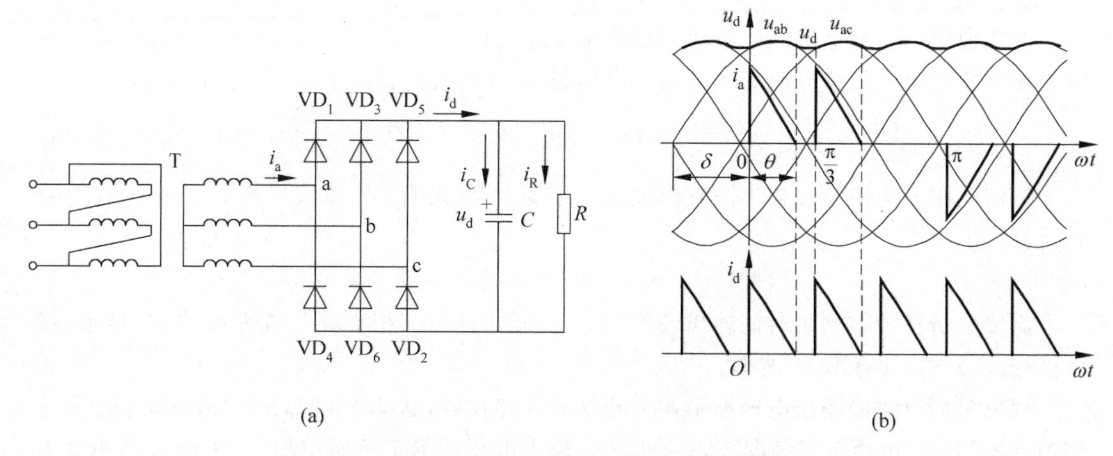

图 2-37　电容滤波的三相桥式不可控整流电路及其波形

在图 2-37(b)中取线电压 u_{ab} 最大，VD_6、VD_1 同时开始导通的时刻为 $\omega t=0$。这时 u_{ab} 的相位角为 δ，则线电压 $u_{ab}=\sqrt{6}\,U_2\sin(\omega t+\delta)$，$u_d=u_{ab}$。当 $\omega t=\theta$ 时，$i_d=0$，VD_6、VD_1 截止，此时 $u_d(\theta)=u_{c0}=\sqrt{6}\,U_2\sin(\theta+\delta)$，然后电容 C 对负载 R 放电，u_{c0} 按指数规律下降，直到 $\omega t=60°$。此时线电压 u_{ac} 最大，u_{ac} 数值与 u_{c0} 相等，VD_1、VD_2 开始导通，输出电压为 $u_d=u_{ac}$。随着二极管按编号依次换流，输出电压依次为 u_{ab}、u_{ac}、u_{bc}、u_{ba}、u_{aa}、u_{ab}。图 2-37(b)中所示的电流 i_d 是断续的，导通角 $\theta<60°$。如果 $i_d=0$ 时正好 $\theta=60°$，则 6 个二极管依次轮流导通，电流正好连续，此时输出电压为完整的线电压包络线。

经分析可知，电容滤波的三相桥式不可控整流电路电流 i_d 断续和连续的临界条件是 $\omega RC=\sqrt{3}$。当 $\omega RC>\sqrt{3}$ 时，电流 i_d 断续，如图 2-37(b)所示；当 $\omega RC\leqslant\sqrt{3}$ 时，电流 i_d 连续。图 2-38 表示了 $\omega RC=\sqrt{3}$ 和 $\omega RC<\sqrt{3}$ 时 i_a、i_d 的波形。

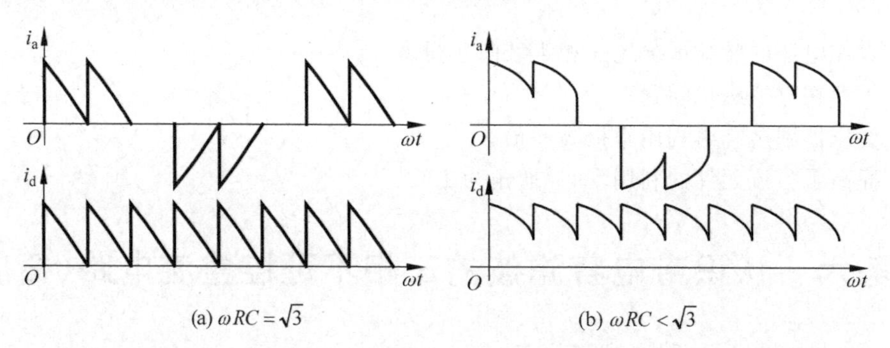

图 2-38　电容滤波的三相桥式整流电路的电流波形(当 $\omega RC=\sqrt{3}$ 和 $\omega RC<\sqrt{3}$ 时)

实际电路中存在着交流侧电感以及为抑制冲击电流而串联电感时的工作情况，因此要考虑存在电感时电容滤波的三相桥式整流电路及其波形。图 2-39 为考虑了电感时电容滤波的三相桥式整流电路及其波形，由图可见电流波形的前沿平缓了许多，有利于电路的正常工作。随着负载的加重，电流波形与电阻负载时的交流侧电流波形逐渐接近。该电路在空载时，输出电压 u_d 的数值为 $\sqrt{6}U_2$，随着负载增大，u_d 逐渐下降，当 $\omega RC\leqslant\sqrt{3}$ 时，输出电压为完整的线电压包络线，u_d 的数值为 $0.955\sqrt{6}U_2$。

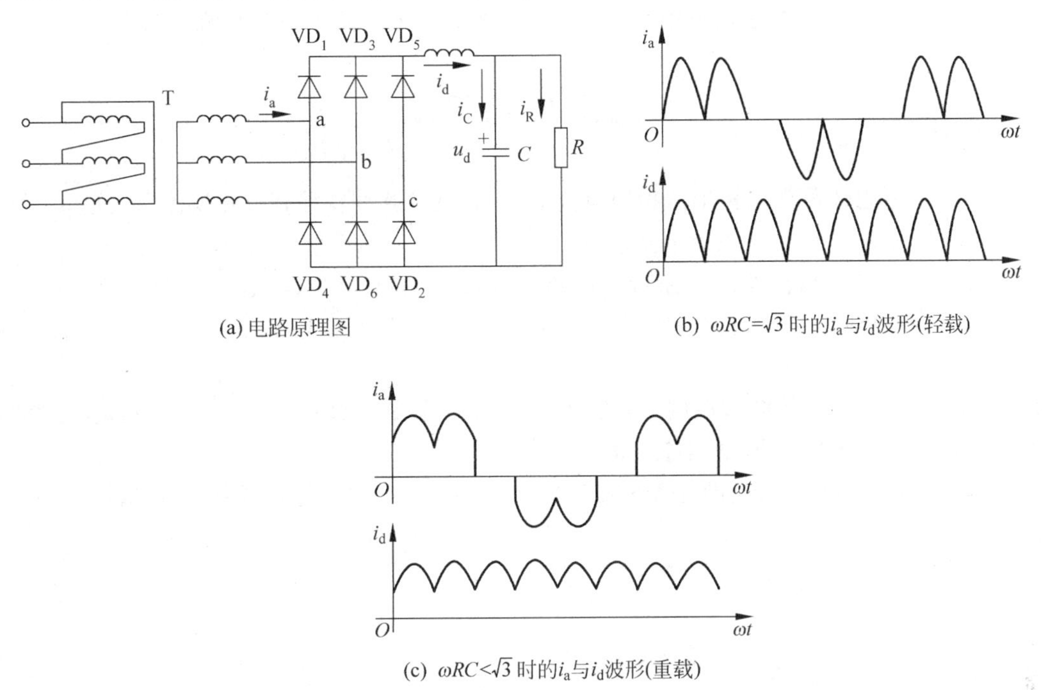

图 2-39　考虑电感时电容滤波的三相桥式整流电路及其波形

二、主要数量关系

1. 输出电压平均值

U_d 在 $2.34U_2 \sim 2.45U_2$ 之间变化。

2. 电流平均值

输出电流平均值 I_R 为

$$\boldsymbol{I_R = U_d/R}$$

与单相电路情况一样，电容电流 i_c 平均值为零，因此 $\boldsymbol{I_d = I_R}$。

二极管电流平均值为 I_d 的 1/3，即 $I_D = I_d/3 = I_R/3$。

3. 二极管承受的电压

二极管承受的最大反向电压为线电压的峰值，为$\sqrt{6}U_2$。

【项目小结】

低电压大电流整流电源在电镀工业中得到广泛应用。通过引入低电压大电流整流电镀电源电路，介绍了三相半波整流电路、三相全桥整流电路的工作原理、变压器漏电抗对整流电路的影响以及相控电路的驱动控制和保护，着重分析了带平衡电抗器的双反星型可控整流电路的工作原理，在拓展任务中还介绍了带电容滤波的三相不可控整流电路。

思考与练习二

2-1 带电阻性负载三相半波相控整流电路，如触发脉冲左移到自然换流点之前15°处，分析电路工作情况，画出触发脉冲宽度分别为10°和20°时负载两端的电压 u_d 波形。

2-2 三相半波相控整流电路带大电感负载，$R_d=10\Omega$，相电压有效值 $U_2=220V$。求 $\alpha=45°$ 时负载直流电压 U_d、流过晶闸管的平均电流 I_{dT} 和有效电流 I_T，画出 u_d、i_{T2}、u_{T3} 的波形。

2-3 三相半波可控整流电路中，能否将三只晶闸管的门极连在一起用一组触发电路每隔120°送出一个触发脉冲，电路能否正常工作？

2-4 在图2-40所示电路中（电感性负载），当 $\alpha=60°$ 时，画出下列故障情况下的 u_d 波形。

（1）熔断器1FU熔断。

（2）熔断器2FU熔断。

（3）熔断器2FU、3FU同时熔断。

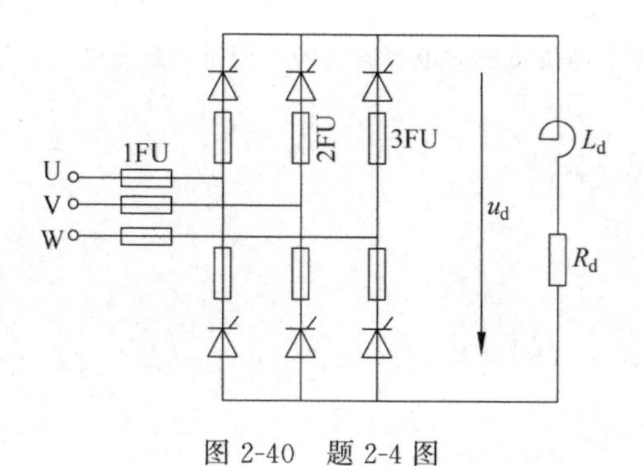

图2-40 题2-4图

2-5 现有单相半波、单相桥式、三相半波三种整流电路带电阻性负载，负载电流 I_d 都是40A，问流过与晶闸管串联的熔断器的平均电流、有效电流各为多大？

2-6 三相全控桥式整流电路带大电感负载，负载电阻 $R_d=4\Omega$，要求 U_d 在0～220V之间变化。试求：

（1）不考虑控制角裕量时，整流变压器二次线电压。

（2）计算晶闸管电压、电流值，如电压、电流取2倍裕量，选择晶闸管型号。

2-7 什么叫同步？锯齿波同步触发电路中如何实现触发脉冲与主回路电源的同步？

2-8 简述晶闸管有哪些过电压保护措施和过电流保护措施。

2-9 比较带平衡电抗器的双反星型可控整流电路与三相桥式全控整流电路的主要异同点。

2-10 若电源相电压是 u_2，带电容滤波的三相不可控整流电路的输出平均电压的变化范围是多少？

项目三　以电动自行车充电器为典型应用的直流-直流变换电路

【项目聚焦】

通过对采用 UC3842 芯片和反激式电路的电动自行车充电器的分析与设计，介绍 MOS 管、DC/DC 变换电路的原理及应用。

【知识目标】

【器件】 了解 MOS 管的工作原理，掌握器件的外部特性、极限参数和以及驱动保护等注意事项。

【电路】 掌握 DC/DC 变换电路（Buck 电路、Boost 电路、Boost-Buck 电路、正激式电路、反激式电路、半桥电路）的结构、工作原理以及设计注意事项。

【控制】 ① 掌握以反激式拓扑为例的开关电源的控制原理；

② 了解常用的电动自行车充电器的充电以及状态显示的控制方法；

③ 了解 PWM 控制电路的基本构成和原理。

【技能目标】

① 会分析常用的电动自行车充电器的电路和对主电路进行设计；

② 能识别和选用 MOS 管，能设计 MOS 管的驱动及保护电路；

③ 掌握芯片 UC3842、TL431 等的应用。

【拓展部分】

了解大功率晶体管 GTR 的工作原理，掌握器件的外部特性、极限参数，以及驱动保护等注意事项。

【学时建议】 12 学时。

【任务导入与项目分析】

电动自行车作为一种轻便的交通工具应用非常普遍，而充电器是电动自行车必不可少的配件，电动车充电器市场巨大。电池组的电压有 36V、48V 和 60V 等多种等级。单节电池的容量 C 也不同，一般有 12Ah、14Ah、17Ah 和 20Ah 等多种，电池组的充电电流通常取电池容量 C 的 0.1～0.2 之间，若取 0.15C，则对 12Ah 电池的充电电流应为约 1.8A。目前，市场上的充电器可分为两类：一类是以 UC3842 为核心驱动的单管变换电路，另一类是以 TL494 为核心驱动的半桥变换电路。这类充电器一般由市电 EMI 滤波电路、整流滤波电路、DC/DC 变换电路、高频整流滤波电路、电压取样误差放大电路、充电电流取样比较电路等组成，其原理框图如图 3-1 所示。

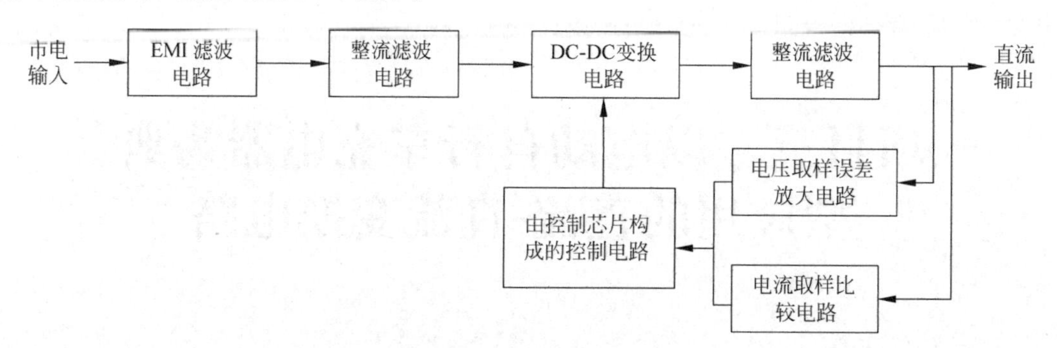

图 3-1　充电器原理框图

本项目介绍的电动自行车充电器适用于 48V12Ah 铅酸电池的充电，其电路主电路如图 3-2 所示。主电路采用反激式拓扑，控制电路由高性能电流模式控制器 UC3842、TL431 和运算放大器 LM358 等组成，电路具有结构简单、效率高、输入电压范围宽等优点，工作模式选择在临界模式和断续模式之间。此充电器是一款限流型充电器。从图 3-2 可以看出，要完成这个项目的设计和制作，首先要完成以下任务：

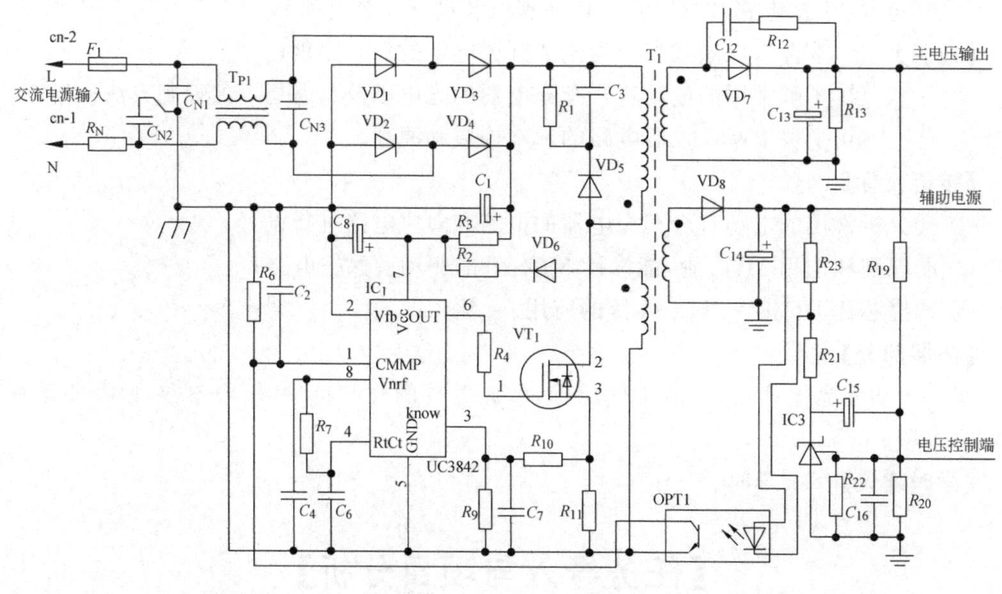

图 3-2　充电器主电路

◇ 认识主电路结构；

◇ 掌握 MOS 管的工作原理，能分析和设计 MOS 管的驱动电路和保护电路；

◇ 掌握充电器常用电路工作原理；

◇ 掌握充电器主电路参数的设计；

◇ 掌握控制芯片 UC3842、TL431 等的应用；

◇ 能分析采用控制芯片 TL494(或 SG3525)和半桥变换电路构成的充电器(任务拓展)。

任务一　认识 MOS 管

一、MOS 管的结构与工作原理

电力(也叫功率)场效应晶体管(Power MOSFET,MOSFET 是 Metal Oxide Semiconductor Field Effect Transistor 的英文首字母缩写),简称 MOS 管,是一种全控型的电力电子开关器件。全控型器件是指通过控制信号可以使其导通,也可以使其关断。

1. MOS 管的结构

电力场效应晶体管是多元集成结构,即一个器件由多个 MOSFET 单元组成。MOSFET 的单元结构如图 3-3 所示,有三个引脚(电极),分别为源极 S、栅极 G 和漏极 D。MOS 管的类型按导电沟道可分为 P 沟道和 N 沟道,根据栅极电压与导电沟道出现的关系可分为耗尽型(当栅极电压为零时漏源极之间就存在导电沟道)和增强型(栅极电压大于(小于)零时才存在导电沟道)。电力 MOSFET 主要是 N 沟道增强型。

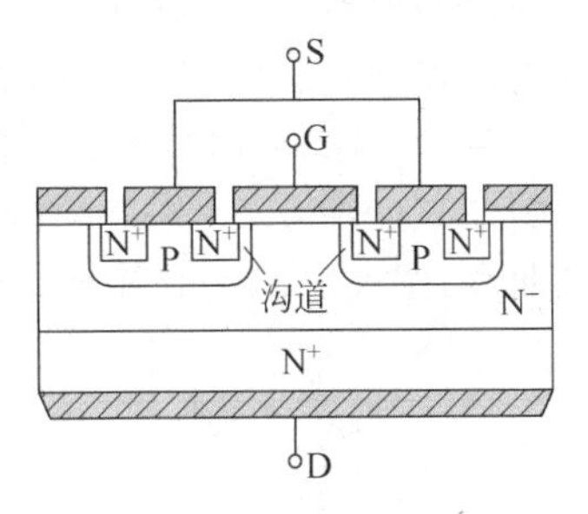

图 3-3　MOSFET 单元结构

2. MOS 管的工作原理

MOS 管为电压控制型器件,电压控制意味着对电场能的控制,故称作为电场效应晶体管(绝缘栅型)。MOS 管是利用多数载流子导电的器件,因而又称为单极型晶体管。MOS 管电压控制机理,是利用栅极电压的大小来改变感应电场生成的导电沟道的厚度(感生电荷的多少)来控制漏极电流 i_D 的。N 沟道和 P 沟道增强型 MOS 管的符号如图 3-4 所示。

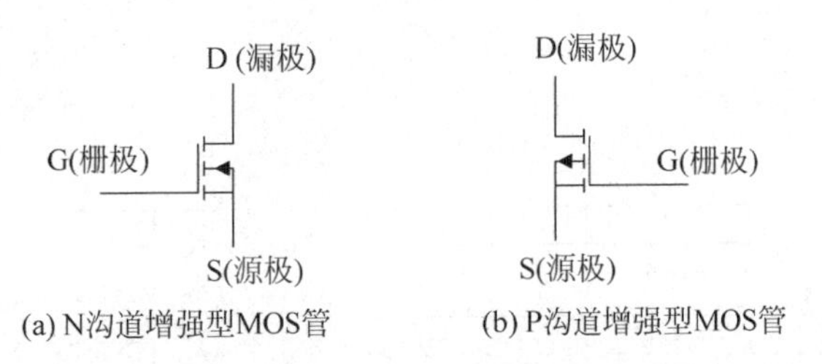

(a) N沟道增强型MOS管　(b) P沟道增强型MOS管

图 3-4　N 沟道和 P 沟道增强型 MOS 管符号

驱动信号加在栅极和源极(GS)之间。因此,功率 MOS 管也是一可控的开关器件,提供适当的驱动控制,可控制其导通与关断。MOS 管属于电压型控制器件,通过栅极电压来控制漏极电流的,也就是通过栅极电压来控制漏源导通情况。以 N 沟道 MOS 管为例说明其工作原理:

当栅源极间的电压 $V_{GS} \leqslant V_{TH}$(V_{TH} 为开启电压,又叫阈值电压,典型值为 2～4V)时,即使加上漏源极电压 V_{DS},也没有漏极电流 I_D 出现,MOS 管处于截止状态。当 $V_{GS} > V_{TH}$ 且 $V_{DS} > 0$ 时,会产生漏极电流 I_D,MOS 管处于导通状态,且 V_{DS} 越大,I_D 越大。另外,在相同的 V_{DS} 下,V_{GS} 越大,I_D 越大,即导电能力越强。

导通的物理过程：栅极是绝缘的，所以不会有栅极电流流过。但栅极的正电压会将其下P区中的空穴推开，而将P区中的少子——电子吸引到栅极下面的P区表面。当U_{GS}大于U_T(开启电压或阈值电压)时，栅极下P区表面的电子浓度将超过空穴浓度，使P型半导体反形成N型而成为反型层，该反型层形成N沟道而使PN结消失，漏极和源极导电。

综上所述，MOS管的漏极电流I_D受控于栅源电压V_{GS}和漏源电压V_{DS}，这用MOS管的转移特性来表示，如图3-5(a)所示。MOS管的转移特性是指电力场效应晶体管的输入栅源电压V_{GS}与输出漏极电流I_D之间的关系，当I_D较大时，该特性基本为线性。曲线的斜率$g_m=\Delta i_D/\Delta V_{GS}$称为跨导，表示MOS管的栅源电压对漏极电流的控制能力。仅当$V_{GS}>V_{TH}$时，才会出现导电沟道，产生栅极电流I_D。转移特性反映了该器件是电压型场控器件。由于栅极的输入电阻很高，可以等效为一个电容，所以栅源电压V_{GS}能够形成电场，但栅极电流基本为零。因此，MOS管的驱动功率很小。

MOS管的输出特性也叫漏极伏安特性，指漏极电流(I_D)与漏源间电压(V_{DS})的关系，如图3-5(b)所示。图3-5(c)为Fairchild公司MOS管FQPF8N60C(7.5A，600V)的转移特性曲线，图3-5(d)为其输出特性曲线。

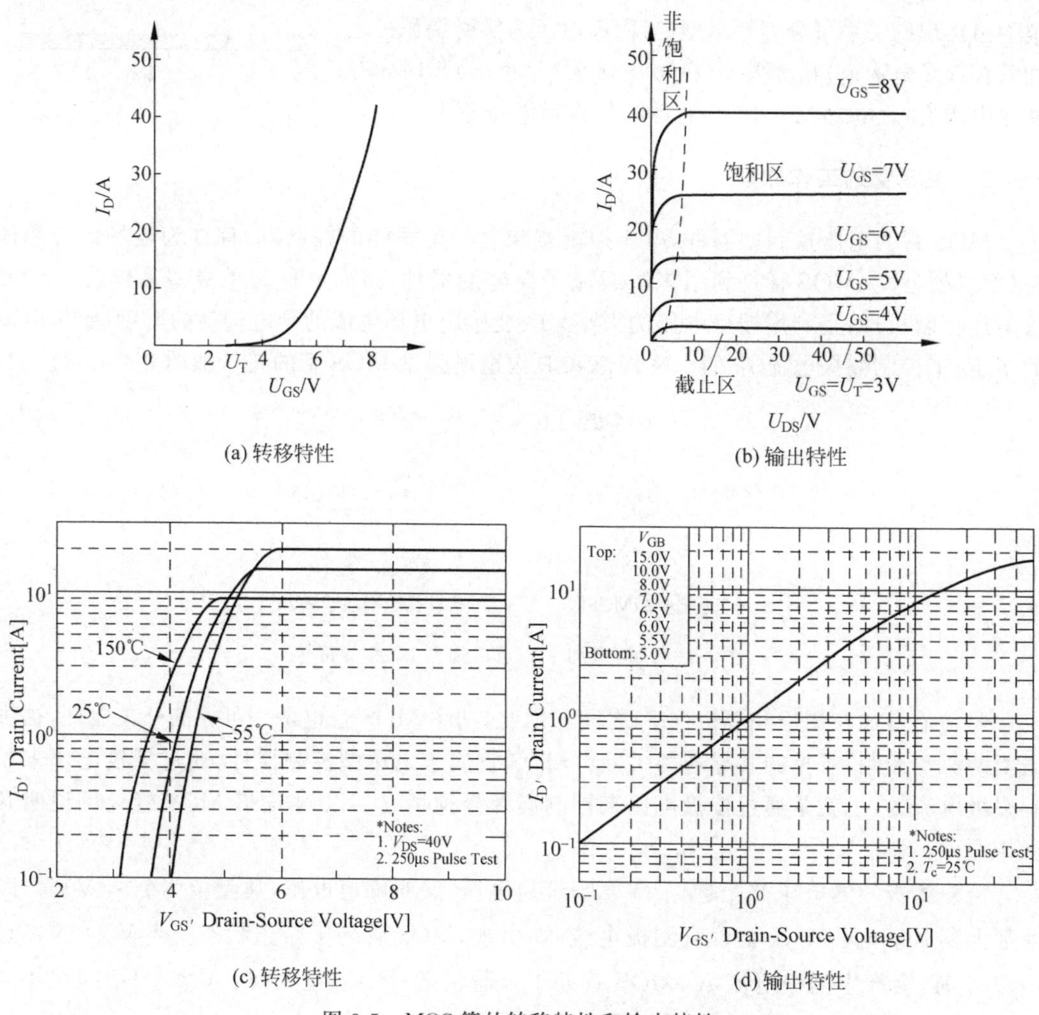

(a) 转移特性　(b) 输出特性

(c) 转移特性　(d) 输出特性

图3-5　MOS管的转移特性和输出特性

根据栅极电压的大小，MOS 管可以工作在四个不同的区域。

① 截止区：$V_{GS}<V_{TH}$，$I_D=0$，这和电力晶体管的截止区相对应。

② 非饱和区(可调电阻区)：$U_{GS}>U_T$，$U_{DS}<U_{GS}-U_T$，漏源电压 U_{DS} 和漏极电流 I_D 之比近似为常数。该区对应于电力晶体管的饱和区，当 MOSFET 作开关应用而导通时，即工作在该区。

③ 饱和区：$U_{GS}>U_T$，$U_{DS}\geqslant U_{GS}-U_T$，当 U_{GS} 不变时，I_D 几乎不随 U_{DS} 的增加而增加，近似为一常数，故称饱和区。这里的饱和区对应于电力晶体管的的放大区。当用做线性放大时，MOSFET 工作在该区。

④ 雪崩击穿区：V_{GS} 继续增大到一定程度，超过了器件的最大承受能力，就进入雪崩击穿区。在应用中要避免出现这种情况，否则会造成器件的损坏。

电力 MOS 管工作在开关状态，即在截止区和非饱和区之间来回转换。

二、MOS 管的开关特性

MOS 管是多数载流子器件，不存在少数载流子特有的存储效应，因此开关时间很短，典型为 20ns。影响开关速度的主要因素是器件极间电容，开关时间与输入电容的充、放电时间常数有很大关系。

MOS 管的开关过程如图 3-6 所示，V_p 为驱动电源信号，R_s 为信号源内阻，R_G 为栅源极电阻，R_L 为负载电阻，R_F 为检测漏极电流用电阻。开通时间 $t_{on}=t_{d(on)}+t_r$，其中 $t_{d(on)}$ 为开通延迟时间，是指栅电压从 0V 变化到阈值电压 V_{TH} 的延迟时间；关断时间 $t_{off}=t_{d(off)}+t_f$，$t_{d(off)}$ 为关断延迟时间，是指栅极电压从通常的 10V 下降到阈值电压 V_{TH} 的时间。导通和关断延迟与温度有一定关系。由于温度每升高 25℃，V_{TH} 值就下降 5%，开通延迟时间也随温度升高而下降。同样由于 V_{TH} 存在 1%～2% 的误差，即使在相同的温度下，开通延迟时间也会因器件的不同而不同。即使如此，在导通大电流的情况下，V_{TH} 的较大变化并不会引起开通延迟时间的大幅度变化。因为在 V_{TH} 不变的情况下，转移特性曲线尾部转折点也会有明显的改变。栅极关断延迟也随温度的改变而改变。

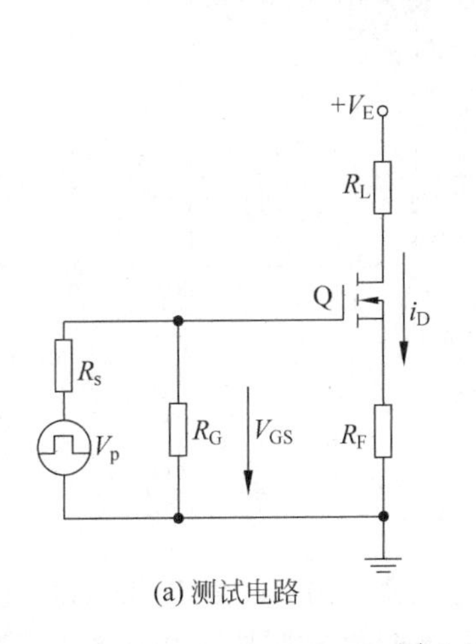

(a) 测试电路

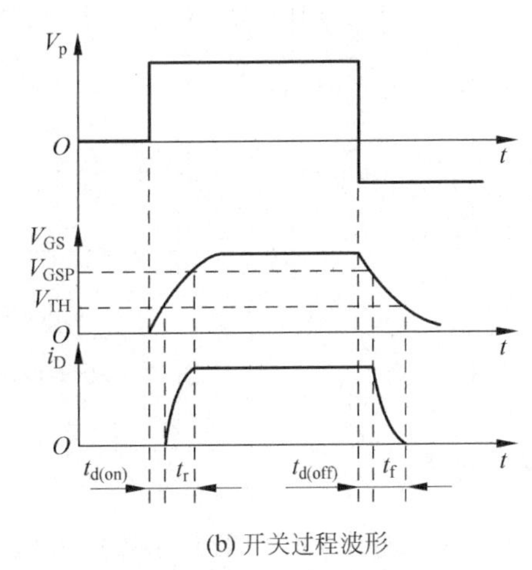

(b) 开关过程波形

图 3-6　MOS 管的开关过程

由上述分析知,MOS管的开关过程具有如下特点:

① MOS管的开关速度和输入电容 C_{In} 充放电有很大关系。

② 可降低驱动电路内阻 R_s 来减小时间常数,加快开关速度。不存在少子储存效应,关断过程非常迅速。

③ 开关时间在10～100ns之间,工作频率可达1MHz以上,是电力电子器件中开关频率最高的。

④ 场控器件,静态时几乎不需输入电流。但在开关过程中需对输入电容充放电,仍需一定的驱动功率。

⑤ 开关频率越高,所需要的驱动功率越大,驱动损耗越大。

三、MOS管的主要参数

1. 漏-源极导通电阻 $R_{ds(on)}$(简写为 R_{on})

漏-源极导通电阻是功率MOS管的一个重要参数。应取足够大的栅源驱动电压,保证漏极电流工作在电阻区(也就是饱和区),但是栅极电压过高会增加关断时间,这是由于栅极电容储存了过多的电荷的缘故。通常,对于普通的MOS管栅-源极电压取10～15V。一般导通电阻 R_{on} 越小,耐压 BV_{DS}(漏源击穿电压)高的管子较好。R_{on} 与温度变化近乎成线性关系,具有正温度系数(随着温度的升高而变大)。FQPF8N60C中 R_{on} 与温度的关系如图3-7所示。所给出的 $R_{on}=1.2\Omega$ 是在 $V_{GS}=10V$ 时常温下测得的。BV_{DS} 值高,R_{on} 受温度影响就大。但是 BV_{DS} 高的管子,R_{on} 也大。另外,I_D 增加,R_{on} 也略有增加;栅极电压升高,R_{on} 有所降低。

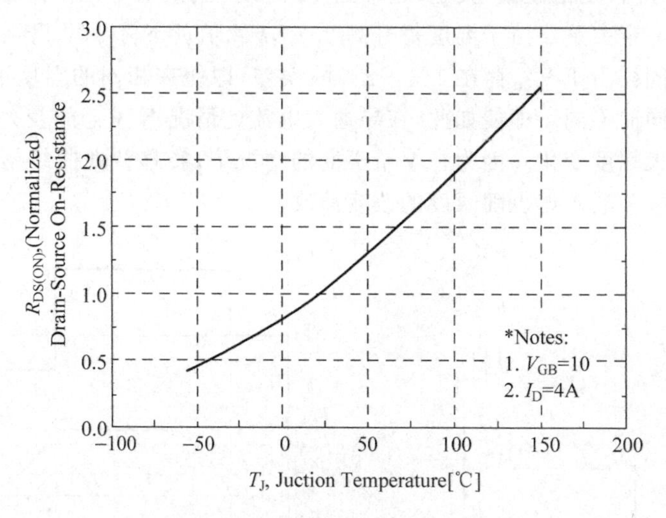

图3-7　导通电阻与温度关系

2. 寄生电容

在高频开关电源中,MOS管最重要的参数是寄生电容。图3-8为MOS管的等效电路模型,存在三个寄生电容,分别为 C_{GS}、C_{DS}、C_{GD}。三个极间电容与输入电容 C_{iss}、输出电容 C_{oss} 和反馈电容 C_{rss} 关系如下式所示:

$$C_{iss}=C_{GS}+C_{GD}\quad C_{oss}=C_{DS}+C_{GD}\quad C_{rss}=C_{GD}$$

在驱动 MOS 管时，输入电容是一个重要的参数，驱动电路对输入电容充电、放电影响开关性能，即影响开通时间和关断时间。

3. 最大漏极电流 I_{Dmax}

最大漏极电流是指在 MOS 管处于饱和区时，通过漏源极间的最大电流。它就是 MOS 管的额定电流，其大小主要受管子的温升限制。最大漏极电流与外壳温度或结点温度有关系，FQPF8N60C(7.5A，600V)的漏极电流与外壳的温度关系如图 3-9 所示。其中，所表明的电流 7.5A 是在外壳温度为 25℃下测得的，当外壳温度为 100℃时，器件漏极最大持续电流为 4.6A。

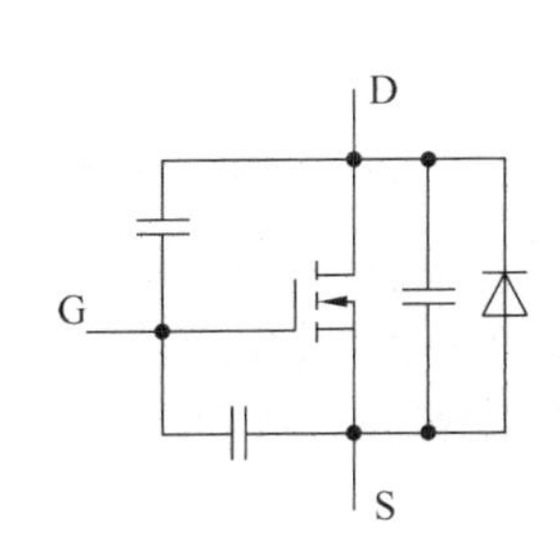

图 3-8　MOS 管的等效电路

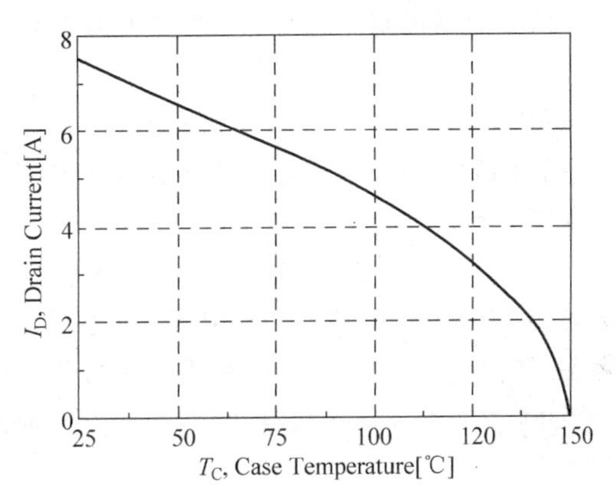

图 3-9　漏极电流与外壳温度的关系

4. 漏源电压 V_{DS}

漏源电压就是漏区和沟道体区 PN 结上的反偏电压，用其来标定 MOS 管的额定电压，选用时必须留有较大安全余量。这个电压决定了器件承受的最高工作电压 BV_{DS} 随温度而变化，在一定范围内大约结温每升高 10℃，BV_{DS} 值增加 1%。所以，结温的上升，耐压值也是上升，这是 MOS 管的优点之一。

5. 栅源电压 V_{GS}

栅极与源极之间的绝缘层很薄，承受电压很低，一般不得超过 20V，否则绝缘层可能被击穿而损坏，使用中应加以注意。

6. 漏源极间的体内二极管(又称反并联二极管)

由于源极金属电极短路了 N+区和 P 区，因此源极与漏极形成了寄生的二极管，漏源极间加反向电压时器件导通。这就是 MOS 管体内的二极管，又称反并联二极管，可为开关电源感性线圈提供无功电流通路。

四、MOS管的驱动电路和保护电路

1. MOS管的栅极驱动电路

MOS管是通过栅极电压来控制漏极电流的，因此具有驱动功率小、驱动电路简单、开关速度快、工作频率高等特点。

(1) 对栅极驱动电路的要求

① 向栅极提供所需要的栅压，以保证MOS管的可靠导通和关断。

② 为提高器件的开关速度，应减小驱动电路的输入电阻以及提高栅极充放电速度。

③ 通常要求主电路与控制电路间要实现电气隔离。

④ 应具有较强的抗干扰能力，这是因为MOS管的工作频率和输入阻抗都较高，易被干扰。

(2) 驱动电路

MOS管的栅极驱动电路根据在实际电路中的应用，大致分为以下三类：

① 直接驱动。

当驱动控制芯片与拓扑结构中的MOS管共地时，PWM信号驱动MOS管时，可以直接驱动，电路如图3-10(a)所示，电阻 R_1 的作用是限流和抑制寄生振荡，一般为10～100Ω，R_2 是为关断时提供放电回路的；稳压二极管 VD_1 和 VD_2 是保护MOS管的栅源极不被击穿而造成的永久性破坏；二极管 VD_3 的功能是加速MOS管的关断。

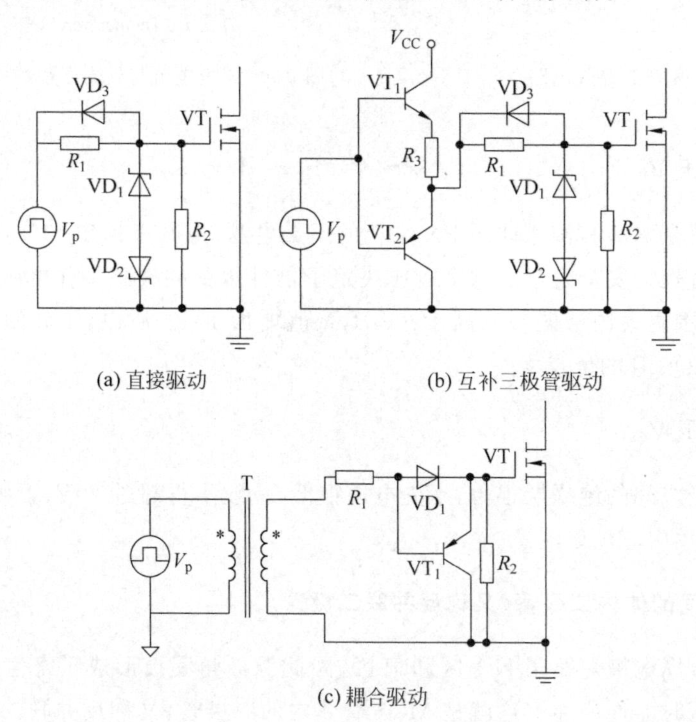

(a) 直接驱动　(b) 互补三极管驱动

(c) 耦合驱动

图3-10　MOS管的驱动电路

② 互补三极管驱动。

当MOS管的功率很大，而PWM控制芯片输出的PWM信号不足以驱动MOS管时，加互补三极管来提供较大的驱动电流来驱动MOS管，其驱动电路如图3-10(b)所示。

当V_p为高电平时，三极管VT_1导通，V_{cc}通过R_1和R_3给MOS管VT提供驱动电压；当V_p为低电平时，三极管VT_2导通，VT的栅极电压通过VD_3和VT_3放掉。电阻R_1和R_3的作用是限流和抑制寄生振荡，一般为10～100Ω，R_2是为关断时提供放电回路的；二极管VD_3的功能是加速MOS的关断。

③ 耦合驱动(利用驱动变压器进行耦合驱动)。

当驱动信号和拓扑结构中的MOS管不共地或者MOS管的源极浮地的时候，利用变压器进行耦合驱动，如图3-10(c)所示。驱动变压器的作用：解决MOS管浮地的问题；解决MOS管与驱动信号不共地的问题；减少干扰。

2. MOS管的保护电路

功率MOS管的薄弱之处是栅极绝缘层易被击穿损坏。一般认为绝缘栅场效应管易受各种静电感应而击穿栅极绝缘层，实际上这种损坏的可能性还与器件的大小有关，管芯尺寸大，栅极输入电容也大，受静电电荷充电而使栅源间电压超过±20V而击穿的可能性相对小些。此外，栅极输入电容可能经受多次静电电荷充电，电荷积累使栅极电压超过±20V而击穿的可能性也是实际存在的。

为此，在使用时必须注意若干保护措施。

(1) 防止静电击穿

功率MOSFET的最大优点是具有极高的输入阻抗，因此在静电较强的场合难于泄放电荷，容易引起静电击穿。防止静电击穿应注意：

① 在测试和接入电路之前器件应存放在静电包装袋、导电材料或金属容器中，不能放在塑料盒或塑料袋中。取用时应拿管壳部分而不是引线部分，工作人员需通过腕带良好接地。

② 将器件接入电路时，工作台和烙铁都必须良好接地，焊接时烙铁应断电。

③ 在测试器件时，测量仪器和工作台都必须良好接地。器件的三个电极未全部接入测试仪器或电路前不要施加电压。改换测试范围时，电压和电流都必须先恢复到零。

④ 注意栅极电压不要过限。

(2) 防止偶然性振荡损坏器件

功率MOSFET与测试仪器、接插盒等的输入电容、输入电阻匹配不当时可能出现偶然性振荡，造成器件损坏。因此在用图示仪等仪器测试时，在器件的栅极端子处外接10kΩ串联电阻，也可在栅极源极之间外接大约0.5μF的电容器。

(3) 防止过电压

首先是栅源间的过电压保护。如果栅源间的阻抗过高，则漏源间电压的突变会通过极间电容耦合到栅极而产生相当高的U_{GS}电压，这一电压会引起栅极氧化层永久性损坏；如果是正方向的U_{GS}瞬态电压还会导致器件的误导通。为此要适当降低栅极驱动电压的阻抗，在栅源之间并接阻尼电阻或并接约20V的稳压管。特别要防止栅极开路工作。

其次是漏源间的过电压保护。如果电路中有电感性负载，则当器件关断时，漏极电流的突变会产生比电源电压还高得多的漏极电压，导致器件的损坏。应采取稳压管箝位、二极管-RC箝位或RC抑制电路等保护措施。

(4) 防止过电流

若干负载的接入或切除都可能产生很高的冲击电流，以致超过电流极限值，此时必须用控制电路使器件回路迅速断开。

(5) 消除寄生晶体管和二极管的影响

由于功率MOSFET内部构成寄生晶体管和二极管，通常若短接该寄生晶体管的基极和发射极就会造成二次击穿。另外，寄生二极管的恢复时间为150ns，而当耐压为450V时恢复时间为500～1000ns。因此，在桥式开关电路中功率MOSFET应外接快速恢复的并联二极管，以免发生桥臂直通短路故障。

五、MOS管的检测

由MOS管的等效电路(见图3-8)可知，MOS管的漏极D与源极S体内相当于一个反并联二极管，每两个极之间有一个寄生的电容。因此，通过用数字万用表的二极管挡来测量MOS管是否正常。D、S间反向时(红表笔接D极，黑表笔接S极)无穷大，万用表上显示为“1”；正向时，万用表上显示的值在400～600之间；如果正向和反向均为无穷大或者很小时，表示MOS管已损坏。D、G间和G、S间正反向时，万用表上显示为“1”，表明MOS管正常；万用表上显示数字很小时，表明MOS管已损坏。

如果先用万用表测量G、S间，然后用万用表的二极管挡位测量D、S间，此时MOS管已导通，但是MOS管可能是正常的。在G、S间连接一个4kΩ的电阻，再用万用表的二极管挡位测量D、S间，如果此时MOS管仍然导通，那么MOS管已损坏。

六、MOS管的封装及主要供应商

1. MOS管的封装

MOS管的封装类型很多，主要有以下十二种，见图3-11。

图3-11　MOS管的封装

2. MOS 管的主要供应商

MOS 管的主要供应商主要有以下几家公司：安森美半导体有限公司、意法半导体有限公司、威世公司、英飞凌半导体有限公司、飞兆半导体有限公司、国际整流器公司、IXYS 半导体有限公司、瑞萨电子公司。

任务二　认识常用的 DC/DC 变换电路

一、初识 DC/DC 变换电路的类型

开关电源的核心技术就是 DC/DC 变换电路。DC/DC 变换电路就是将直流电压变换成固定的或可调的直流电压。常见的 DC/DC 变换电路有非隔离型电路和隔离型电路。非隔离 DC/DC 变换电路包括：降压式(Buck)变换电路、升压式(Boost)变换电路、升降压式(Buck-Boost)变换电路、Cuk 变换电路、zeta 变换电路和 Sepic 变换电路，具有隔离型直流变换电路可按单管、两管和四管分类。单管隔离型直流变换电路有正激和反激两种。两管隔离型直流变换电路有半桥变换电路、推挽变换电路、双管正激变换电路、有源箝位正激变换电路、双管反激变换电路等类型。四管隔离型变换电路有全桥变换电路。

隔离型直流变换电路可以实现输入与输出间的电气隔离，即输入和输出不共地，通常采用变压器实现隔离，变压器的另一作用就是实现电压的升降，有利于扩大变压器的应用范围。变压器的应用便于实现多路电压的输出。

二、非隔离型 DC/DC 变换电路

1. 直流斩波器的工作原理

最基本的直流斩波电路如图 3-12(a)所示，负载为纯电阻 R。当开关 S 闭合时，负载电压 $u_o = U_d$，并持续时间 t_{on}；当开关 S 断开时，负载上电压 $u_o = 0V$，并持续时间 t_{off}。则 $T = T_{on} + T_{off}$ 为斩波电路的工作周期，斩波器的输出电压波形如图 3-12(b)所示。若定义斩波器的占空比(又称工作率)为 $D = T_{on}/T$，则由波形图上可得输出电压的平均值为

$$U_o = \frac{T_{on}}{T_{on} + T_{off}} U_d = \frac{T_{on}}{T} U_d = DU_d \tag{3-1}$$

只要调节 D，即可调节负载的平均电压 U_{AV}。

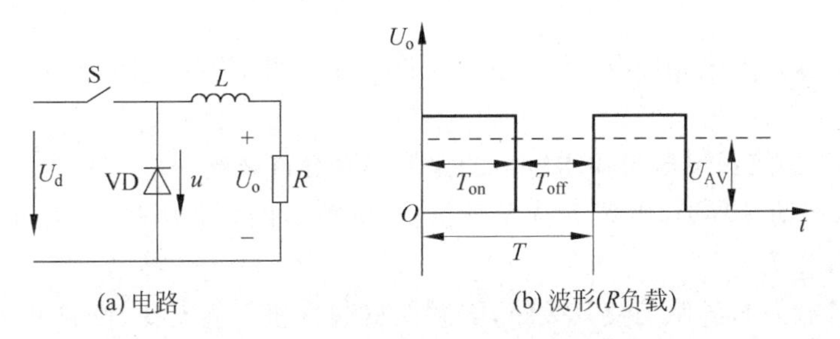

图 3-12　基本斩波电路及其波形

由式(3-1)可见，变换电路输出电压的平均值 U_{AV} 受电路占空比 D 的控制，通过改变 D 的大小即可改变电路输出电压的平均值。欲改变电路的占空比，可以采用以下三种方法。

(1) 脉冲宽度调制(PWM)

脉冲宽度调制也称定频调宽式，保持电路频率 $f=1/T$ 不变，即工作周期 T 恒定，只改变开关 S 的导通时间 t_{on}。这种方式较常用。

(2) 频率调制(PFM)

频率调制也称定宽调频式，保持开关 S 的导通时间 t_{on} 不变，改变电路周期 T(即改变电路的频率)。

(3) 混合调制

脉冲宽度(即 t_{on})与脉冲周期 T 同时改变，采取这种调制方法，输出直流平均电压 U_{AV} 的可调范围较宽，但控制电路较复杂。

在这三种方法中，除在输出电压调节范围要求较宽时采用混合调制外，一般都采用频率调制或脉宽调制，原因是它们的控制电路比较简单。又由于当输出电压的调节范围要求较大时，如果采用频率调制，则势必要求频率在一个较宽的范围内变化，这就使得后续滤波器电路的设计比较困难；如果负载是直流电动机，在输出电压较低的情况下，较长的关断时间会使流过电机的电流断续，使直流电动机的运转性能变差，因此在直流变换电路中，比较常用的还是脉冲宽度调制。

2. 降压型变换电路

(1) 电路结构

降压变换电路别名为 Buck 变换器、串联开关稳压电源、三端开关型降压稳压器。降压直流变换电路是一种输出电压的平均值低于输入直流电压的变换电路。它主要用于直流稳压电源和直流电机的调速。降压斩波电路的原理图及工作波形如图 3-13 所示。图 3-13 中，E 为固定电压的直流电源，S 为全控型开关器件(可以是 MOS 管，也可以是大功率晶体管)，L、R、电动机 M 为负载。降压斩波电路的典型用途之一是拖动直流电动机，也可带蓄电池负载，两种情况下负载中均会出现反电动势，如图中 E_M 所示。

为在 S 关断时给负载中的电感电流提供通道，还设置了续流二极管 VD。

(2) 工作原理

为分析稳态条件，简化推导公式的过程，特做以下假设：

① 开关管、二极管都是理想元件(可以瞬时地导通和截止，导通时压降为零，截止时漏电流为零)；

② 电感、电容是理想元件(电感工作在线性区未饱和，寄生电阻为零，电容的等效串联电阻为零)；

③ 输出电压的纹波电压与输出电压的比值小到允许忽略。

$t=0$ 时刻，驱动 S 导通，电源 E 向负载供电，忽略 S 的导通压降，负载电压 $U_o=E$，负载电流按指数规律上升。

$t=t_1$ 时刻，撤去 S 的驱动使其关断，因感性负载电流不能突变，负载电流通过续流二极管 VD 续流，忽略 VD 导通压降，负载电压 $U_o=0$，负载电流按指数规律下降。为使负载电

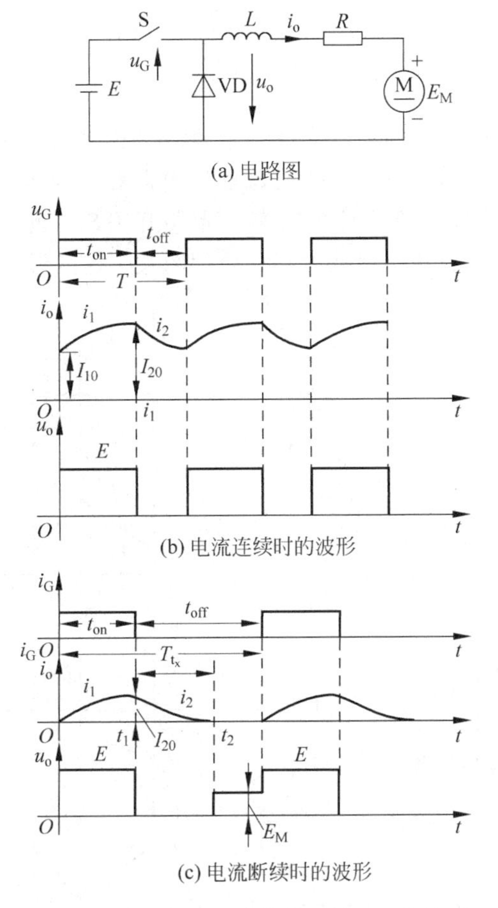

图 3-13　降压斩波电路的原理图及工作波形

流连续且脉动小，一般需串联较大的电感 L，L 也称为平波电感。

$t=t_2$ 时刻，再次驱动 VD 导通，重复上述工作过程。当电路进入稳定工作状态时，负载电流在一个周期内的起始值和终了值。

由前面的分析知，这个电路的输出电压平均值为

$$U_o = \frac{t_{on}}{t_{on}+t_{off}}E = \frac{t_{on}}{T}E = DE \tag{3-2}$$

由于 $D<1$，所以 $U_o<E$，即斩波器输出电压平均值小于输入电压，故称为降压斩波电路。而负载平均电流为

$$I_o = \frac{U_o - E_M}{R} \tag{3-3}$$

当平波电感 L 较小时，在 S 关断后，未到 t_2 时刻，负载电流已下降到零，负载电流发生断续。负载电流断续时，其波形如图 3-14(c)所示。由图可见，负载电流断续期间，负载电压 $u_o=E_M$。因此，负载电流断续时，负载平均电压 U_o 升高，带直流电动机负载时，特性变软，是我们所不希望的。所以在选择平波电感 L 时，要确保电流断续点不在电动机的正常工作区域。

忽略损耗，$P_i=P_o$，$EI_i=U_oI_o$，

$$\frac{I_o}{I_i} = \frac{E}{U_o} = \frac{1}{D} \tag{3-4}$$

3. 升压型变换电路

（1）电路结构

升压型(Boost)变换电路又叫升压变换器、并联开关电路、三端开关型升压稳压器，其输出电压的平均值高于输入电压，它可用于直流稳压电源和直流电机的再生制动。升压型变换电路与降压型斩波电路最大的不同点是，斩波控制开关S与负载呈并联形式连接，储能电感与负载呈串联形式连接，升压型变换电路的原理图及工作波形如图3-14所示。

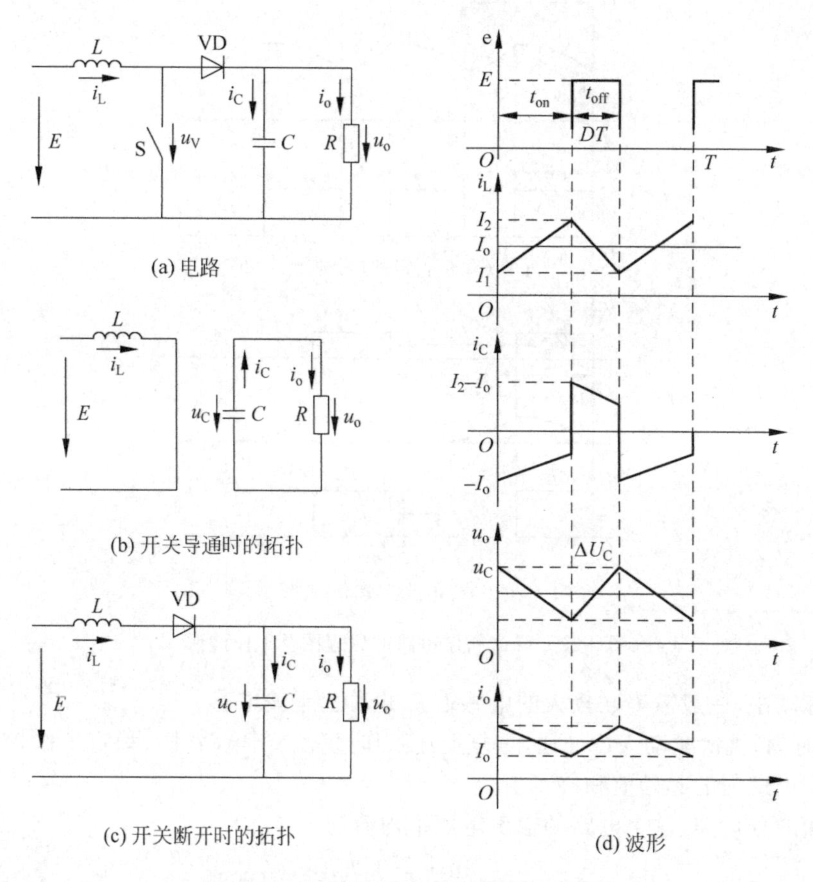

图3-14　升压斩波电路的原理及工作波形

（2）工作原理

当S在驱动信号的作用下导通时，电路处于t_{on}工作期间，二极管VD承受反偏电压而截止。一方面，电能从直流电源输入并储存到电感L中，使电感电流i_L从I_1(最小值)线性增加至I_2(最大值)；另一方面，负载R由电容C提供能量，即在此期间将C中储存的能量传送给负载R，使电容C上的电压u_C线性减小，放电电流i_C、负载电流线性减小，二者的绝对值相等。由于电容放电电流的方向如图3-14(b)所示，与图3-14(a)中所示的参考方向相反，因此为负值。

当S断开时，电路处在t_{off}工作期间，二极管VD导通，由于电感中的电流不能突变产生感应电动势阻止电流减小，因此在断开S的瞬间i_L保持不变；此后电感中储存的能量经二极管给电容充电，同时也向负载R提供能量，所以电感电流i_L线性减小。由于电容两端的电压不能突变，在S断开瞬间保持电压不变，而电流 i_C 因电感 L 对其充电，方向与图 3-14(a)所示的方向相同，因而在S关断时变为正电，大小随电感电流 i_L 的减小而线性下降；电容端电压 u_C 则随其充电而线性增大，从而使负载电流也线性增加。在无损耗的前提下，电感电流 i_L 从 I_1 线性下降到 I_2，等效电路如图 3-14(c)所示。

在 t_{off} 期间，S截止，储存在 L 中的能量通过 VD 传送到负载和 C，L 电压的极性与 E 相同，且与 E 相串联，提供一种升压作用，其输出电压为

$$U_o = \frac{t_{on} + t_{off}}{t_{off}}E = \frac{T}{t_{off}}E = \frac{1}{1-D}E = \frac{1}{D'}E \tag{3-5}$$

式中，$D=t_{on}/T$，$D'=1-D$。

如果忽略损耗和开关器件上的电压降，则有上式中的 $1/D' \geqslant 1$，输出电压高于其输入电压，且与输入电压极性相同，故称该电路为升压斩波电路。式中，$1/D'$ 表示升压比，调节其大小，即可改变输出电压 U_o 的大小。注意，当 $D=0$ 时，$U_o=E$，但 D 不能为零；$D\to1$ 时，$U_o\to\infty$，故应避免 D 过于接近 1，以免造成电路损坏。

4. 升降压斩波电路

升降压(Buck-Boost)斩波电路可以得到高于或低于输入电压的输出电压。电路图如图 3-15 所示，该电路的结构特征是储能电感与负载并联，续流二极管 VD 反向串联接在储能电感与负载之间。电路分析前可先假设电路中电感 L 很大，使电感电流 i_L 和电容电压及负载电压 u_o 基本稳定。

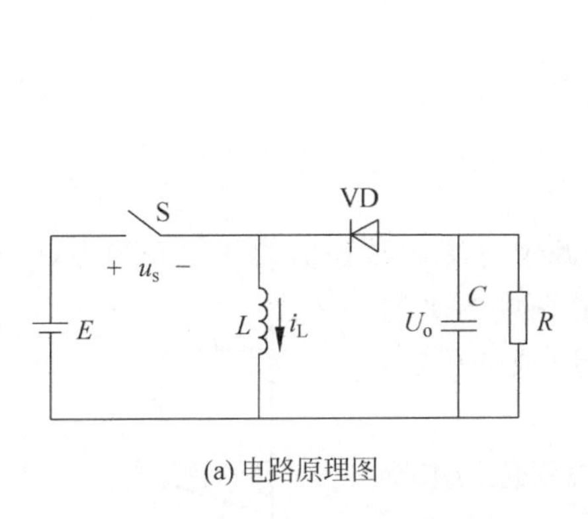

(a) 电路原理图

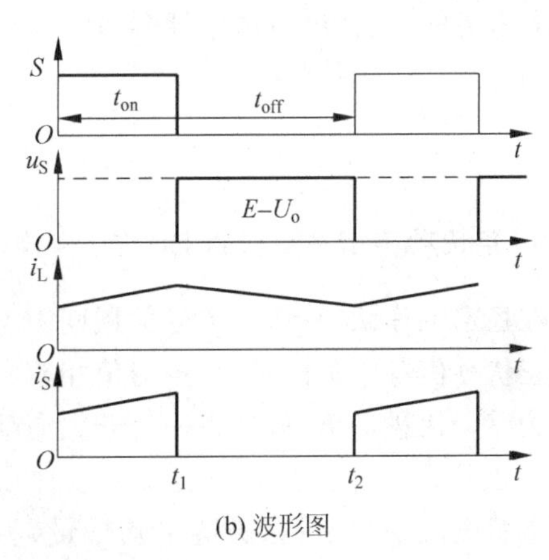

(b) 波形图

图 3-15　升降压斩波电路及工作波形

电路的基本工作原理是：$t=0$ 时，S导通，电源 E 经S向 L 供电使其贮能，输入的能量储存在电感中不能输出，电感电流线性上升，两端呈现正向电压 E。此时二极管 VD 反偏，使输入输出隔离。由于 VD 反偏截止，电容 C 向负载 R 提供能量并维持输出电压基本稳定，负载 R 及电容 C 上的电压极性为上负下正，与电源极性相反。

$t=t_1$ 时，开关S关断，电感 L 极性变反，二极管 VD 正偏导通，电感储存的能量传给负载，电流减小，电感两端呈现电压 U_o，能量不能从输入端提供；同时电容 C 被充电储能。负载电压极性为上负下正，与电源电压极性相反，该电路也称作反极性斩波电路。

负载电压平均值为

$$U_o = -\frac{D}{1-D}E \tag{3-6}$$

上式中，若改变占空比 D，则输出电压既可高于电源电压，也可能低于电源电压。负号表示升降压电路的输出电压极性与输入电压极性相反。由此可知，当 $0<D<1/2$ 时，斩波器输出电压低于直流电源输入，此时为降压斩波器；当 $1/2<D<1$ 时，斩波器输出电压高于直流电源输入，此时为升压斩波器。

5. 库克直流电压变换电路(Boost-Buck 串联变换器)

前文介绍的直流变换电路都具有直流电压变换功能，但输出端与输入端都含有较大的交流纹波，尤其是在电流不能连续的情况下，电路输出端的电流是脉动的。谐波会使电路的变换效率降低，大电流的高次谐波还会产生辐射，干扰周围电子设备的正常工作。库克(Cuk)电路属升降压型直流电压变换电路，即输出电压的平均值既能高于输出电压，又能低于输入电压。电路形式如图 3-16 所示，该图中 L_1 和 L_2 为储能电感，VD 是快速恢复续流二极管，C_1 是传送能量的耦合电容，C_2 为滤波电容。这种电路的特点是：输出电压极性与输入电压相反，输出端电流的交流纹波小，输出直流电压平稳，降低了对外部滤波器的要求。

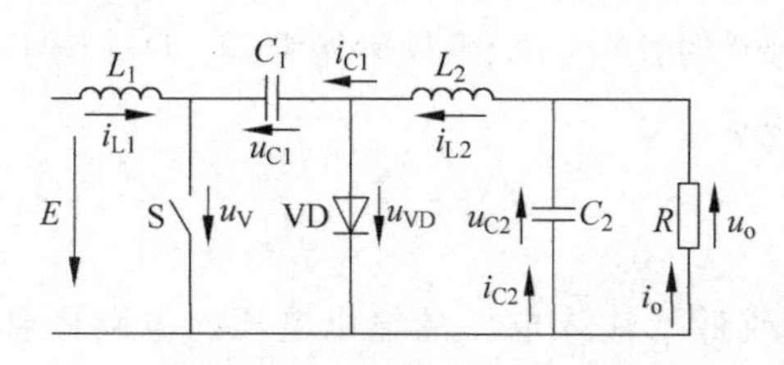

图 3-16　库克直流电压变换电路

若考虑输入、输出电压极性参考方向相反(输入是上正下负，输出是上负下正)，则输出电压为：

$$U_o = -\frac{D}{D'}E \tag{3-7}$$

6. 用伏秒平衡法来分析 DC/DC 变换电路

在稳定工作状态下，一个开关周期中，开关电源中电感伏秒积值的代数和为零，电感两端的正伏秒值等于负伏秒值(绝对值相等)，即电感两端的平均电压为零。伏秒平衡，就是在一个开关周期中电感(或变压器)储存的能量等于电感释放的能量。这种在稳态状况下一个周期内电感电流平均增量(磁链平均增量)为零的现象称为电感伏秒平衡。电感伏秒平衡的原理示意见图 3-17。

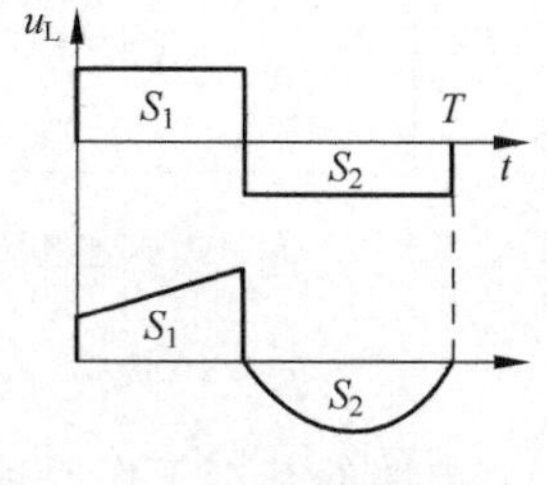

图 3-17　电感伏秒平衡原理示意($S_1=S_2$)

例 3-1　用伏秒平衡法来推导图 3-15 所示升压斩波电路输出输入电压变换关系式。

解：在开关 S 导通期间，$U_L=E$；在开关 S 截止期间，$U_L=E-U_o$。由伏秒平衡法得

$$E \cdot DT + (E-U_o)(1-D)T = 0$$

由上式得

$$E \cdot T - U_o \cdot (1-D)T = 0$$

得

$$U_o = E/(1-D)$$

三、隔离型电路

1. 正激变换电路(Forward Circuit)

典型的单开关正激电路及其工作波形如图 3-18 所示。

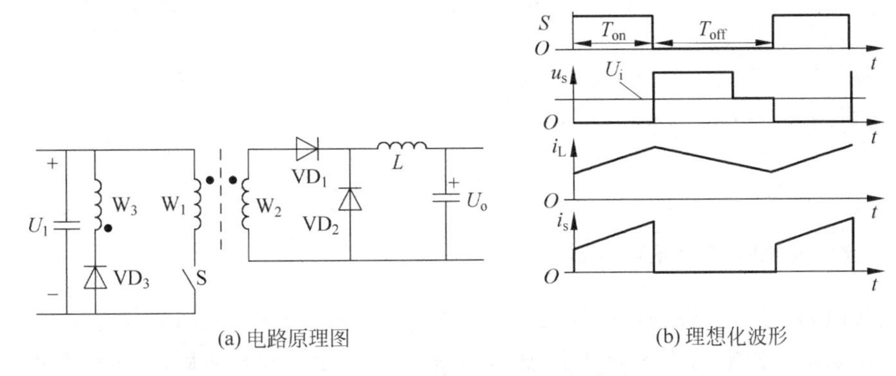

(a) 电路原理图 (b) 理想化波形

图 3-18 正激电路原理图及理想化波形

电路的简单工作过程：开关 S 开通后，变压器绕组 W_1 两端的电压为上正下负，与其耦合的绕组 W_2 两端的电压也是上正下负，因此 VD_1 处于通态，VD_2 为断态，电感上的电流逐渐增长；S 关断后，电感 L 通过 VD_2 续流，VD_1 关断，L 的电流逐渐下降。S 关断后变压器的励磁电流经绕组 W_3 和 VD_3 流回电源，所以 S 关断后承受的电压为

$$u_s=\left(1+\frac{N_1}{N_3}\right)U_i \tag{3-8}$$

式中，N_1——变压器绕组 W_1 的匝数；N_3——变压器绕组 W_3 的匝数。

变压器中各物理量的变化过程如图 3-19 所示。开关 S 开通后，变压器的励磁电流 i_m 由零开始，随着时间的增加而线性地增长，直到 S 关断。S 关断后到下一次再开通的一段时间内，必须设法使励磁电流降回零，否则下一个开关周期中，励磁电流将在本周期结束时的剩余值基础上继续增加，并在以后的开关周期中依次累积起来，变得越来越大，从而导致变压器的励磁电感饱和。励磁电感饱和后，励磁电流会更加迅速地增长，最终损坏电路中的开关器件。因此在 S 关断后使励磁电流降回零是非常重要的，这一过程称为变压器的磁心复位。

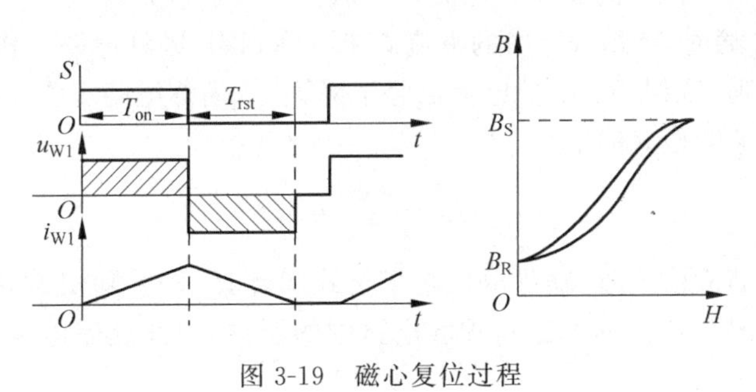

图 3-19 磁心复位过程

在正激电路中，变压器的绕组 W_3 和二极管 VD_3 组成复位电路。下面简单分析其工作原理。开关 S 关断后，变压器励磁电流通过 W_3 绕组和 VD_3 流回电源，并逐渐线性地下降至

零。从S关断到W_3绕组的电流下降到零所需的时间为$T_{rst}=\frac{N_3}{N_1}T_{on}$。S处于断态的时间必须大于$T_{rst}$，以保证S下次开通前励磁电流能够降为零，使变压器磁心可靠复位。

在输出滤波电感电流连续的情况下，即S开通时电感L的电流不为零，输出电压与输入电压的比为

$$\frac{U_o}{U_i}=\frac{N_2}{N_1}\frac{T_{on}}{T} \tag{3-9}$$

如果输出电感电路的电流不连续，输出电压U_o将高于上式的计算值，并随负载减小而升高，在负载为零的极限情况下，有

$$U_o=\frac{N_2}{N_1}U_i \tag{3-10}$$

2. 反激变换电路(Flyback Circuit)

同正激电路不同，反激电路中的变压器起着储能元件的作用，可以看作是一对相互耦合的电感。反激电路的电路图及其工作波形如图3-20所示。S开通后，VD处于断态，绕组W_1的电流线性增长，电感储能增加；S关断后，绕组W_1的电流被切断，变压器中的磁场能量通过绕组W_2和VD向输出端释放。S关断后承受的电压为

$$u_S=\left(U_i+\frac{N_1}{N_2}\right)U_o \tag{3-11}$$

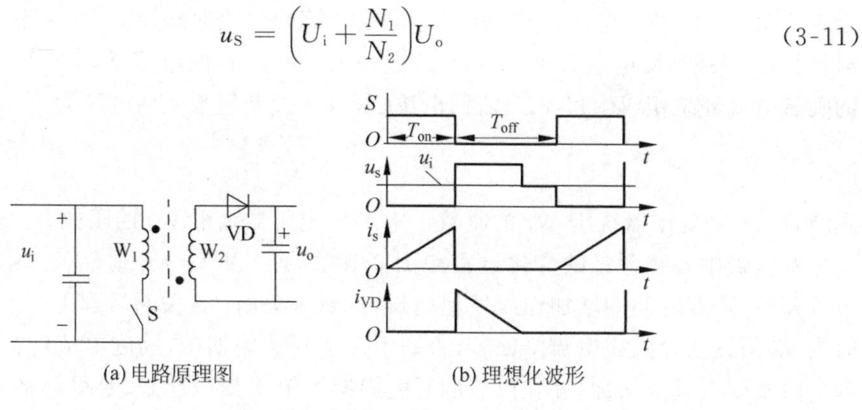

(a) 电路原理图　　(b) 理想化波形

图3-20　反激电路原理图及理想化工作波形

反激电路可以工作在电流断续和电流连续两种模式：

① 如果当S开通时，绕组W_2中的电流尚未下降到零，则称电路工作于电流连续模式。

②如果S开通前，绕组W_2中的电流已经下降到零，则称电路工作于电流断续模式。

当工作于电流连续模式时，有

$$\frac{U_o}{U_i}=\frac{N_2}{N_1}\frac{T_{on}}{T_{off}} \tag{3-12}$$

当电路工作在断续模式时，输出电压高于上式的计算值，并随负载减小而升高，在负载电流为零的极限情况下，$U_o\to\infty$，这将损坏电路中的器件，因此反激电路不应工作于负载开路状态。

3. 半桥电路(Half Bridge)

半桥电路的原理及工作波形如图3-21所示。在半桥电路中，变压器一次绕组两端分别

连接在电容 C_1、C_2 的中点和开关 S_1、S_2 的中点。电容 C_1、C_2 的中点电压为 $U_i/2$。S_1 与 S_2 交替导通，使变压器一次侧形成幅值为 $U_i/2$ 的交流电压。改变开关的占空比，就可改变二次整流电压 U_d 的平均值，也就改变了输出电压 U_o。

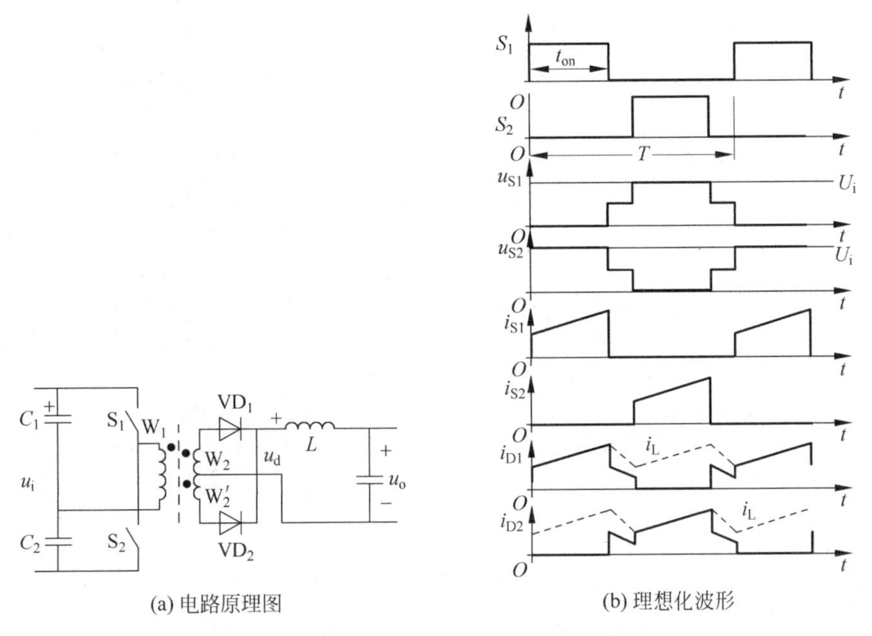

(a) 电路原理图　　(b) 理想化波形

图 3-21　半桥电路原理图及理想化工作波形

S_1 导通时，二极管 VD_1 处于通态，S_2 导通时，二极管 VD_2 处于通态，当两个开关都关断时，变压器绕组 W_1 中的电流为零，根据变压器的磁动势平衡方程，绕组 W_1 和 W_2 中的电流大小相等、方向相反，所以 VD_1 和 VD_2 都处于通态，各分担一半的电流。S_1 或 S_2 导通时电感上的电流逐渐上升，两个开关都关断时，电感上的电流逐渐下降。S_1 和 S_2 断态时承受的峰值电压均为 U_i。

由于电容的隔直作用，半桥电路对由于两个开关导通时间不对称而造成的变压器一次电压的直流分量有自动平衡作用，因此不容易发生变压器的偏磁和直流磁饱和。

为了避免上下两开关在换流的过程中发生短暂的同时导通现象而造成短路，损坏开关器件，每个开关各自的占空比不能超过 50%，并应留有裕量。当滤波电感 L 的电流连续时，有

$$\frac{U_o}{U_i} = \frac{N_2}{N_1}\frac{T_{on}}{T} \tag{3-13}$$

如果输出电感电流不连续，输出电压 U_o 将高于式中的计算值，并随负载减小而升高，在负载电流为零的极限情况下，有

$$U_o = \frac{N_2}{N_1}\frac{U_i}{2} \tag{3-14}$$

4. 全桥电路(Full Bridge)

全桥电路的原理图和工作波形如图 3-22 所示。全桥电路中互为对角的两个开关同时导通，而同一侧半桥上下两开关交替导通，将直流电压变成幅值为 U_i 的交流电压，加在变压

器一次侧。改变开关的占空比，就可以改变 U_d 的平均值，也就改变了输出电压 U_o。

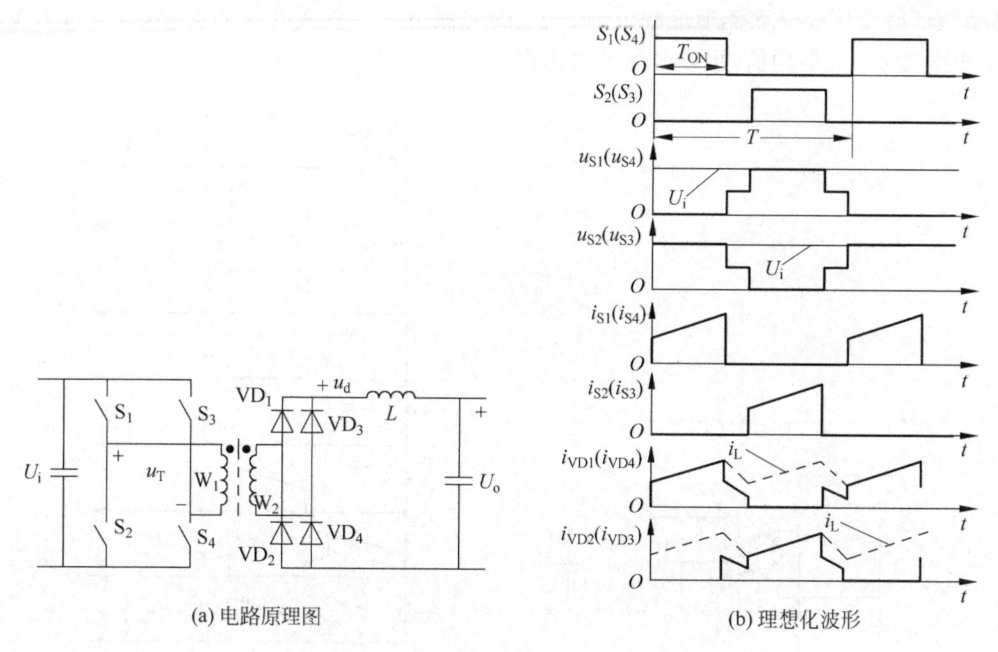

(a) 电路原理图　　(b) 理想化波形

图 3-22　全桥电路原理图及理想化工作波形

当 S_1 与 S_4 开通后，二极管 VD_1 和 VD_4 处于通态，电感 L 的电流逐渐上升；S_2 与 S_3 开通后，二极管 VD_2 和 VD_3 处于通态，电感 L 的电流也上升。当 4 个开关都关断时，4 个二极管都处于通态，各分担一半的电感电流，电感 L 的电流逐渐下降。S_1 和 S_4 断态时承受的峰值电压均为 U_i。

若 S_1、S_4 与 S_2、S_3 的导通时间不对称，则交流电压 u_T 中将含有直流分量，会在变压器一次电流中产生很大的直流分量，并可能造成磁路饱和，因此全桥应注意避免电压直流分量的产生，也可以在一次回路电路中串联一个电容，以阻断直流电流。

为了避免同一侧半桥中上下两开关在换流的过程中发生短暂的同时导通现象而损坏开关，每个开关各自的占空比不能超过 50%，并应留有裕量。

当滤波电感 L 的电流连续时，有

$$\frac{U_o}{U_i} = \frac{N_2}{N_1}\frac{2T_{on}}{T} \tag{3-15}$$

如果输出电感电流不连续，输出电压 U_o 将高于式中的计算值，并随负载减小而升高，在负载电流为零的极限情况下，有

$$U_o = \frac{N_2}{N_1}U_i \tag{3-16}$$

任务三　电动自行车充电器电路的分析及设计

本任务中要介绍的电动自行车充电器是采用高性能电流模式控制器 UC3842，其电路原理如图 3-2 所示，适用于 48V12Ah 铅酸电池的充电器。

充电器预定的技术指标如下。

① 输入电压：100～240VAC；

② 输出电压：48VDC；

③ 输出电流：1.8A；

④ 最大纹波电压：±2V；

⑤ 输出功率：86.4W；

⑥ 效率预设85%以上；

⑦ 开关频率：65kHz；

⑧ 占空比：小于45%。

一、电路组成结构

电路由EMI滤波整流电路、主电路(反激变换电路)、由UC3842构成的控制电路、辅助绕组电路、检测反馈电路和限流控制电路6部分组成。

EMI(Electro Magnetic Interference)滤波电路：为了防止开关电源产生的噪声进入电网或者防止电网的噪声进入开关电源内部，干扰开关电源的正常工作，必须在开关电源的输入端施加EMI滤波器，有时又称此滤波器为电源滤波器，用于滤除电源输入输出中的高频噪声(150kHz～30MHz)。EMI滤波电路由电容C_{N1}、C_{N2}、共模电感TP1、电容C_{N3}构成。

整流储能电路：由二极管VD_1、VD_2、VD_3、VD_4和电容C_1构成。

反激和输出整流滤波电路：由VT_1、VD_5、R_1、C_3、T_1、VD_7、R_{12}、C_{12}、C_{13}、R_{13}～R_{17}构成，其中VD_5、R_1、C_3构成变压器T_1的吸收网络，R_{12}、C_{12}构成二极管VD_7的吸收网络，R_{13}～R_{17}作为假负载。

输出检测反馈和控制电路：由R_{19}、R_{20}、R_{22}、R_{21}、R_{23}、C_{15}、IC_1、IC_3和OPT1等元器件构成。其中IC_3(TL431)提供一个基准电压。

辅助电源：变压器辅助绕组(引脚4和引脚5之间)、VD_6、R_2和C_8给集成控制芯片IC_1提供正常工作电压V_{CC}，整流滤波电压V_{C1}通过R_3给IC_1提供启动工作电压和电流；变压器辅助绕组(引脚8和引脚10之间)、VD_8和C_{14}构成一个辅助电源。

限流充电电路：由运算放大器IC2A、IC2B和其他电阻电容一起构成。

二、主要控制芯片介绍

可以从以下几个方面学习控制芯片：

① 每个引脚的名称及说明；

② 每个引脚的作用以及它在电路中的连接；

③ 每个引脚正常工作时电压或电流的范围，引脚之间相互影响的关系；

④ 芯片中典型电路工作原理的分析；

⑤ 控制芯片一定要输出PWM波去控制功率MOS管，要清楚哪些引脚最容易引起没有PWM波的输出；

⑥ 弄懂参数之间的曲线图(比如振荡频率与R_T和C_T之间的关系、最大占空比与定时电阻之间的关系、芯片工作电压与电流之间的关系等)；

⑦ 找到芯片的 Application Note(应用信息),能够分析芯片的工作方式、与功率电路的连接以及关键元件参数的计算等;

⑧ 会用示波器测试电路,根据波形分析产生的原因,从而找到解决问题的办法。

1. UC3842 简介

3842 是一款高性能电流模式控制器。安森美半导体公司的 UC3842、美国仙童公司的 KA3842、TI 公司的 UCC2800 等芯片的管脚是兼容的,工作方式也基本一致,只是参数值稍微有些差别。

UC3842 是高性能固定频率的电流型 PWM 集成控制器,电流型控制方式是种固定时间开启,给定电压信号、反馈电压信号和反馈电流信号共同决定其关断时刻的控制方法。

UC3842 专为离线或 DC/DC 变换器应用而设计,提供一个只需最少外部元件而获得成本效益高的解决方案。其主要特点有:微调振荡器的精确频率控制;振荡频率保证达到 250kHz;电流模式工作至 500kHz;自动前馈补偿;逐周电流限制的 PWM 锁定;具有欠压锁定的内部基准电压;大电流图腾柱输出;迟滞特性的电压锁定;低启动和工作电流。该芯片常见的封装形式有 DIP-8 和 SO-14,有效引脚为 8 个,SO-14 有部分引脚是空脚。

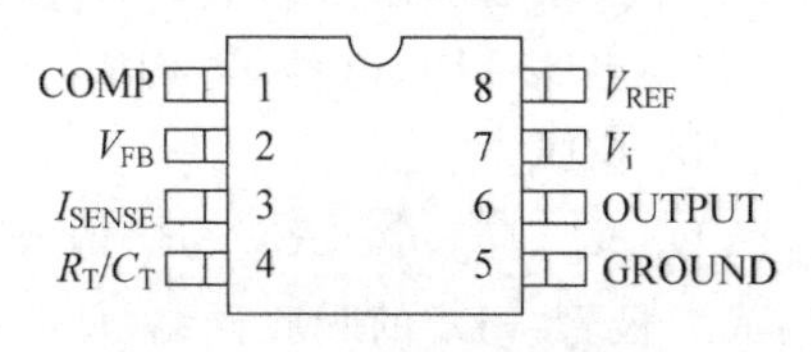

图 3-23　UC3842 引脚分布图

UC3842 引脚(以 DIP-8 介绍)排列如图 3-23 所示。其引脚功能及说明见表 3-1。

UC3842 欠压封锁导通门限为 16V,关断门限电压为 10V;振荡器使用时外接电阻 R_T 和电容 C_T,使用时电阻跨接在 8 脚和 4 上,$f_{OSC}=1.72/(R_T.C_T)$。电容一端接 4 脚一端接地,振荡器最高工作频率可达 500kHz,误差放大器的同向输入端在器件内部接有 2.5(1±2%)V 基准电压;PWM 信号从 6 脚输出,输出电路驱动能力较强,可直接驱动 N 沟道 MOS 管和双极晶体管。

表 3-1　UC3842 引脚功能及说明

引脚号	引脚名称	引脚名称(相应中文)	说　明
1	COMP	补偿	该引脚为误差放大器输出,并用于环路补偿,和 2 脚之间外接阻容元件用于改善误差放大器的性能
2	V_{FB}	电压反馈	该引脚是误差放大器的反相输入端,用作电压反馈输入端,此脚电压与误差放大器同相端的 2.5V 基准电压进行比较,产生误差电压,通常通过一个电阻分压器连接到开关电源输出端
3	I_{SENSE}	电流取样	芯片内 PWM 比较器的反向输入端,一个正比于电感电流的电压接至此输入,作为电流反馈的输入端,当检测电压超过 1V 时缩小脉冲宽度使电源处于间歇工作状态
4	R_T/C_T	R_T/C_T	内部振荡器的工作频率由外接的阻容时间常数决定;通过将电阻 R_T 连接至 V_{REF} 以及电容 C_T 连接至地,使振荡器频率和最大输出占空比可调,工作频率可达 500kHz
5	GROUND	地	该引脚是控制电路和工作电源的公共地

续表

引脚号	引脚名称	引脚名称（相应中文）	说　　明
6	OUTPUT	输出	推挽输出端，内部为图腾柱式，上升、下降时间仅为 50ns，驱动能力为±1A；该输出直接驱动功率 MOSFET 的栅极
7	V_i	工作电压	该引脚是控制集成电路的正电源
8	V_{REF}	基准电压	该引脚是 5V 基准电压参考输出，它通过电阻 R_T 向电容 C_T 提供充电电流，有 50mA 的负载能力

UC3842 结构框图如图 3-24 所示。

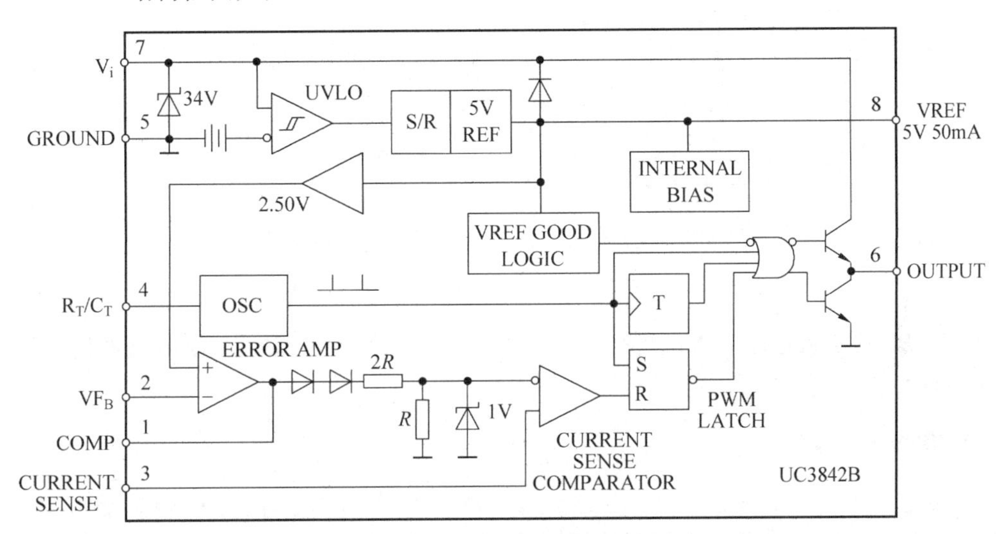

图 3-24　UC3842 结构框图

2. TL431 简介

TL431 是 2.5～36V 可调式精密并联稳压器，其性能优良、价格低廉，能构成电压比较器、电源电压监视器、延时电路、精密恒流源、外部误差放大器等。它的一些特性使得它可以在电源、数字电压表和运放电路等许多场合代替齐纳二极管，其常见的封装有 TO-92 型和 DIP-8 型(实际有效管脚也为 3 个)，管脚分别为阳极 A、阴极 K 和输出设定端 R(基准端)，基准端的电压为 2.5V，其典型应用如图 3-25 所示。图 3-25(a)表示 TL431 的引脚及内部结构图，图 3-25(b)表示 TL431 的可调稳压电源电路原理，其输出电压 $V_o=V_{ref}(1+R_1/R_2)$，其中 $V_{ref}=2.5V$。图 3-25(c)表示由 TL431 等构成的比较器电路，当输入电压 $V_i<V_{ref}$(2.5V)，$V_o=Vcc$，当 $V_i>V_{ref}$时，$V_o=2V$。TL431 作为外部误差放大器时，与线性光耦可构成隔离式反馈电路，在开关电源中也较多见。

三、电路工作原理

220V 交流市电通过 EMI 滤波电路后，由二极管 VD_1、VD_2、VD_3、VD_4 构成的桥式整流变换成直流电(半正弦波)，再经储能电容 C_1 变为较平滑的直流电(纹波较大)，一方面通过

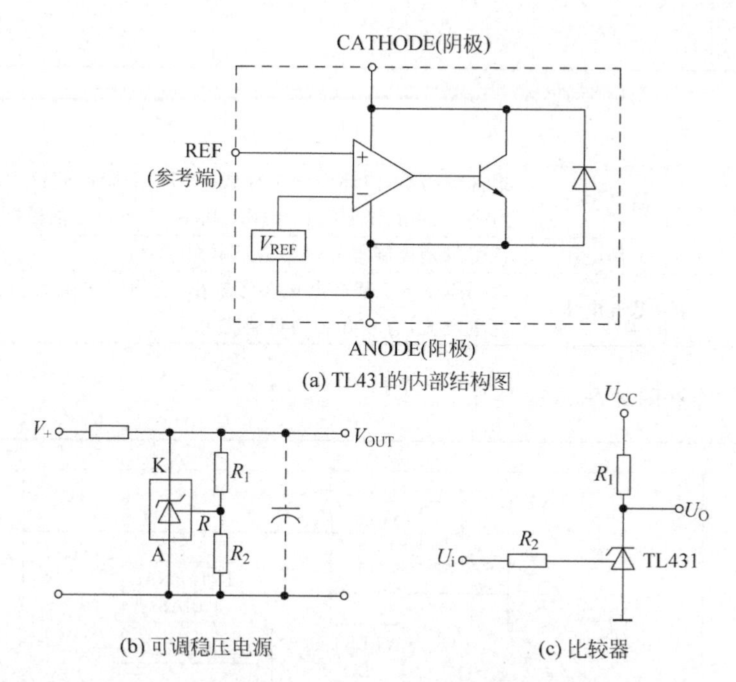

图 3-25　TL431 的内部结构图及典型应用

启动电阻 R_3 给控制芯片 UC3842 提供启动电压，另一方面为反激式变换电路提供约 300V 的直流输入。

1. 电路的启动

控制芯片 UC3842（IC_1）启动工作之后，其引脚 6 输出高电平，使功率 MOS 管 VT_1 完全导通，流过变压器 T_1 初级的电流开始线性增加，变压器储存能量，当流过的电流在电阻 R_{11} 上产生的压降超过 1V 时，芯片的引脚 6 输出低电平，使功率 MOS 管 VT_1 截止。在 VT_1 截止期间，变压器 T_1 中储存的能量通过次级绕组、辅助电源绕组和反馈绕组释放。次级绕组通过二极管 VD_7 和电容 C_{13} 滤波后输出电压给充电器充电；辅助电源绕组经二极管 VD_6 和电容 C_8 滤波后输出电压给控制芯片 IC1 提供正常工作电源；反馈绕组经二极管 VD_8 和电容 C_{14} 滤波后给由 TL431（IC3）等元件组成的稳压控制电路提供电源，另外为风扇提供工作电源。

2. 电路的稳压工作

电路启动过程完成之后进入稳态工作过程。若输出电压升高，则电阻 R_{19} 与 R_{20}、R_{22} 串联分压得到的取样电压也升高，该电压与 IC3 内部的 2.5V 基准电压比较，使内部放大管导通加强，IC3 的 K 极电压下降，流过光电耦合器 IC4 内二极管的电流增大，光敏三极管的电流也相应增大，光电耦合器 IC4 的引脚 4 的电压就会降低，从而使控制芯片 IC1 的引脚 1 电压降低，功率 MOS 管的导通时间缩短，变压器 T_1 的储能减小，输出电压降低。若输出电压降低，则控制过程相反。

3. 充电限流控制原理

限流控制电路原理见图 3-26。限流控制是通过两级比较器来实现的。第一级比较器由 IC2B(LM358)、R_{32}、R_{27}、R_{26}、R_{31}、C_{17}构成，其中 R_{32}、R_{27}将稳压电压 5.1V(从稳压管 D12 处获取)进行分压后接入到 IC2 引脚 6 作为比较的基准点。该点电压值的大小决定限流充值的转折点。充电电流小于 500mA 后进入涓流(浮充)状态。充电器在充电工作状态时充电电流流过电阻 R_{33}，在其上产生的压降超过 IC2 引脚 6 上的电压，比较器 IC2B 就翻转，引脚 7 输出端电压升至反馈绕组电源电压。该信号一路去控制风扇旋转，另一路输入到第二级比较器 IC2A。由于第二级比较器的基准点引脚 3 电压是 5.1V，因此该比较器也发生翻转，引脚 1 输出端的电压接近零电位。二极管 VD_9 导通、VD_{11} 截止，充电器输出电压升高，进入限流充电状态。

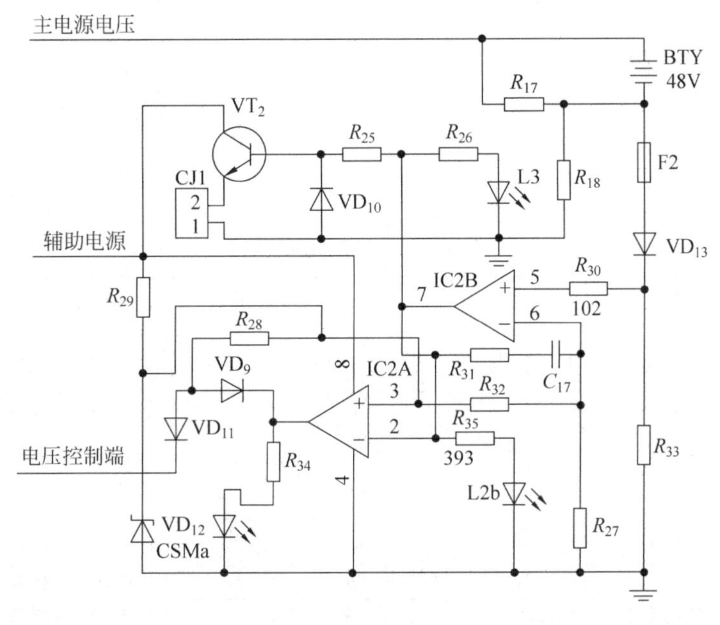

图 3-26　限流控制电路

充电器在空载状态时，由于流过电阻 R_{33}的电流几乎为零，故第一级比较器的引脚 7 输出端的电压几乎是零，因此风扇不工作。而第二级比较器的引脚 1 输出端电压接近反馈绕组电源电压，VD_9 截止、VD_{11}导通，充电器空载输出工作。

四、参数设计及元器件选择

1. 共模电容与差模电容的选取

图 3-2 所示的电路中共模电容(Y 电容)C_{N1} 和 C_{N2} 主要用来抑制共模干扰，电容值一般选择几十皮法；差模电容(X 电容)C_{N3} 主要用来抑制差模干扰，电容值一般选择 100nF 左右。它们都属于安规电容，这几个电容的容量不宜大于 0.1μF，耐压要求较高。

2. 二极管的选取

二极管 VD_5、VD_6、VD_7、VD_8、VD_{13}必须采用快速恢复二极管。

3. 变压器 T_1 的绕制

变压器 T_1 采用高频变压器，采用 PQ32/20B 型磁芯，为了减小漏感，采用三明治绕法，初级共 34 匝分两次绕；用两股 Φ0.37 漆包线先绕 17 匝后，再用同样的漆包线三股绕 20 匝作为次级绕组，然后再绕初级 17 匝。反馈绕组和辅助电源绕组都是单股 5 匝，绕制在最外层。绕制时注意方向（同名端），变压器绕制示意如图 3-27 所示。

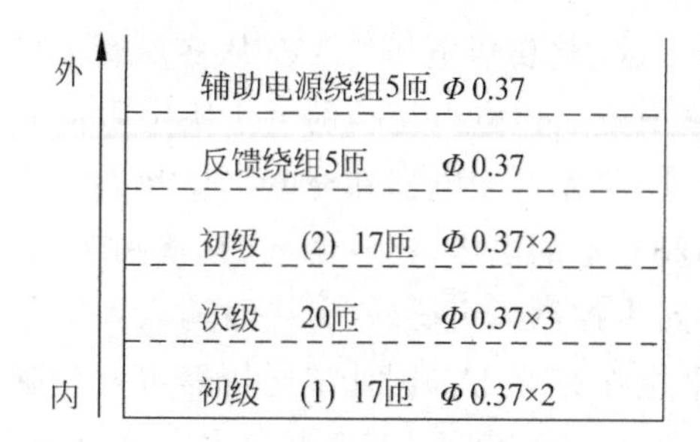

图 3-27 变压器绕制示意图

五、安装和测试

1. 材料准备

充电器材料清单见表 3-2。

表 3-2 充电器材料清单

代号	名称	型号规格	数量	代号	名称	型号规格	数量
F_1/F_2	熔丝管	3A	2	C_{12}	电解电容	471k/2kV	1
C_{N1}/C_{N2}	X 电容	102k/2kV	2	R12	电阻	1W/100	1
C_{N3}	Y 电容	100n/275VAC	1	C_{13}	电解电容	47μF/63V	1
$VD_1/VD_2/VD_3/VD_4$	二极管	RL207	4	VD_7/VD_{13}	二极管	UF5404	2
C_1	电解电容	47μF/400V	1	$R_{13}R_{14}/R_{15}/R_{16}$	贴片电阻	1831206	4
C_2/C_4	贴片电容	1031206	2	$R_{17}/R_{18}/R_{31}$	贴片电阻	1031206	3
C_3	电容	103M/2kV	1	R_{19}	贴片电阻	3631206	1
IP1	共模电感	10mH	1	R_{20}	贴片电阻	1621602	1
R_1	电阻	3W/47k	1	R_{21}/R_{23}	贴片电阻	2721206	2
R_2/R_4	贴片电阻	15E 1206	2	R_{22}	电阻	1/4W62k	1
R_3	电阻	2W/150k	1	$R_{24}R_{29}/R_{34}$	贴片电阻	3921602	3
R_5/R_7	贴片电阻	1531206	2	R_{25}	贴片电阻	2221602	1
R_6	贴片电阻	1031206	1	R_{26}	贴片电阻	1021602	1
R_8/R_9	贴片电阻	8211206	2	R_{27}	贴片电阻	8211602	1
R_{10}	电阻	470	1	R_{28}	贴片电阻	2031602	1
R_{11}	电阻	3W/0.33	1	R_{32}	贴片电阻	8231602	
C_6/C_7	贴片电容	3321206	2	R_{33}	贴片电阻	3W/0.1	1
C_8/C_{14}	电解电容	47μF/50V	1	R_{35}	贴片电阻	3931602	1
$VD_5/VD_6/VD_8$	二极管	FR104	3	C_{15}	电容	0.47μF/50V	1
VT_1	MOSFET	5N60C	1	C_{16}/C_{17}	贴片电容	1021206	2
OPT1	光电耦合器	PC817	1	VD_9/VD_{11}	二极管	1N4148	2
IC1	集成块	UC3842	1	VD_{10}	稳压管	12A2	1
T_1	高频变压器	PQ32-2048V	1	VD_{12}	稳压管	C5V1	1
IC2	运放	LM358	1	L_1	发光管	Φ5 红色	1
IC3	稳压块	IL431	1	L2	发光管	共限 Φ5	1
VT_2	三极管	8050	1	CJ1	风扇	12V0.12A	1

2. 安装

元器件焊接时，先焊贴片的电阻（注 R_9 和 R_{22} 不装）、电容，再焊直插的二极管、三极管、集成电路等（IC2 暂时不焊或焊一个底座），最后焊引出线。图 3-28 为焊接之后的充电器实物图。

(a) 元器件实物　　(b) 焊接完毕后的充电器实物

图 3-28　充电器实物图

3. 调试

上电调试前，再检查一遍电路板；检查有源器件的方向是否有错误和电解电容的极性是否接对了，是否有缺件、破损、错件、虚焊和短路等；用万用表测量输入和输出是否有短路的现象。接下来就要进行调试和功能测试。调试电路的作用就是保证电路中每一部分都是正常工作的，然后才能在输入端加电测试。用 MF47 型万用表 R×1k 挡测量整流滤波电容 C_1 两端的电阻，黑表笔接电容的“＋”极，红表笔接电容的“－”极，电阻应大于 200kΩ。同样方法测量电容 C_{13} 两端的电阻应大于 1kΩ。确定无误后便可上电调试。由于充电器中的开关电源的一次回路与交流市电直接相连，且有三百多伏的高压，故在调试时必须注意人身安全，绝不能双手同时触摸不同的元器件，并且在电源输入侧加接隔离变压器。下面介绍本电路的调试过程。

(1) 开关电源电路测试

充电器电路测试仪器整体接线如图 3-29 所示，图中 TR_1 为 1kV · A 输入 220V/输出 220V 的隔离变压器，TR_2 为 1kV · A 输出 0～250V 的调压器，V_1 为 250V 交流电压表，V_2 为 75V 直流电压表。负载既可以是电子负载（动态负载），也可以是电阻负载（静态负载），电子负载最大功率达到 80W 就足够了。

按图 3-29(b)所示连接好仪器设备，负载采用电子负载，输出电流调至 0.6A。慢慢增加输入电压到 90VAC，LED_1 会亮，测量输出电压 V_{bat}，输出电压为 48(1±5%)V。如不在范围之内，调节 R_{22}，使输出电压达到范围之内。对充电器的性能指标测试之前，先进行限

(a) 调试接线图

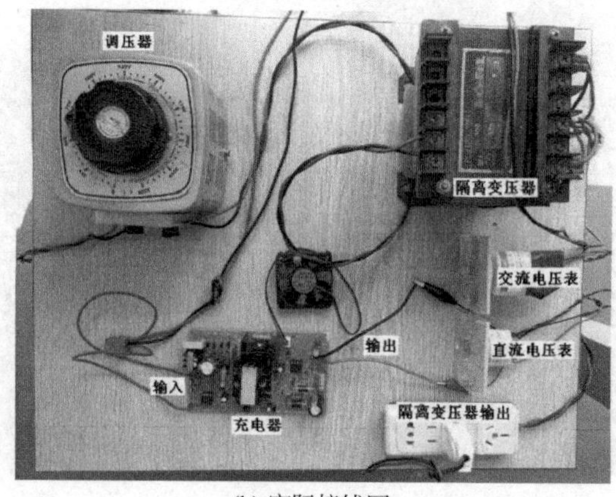

(b) 实际接线图

图 3-29　充电器电路测试仪器整体接线图

流点的调整测试。

（2）限流点调整测试

电路中元件的参数见图 3-2，转折点的电流为 500mA，当充电电流低于 0.5A，进入涓流充电。测试电路连接如图 3-30 所示。测试步骤如下：

① 将运算放大器 LM358 插入底座，接上风扇，将变阻器 R_w 调整到 50Ω。

② 按图 3-30 所示连接好仪器设备。

③ 加入交流市电。发光二极管 L2b 点亮，观察充电器的输出电压在 50V 左右，输出电流约 1A。

④ 将变阻器 R_w 向阻值增大方向调节，使输出电流逐步下降；当输出电流低于 0.5A 时，风扇会停止旋转，发光二极管 L_{2b} 熄灭、L_{2a} 点亮。

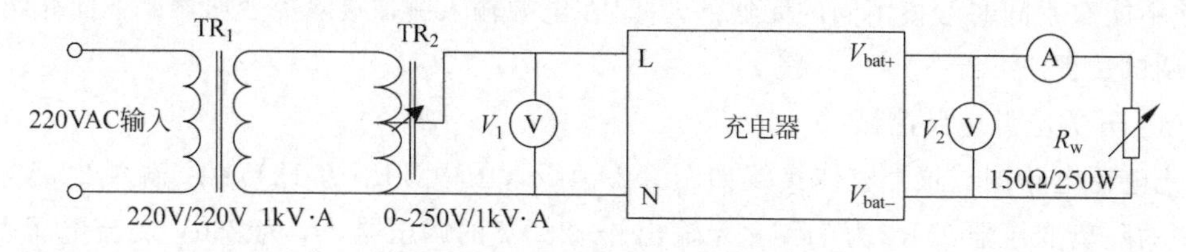

图 3-30　充电器限流测试接线图

若低于 0.4A，风扇还没停转，则适当增大电阻 R_{27} 的值；若高于 0.5A 风扇就停转，则可在电阻 R_{27} 上并联一个电阻，以减小其阻值。

充电器整个电路的原理如图 3-31 所示。

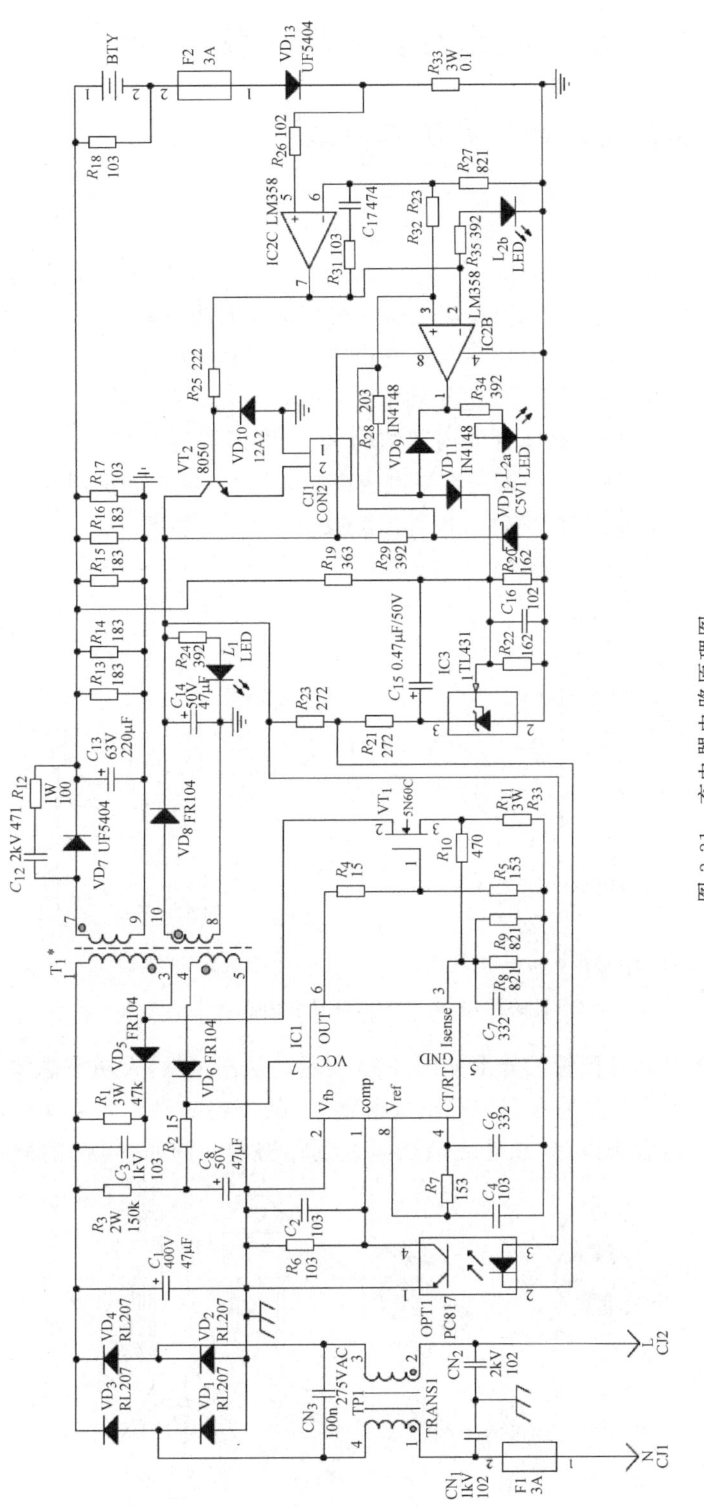

图 3-31　充电器电路原理图

任务四 认识大功率晶体管(拓展)

一、大功率晶体管的结构和工作原理

1. 基本结构

GTR 是 Giant Transistor 的缩写,意为大功率晶体管。通常把集电极最大允许耗散功率在 1W 以上,或最大集电极电流在 1A 以上的三极管称为大功率晶体管,其结构和工作原理都与小功率晶体管非常相似。大功率晶体管由三层半导体、两个 PN 结组成,有 PNP 和 NPN 两种结构,其电流由两种载流子(电子和空穴)的运动形成,所以称为双极型晶体管。

图 3-32(a)是 NPN 型功率晶体管的内部结构,电气图形符号如图 3-32(b)所示。大多数 GTR 是用三重扩散法制成的,或者是在集电极高掺杂的 N^+ 硅衬底上用外延生长法生长一层 N 漂移层,然后在上面扩散 P 基区,接着扩散掺杂的 N^+ 发射区。

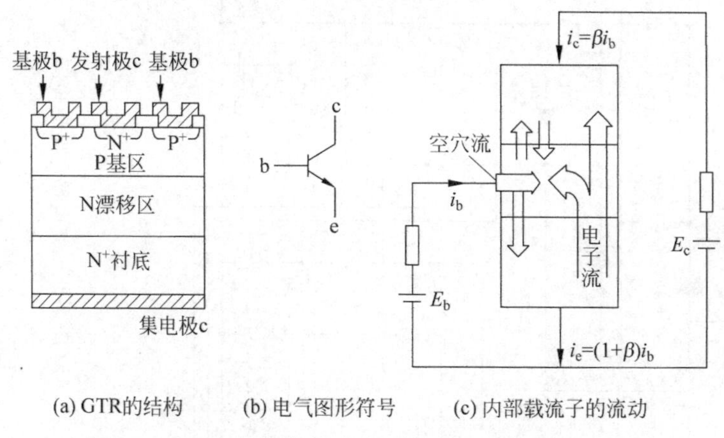

(a) GTR的结构 (b) 电气图形符号 (c) 内部载流子的流动

图 3-32 GTR 的结构、电气图形符号和内部载流子流动

一些常见大功率晶体三极管的外形如图 3-33 所示。从图可见,大功率晶体三极管的外形除体积比较大外,其外壳上都有安装孔或安装螺钉,便于将三极管安装在外加的散热器上。因为对大功率三极管来讲,单靠外壳散热是远远不够的。例如,50W 的硅低频大功率

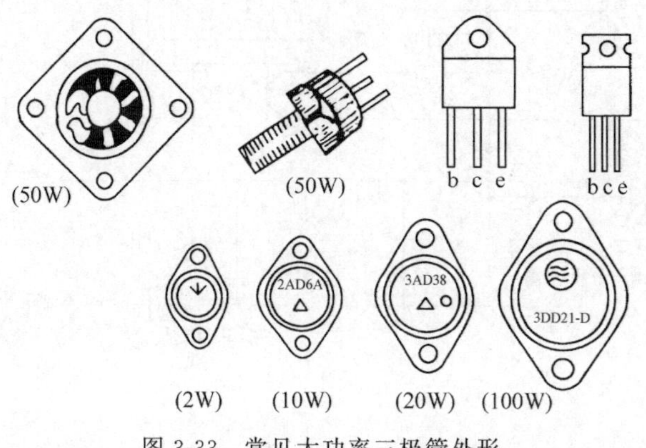

图 3-33 常见大功率三极管外形

晶体三极管,如果不加散热器工作,其最大允许耗散功率仅为 2～3W。

2. 工作原理

在电力电子技术中,GTR 主要工作在开关状态。晶体管通常的连接称为共发射极连接,NPN 型 GTR 通常工作在正偏($I_b>0$)大电流导通状态；反偏($I_b<0$)时处于截止高电压状态。因此,给 GTR 的基极施加幅度足够大的脉冲驱动信号,它将工作于导通和截止的开关工作状态。

二、GTR 的特性与主要参数

1. GTR 的基本特性

(1) 静态特性

共发射极接法时,GTR 的典型输出特性如图 3-34 所示,可分为 3 个工作区：

截止区。在截止区内,$I_b \leqslant 0$,$U_{be} \leqslant 0$,$U_{bc}<0$,集电极只有漏电流流过。

放大区。$I_b>0$,$U_{be}>0$,$U_{bc}<0$,$I_c=\beta I_b$。放大区也叫线性区,指集电极电流与基极电流呈线性关系,特性曲线近似平直。

饱和区。$I_b>\frac{I_{cs}}{\beta}$,$U_{be}>0$,$U_{bc}>0$。I_{cs}是集电极饱和电流,其值由外电路决定。两个 PN 结都为正向偏置,是饱和的特征。饱和时集电极、发射极间的管压降 U_{ces} 很小,相当于开关接通,这时尽管电流很大,但损耗并不大。GTR 刚进入饱和时为临界饱和,如 I_b 继续增加,则为过饱和。用作开关时,应工作在深度饱和状态,这有利于降低 U_{ces} 和减小导通时的损耗。

GTR 与普通的小功率信号晶体管的区别：小功率信号晶体管主要作用是放大信号,因此主要是工作在放大区,故发射结正向偏置($U_{BE}>0$)和集电结反向偏置($U_{BC}<0$)是必须满足的基本条件；主要工作于开关状态,主要工作在饱和区和截止区。

(2) 动态特性

动态特性描述 GTR 开关过程的瞬态性能,又称开关特性。GTR 在实际应用中,通常工作在频繁开关状态。为正确、有效地使用 GTR,应了解其开关特性。图 3-35 表明了 GTR 开关特性的基极、集电极电流波形。

整个工作过程分为开通过程、导通状态、关断过程、阻断状态 4 个不同的阶段。图中开通时间 t_{on} 对应着 GTR 由截止到饱和的开通过程,关断时间 t_{off} 对应着 GTR 饱和到截止的关断过程。

GTR 的开通过程是,从 t_0 时刻起注入基极驱动电流,这时并不能立刻产生集电极电流,过一小段时间后,集电极电流开始上升,逐渐增至饱和电流值 I_{cs}。把 i_c 达到 $10\% I_{cs}$ 的时刻定为 t_1,达到 $90\% I_{cs}$ 的时刻定为 t_2,则把 t_0 到 t_1 这段时间称为延迟时间,以 t_d 表示；把 t_1 到 t_2 这段时间称为上升时间,以 t_r 表示。

要关断 GTR,通常给基极加一个负的电流脉冲。但集电极电流并不能立即减小,而要经过一段时间才能开始减小,再逐渐降为零。把 i_b 降为稳态值 I_{b1} 的 90% 的时刻定为 t_3,i_c 下降到 $90\% I_{cs}$ 的时刻定为 t_4,下降到 $10\% I_{cs}$ 的时刻定为 t_5,则把 t_3 到 t_4 这段时间称为储存时间,以 t_s 表示,把 t_4 到 t_5 这段时间称为下降时间,以 t_f 表示。

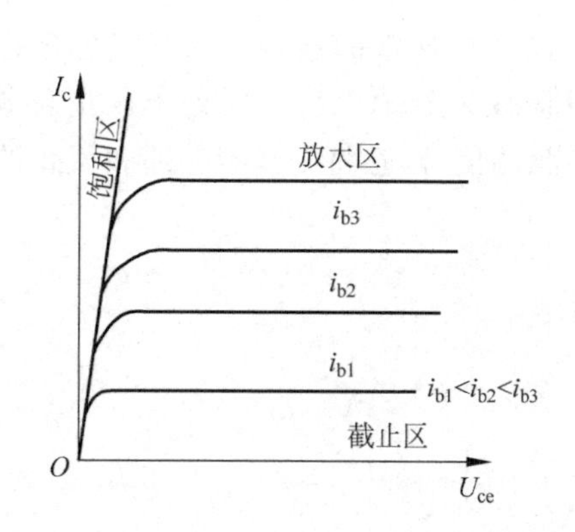

图 3-34　GTR 共发射极接法的输出特性

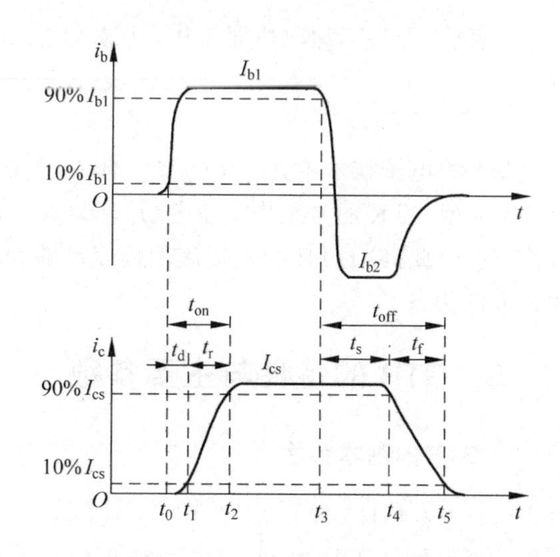

图 3-35　开关过程中 i_b 和 i_c 的波形

延迟时间 t_d 和上升时间 t_r 之和是 GTR 从关断到导通所需要的时间，称为开通时间，以 t_{on} 表示，则 $t_{on}=t_d+t_r$。

储存时间 t_s 和下降时间 t_f 之和是 GTR 从导通到关断所需要的时间，称为关断时间，以 t_{off} 表示，则 $t_{off}=t_s+t_f$。

GTR 在关断时漏电流很小，导通时饱和压降很小。因此，GTR 在导通和关断状态下损耗都很小，但在关断和导通的转换过程中，电流和电压都较大，随意开关过程中损耗也较大。当开关频率较高时，开关损耗是总损耗的主要部分。因此，缩短开通和关断时间对降低损耗、提高效率和运行可靠性很有意义。

2. GTR 的参数

这里主要讲述 GTR 的极限参数，即最高工作电压、最大工作电流、最大耗散功率和最高工作结温等。

(1) 最高工作电压

GTR 上所施加的电压超过规定值时，就会发生击穿。击穿电压不仅和晶体管本身特性有关，还与外电路接法有关。

BU_{cbo}：发射极开路时，集电极和基极间的反向击穿电压。

BU_{ceo}：基极开路时，集电极和发射极之间的击穿电压。

BU_{cer}：实际电路中，GTR 的发射极和基极之间常接有电阻 R，这时用 BU_{cer} 表示集电极和发射极之间的击穿电压。

BU_{ces}：当 R 为 0，即发射极和基极短路，用 BU_{ces} 表示其击穿电压。

BU_{cex}：发射结反向偏置时，集电极和发射极之间的击穿电压。

其中 $BU_{cbo}>BU_{cex}>BU_{ces}>BU_{cer}>BU_{ceo}$，实际使用时，为确保安全，最高工作电压要比 BU_{ceo} 低得多。

(2) 集电极最大允许电流 $\boldsymbol{I_{CM}}$

集电极最大电流是指三极管集电极所允许通过的最大电流。集电极电流 I_C 上升会导致三极管的β下降，一般将电流放大倍数β下降到额定值的1/2～1/3时集电极电流I_C的值定为I_{CM}。因此，通常I_C的值只能到I_{CM}值的一半左右，使用时绝不能让I_C值达到I_{CM}，否则GTR的性能将变坏。

(3) 集电极最大耗散功率P_{cM}

集电极最大耗散功率是在最高工作温度下允许的耗散功率，用P_{cM}表示。它是GTR容量的重要标志。晶体管功耗的大小主要由集电极工作电压和工作电流的乘积来决定，它将转化为热能使晶体管升温，晶体管会因温度过高而损坏。实际使用时，集电极允许耗散功率和散热条件与工作环境温度有关。所以在使用中应特别注意I_C值不能过大，散热条件要好。

(4) 最高工作结温T_{JM}

GTR正常工作允许的最高结温，以T_{JM}表示。GTR结温过高时，会导致热击穿而烧坏。

3. GTR的二次击穿和安全工作区

(1) 二次击穿问题

实践表明，GTR即使工作在最大耗散功率范围内，仍有可能突然损坏，其原因一般是由二次击穿引起的，二次击穿是影响GTR安全可靠工作的一个重要因素。

处于工作状态的GTR($i_b>0$)，当其集电结反偏电压U_{CE}逐渐增大到最大电压BU_{ceo}时，集电极电流I_C急剧增大，但此时集电结的电压基本保持不变，这叫一次击穿(也称为雪崩击穿现象)。发生一次击穿时，如果有外接电阻限制电流I_C的增大，一般不会引起GTR的特性变坏。如果继续增大U_{CE}，又不限制I_C的增长，则当I_C上升到A点(临界值)时，U_{CE}突然下降，而I_C继续增大(负阻效应)，这时进入低压大电流段，直到管子被烧坏，这个现象称为二次击穿，如图3-36所示。

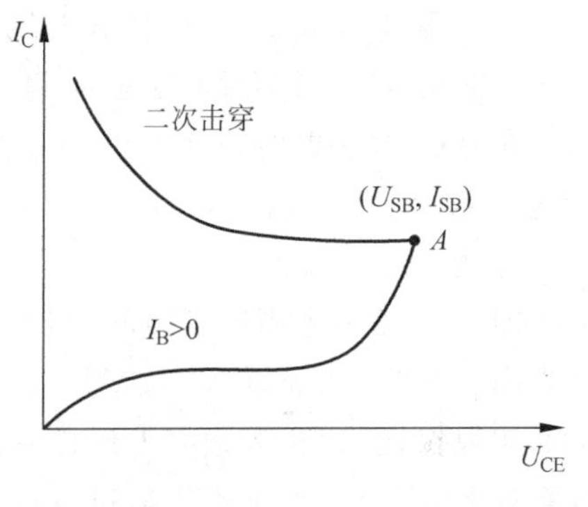

图3-36　二次击穿示意

二次击穿的持续时间在纳秒到微秒之间完成，由于管子的材料、工艺等因素的分散性，二次击穿难以计算和预测。防止二次击穿的办法是：应使实际使用的工作电压比反向击穿电压低得多；必须有电压电流缓冲保护措施。

(2) 安全工作区

以直流极限参数I_{cM}、P_{cM}、U_{ceM}构成的工作区为一次击穿工作区，如图3-37所示。以U_{SB}(二次击穿电压)与I_{SB}(二次击穿电流)组成的P_{SB}(二次击穿功率)如图中虚线所示，它是一个不等功率曲线。以3DD8E晶体管测试数据为例，其$P_{cM}=100W$，$BU_{ceo}\geqslant 200V$，但由于受到击穿的限制，当$U_{ce}=100V$时，P_{SB}为60W，$U_{ce}=200V$时P_{SB}仅为28W。所以，为了防止二次击穿，要选用足够大功率的管子，实际使用的最高电压通常比管子的极限电压低很多。安全工作区是在一定的温度条件下得出的，例如环境温度25℃或壳温75℃等，使用时若超过上述指定温度值，允许功耗和二次击穿耐量都必须降额。

4. GTR 的驱动与保护

(1) GTR 基极驱动电路

① 对基极驱动电路的要求。

由于 GTR 主电路电压较高，控制电路电压较低，所以应实现主电路与控制电路间的电隔离。在使 GTR 导通时，基极正向驱动电流应有足够陡的前沿，并有一定幅度的电流，以加速开通过程，减小开通损耗，如图 3-38 所示。

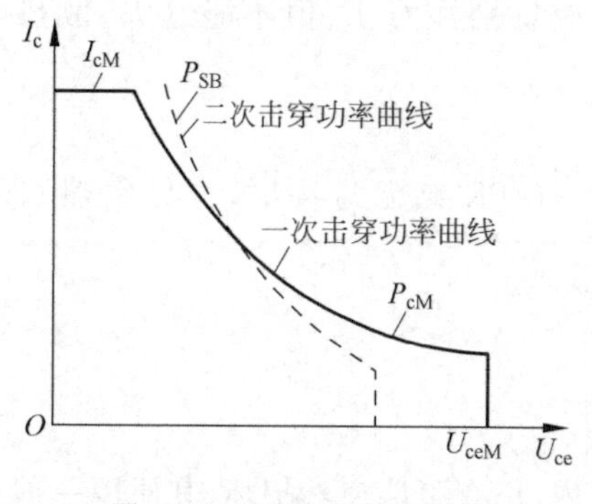

图 3-37 GTR 安全工作区

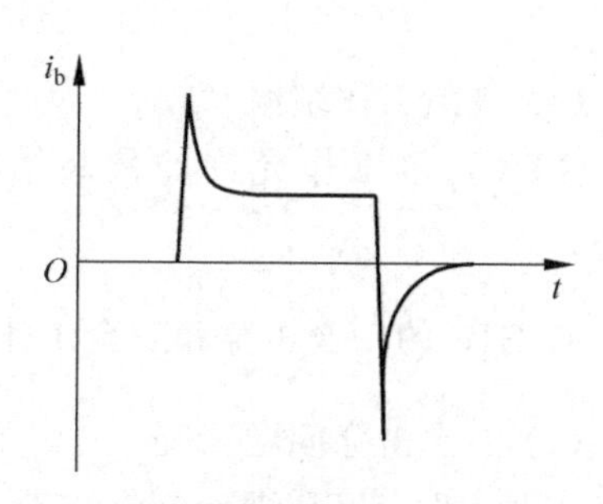

图 3-38 GTR 基极驱动电流波形

GTR 导通期间，在任何负载下，基极电流都应使 GTR 处在临界饱和状态，这样既可降低导通饱和压降，又可缩短关断时间。

在使 GTR 关断时，应向基极提供足够大的反向基极电流（如图 3-38 波形所示），以加快关断速度，减小关断损耗。同时基极驱动电路应有较强的抗干扰能力，并有一定的保护功能。

② 基极驱动电路。

图 3-39 是一个简单实用的 GTR 驱动电路。该电路采用正、负双电源供电。当输入信号为高电平时，三极管 VT_1、VT_2 和 VT_3 导通，而 VT_4 截止，这时 VT_5 就导通。二极管 VD_3 可以保证 GTR 导通时工作在临界饱和状态。流过二极管 VD_3 的电流随 GTR 的临界饱和程度而改变，自动调节基极电流。当输入低电平时，VT_1、VT_2、VT_3 截止，而 VT_4 导通，这就给 GTR 的基极一个负电流，使 GTR 截止。在 VT_4 导通期间，GTR 的基极-发射极一直处于负偏置状态，这就避免了反向电流的通过，从而防止同一桥臂另一个 GTR 导通产生过电流。

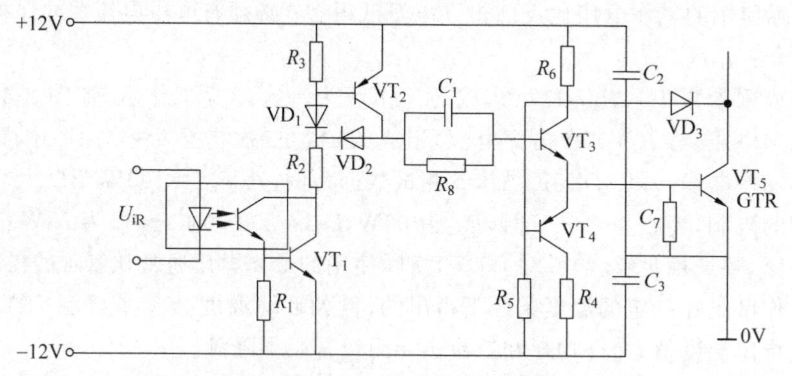

图 3-39 实用的 GTR 驱动电路

（2）GTR 的保护电路

为了使 GTR 在厂家规定的安全工作区内可靠工作，必须对其采用必要的保护措施。而对 GTR 的保护相对来说比较复杂，因为它的开关频率较高，采用快熔保护是无效的。一般采用缓冲电路，主要有 RC 缓冲电路、充放电型 R-C-VD 缓冲电路和阻止放电型 R-C-VD 缓冲电路三种形式，如图 3-40 所示。

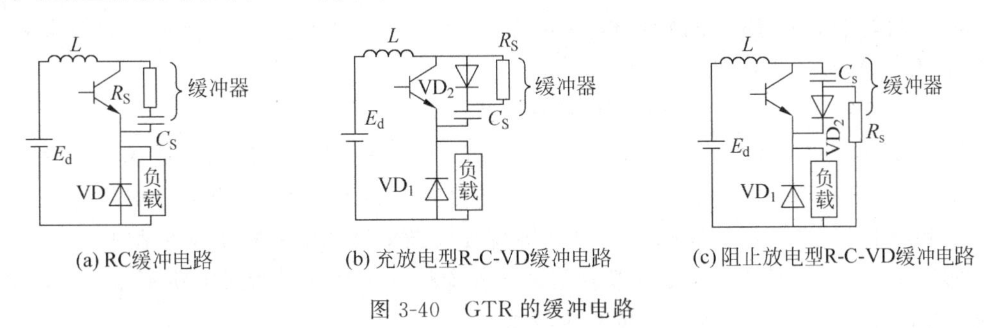

图 3-40　GTR 的缓冲电路

RC 缓冲电路较简单，对关断时集电极-发射极间电压上升有抑制作用。这种电路只适用于小容量的 GTR（电流 10A 以下）。

充放电型 R-C-VD 缓冲电路增加了缓冲二极管 VD_2，可以用于大容量的 GTR。但它的损耗（在缓冲电路的电阻上产生的）较大，不适合用于高频开关电路。

阻止放电型 R-C-VD 缓冲电路，较常用于大容量 GTR 和高频开关电路的缓冲器。其最大优点是缓冲产生的损耗小。

为了使 GTR 正常可靠地工作，除采用缓冲电路之外，还应设计最佳驱动电路，并使 GTR 工作于准饱和状态。另外，采用电流检测环节，在故障时封锁 GTR 的控制脉冲，使其及时关断，保证 GTR 电控装置安全可靠地工作；在 GTR 电控系统中设置过压、欠压和过热保护单元，以保证其安全可靠地工作。

【项目小结】

本项目通过采用 UC3842 芯片和反激式电路的电动自行车充电器项目，主要介绍了 MOS 管的工作原理、外部特性和典型参数，详细分析了驱动电路、保护电路的工作原理以及应用场合；详细介绍了 DC/DC 变换电路（Buck 电路、Boost 电路、Boost-Buck 电路、正激式电路、反激式电路、半桥电路、全桥电路的工作原理；以反激式拓扑和 UC3842 控制芯片为例介绍了电动自行车充电器电路的组成结构、工作原理和整体电路的调试；在拓展任务中，对大功率晶体管（GTR）的工作原理、外部特性和典型参数进行了详细的介绍。

思考与练习三

3-1　说明功率 MOSFET 的开通和关断原理及其优缺点。

3-2　功率 MOSFET 有哪些主要参数？

3-3　使用功率 MOSFET 时要注意哪些保护措施？

3-4 MOS管对栅极驱动电路有何要求？

3-5 MOS管在使用时必须注意哪些保护措施？

3-6 常见的DC/DC变换电路中非隔离型电路拓扑有哪些？隔离型电路拓扑有哪些？

3-7 降压式斩波电路，输入电压为27(1±10%)V，输出电压为15V，求占空比变化范围。

3-8 教材图3-14所示的斩波电路中，$U=220V$，$R=10\Omega$，L、C足够大，当要求$U_o=40V$时，占空比k。

3-9 简述图3-15所示升压斩波电路的基本工作原理。

3-10 在图3-15所示升压斩波电路中，已知$U=50V$，$R=20\Omega$，L、C足够大，采用脉宽控制方式，当$T=40\mu s$，$t_{on}=25\mu s$时，计算输出电压平均值U_o和输出电流平均值I_o。

3-11 用伏秒平衡法推导图3-15所示升降压斩波电路的输入输出关系表达式。

3-12 试分析反激式和正激式变换器的工作原理。为什么反激式电路不需要专门的复位绕组，而正激式变换器需要专门的复位绕组？

3-13 试分析全桥和半桥电路中的开关和整流二极管在工作时承受的最大电压和最大电流。

3-14 开关电源电路中EMI滤波电路的作用是什么？

3-15 简述PWM控制芯片UC3842的8个引脚名称及作用。

3-16 图3-41是由TL431等构成的过压保护电路，分析其工作原理。

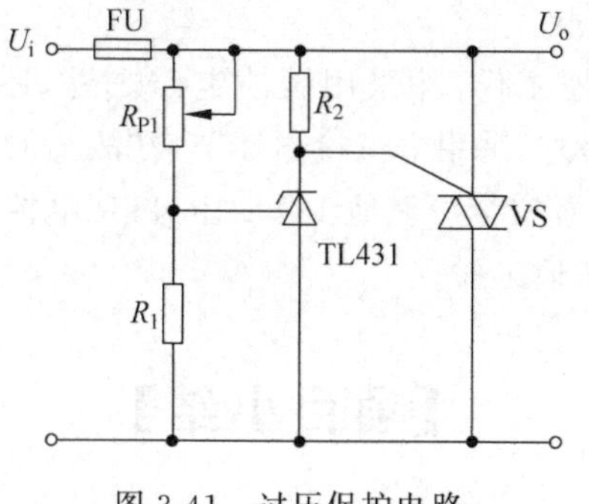

图3-41 过压保护电路

3-17 试分析图3-2所示电动自行车充电器主电路的工作原理(充电限流和稳压控制)。

3-18 大功率晶体管GTR有哪些主要参数？

3-19 什么是GTR的二次击穿？有什么后果？可采取什么措施加以防范？

3-20 GTR对基极驱动电路的要求是什么？GTR组成的开关电路为什么要加缓冲电路？

3-21 与GTR相比，功率MOS管有何优、缺点？

项目四　以电磁炉为典型应用的中/高频感应加热电源

【项目聚焦】　通过家用电磁炉作为载体，介绍了 IGBT 和单相串/并联谐振逆变电路的原理与应用。

【知识目标】

【器件】　了解 IGBT 的工作原理，掌握器件的外部特性、极限参数和以及驱动保护等内容。

【电路】　① 掌握单相串/并联谐振逆变电路的工作原理。

② 熟悉电压型谐振逆变电路与电流型谐振逆变电路的区别。

【控制】　① 了解中频感应加热装置的基本控制方式。

② 掌握以电磁炉为例的感应加热电源的工作原理。

③了解常用的中频感应加热装置的使用注意事项。

【技能目标】

① 会设计简单的中频感应加热装置的主电路。

② 能识别和选用 IGBT 等器件，能设计 IGBT 的驱动保护电路。

【学时建议】　10 学时。

【任务导入与项目分析】

您能想象的到，一根铁棒一两秒钟就可以被加热红起来吗？这是一种人类目前能够做到且能掌握的最快捷的直接加热方法——中高频感应加热。感应加热由于其使用方便，在工业生产和日常生活中得到了广泛的应用。那么感应加热炉的工作原理是怎样的？电磁炉是日常生活中常用的家用电器，由于使用方便，得到了广泛的应用。那么电磁炉的工作原理是怎么样的？它是如何产生热量加热食物的？为什么有的锅具不适合电磁炉加热？

目前感应加热电源主要是通过谐振逆变电路，将直流电变换为高频交流电，利用高频磁场的涡流效应达到加热的目的。感应加热电源的种类繁多，应用广泛。根据其功率的大小，有大功率的工业感应加热电源，也有小功率的民用感应加热电源，如家用电磁炉。根据工作频率和用途，有高频感应加热电源，也有中频感应加热电源。图 4-1 表示了几种常用的电磁感应加热装置以及电磁感应加热原理示意。

感应加热电源是一种常见的电力电子装置，感应加热电源中常用的电力电子开关器件

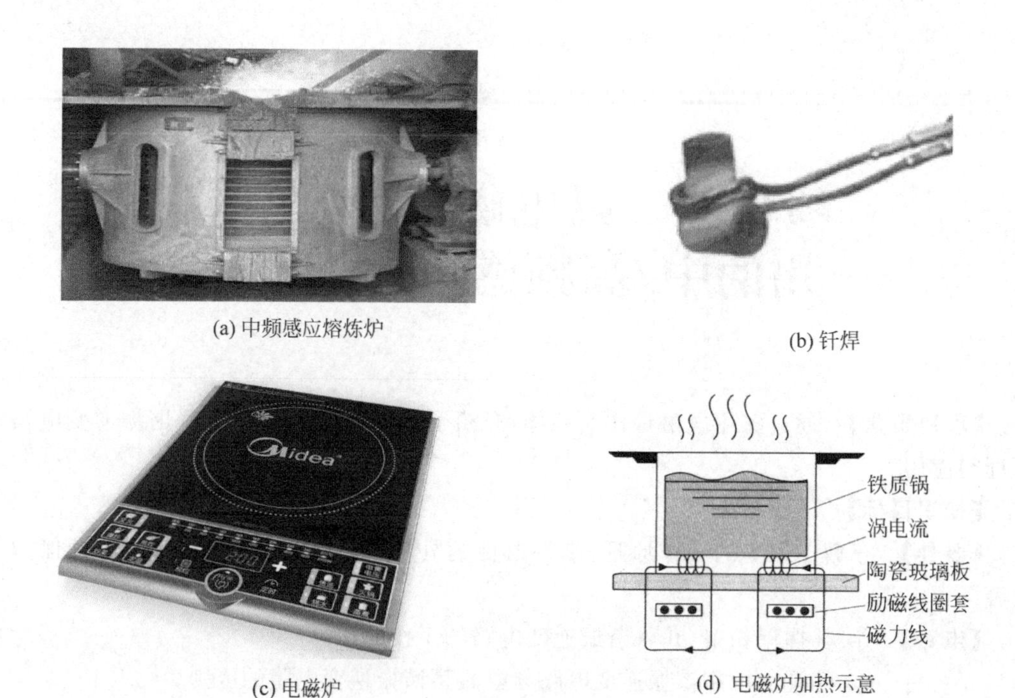

(a) 中频感应熔炼炉　(b) 钎焊　(c) 电磁炉　(d) 电磁炉加热示意

图 4-1　感应加热电源及其加热过程

有 IGBT、晶闸管等，涉及的电路拓扑有电压型串联谐振电路、电流型并联谐振电路等。要完成这个项目的设计和制作，首先要完成以下任务：

◇ 认识 IGBT；
◇ 理解谐振的原理；
◇ 掌握电压型串联谐振电路的工作原理；
◇ 掌握电流型并联谐振电路的工作原理；
◇ 理解涡流反应的原理。

任务一　认识 IGBT

一、IGBT 的外形及结构

IGBT(Insulated Gate Bipolar Transistor)是绝缘栅双极晶体管的简称，是由 BJT(双极型三极管)和 MOS(绝缘栅型场效应管)组成的复合全控型电压驱动式功率半导体器件，兼有 MOSFET 的高输入阻抗和 GTR 的低导通压降两方面的优点。因而发展很快，应用很广，在电力电子开关器件中具有重要地位。通过控制信号可以使 IGBT 导通或关断，因此 IGBT 是一种全控型的电力电子开关器件。

常用的 IGBT 主要有单管和模块两种形式，如图 4-2 所示。单管形式的 IGBT 其外形与晶体管类似，主要以 TO-220、TO-247、TO-263 等封装为主。在高压大电流场合，IGBT 已经模块化，一个模块中通常集成了多个 IGBT 以及 IGBT 的驱动保护电路。IGBT 模块的内部结构如图 4-3 所示。

(a) 单管IGBT

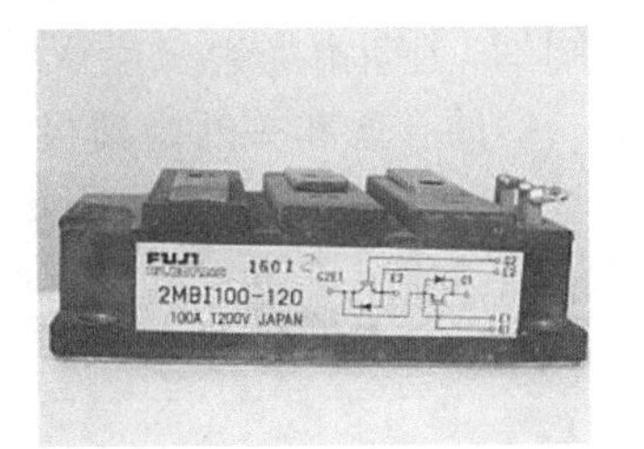

(b) IGBT模块

图 4-2　常见 IGBT 的外形结构

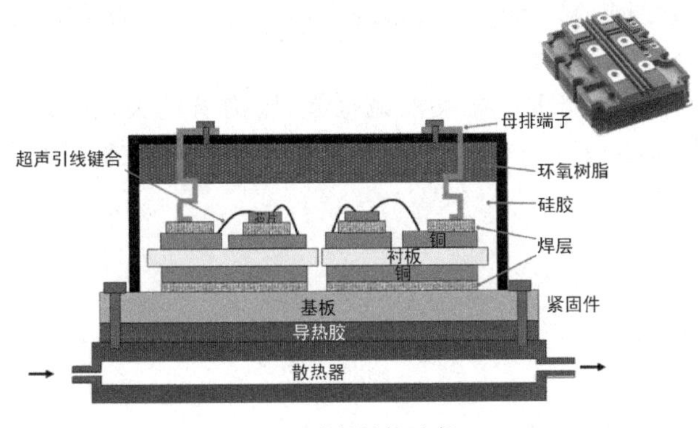

(a) 内部结构示意1

(b) 内部结构示意2

图 4-3　IGBT 模块的内部结构

IGBT 本质上是一个场效应晶体管，在结构上与功率 MOSFET 相似，只是在 MOSFET 的漏极和衬底之间额外增加了一个 P+型层。IGBT 三个极分别称为栅极(G)、集电极(C)、发射极(E)。IGBT 的内部结构如图 4-4(a)所示，其等效电路、电气图形符号分别如图 4-4(b)、图 4-4(c)所示。

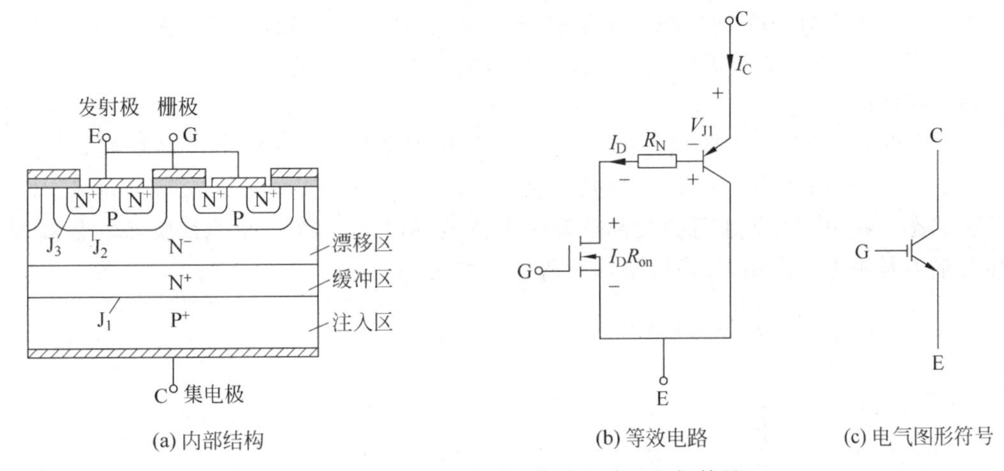

(a) 内部结构　(b) 等效电路　(c) 电气图形符号

图 4-4　IGBT 内部结构、等效电路及电气符号

二、IGBT 的工作原理

IGBT 的开通和关断是由栅极电压来控制的。IGBT 的工作原理与电力 MOSFET 基

本相同，都是场控器件，通断由栅射极电压 U_{GE} 决定。在应用电路中，IGBT 的 C 接电源正极，E 接电源负极。它的导通和关断由栅极电压来控制。栅极施以正向电压时，P-MOSFET 内形成沟道，为 PNP 型的晶体管提供基极电流，从而使 IGBT 导通。此时，从 P 区注入到 N 区的空穴（少数载流子）对 N 区进行电导调制，减少 N 区的电阻，使高耐压的 IGBT 也具有低的通态压降。在栅极上施以负电压时，P-MOSFET 内的沟道消失，PNP 晶体管的基极电流被切断，IGBT 关断。

导通：U_{GE} 大于开启电压 U_{GE}(th)（3～6V）时，MOSFET 内形成沟道，为晶体管提供基极电流，IGBT 导通。

关断：栅射极间施加反压或不加信号时，MOSFET 内的沟道消失，晶体管的基极电流被切断，IGBT 关断。

关断时拖尾时间：在器件导通之后，若将栅极电压突然减至零，则沟道消失，通过沟道的电子电流为零，使漏极电流有所下降，但由于 N－区中注入了大量的电子、空穴对，因而漏极电流不会马上为零，而出现一个拖尾时间。

三、IGBT 的基本特性

1. IGBT 的静态特性

IGBT 的静态特性主要包括伏安特性和转移特性。

（1）伏安特性

IGBT 的伏安特性如图 4-5 所示，它反映了在一定的栅-射极电压 U_{GE} 下器件的输出端电压 U_{CE} 与电流 I_C 的关系。U_{GE} 越高，I_C 越大。当 CE 之间电压为正向偏置时，IGBT 有三个工作区域：正向阻断区，有源区，饱和区。其工作特性与三极管相类似，对应于三极管的截止区、放大区、饱和区。在电力电子电路中，IGBT 工作在开关状态，因而是在正向阻断区和饱和区之间来回切换。

值得注意的是，IGBT 的反向电压承受能力很差，从曲线可知，其反向阻断电压 U_{RM} 只有几十伏，因此限制了它在需要承受高反压场合的应用。

（2）转移特性

IGBT 的转移特性是指输出集电极电流 I_c 与栅射电压 U_{GE} 之间的关系曲线，如图 4-6 所示。它与 MOSFET 的转移特性相同，当栅射极电压小于开启电压 U_{GE}(th)时，IGBT 处于关断状态。在 IGBT 导通后的大部分漏极电流范围内，I_c 与 U_{GE} 呈线性关系。最高栅源电压受最大漏极电流限制，其最佳值一般取为 15V 左右。

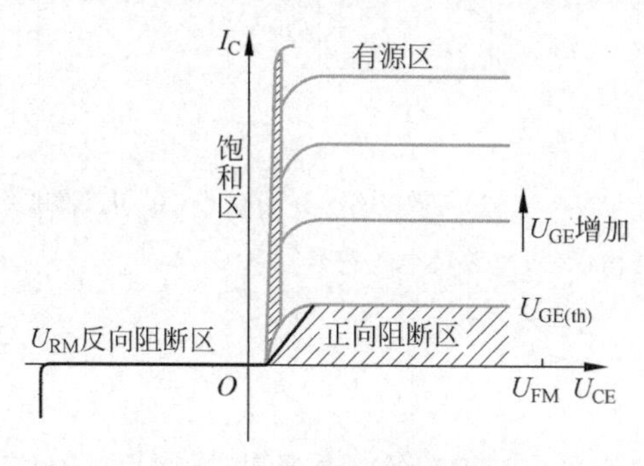

图 4-5　IGBT 的伏安特性曲线

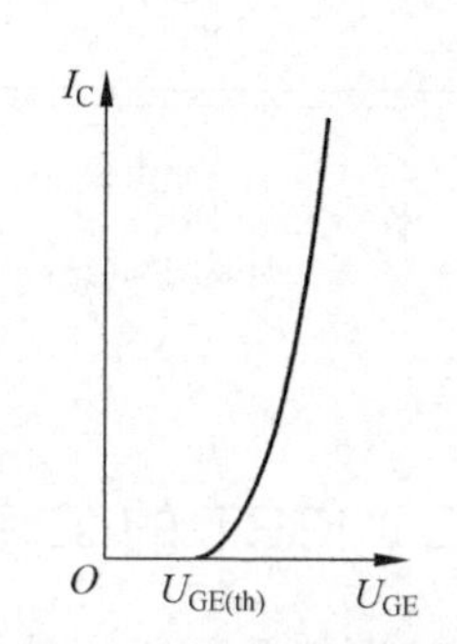

图 4-6　IGBT 转移特性曲线

2. IGBT 的动态特性

IGBT 的动态特性即开关特性，包含开通和关断两个过程，其开关特性如图 4-7 所示。

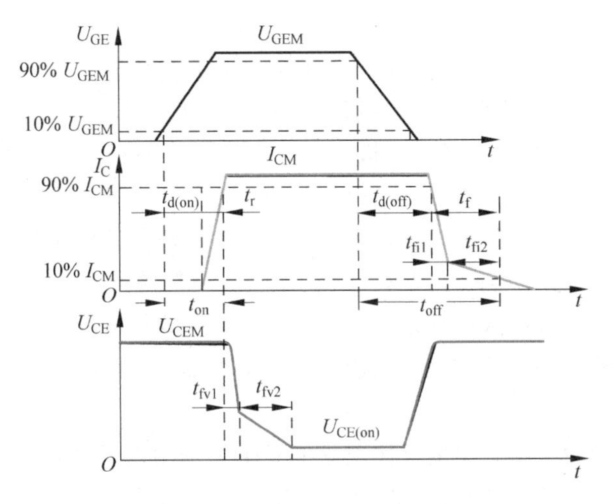

图 4-7　IGBT 开关过程波形示意图

(1) IGBT 的开通过程

开通过程：从驱动电压 U_{GE} 的前沿上升到其幅值的 10％的时刻，到集电极电流 I_C 上升至其幅值的 10％的时刻止，这段时间称为开通延迟时间 $t_{d(on)}$。而 I_C 从其幅值的 10％上升至其幅值的 90％所需的时间称为上升时间 t_r。开通时间 t_d 为开通延迟时间 $t_{d(on)}$ 和上升时间 t_r 之和。开通时，集射电压 U_{CE} 的下降分为 t_{fv1} 和 t_{fv2} 两段，t_{fv1} 为 IGBT 中 MOSFET 单独工作的电压下降过程，t_{fv2} 为 IGBT 中 MOSFET 和三极管同时工作的电压下降过程。由于 U_{CE} 下降时 IGBT 中的 MOSFET 栅漏电容增加，而且 IGBT 中的 PNP 晶体管从放大状态转到饱和状态也需要一个过程，因此 t_{fv2} 段电压下降过程变缓。只有在 t_{fv2} 段结束时，IGBT 才完全进入饱和状态。

(2) IGBT 的关断过程

关断过程：IGBT 关断时，从驱动电压 U_{GE} 的后沿下降到其幅值的 90％的时刻开始，到集电极电流 I_C 下降至其幅值的 90％的时刻止，这段时间称为关断延迟时间 $t_{d(off)}$，而 I_C 从幅值的 90％下降至其幅值的 10％所需的时间称为下降时间 t_f，二者之和为关断时间 t_{off}。电流下降过程可分为 t_{fi1} 和 t_{fi2} 两段，t_{fi1} 为 IGBT 中 MOSFET 的关断过程，这段时间集电极电流 I_C 下降比较快。t_{fi2} 对应于 IGBT 中 MOSFET 和三极管的关断过程，这段时间 MOSFET 已经关断，IGBT 又无反向电压，所以 N 基区内的少子复合缓慢，造成 I_C 下降较慢。由于此时集射电压已经建立，因此较长的电流下降时间将产生较大的关断损耗。

IGBT 中由于三极管的存在，其开关速度低于 MOSFET。

四、IGBT 的擎住效应

IGBT 的擎住效应又称锁定效应，是指栅极失去对集电极的控制作用。从图 4-4(b)所示 IGBT 等效电路可以看到，IGBT 复合器件内有一个寄生晶闸管存在，它由 PNP 和 NPN

两个晶体管组成。在 NPN 晶体管的基极与发射极之间并有一个体区电阻 R_{br}，在该电阻上，P 型区的横向空穴流会产生一定压降。对 J_3 结来说相当于加一个正偏置电压。在规定的集电极电流范围内，这个正偏压不大，NPN 晶体管不起作用。当集电极电流大到一定程度时，这个正偏量电压足以使 NPN 晶体管导通，进而使寄生晶闸管开通，栅极就会失去对集电极的控制作用，导致集电极电流增大，这就是所谓的擎住效应。IGBT 发生擎住效应后，集电极电流增大造成过高的功耗，最后导致器件损坏。

引发擎住效应的原因，可能是集电极电流过大（静态擎住效应），也可能是 du_{ce}/dt 过大（动态擎住效应），温度升高也会加重擎住效应的风险。

集电极通态电流的连续值超过临界值 I_{DM} 时产生的擎住效应称为静态擎住现象。

IGBT 在关断的过程中会产生动态的擎住效应，动态擎住所允许的集电极电流比静态擎住时还要小，因此，制造厂家所规定的 I_{DM} 值是按动态擎住所允许的最大集电极电流而确定的。动态过程中擎住现象的产生主要由 dv/dt 来决定，此外还受集电极电流 I_{DM} 以及结温 T_j 等因素的影响。

在使用中为了避免 IGBT 发生擎住现象的发生可采用以下措施：

（1）设计电路时应保证 IGBT 中的电流不超过 I_{DM} 值；

（2）用加大栅极电阻 R_g 的办法延长 IGBT 的关断时间，减小 du_{ce}/dt；

（3）器件制造厂家也在 IGBT 的工艺与结构上想方设法尽可能提高 I_{DM} 值，尽量避免产生擎住效应。

五、IGBT 的主要参数

IGBT 的主要参数有：

① 集电极-发射极额定电压 U_{CES}，是栅极-发射极短路时 IGBT 能承受的耐压值，由内部 PNP 晶体管的击穿电压确定。

② 栅极-发射极额定电压 U_{GES}，是栅极控制信号的电压额定值，目前大多数的 U_{GES} 值不能超过＋20V。

③ 额定集电极电流 I_C，是 IGBT 在导通时通流过管子的最大持续电流。

六、IGBT 检测

（1）判断极性

首先将万用表拨在 R×1kΩ 挡，用万用表测量时，若某一极与其他两极阻值为无穷大，调换表笔后该极与其他两极的阻值仍为无穷大，则判断此极为栅极（G）。由于 IGBT 通常与反并联的二极管封装在一起，其余两极再用万用表测量，若测得阻值为无穷大，调换表笔后测量阻值较小。在测量阻值较小的一次中，则判断红表笔接的为集电极（C），黑表笔接的为发射极（E）。

（2）判断好坏

将万用表拨在 R×10kΩ 挡，用黑表笔接 IGBT 的集电极（C），红表笔接 IGBT 的发射极（E），此时万用表的指针在零位。用手指同时触及一下栅极（G）和集电极（C），这时 IGBT 被触发导通，万用表的指针摆向阻值较小的方向，并能停止于指示在某一位置。然后再用手指同时触及一下栅极(G)和发射极(E),这时 IGBT 被阻断,万用表的指针回零。此时即可判断 IGBT 是好的。

任何指针式万用表皆可用于检测 IGBT 。注意判断 IGBT 好坏时,一定要将万用表拨在 R×10kΩ 挡,因在 R×1kΩ 挡以下各挡时万用表内部电池电压太低,检测好坏时不能使 IGBT 导通,而无法判断 IGBT 的好坏。此方法同样也可以用于检测功率场效应晶体管的好坏。

七、IGBT 栅极驱动

IGBT 是一种重要的功率半导体器件,其导通和关断受栅极控制,因此要很好的发挥 IGBT 的性能,需要合理地设计 IGBT 的驱动电路。

IGBT 的驱动电路是电力电子装置的一个重要组成部分,其输入连接到控制电路的 PWM 信号输出端,输出连接到装置中各 IGBT 的栅极和发射极,将装置中的控制电路产生的数字 PWM 信号进行隔离传输和电平转换以及功率放大,实现控制电路对 IGBT 进行开通和关断动作的控制,从而实现装置的功率变换功能。

如果电力电子装置比作是一个人,控制电路可以看作是大脑,功率电路看作是手和脚,驱动电路就是连接大脑和手脚之间的脊椎和神经。驱动电路设计的好坏可以影响整个装置的稳定性和可靠性。

1. IGBT 驱动电路设计要求

具体要求如下:

(1) 由于是容性输入阻抗,因此 IGBT 对门极电荷集聚很敏感,驱动电路必须很可靠,要保证有一条低阻抗值的放电回路。

(2) 用低内阻的驱动源对栅极电容充放电。以保证栅极控制电压 V_{GE} 有足够陡峭的前后沿,使 IGBT 的开关损耗尽量小。另外 IGBT 开通后,栅极驱动源应提供足够的功率使 IGBT 不致退出饱和状态而损坏。

(3) IGBT 驱动电路采用正负电压双电源工作方式。栅极电路中的正偏压应为+12~+15V;负偏压应为−2~−10V。

(4) IGBT 多用于高压场合,故驱动电路应与整个控制电路在电位上进行严格隔离。

(5) 栅极驱动电路应尽可能简单实用,具有对 IGBT 的自保护功能,并有较强的抗干扰能力。信号电路和驱动电路隔离时,采用抗噪声能力强,信号传输时间短的快速光耦。

(6) 若为大电感负载,IGBT 的关断时间不宜过短,以限制 di/dt 所形成的尖峰电压,保证 IGBT 的安全。

(7) 栅极和发射极引线尽量短,采用双绞线。为抑制输入信号振荡,在栅射间并联阻尼网络。

在满足上述驱动条件下来设计门极驱动电路,IGBT 的输入特性与 MOSFET 几乎相同,因此与 MOSFET 的驱动电路几乎一样。

2. IGBT 实用的驱动电路

(1) 直接驱动

如图 4-8 所示,为了使 IGBT 稳定工作,一般要求双电源供电方式,即驱动电路要求采用正、负偏压的两电源方式，输入信号经整形器整形后进入放大级，放大级采用有源负载方式以提供足够的门极电流。为消除可能出现的振荡现象，IGBT 的栅射极间接入了 RC 网络组成的阻尼滤波器。此种驱动电路适用于小容量的 IGBT。

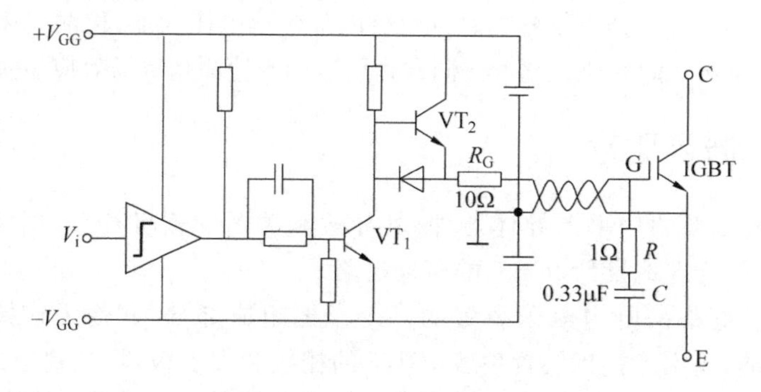

图 4-8　IGBT 的直接驱动

（2）隔离驱动

隔离驱动法有两种电路形式。图 4-9 为变压器隔离驱动电路，适用于小容量的 IGBT。其工作原理是：控制脉冲 u_i 经晶体管 VT 放大后送到脉冲变压器，由脉冲变压器耦合，并经 VD_{W1}、VD_{W2} 稳压限幅后驱动 IGBT。脉冲变压器的初级并接了续流二极管 VD_1，以防止 VT 中可能出现的过电压。R_1 限制栅极驱动电流的大小，R_1 两端并接了加速二极管，以提高开通速度。图 4-10 是一种采用光耦合隔离的由 VT_1、VT_2 组成的推挽输出栅极驱动电路，当控制脉冲使光耦合关断时，光耦合输出低电平，使 VT_1 截止，VT_2 导通，IGBT 在 VD_{W1} 的反偏作用下关断。当控制脉冲使光耦合导通时，光耦合输出高电平，VT_1 导通，VT_2 截止，经 U_{CC}、VT_1、R_G 产生的正向电压使 IGBT 开通。

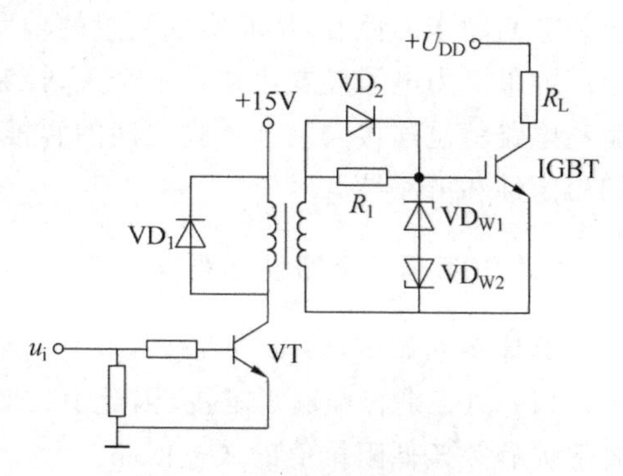

图 4-9　IGBT 变压器隔离驱动电路图

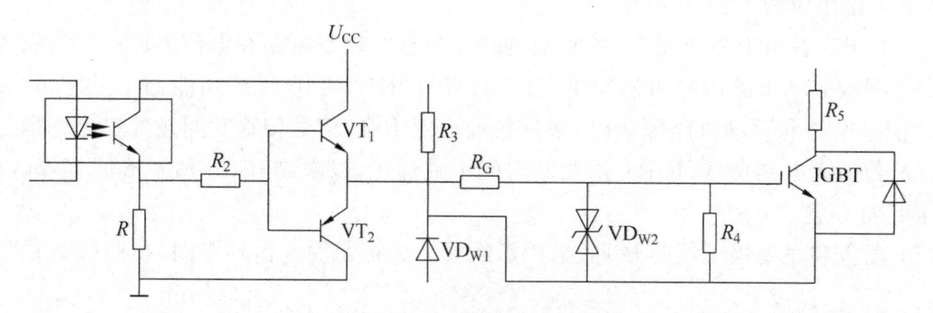

图 4-10　IGBT 光耦隔离以驱动电路

（3）专用模块驱动

相对于分立元件驱动电路而言，集成化模块驱动电路抗干扰能力强、集成化程度高、速度快、保护功能完善、可实现 IGBT 的最优驱动。EXB840 为高速型集成模块，最大开关频率达 40kHz，能驱动 75A、1200V 的 IGBT 管。

EXB840 内部框图如图 4-11 所示。

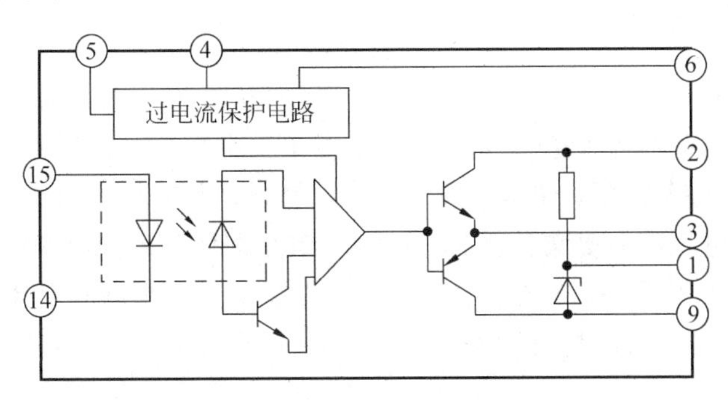

图 4-11　EXB840 内部框图

图 4-12 为 EXB840 应用电路图，其工作原理如下。

① IGBT 正常开通时：当引脚 14 与 15 由 10mA 电流流过时，光耦合器导通，引脚 3 输出电位相对于地为 20V。引脚 1 连接 IGBT 发射极，由于稳压管作用对地电位为 5V，故 $U_{GE}=20-5=15$V。

② IGBT 正常关断时：输入引脚 14 和 15 无电流流过，光耦合器不通，IGBT 栅极通过引脚 3 迅速放电，电位迅速下降到 0V(相对于引脚 1 为 −5V)，故 $U_{GE}=-5$V。

③ 过流保护电路：当 IGBT 已经开通，发生短路时，其承受大电流而退饱和，U_{CE}上升很快，二极管 EPR34-10 截止，EXB840 引脚 6“悬空”，过流保护电路动作，引脚 3 电位逐渐下降，慢慢关断 IGBT。同时，引脚 5 电位也从 20V 降低，使光耦合器 TPL521 导通，输出过电流信号，并阻断了被驱动信号的输入。

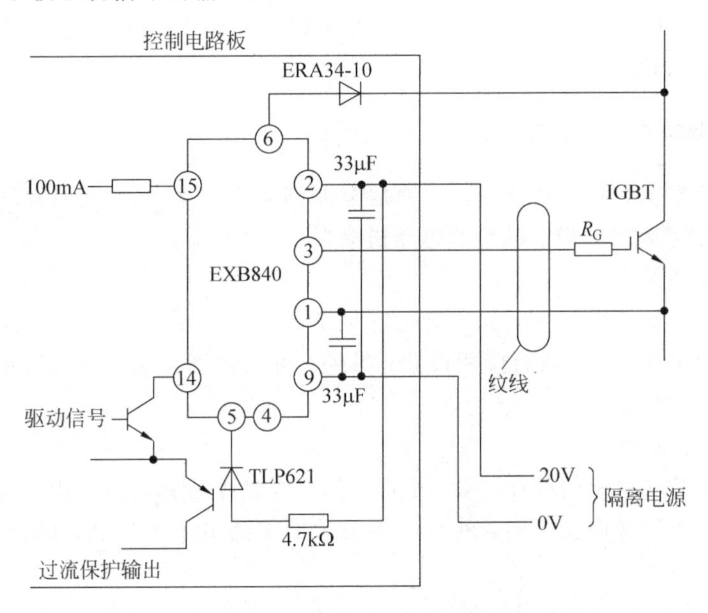

图 4-12　EXB840 应用电路

注意：1、2 脚和 9 脚间的电容并非为了平滑滤波，而是用于保护驱动电路和隔离电源间的接线引起的电压下降。

八、IGBT 的保护

在中大功率的开关电源装置中，IGBT 由于其控制驱动电路简单、工作频率较高、容量较大的特点，已逐步取代晶闸管或 GTO。但是在小功率开关电源装置中，由于它工作在高频与高电压、大电流的条件下，使得它容易损坏；另外，由于受电网波动、雷击等原因的影响使得它所承受的电压应力更大，故 IGBT 的可靠性直接关系到电源的可靠性。因而，在选择 IGBT 时除了要作降额考虑外，对 IGBT 的保护设计也是电源设计时需要重点考虑的一个环节。在进行电路设计时，应针对影响 IGBT 可靠性的因素，有的放矢地采取相应的保护措施。

1. IGBT 栅极的保护

IGBT 的栅极-发射极驱动电压 V_{GE} 的额定值为±20V，如果在它的栅极与发射极之间加上超出额定值的电压，则可能会损坏 IGBT，因此，在 IGBT 的驱动电路中应当设置栅压限幅电路。另外，若 IGBT 的栅极与发射极间开路，而在其集电极与发射极之间加上电压，则随着集电极电位的变化，由于栅极与集电极和发射极之间寄生电容的存在，使得栅极电位升高，集电极-发射极有电流流过。这时若集电极和发射极间处于高压状态时，可能会使 IGBT 发热甚至损坏。如果设备在运输或振动过程中使得栅极回路断开，在不被察觉的情况下给主电路加上电压，则 IGBT 就可能会损坏。为防止此类情况发生，应在 IGBT 的栅极与发射极间并接一只几十 kΩ 的电阻，此电阻应尽量靠近栅极与发射极，如图 4-13 所示。

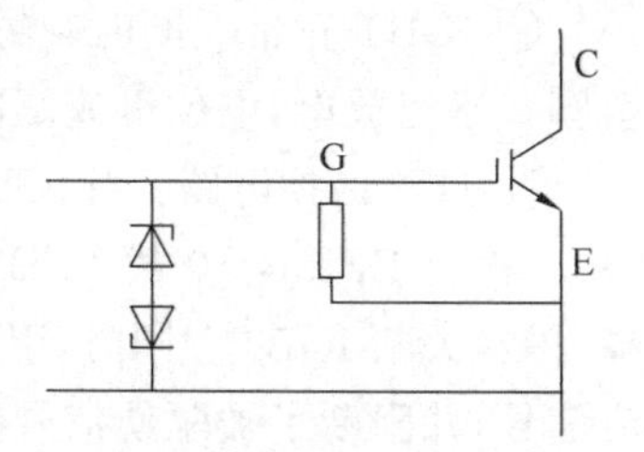

图 4-13　IGBT 的栅极保护

2. 集电极与发射极间的过压保护

过电压的产生主要有两种情况，一种是施加到 IGBT 集电极-发射极间的直流电压过高，另一种为集电极-发射极上的浪涌电压过高。

(1) 直流过电压

直流过压产生的原因是由于输入交流电源或 IGBT 的前一级输入发生异常所致。解决的办法是在选取 IGBT 时，进行降额设计；另外，可在检测出这一过压时断开 IGBT 的输入，保证 IGBT 的安全。

(2) 浪涌电压的保护

因为电路中分布电感的存在，加之 IGBT 的开关速度较高，当 IGBT 关断时及与之并接的反向恢复二极管逆向恢复时，就会产生很大的浪涌电压 Ldi/dt，威胁 IGBT 的安全。解决的办法主要有：

① 在选取 IGB T 时考虑设计裕量；

② 在电路设计时调整 IGBT 驱动电路的 Rg，使 di/dt 尽可能小；

③ 尽量将电解电容靠近 IGBT 安装，以减小分布电感；

④ 根据情况加装缓冲保护电路，旁路高频浪涌电压。

3. IGBT的过流保护

IGBT的过流保护电路可分为2类：一类是过载保护；另一类是高倍数(可达8～10倍)的短路保护。

对于过载保护不必快速响应，可采用集中式保护，即检测输入端或直流环节的总电流，当此电流超过设定值后比较器翻转，封锁所有IGBT驱动器的输入脉冲，使输出电流降为零。这种过载电流保护，一旦动作后，要通过复位才能恢复正常工作。IGBT能承受很短时间的短路电流，能承受短路电流的时间与该IGBT的导通饱和压降有关，随着饱和导通压降的增加而延长。如饱和压降小于2V的IGBT允许承受的短路时间小于5μs，而饱和压降3V的IGBT允许承受的短路时间可达15μs，4～5V时可达30μs以上。存在以上关系是由于随着饱和导通压降的降低，IGBT的阻抗也降低，短路电流同时增大，短路时的功耗随着电流的平方加大，造成承受短路的时间迅速减小。

IGBT应用于电力电子系统中，对于正常过载(如电机启动、滤波电容的合闸冲击以及负载的突变等)，系统能自动调节和控制，不至损坏IGBT。对于不正常的短路故障，要实行过流保护，通常的做法是：

① 切断栅极驱动信号。只要检测出过流信号，就在2μs内迅速撤除栅极信号。

② 当检测得过流故障信号时，立即将栅极电压降到某一电平，同时启动定时器，在定时器到达设置值之前，若故障消失，则栅极电压恢复正常工作值；若定时器到达设定值时故障仍未消除，则使栅极电压降低到零。这种保护方案要求保护电路在1～2μs内响应。

任务二　认识感应加热电源

一、中高频感应加热电源

中频、高频感应加热，是将工频(50Hz)交流电转换成频率为1kHz至上百kHz，甚至频率更高的交流电，利用电磁感应原理，通过电感线圈转换成相同频率的磁场后，作用于处在该磁场中的金属体上。利用涡流效应，在金属物体中生成与磁场强度成正比的感生旋转电流(即涡流)。由旋转电流借助金属物体内的电阻，将其转换成热能。同时还有磁滞效应、趋肤效应、边缘效应等，也能生成少量热量，它们共同使金属物体的温度急速升高，实现快速加热的目的。

高频电流的趋肤效应，可以使金属物体中的涡流随频率的升高，而集中在金属表层环流。这样就可以通过控制工作电流的频率，实现对金属物体加热深度的控制。既能提高加工工艺，又使能量被充分地利用。当用于红冲、热煅及工件整体退火等透热时，它们需要的加热深度大，这时可以将工作频率降低；当用于表面淬火等热处理时，它们需要的加热深度小，这时则可以将工作频率升高。另一方面，对于体积较小的工件或管材、板材，选用高频加热方式，对于体积较大的工件，选用中频加热方式。

感应加热有以下优点：

① 非接触式加热，热源和受热物件可以不直接接触；

② 加热效率高，速度快，可以减小表面氧化现象；

③ 容易控制温度，提高加工精度；

④ 可实现局部加热；

⑤ 可实现自动化控制；

⑥ 可减小占地、热辐射、噪声和灰尘。

二、感应加热原理

早在19世纪初人们就发现了电磁感应现象，知道处于交变磁场中的导体内会产生感应电流而引起导体发热。但是，长期以来人们视这种发热为损耗，并为保护电气设备和提高效率而千方百计地减少这种发热。直到19世纪末起才开始开发和利用这种热源进行有目的的加热、熔炼、透热、淬火、焊接等热处理中，随之出现了各种形式的感应加热设备。

1. 电磁感应

(1)法拉第定律

法拉第电磁感应定律陈述如下：导线圈上的感应电压等于线圈匝数与磁通量变化率之乘积。其方程式为：

$$e = N\left|\frac{\mathrm{d}\Phi}{\mathrm{d}t}\right| \tag{4-1}$$

(2) 楞次定律

楞次定律指出，在电磁感应过程中，感生电流所产生的磁通总是阻止磁通的变化。如果穿过闭合回路的原磁通增加时，回路中的感应电流产生反方向的磁通，阻止其增加；如果闭合回路的原磁通减小时，感应电流就产生于原磁通同方向的磁通，阻止其减小。

(3) 涡流反应

如图4-14所示，当磁铁靠近导体时，穿过导体的磁通增加，因此导体中感应出一个与磁铁方向相反的感应磁通，根据右手定则，导体中会产生如图所示方向的感应电流，由于感应电流形状像漩涡一样，因此感应电流也称为涡流。由于导体有一定的电阻，因此当涡流在导体中流动时，就会产生热量，这就是电磁感应加热装置产生热的原理，也叫涡流反应。

2. 高频电流集肤效应与圆环效应

(1) 高频电流集肤效应

当导体通过高频电流时，变化的电流就要在导体内和导体外产生变化的磁场(见图4-15中1—2—3和4—5—6)，该磁场垂直于电流方向。根据电磁感应定律，高频磁场在导体内沿长度方向的两个平面L和N产生感应电势。此感应电势在导体内整个长度方向产生的涡流(见图4-15中a—b—c—a和d—e—f—d)阻止磁通的变化。可以看到涡流的a—b和e—f边与主电流O—A方向一致，而b—c边和d—e边与O—A相反。这样主电流和涡流之和在导线表面加强，越向导线中心越弱，电流趋向于导体表面，这就是集肤效应。

由于集肤效应，高频电流在导线中主要集中在导体表面流过，越往中心，电流密度越小。导线中电流密度从导线表面到中心按指数规律下降。导线有效截面减少而电阻加大，损耗加大。为便于计算和比较，工程上定义从表面到电流密度下降到表面电流密度的0.368(1/e)的厚度为趋肤深度或穿透深度Δ，即认为表面下深度为Δ的厚度导体流过导线的全部电流，而在Δ层以外的导体完全不流过电流。在20℃时，铜导线的集肤深度为：

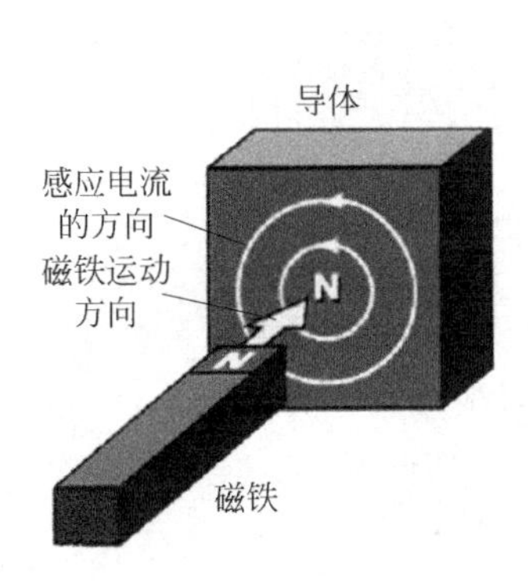

图 4-14　楞次定律示意

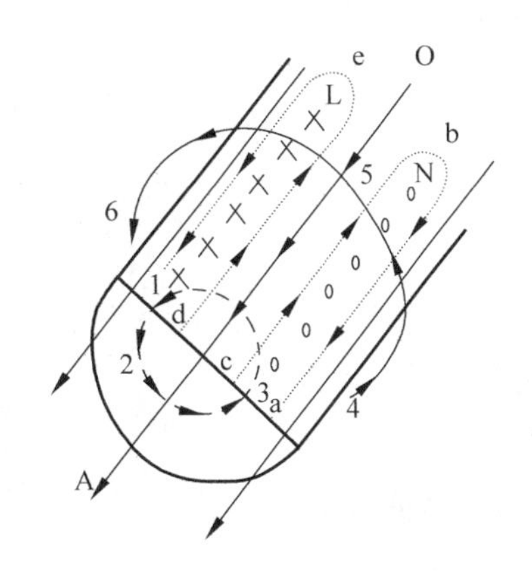

图 4-15　集肤效应示意图

$$\Delta = \frac{6.67}{\sqrt{f}}(\text{cm}) \tag{4-2}$$

由于高频电流的趋肤效应，可以使金属物体中的涡流随频率的升高，而集中在金属表层环流。这样就可以通过控制工作电流的频率，实现对金属物体加热深度的控制。

(2) 圆环效应

圆环形绕组和螺线管形绕组在感应加热电源中应用较为普遍。当圆环形电流绕组流过交变电流时，圆环内侧磁力线集中，磁感应强度内侧比外侧强，中心处磁感应强度最大。根据电磁感应定律，因为穿过导体内侧的反磁通(阻止原磁通)比外侧强，产生感应电流比外侧强且感应电流的方向与原电流一致，所以圆环形绕组的最大电流密度出现在绕组导体的内侧，这种现象就是圆环效应。

导体的线径或扁形导体的径向厚度与圆环形绕组直径比越大，这种圆环效应显得越明显，使导体截面的利用系数降低，为此，在设计感应加热绕组时，需要考虑圆环效应。

3. 感应加热终端

铁磁物质在电磁感应加热过程中的状态是相对复杂的，它不仅有电磁感应产生涡流的损耗热能，还有磁化过程中磁滞损耗产生的磁滞热能。而非磁性物质在感应加热过程中，没有磁滞损耗，只有电磁感应涡流产生的涡流损耗。因此不同材料的工件，对感应加热装置的要求也不一样。

用于金属热处理和电磁灶(炉)的感应加热电源设备，其终端是一个电磁耦合系统。接于电源输出端的感应加热绕组为一次侧，被加热工件或锅为二次侧，构成一个无磁芯的空心变压器。通常接在一次侧的加热电感为多匝，而二次侧相当于一匝，由于二次侧被加热工件接成短路闭合状态，通以交变电流的感应加热绕组产生的磁场；由于电感感应在垂直于磁力线的被加热工件截面上产生感应电流，在工件闭合回路中形成低压大电流，电流在工件中产生的热能对工件进行加热，也有镶装导磁体的加热绕组，用以提高感应加热器的效率。

三、感应加热电源系统构成

图 4-16 所示为感应加热电源的系统构成。感应加热电源主要由整流滤波、DC/DC 斩波电路、桥式逆变电路及谐振电路构成。

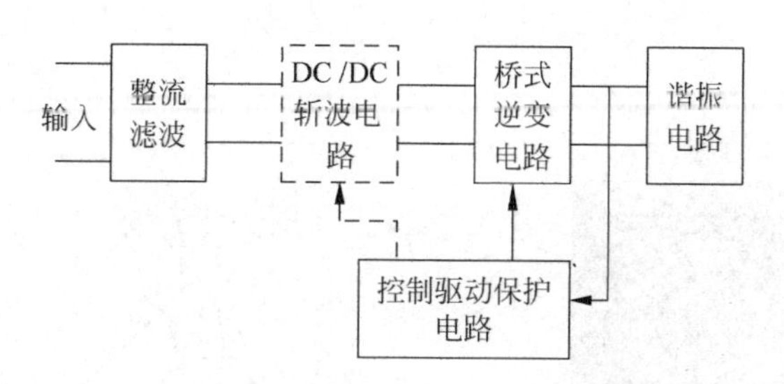

图 4-16　感应加热电源系统构成

1. 整流滤波电路

整流滤波电路将输入的交流工频 50Hz 电源变成直流母线电压。感应加热电源中，整流电路的控制方式主要有桥式全控整流和桥式不可控整流两种方式。

2. DC/DC 斩波电路

图 4-16 虚线框中的 DC/DC 斩波器并非是感应加热电源组成的必须功能单元，它的应用通常是与不控整流器构成直流调压功能，调节感应加热电源逆变桥直流母线电压，达到实现功率调节的目的。当感应加热电源输入电源采用全控整流电路调节直流电压或在逆变侧调功时，通常在整流器和逆变器之间也可以使用 DC/DC 斩波器。

3. 桥式逆变电路

整流电路是将输入工频交流电源变换成逆变器工作所需的直流电源，而逆变器是将整流后的直流电压变换成高频交流电压（或电流），完成 DC/AC 的转换功能，满足感应加热性能及工艺技术要求。

一般民用电磁感应加热电源的输出功率不大，DC/AC 变换器电路通常采用单管或半桥结构。工业感应加热电源要求具有大的输出功率，特别是用于金属热处理、熔炼等感应加热电源，输出功率在几百千瓦至上千千瓦，变换器的电路几乎都采用全桥电路结构。

4. 谐振电路

谐振电路是感应加热电源的重要组成功能单元，也是逆变器的负载，感应加热电源中的谐振电路主要有串联谐振、并联谐振以及串并联谐振等。

四、感应加热电源功率调节及反馈控制

1. 感应加热电源功率调节方法

感应加热电源的功率控制调节方式总体上可分为直流侧调功和逆变侧调功两种。直流侧调功又分为全控整流器调功和直流斩波器调压调功。逆变侧调功的控制电路方案根据加热工艺特性要求，可以采用的控制方式更灵活，常用的有调频调功（PFM）、移相调功（PSM）、脉宽调制恒频调功（PWM）、脉冲密度调制调功（PDM）及各种复合调功方式。

采用逆变侧调功和直流侧调功相比，虽然无中间环节的斩波器，但在逆变侧同时要实现功率调节和频率跟踪，其控制相对复杂，而且调功范围窄。

随着现代半导体大功率器件的发展，近年来采用直流侧斩波器调功的感应加热电源越来越多，其优点是结构简单、控制方便；同时，直流DC/DC斩波器与采用晶闸管全控整流电路调压调功相比，具有功率因数高、谐波小、对电网污染小等特点。斩波器可工作在较高频率，斩波器滤波元件价格低，质量、体积小。

2. 感应加热电源的反馈控制

控制方式根据感应加热电源复杂特性不同、调功方法不同，通常可采用电压反馈控制和电流反馈控制。

(1) 电压控制方法

由于加热电源的输出功率为 $P=U^2/Z$，在负载不变的情况下，功率 P 与电压 U 的平方成正比，也就是说，加热温度与电压的平方成正比。因此，保证加在感应加热绕组上的电压恒定，就能保证加热温度恒定。电压控制方式一般采用隔离式电压传感器对输出电压采样，经运算、比较处理，控制斩波器或者逆变器的驱动脉冲，通过闭环反馈稳定输出电压。

(2) 电流控制方法

电流控制是通过保持输出电流恒定，来保证加热温度的恒定。一般通过电流传感器对电流采样，经闭环控制保持输出电流恒定。

(3) 功率控制方法

功率控制通过保持感应加热电源的恒功率输出，来保证加热温度的恒定。恒功率控制同时取样电压和电流信号，经乘法器处理后，经PI调节器输出与给定信号比较，形成闭环反馈保持输出功率恒定，满足工件加热工艺特性和质量的要求。

3. 锁相频率自动跟踪

对于感应加热电源，逆变器需要进行频率自动跟踪。否则，逆变器的功率器件不能很好地工作在软开关状态，损耗大并且危及器件安全。同时，由于逆变器的工作频率与谐振电路的固有谐振频率不一致，电路呈现感性或容性，将有较大的无功电流流动，造成逆变器效率下降。因此，需要进行频率自动跟踪，保证逆变器的开关频率和谐振电路的谐振频率相等。

频率自动跟踪一般通过锁相电路实现，目前较为普遍的采用专用锁相环集成电路，还有运用单片机、DSP的数字相位锁定频率跟踪器控制系统等。

4. 负载匹配控制

负载匹配控制是感应加热电源的一项关键技术。由电路理论可知，当电源的输出阻抗与负载阻抗相等时，负载上可以获得最大功率。感应加热过程中，负载阻抗会发生变化，如果电源不能及时调整输出阻抗与负载相匹配，负载上就不可能获得最大额定输出功率，加热电源的效率就会下降。

负载阻抗匹配通常使用的方法是在加热电源与负载之间使用匹配变压器，调整变压器的变比实现阻抗匹配；其次可以运用电子电路控制方法实现负载阻抗匹配。

五、中频感应加热电源的用途

中频感应加热电源的工作频率一般为150Hz～10kHz。感应加热的最大特点是将工件直接加热，工人劳动条件好、工件加热速度快、温度容易控制等，因此应用非常广泛。主要用于淬火、透热、熔炼、各种热处理等方面。

1. 淬火

淬火热处理工艺在机械工业和国防工业中得到了广泛的应用。它是将工件加热到一定温度后再快速冷却下来，以此增加工件的硬度和耐磨性。图 4-17 为中频电源对螺丝刀口淬火。

2. 透热

在加热过程中使整个工件的内部和表面温度大致相等，叫做透热。透热主要用在锻造弯管等加工前的加热等。中频电源用于弯管的过程如图 4-18 所示。在钢管待弯部分套上感应圈，通入中频电流后，在套有感应圈的钢管上的带形区域内被中频电流加热，经过一定时间，温度升高到塑性状态，便可以进行弯制了。

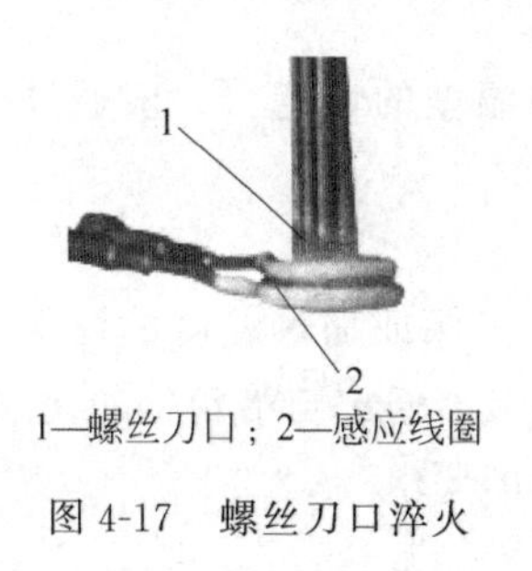

1—螺丝刀口；2—感应线圈

图 4-17　螺丝刀口淬火

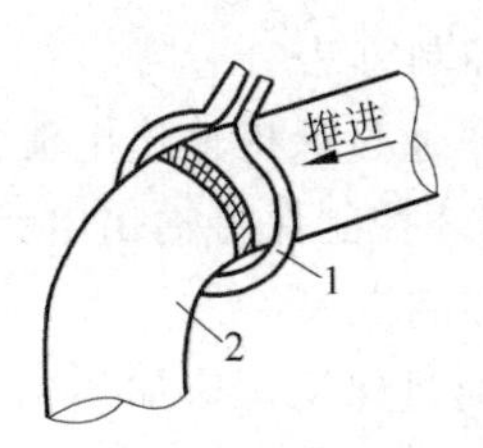

1—感应线圈；2—钢管

图 4-18　弯管的工作过程

3. 熔炼

中频电源在熔炼中的应用最早，图 4-1(a)为中频感应熔炼炉，线圈用铜管绕成，里面通水冷却。线圈中通过中频交流电流就可以使炉中的炉料加热、熔化，并将液态金属再加热到所需温度。

4. 钎焊

钎焊是将钎焊料加热到融化温度而使两个或几个零件连接在一起，通常的锡焊和铜焊都是钎焊。如图 4-1(b)是铜洁具钎焊。主要应用于机械加工、采矿、钻探、木材加工等行业使用的硬质合金车刀、洗刀、刨刀、铰刀、锯片、锯齿的焊接，及金刚石锯片、刀具、磨具钻具、刃具的焊接，其他金属材料的复合焊接，如眼镜部件、铜部件、不锈钢锅等。

任务三　分析逆变电路

一、谐振电路

现代高频感应加热装置的组成核心部件是高频逆变器，无论是电压型还是电流型逆变器，其输出负载就是以电感 L 和电容 C 构成的谐振电路。谐振电路是感应加热电源的重要组成单元电路，同时也是感应加热电源中工作状态和影响因素较为复杂的电路。

谐振电路是将工频输入的交流电源整流后的直流电源变换成高频交流电压及电流，使流过感应加热绕组的高频电流产生的磁场作用于被加热物体，在被加热物体上感生高频涡流形成热能而加热。

根据电路连接形式，有 RLC 串联谐振电路与 RLC 并联谐振电路两种。

1. RLC 串联谐振电路

图 4-19 所示为 RLC 串联谐振电路，由电阻 R、电感 L、电容 C 串联构成。其输入阻抗为

$$\dot{Z} = R + \mathrm{j}\left(\omega L - \frac{1}{\omega C}\right) \tag{4-3}$$

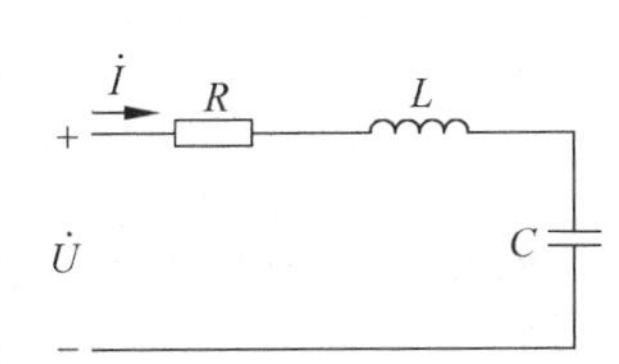

图 4-19　RLC 串联谐振电路

当电路中感抗和容抗相等时，即 $\omega L = 1/(\omega C)$ 时，电路阻抗最小，并且呈现电阻性质，此时电路发生谐振。此时 RLC 电路的电流达到最大值，$I_{\mathrm{m}} = U/R$。对于谐振电路，其固有频率为 $\omega_{\mathrm{o}} = \frac{1}{\sqrt{LC}}$，当谐振网络输入信号 U 的频率与电路固有频率一致时，电路发生谐振。

在谐振时，电感存储的磁场能量与电容器存储的电场能量进行交换，本身并不损耗能量。其交换的电磁能量的大小通常用品质因数 Q 来描述。串联谐振电路的品质因数：

$$Q = \frac{\omega_{\mathrm{o}} L}{R} = \frac{1}{\omega_{\mathrm{o}} CR} = \frac{1}{R}\sqrt{\frac{L}{C}} \tag{4-4}$$

谐振时，电阻上的电压等于输入电压，并且与输入电压同相，$U_{\mathrm{R}} = U$。而电感上的电压等于电容上的电压，都为输入电压的 Q 倍，并且电感电压相位与电容电压相位相反。

RLC 串联谐振电路的电流与电压相位差为

$$\varphi = \arctan\left(\frac{\omega L - \frac{1}{\omega C}}{R}\right) \tag{4-5}$$

当发生谐振时，$\varphi = 0$，电流与电压同相位；当 $\omega L > \frac{1}{\omega C}$ 时，$\varphi > 0$，电流滞后于电压，此时电路呈现感性；当 $\omega L < \frac{1}{\omega C}$ 时，$\varphi < 0$，电流超前于电压，此时电路呈现容性。在感应加热逆变器中，为了实现软开关以减小开关损耗，需使电路工作于感性状态，即功率开关器件的开关频率一般大于串联谐振电路的固有谐振频率，即 $f_{\mathrm{s}} > \frac{1}{2\pi\omega_{\mathrm{o}}}$。

2. RLC 并联谐振电路

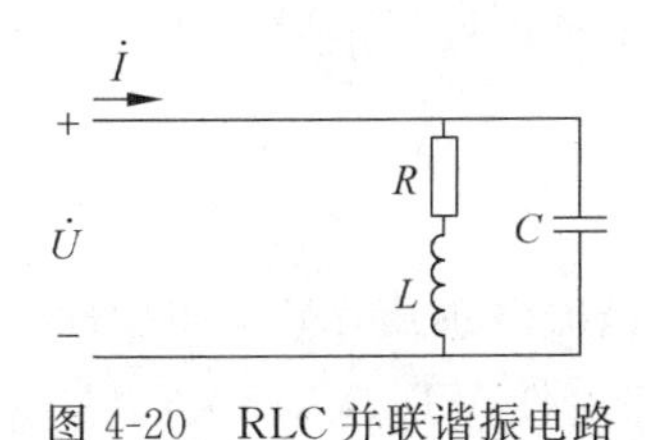

图 4-20　RLC 并联谐振电路

图 4-20 所示为 RLC 并联谐振电路，由电阻 R 与电感 L 串联后与电容 C 并联构成，其输入阻抗为

$$\dot{Z} = \frac{\mathrm{j}\omega L + R}{1 - \omega^2 LC + \mathrm{j}\omega CR} \tag{4-6}$$

输入阻抗模值为

$$Z=\frac{1}{\sqrt{\left(\frac{1}{R}\right)^2+\left(\frac{1}{X_L}-\frac{1}{X_C}\right)^2}} \tag{4-7}$$

当电路中感抗和容抗相等时，即当$\omega L=1/(\omega C)$时，电路阻抗最大，并且呈现电阻性质，电路发生谐振。谐振电路的固有频率为

$$\omega_o=\frac{1}{\sqrt{LC}}$$

谐振电路的品质因数：

$$Q=\frac{\omega_o L}{R}=\frac{1}{\omega_o CR}=\frac{1}{R}\sqrt{\frac{L}{C}} \tag{4-8}$$

RLC 串联谐振电路的电流与电压相位差为

$$\varphi=\arctan\left(\frac{R}{\omega L}-\omega CR\right) \tag{4-9}$$

当发生谐振时，$\varphi=0$，电流与电压同相位；当$\omega L>\frac{1}{\omega C}$时，$\varphi<0$，电压滞后于电流，此时电路呈现容性；当$\omega L<\frac{1}{\omega C}$时，$\varphi>0$，电流滞后于电压，此时电路呈现感性。

二、负载谐振桥式逆变电路

谐振电路是感应加热逆变电源的重要组成单元，但要使得谐振电路工作，必须要有一个交流激励源。感应加热电源中的逆变电路就是将直流变换成交流，提供给谐振电路。谐振电路根据谐振元件的连接方式分为串联谐振和并联谐振，并且是作为桥式逆变电路的负载存在，因此与之对应的感应加热电源逆变器也分为串联谐振负载逆变器和并联谐振负载逆变器。

1. 电压型串联谐振逆变电路

图 4-21 所示为电压型串联谐振逆变电路。串联谐振逆变器由电压源供电，逆变器直流母线上有容量较大的储能滤波电容器，可视为恒压源，因此串联谐振逆变器也称为电压源串联谐振逆变器。

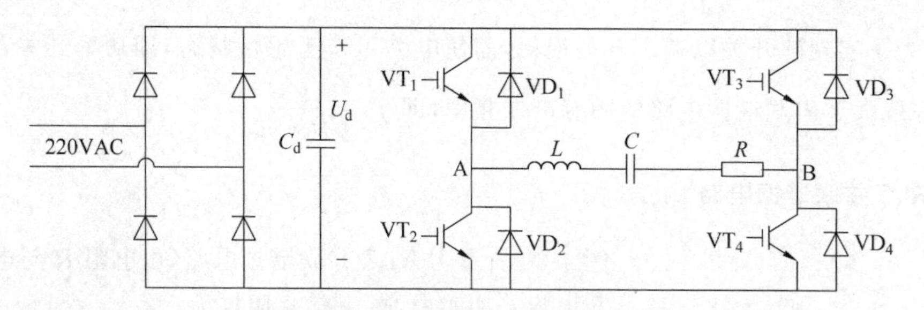

图 4-21　串联谐振逆变电路结构图

串联谐振逆变器中，负载是一个串联谐振槽路，谐振电容与谐振电感及等效电阻串联后接于全桥电路的桥臂中点 A 与 B 之间，在驱动电路控制下，功率器件 VT_1、VT_2、VT_3、VT_4

交替导通、关断。为防止上下桥臂的开关管同时导通造成电路短路，在开关器件换流过程中同一桥臂中的上、下开关管必须留有死区。

电压型串联谐振逆变器输出电压 U_{AB} 的波形近似为方波，输出电流的波形为近似正弦波，其工作波形如图 4-22 所示。

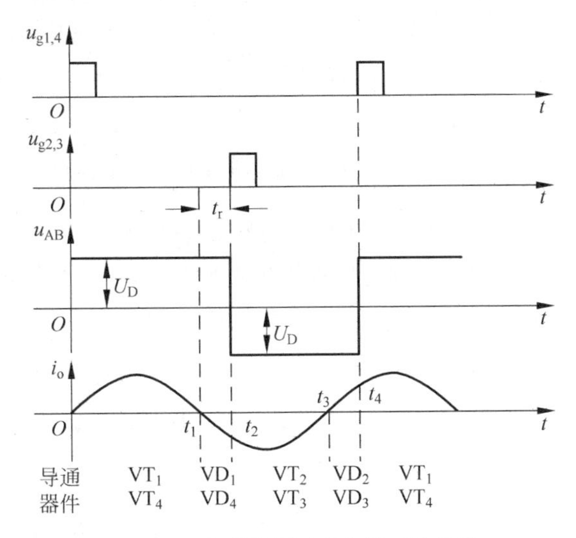

图 4-22　串联谐振逆变电路工作波形

逆变器输出电压基波的有效值为

$$U_o = U_{AB} = \frac{4U_d}{\sqrt{2}\pi} = \frac{2\sqrt{2}}{\pi}U_d \tag{4-10}$$

输出电流 I_o 为 U_o/Z，而谐振电路中总阻抗与电阻之间的关系为 $R=Z\cos\varphi$。其中，φ 为输出电压与电流的相位差，则输出电流为

$$I_o = \frac{2\sqrt{2}U_d}{\pi} \cdot \frac{\cos\varphi}{R} = \frac{2\sqrt{2}U_d\cos\varphi}{\pi R} \tag{4-11}$$

逆变器输出功率为

$$P_o = U_o I_o \cos\varphi = \frac{8U_d^2}{\pi^2 R} \cdot \cos^2\varphi \tag{4-12}$$

从上式可以看出，调节直流母线电压 U_d 或调节电压与电流的相位差 φ，均可实现感应加热电源输出功率的调节。调节 U_d 为直流侧调功方式，调节 φ 为逆变侧调功方式。

2. 电流型并联谐振逆变电路

图 4-23 所示为电流型并联谐振逆变电路。并联谐振逆变器由电流源供电，逆变器直流母线上串联一电感量足够大的电感，可视为电流恒定并不受负载的影响，因此并联谐振逆变器也称为电流型并联谐振逆变器。

并联谐振逆变器的负载是一个并联谐振槽路，谐振电容与谐振电感及电阻并联。在驱动电路控制下，功率器件 VT_1、VT_2、VT_3、VT_4 交替导通与关断。为了保持电流连续，在 VT_1、VT_2、VT_3、VT_4 换流时，需要有一个重叠时间，即在此时间内，4 个开关管同时导通。由于重叠时间的存在，会造成桥臂同时导通而出现“瞬间短路”现象，但是由于直流母线上串

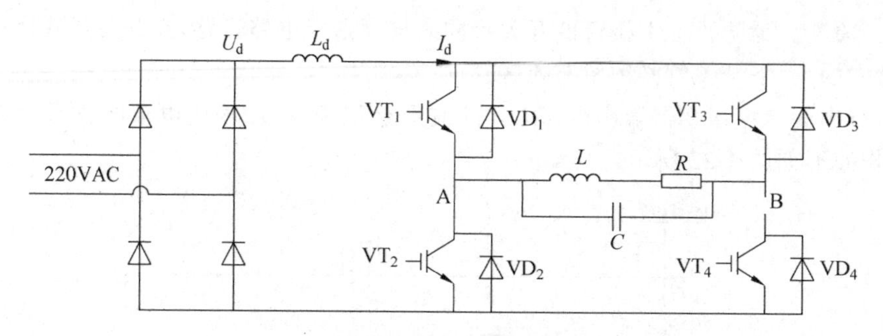

图 4-23　电流型并联谐振逆变电路结构示意图

接着一个电感量较大的电感，其回路中电流不会突变，因此不会引起电源故障。

电流型并联谐振逆变器的输出电压的波形为近似正弦波，输出电流的波形近似为方波，其工作波形如图 4-24 所示。

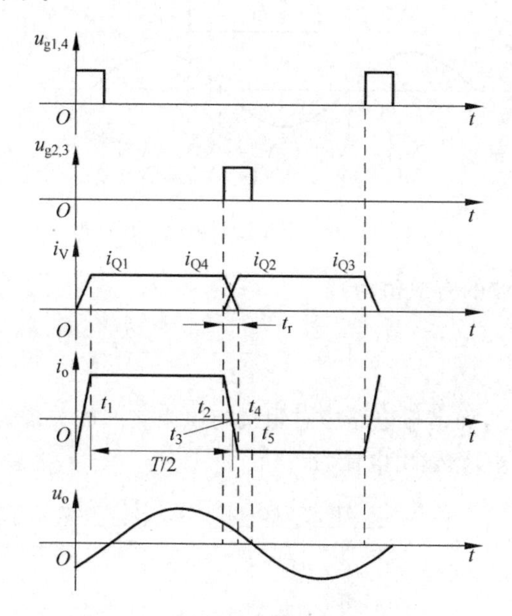

图 4-24　并联谐振逆变电路工作波形

并联逆变器输出电流的有效值为

$$I_o = \frac{2\sqrt{2}}{\pi} I_d \tag{4-13}$$

并联逆变器的输出电压为

$$U_o = \frac{P_o}{I_o \cos\varphi} \tag{4-14}$$

忽略逆变器损耗，则逆变器输出功率为

$$P_o = P_{in} = U_d I_d = U_o I_o \cos\varphi \tag{4-15}$$

$$U_o = \frac{P_o}{I_o \cos\varphi} = \frac{\pi U_d}{2\sqrt{2}\cos\varphi} \tag{4-16}$$

从上式可以看出，并联逆变器调节输出功率的主要方式是采用调节直流母线电压 U_d 来实现，即直流侧调功方式。

任务四　家用电磁炉电路原理分析

一、家用电磁炉概述

电磁炉是应用电磁感应原理进行加热工作的，是现代家庭烹饪食物的先进电子炊具，它使用起来非常方便，可用来进行煮、炸、煎、蒸、炒等各种烹调操作。特点是效率高、体积小、重量轻、噪声小、省电节能、不污染环境、安全卫生，烹饪时加热均匀，能较好地保持食物的色、香、味和营养元素，是实现厨房现代化不可缺少的新型电子炊具。电磁炉与其他灶具的比较见表4-1。

表4-1　电磁炉与其他灶具比较

加热器具	加热方式	效率/%	有无有害气体	安全系数	缺　点
液化气炉	气体燃烧加热(热传导)	40～50	有	低	效率低、安全性差
普通电饭锅(电炒锅)	电流通过电阻后发热(热传导)	50～60	无	中	效率低
电磁低	电磁感应，锅自身发热	高于80	无	高	电路复杂、有一定电磁辐射

二、家用电磁炉的组成结构

家用电磁炉的组成结构如图4-25所示。

电磁炉整机零件一般包括如下。

① 陶瓷板：又叫微晶玻璃板，位于电磁炉顶部，用于锅具的垫放，具有足够机械强度，耐酸碱腐蚀，耐高低温冲击。

② 上盖：用耐温塑料制成，作为电器的外保护壳。

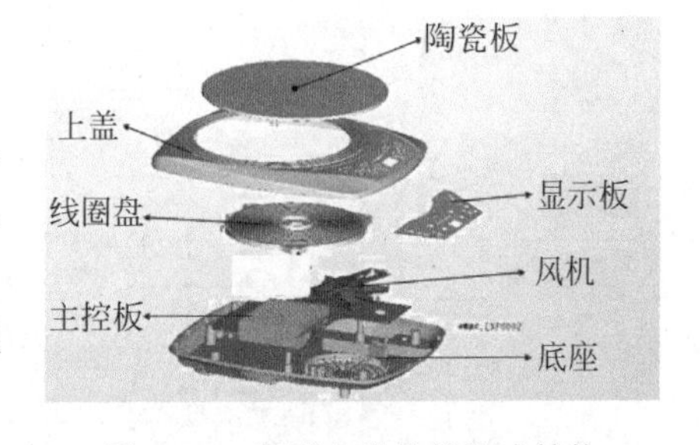

图4-25　家用电磁炉的组成结构

③ 显示控制板：又叫灯板，位于壳内，进行功能显示及功能按键操作。

④ 线圈盘：位于壳内，主工作器件，发射磁力线，自身也会发热。

⑤ 主控板：又叫电源板、主板，位于壳内，作为电能转换的控制的主工作部分。

⑥ 底座(下盖)：用耐温塑料制成，作为电器的下保护壳，同时起到支撑内部器件及锅具作用。

⑦ 风机(电风扇)：位于壳内，通过吸风将炉内热量带出壳外，起降温作用。

另外还有：炉面传感器组件，位于壳内，嵌在发热盘的中间，用橡胶头或其他方式顶住陶瓷板，用于控制炉面锅具的温度，电源线及线卡，连接市电与电磁炉，提供电源通道。

三、电磁炉原理图及各部分功能分析

图4-26所示是一款家用电磁炉的原理图利用，它主要由10部分构成：主回路的主谐振电路，IGBT驱动电路，电流取样电路，干扰保护电路，电压AD取样电路，同步电路和压

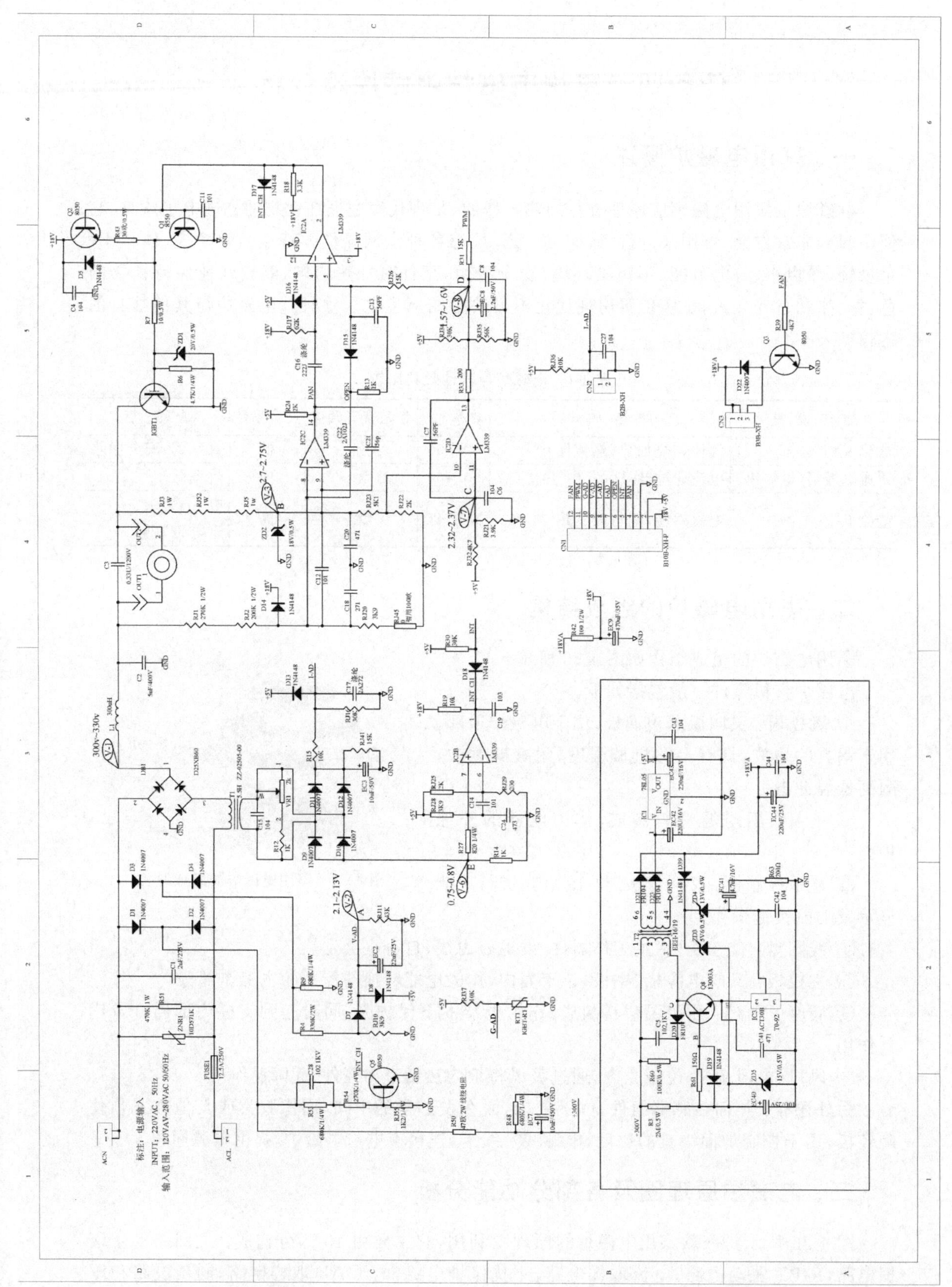

图 4-26 电磁炉主板原理图

控/自激电路，反压保护与 PWM 控制电路，炉面传感器与 IGBT 热敏电阻取样电路，风扇控制电路，开关电源电路。下面对这些单元电路进行详细分析。

1. 主回路的谐振工作原理分析

图 4-27 是家用电磁炉主电路的原理图。

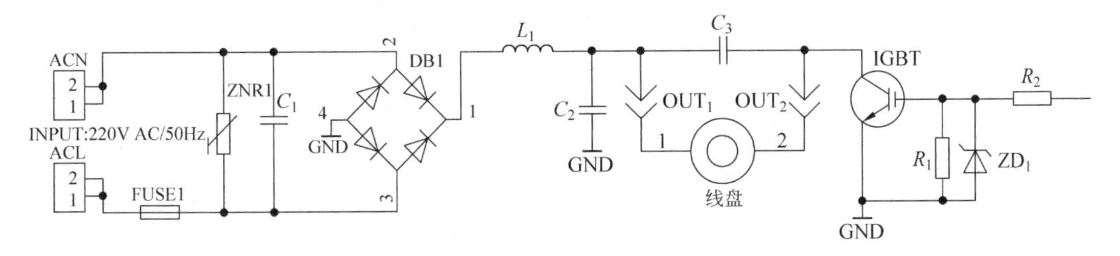

图 4-27　家用电磁炉主电路原理图

电磁炉是一种利用电磁感应加热原理，对锅体进行涡流加热的新型灶具。主电路是一个 AC/DC/AC 变换器，由桥式整流器和电压谐振变换器构成。在此先分析电磁炉主谐振电路拓扑结构和工作过程是怎样的。

(1) 电磁炉主电路拓扑结构

电磁炉的主电路如图 4-28 所示，市电经桥式整流器变换为直流电，再经谐振变换器变换成频率为 20～35kHz 的交流电。电压谐振变换器是由单个开关管及谐振网络构成，功率开关管的开关动作由单片机控制，并通过驱动电路完成。

电磁炉的加热线圈盘与负载锅具可以看作是一个空心变压器，次级负载具有等效的电感和电阻，将次级的负载电阻和电感折合到初级，可以得到图 4-29 所示的等效电路。其中 R^* 是次级电阻反射到初级的等效负载电阻；L^* 是次级电感反射到初级并与初级电感 L 相叠加后的等效电感。

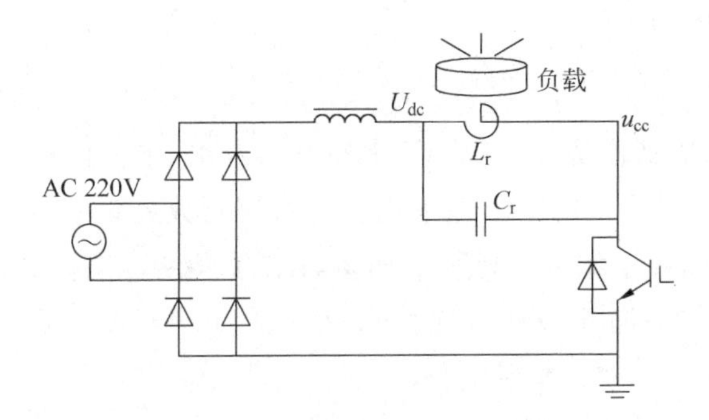

图 4-28　电磁炉主电路拓扑

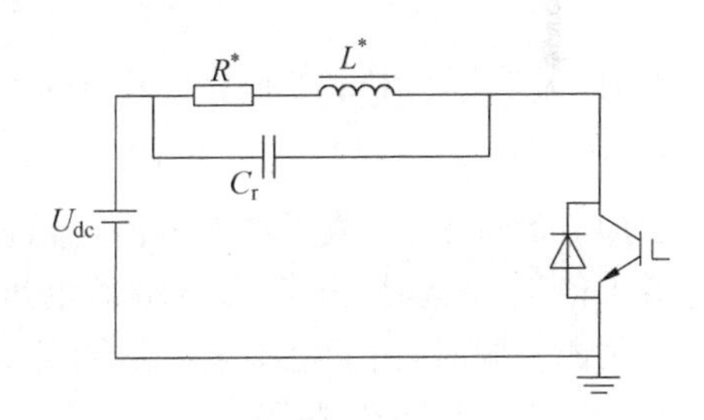

图 4-29　电磁炉主电路的等效电路

(2) 电磁炉主电路的工作过程

电磁炉主电路的工作过程可以分成 3 个阶段，各阶段的等效电路如图 4-30 所示。分析一个工作周期的情况，定义主开关开通的时刻为 t_0。时序波形如图 4-31 所示。

① $[t_0, t_1]$ 主开关导通阶段。

按主开关零电压开通的特点，t_0 时刻，主开关上的电压 $u_{ce}=0$，则 C_r 上的电压(参考方向是左负右正)为 $u_c=u_{ce}-u_{dc}=-u_{dc}$。如图 4.30(a)所示，主开关开通后，电源电压 u_{dc} 加

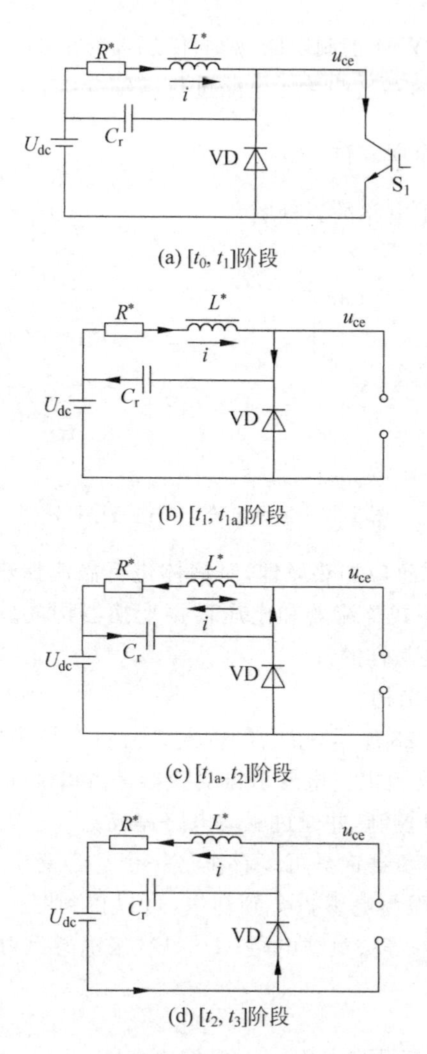

(a) $[t_0, t_1]$阶段

(b) $[t_1, t_{1a}]$阶段

(c) $[t_{1a}, t_2]$阶段

(d) $[t_2, t_3]$阶段

图 4-30　电磁炉主电路各工作时段的等效电路

在 R^* 及 L^* 支路和 C_r 两端。由于 C_r 上的电压已经是 $-u_{dc}$，故 C_r 中的电流为 0。电流仅从 R^* 及 L^* 支路流过。流过 IGBT 的电流 i_s 与流过 L^* 的电流 i_L 相等。i_L 按照指数规律单调增加。流过 R^* 形成了功率输出，流过 L^* 而储存了能量。到达 t_1 时刻，IGBT 关断，i_L 达到最大值 I_m。这时，由于 C_r 两端的电压不能突变，因此仍有 $u_c=-u_{dc}$，$u_{ce}=0$，IGBT 为零电压关断。同时，由于电感电流不能突变，因此 i_L 换向开始流入 C_r。

② $[t_1, t_2]$谐振阶段。

IGBT 关断之后，L^* 和 C_r 相互交换能量而发生谐振，同时在 R^* 上消耗能量，形成功率输出。等效电路如图 4-30(b)及图 4-30(c)所示，将其分为两个阶段来讨论。波形如图 4-31 中的 i_L 和 u_c。

当 IGBT 关断之后，电感与电容产生谐振，并且由于电阻消耗能量，因此 u_c 和 i_L 呈现衰减的正弦振荡，u_{ce} 是 u_{dc} 与 u_c 的叠加，它呈现为以 u_{dc} 为轴心的衰减正弦振荡，其第一个正峰值是加在 IGBT 上的最高电压。首先是 L^* 释放能量，C_r 吸收能量，i_L 正向流动，磁场能量转换为电场能量，并且部分能量消耗在 R^* 上。在 t_{1a} 时刻，$i_L=0$，L^* 的能量释放完毕，u_c 达

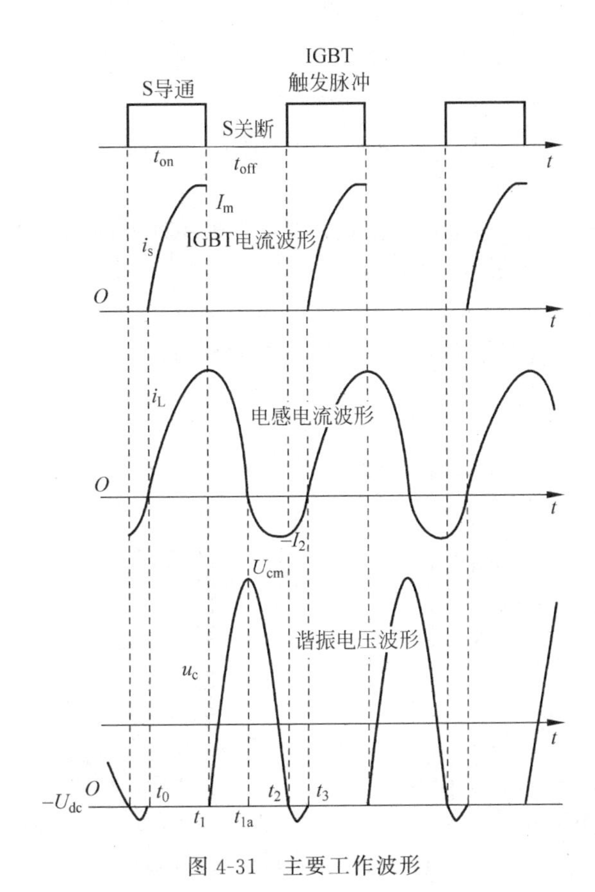

图 4-31　主要工作波形

到最大值 u_{cm}，于是，IGBT 上的电压也达到最大值 $u_{ce}=u_{cm}+u_{dc}$。这时 C_r 开始放电，L^* 吸收能量，当 $u_c=0$ 时，C_r 的能量释放完毕，L^* 又开始释放能量，一部分消耗在 R^* 上，一部分向 C_r 充电，使 u_c 反向上升。

然后，C_r 开始释放能量，使 i_L 反向流动，一部分消耗在 R^* 上，一部分转变成磁场能。在 u_c 接近 0 之前，i_L 达到负的最大值。当 $u_c=0$ 时，C_r 的能量释放完毕，转由 L^* 释放能量，使 i_L 继续反向流动，一部分消耗在 R^* 上，一部分向 C_r 反向充电。由于 C_r 左端的电位被电源箝位于 u_{dc}，故右端电位不断下降。

当 $t=t_2$ 时，$u_c=-u_{dc}$，$u_{ce}=0$，二极管 VD 开始导通，使 C_r 左端电位不能再下降而箝位于 0。于是，u_c 不再变化，充电结束。但是，L^* 中还有剩余能量，i_L 并不为 0，t_2 时刻 $i_L(t_2)=-I_2$。这时，在主控制器的控制下，主开关管开始导通。由于此时主开关管 CE 间被二极管箝位为 0，因此 IGBT 是零电压开通。

③ $[t_2,t_3]$ 电感放电阶段。

如图 4-30(d)所示，主开关管导通后，L^* 中的剩余能量，一部分消耗在 R^* 上，一部分返回电源，i_L 的绝对值按指数规律衰减，在 t_3 时刻，$i_L=0$，L^* 中的能量释放完毕，二极管自然阻断。在 $u_c=-U_{dc}$，即 $u_{ce}=0$ 时，主开关已经开通，在电源 U_{dc}的激励下，i_L 又从 0 开始正向流动，重复$[t_0,t_1]$阶段的过程。

2. IGBT 驱动电路分析

IGBT 驱动电路控制 IGBT 的导通与关断。IGBT 驱动电压至少需要 16V，为了增强控制电路的驱动能力，通常由 VT_1（PNP 管）、VT_2（NPN 管）组成推挽式驱动电路。IGBT 的驱动电路如图 4-32(a)所示。它们的工作原理是：

① 当输入信号为高电平时，VT_2 导通，VT_1 截止，18VDC 电源给 IGBT 的 G 极提供电压，IGBT 导通，线盘开始储能。

② 当输入信号为低电平时，VT_2 截止，VT_1 导通，IGBT 的 G 极接地，IGBT 关断。此时线盘对谐振电容放电，形成了 LC 振荡。

③ R_6 电阻在 IGBT 截止时，把 IGBT 的 G 极残余电压快速拉低。C_{11} 电容作为高频旁路，另外作为平缓驱动电路波形作用，ZD_1 稳压管，稳定 IGBT 的 G 极电压，预防输入电压过高时，损坏 IGBT。

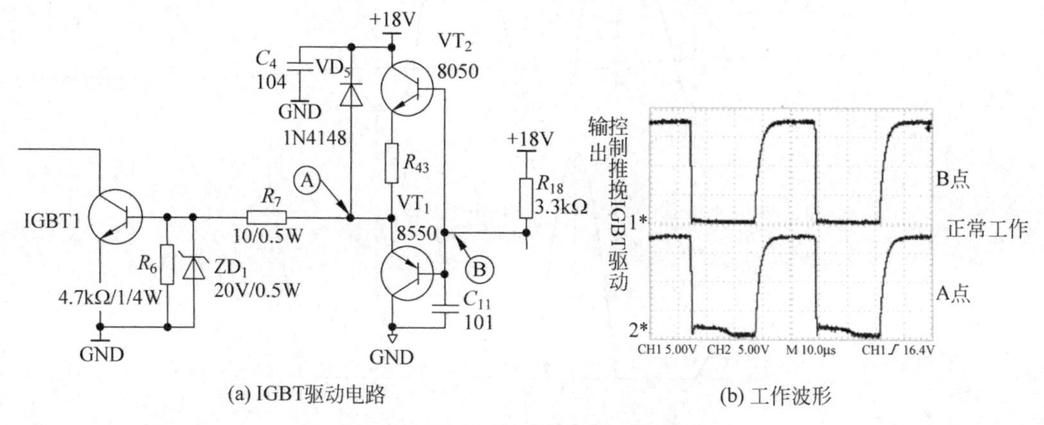

(a) IGBT驱动电路　　(b) 工作波形

图 4-32　IGBT 驱动电路及工作波形

3. 同步电路和自激电路

图 4-33 所示为同步电路和自激电路。同步电路主要用来跟踪谐振波形，提供合理的 IGBT 导通起点，提供脉冲检锅信号，其通过采用电阻分压及电容延时的方式跟踪谐振电路两端电压变化；自激振荡回路，启动工作 OPEN 口、检测合适锅具 PAN 口。

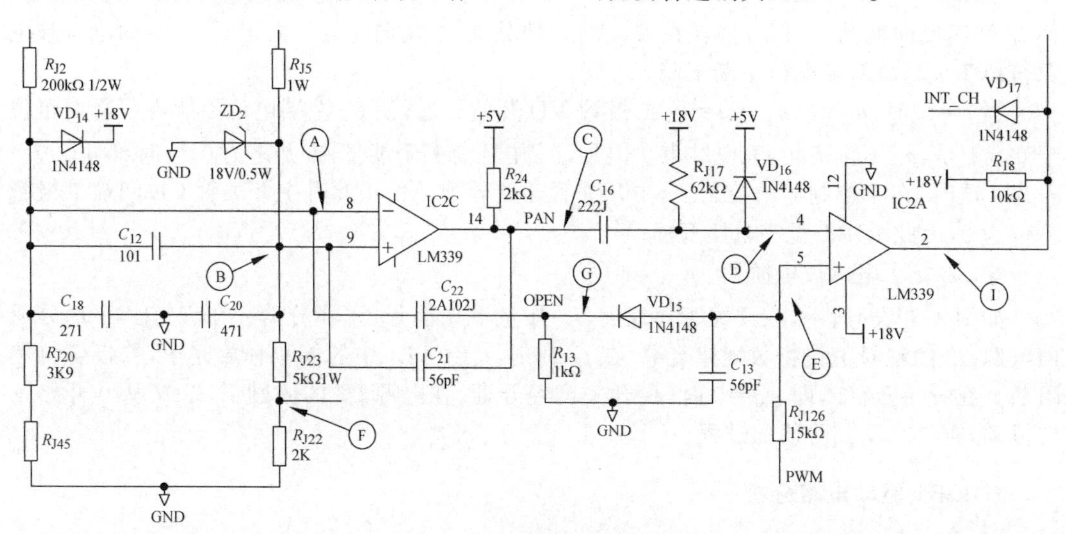

图 4-33　同步电路和自激电路

R_{J1}、R_{J2}和 R_{J3}、R_{J5}、R_{J52}分别接到谐振电容与线盘两端，静态时 A(一端)比 B(＋端)电压要低(通常两端电压压差在 0.2～0.4V 比较理想)，C 点输出高电平。C_{16}电容两端都是高电平，所以不起作用，D 点由于接了 RJ17 上拉电阻，也被拉高，在静态时 OPEN 端口通常被 MCU(微控制器)置为低电平，由于 E 点与 OPEN 端口接了二极管 VD_{15}，当 OPEN 端口被置低时，E 点电压钳位在 0.7V，此时 D 点(一端)电压比 E 点(＋端)电压要高，导致 I 点(2 脚)输出低电平，控制 IGBT 关闭，不能加热。C_{18}、C_{20}电容是调节谐振电路的同步，起到减少噪声及抑制温升的作用。C_{21}是反馈电容，当 14 脚输出低电压时，反馈到 9 脚，使 9 脚电压拉低，加速 14 脚更快达到低电平。

同步电路和自激电路的工作过程如下：

① 先在 G 点发出一个十几 μs 的高电平(检锅脉冲)，通常是每 1 秒钟发一次，E 点由于二极管 VD_{15}的反偏截止，由 PWM 端口输出的脉宽经电容平波后送到 E 点，E 点电压也有十几 μs 的高电平宽度，由于 OPEN 口的瞬间高电平输出，经电容 C_{22}耦合，A 点(一端)相当瞬间加到 5V，A 点电压比 B 点(＋端)高，C 点输出低电平。C_{16}电容也起耦合作用，把 D 点电压拉低，所以 E 点电压比 D 点电压高，I 点输出一个高电平，IGBT 导通，LC 组合开始产生振荡。

② 启动后，在 C 点产生一连串的脉冲波形，当放上锅具时，LC 组合产生的振荡好似串上负载，很快就消耗完，在 C 点的产生脉冲个数也减小，CPU 通过检测端口检测 C 点的脉冲个数来判断是否有锅或放入合适的锅具。因无锅或锅具不造合时谐振后波形衰减的很慢，检出来的脉冲个数会很多。另外，如果一直检测到高电平，说明线盘没接好或同步电路出问题。

③ 当检测到有合适的锅具，因谐振后波形衰减的很快，检出的脉冲个数会很少。CPU 让 G 点(open)一直输出高电平进行工作，E 点的电压由 PWM 输出脉宽的大小所控制，最终控制功率输出的大小。图 4-34 为各个关键点的检测波形。

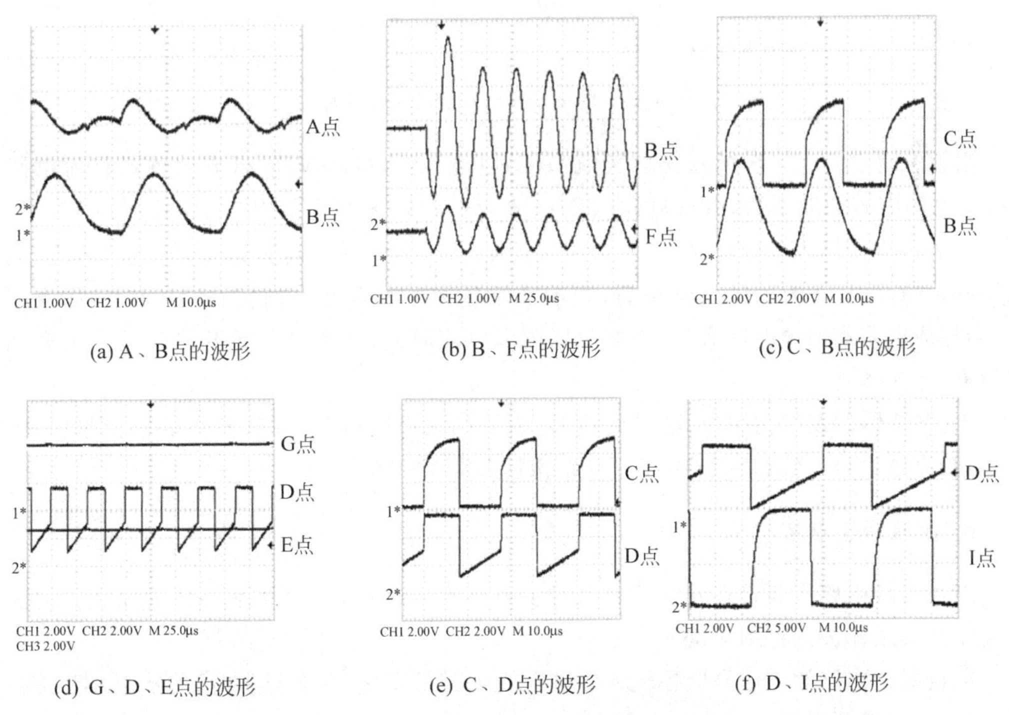

图 4-34　同步电路和自激电路的工作波形

CPU 通过 PAN 和 OPEN 两个端口检测控制脚输出控制信号。

OPEN 口在工作过程中一直为高电平，有干扰中断信号时输出低电平，2s 后回复高电平继续工作。关机时为低电平。在检锅时发出一个十几 μs 的高电平后关断。

PAN 口作用，在开机时检测是否有合适的锅具，通过检测脉冲个数来判定是否加热。此端口在这里一直作为输入口(也可用来启动工作及检测脉冲个数，双重作用。)

4. 电流取样电路

采样主回路中的电流，处理后提供给控制电路，用于判断有无锅具、恒定电流、稳定调节功率提供反馈输入电流。电流取样电路及其工作波形如图 4-35 所示。

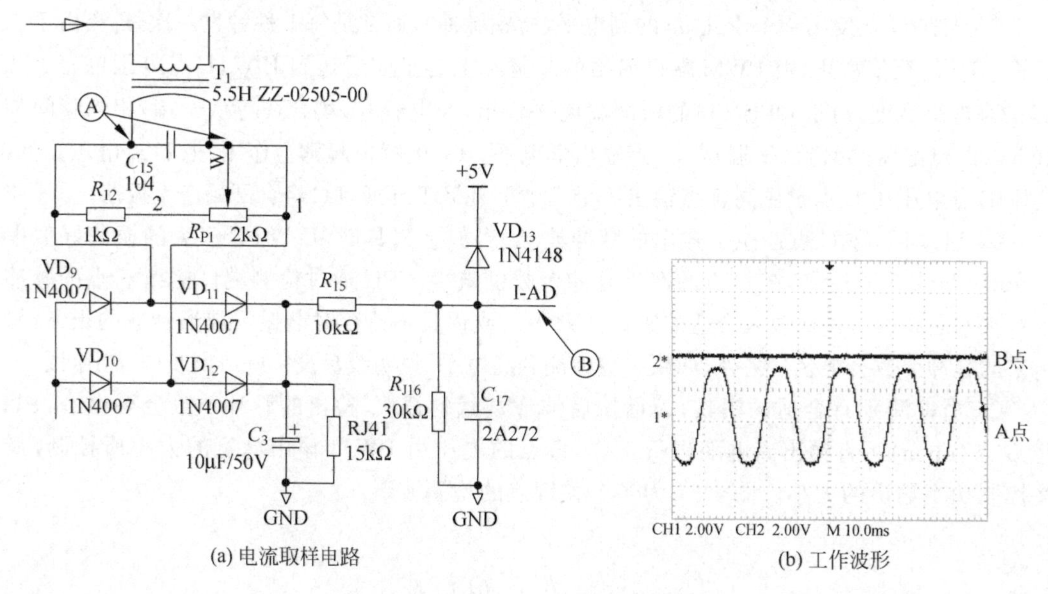

(a) 电流取样电路 (b) 工作波形

图 4-35 电流取样电路及其工作波形

电流互感器 T_1 的次级测得的交流(AC)电压，经 VD_9～VD_{12} 组成的桥式整流电路整流，C_3 电解电容滤波平滑，由电阻 R_{15}、R_{J41}、R_{J16} 分压后，所获得的电流电压送到 CPU，该电压越高表示电源输入的电流越大，待机时电流取样基本为零。电流越大，A 点的电流、电压波形幅值越高，B 点的取样点就越高，表示功率越大。电容 C_3 选值时不应太大，如果太大了，会造成电容充放电时间太长，影响 AD 读取电流时间，从而会导致开机时功率上升的时间很慢。

R_{P1} 电位器作校准功率用，通过调整 R_{P1} 电阻的大小，就可以调节 B 点的输出电压，电阻越小，功率越大，反之就功率越小，一般调节电位器在中间位置。

5. 电流保护电路

电流保护电路主要是在异常情况下对主电路实施保护，避免功率器件的损坏。电流保护电路及其工作波形见图 4-36。

电流保护电路的作用是监控输入电网电流的异常变化，在有异常时，关断 IGBT 进行保护，主要实现浪涌保护。

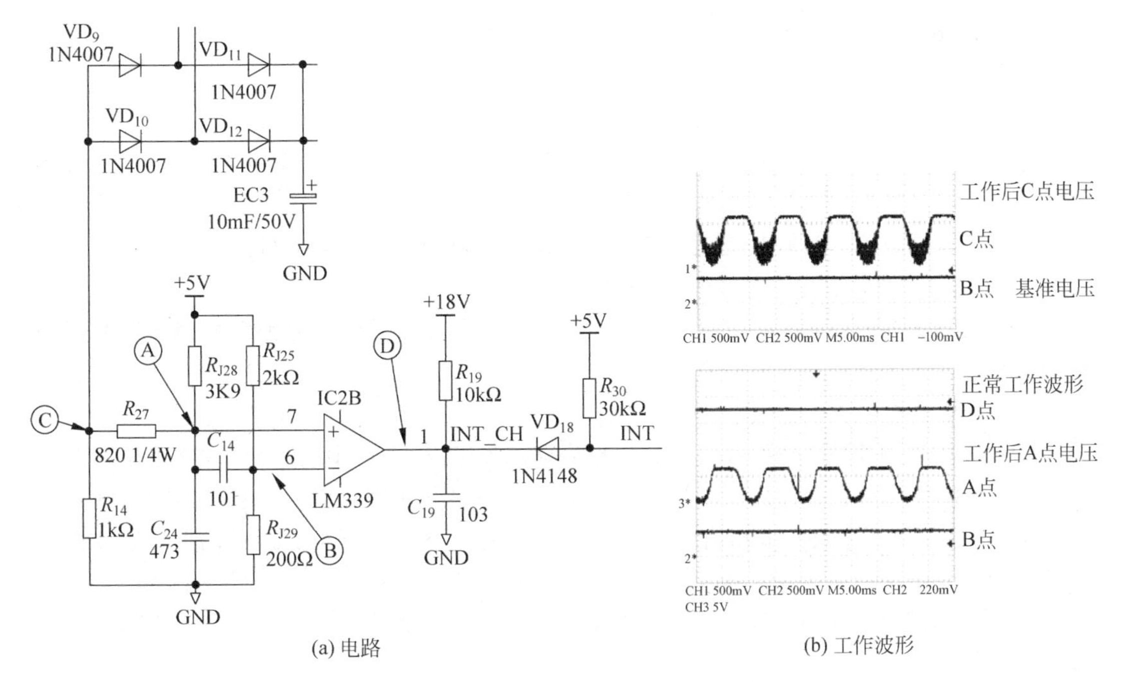

(a) 电路　　　　(b) 工作波形

图 4-36　过流保护电路及其工作波形

正常工作时，LM339 的 1 脚内部三极管截止，电阻 R_{19} 把 1 脚电压变为高电平，当电源输入端出现大电流时，1 脚内部三极管导通，输出低电平，CPU 连接的中断口经过二极管 VD_{18} 被拉低，CPU 检测到低电平时发出命令，让 IGBT 关断，起安全保护作用，此保护属于软件保护。另外，还有硬件保护，当 1 脚内部三极管导通，输出低电平，直接拉低驱动电路的输入电压，从而关断 IGBT 的 G 极电压，保护了 IGBT 不被击穿。

C 点电压由于选择的参考点是地，静态时，C 点的电压由 R_{J28}、R_{27}、R_{14} 电阻分压所得，当正常工作后，互感器感应输入端的电流，C 点的电压会下降，电流越大，C 点电压越低，所以 A 点电压也会下降，B 点为 LM339 负端 R_{J29}、R_{J25} 分压后的基准电压，当 A 点电压下降到 B 点以下时，LM339 反转，D 点输出低电平拉低中断口。CPU 根据中断口检测电源输入端的浪涌电流，程序检测到有低电平，停止工作，保护 IGBT 不受浪涌电流所击穿。

6. 炉面传感器与 IGBT 热敏电阻取样电路

炉面传感器与 IGBT 热敏电阻取样电路的作用是为检测炉子上锅具内部的温度和散热片发热情况。热敏电阻取样电路如图 4-37 所示。

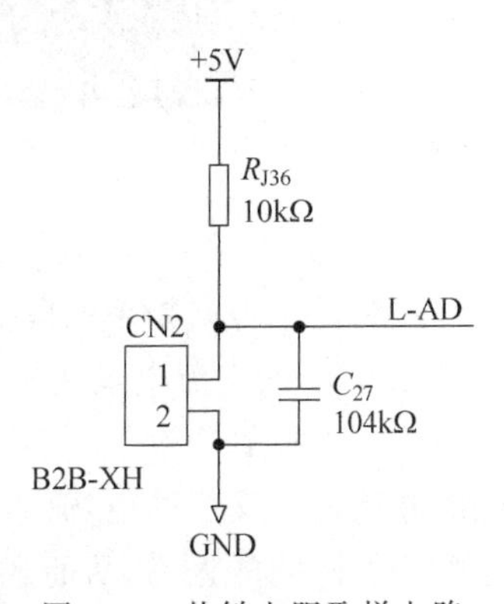

图 4-37　热敏电阻取样电路

炉面传感器：炉面加热锅具的温度透过微晶玻璃板传至紧贴在微晶玻璃板底部的传感器，该传感器的阻值变化直接反映了锅具温度的变化，传感器与 R_{J36} 电阻分压电压的变化反映了传感器的阻值变化，就反映出加热锅具的温度变化。

IGBT 热敏电阻：该热敏电阻放在紧贴着 IGBT 的正面，用导热硅脂涂在它们之间，并压在 PCB 板上，IGBT 产生的温度直接传到了热敏电阻上，热敏电阻与 R_{J37} 电阻分压点的变化反映了热敏电阻的阻值变化。直接反映出 IGBT 的温度变化。

炉面传感器：

① 定温控制，恒定加热物体，使物体温度恒定于设定的温度范围内。

② 自动功能及火锅控制，利用探测温度及结合时间，控制锅具内部的温度，达到最佳的烹煮效果。

③ 自动功能工作时，锅具温度高过设定温度，立即停止工作，并关机。

④ 锅具干烧时，立即停止工作，并关机。

⑤ 传感器开路或短路时，开机后发出不工作信号(开路需要 1 分钟后再判断)，并报知故障信息。

IGBT 传感器：

① 当探测到 IGBT 结温＞85℃时，根据当前工作情况，升功率或降功率，或采用间隙加热方式，让 IGBT 结温≤85℃。如果在不正常情况下温升还继续升高，高于 110℃，则立即停止加热，并报知信息或不报知信息，同时每 4s 检测一下锅具，待温升下降到 60℃又再次加热，循环工作。

② 热敏电阻开路或短路时，开机后发出不工作信号，(开路需要 1min 后再判断)，并报知故障信息。

③ 在关机状态下，如果 IGBT 温升高于 55℃，CPU 则控制风扇一直工作，直到温度小于 45℃后停止工作。第一次上电时不作判断处理。

四、微波炉

利用高频电源来加热通常有两种方法：一种方法是前面介绍的通过产生高频电流的感应加热方法；一种是利用高频电压的电介质加热方法，比如微波炉加热。电介质加热通常用来加热不导电材料，比如木材、橡胶等。微波炉就是利用这个原理。图 4-38 为微波炉和电介质加热原理示意。

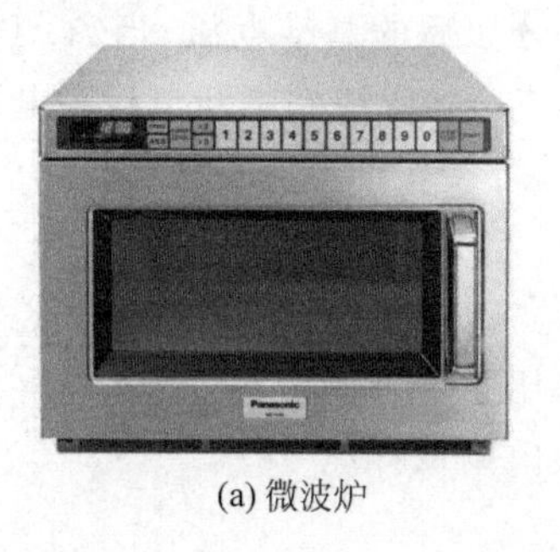
(a) 微波炉

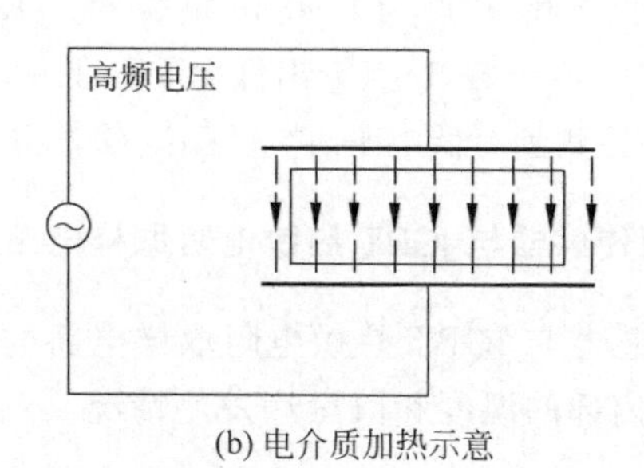

(b) 电介质加热示意

图 4-38　微波炉和电介质加热示意

微波是一种高频率的电磁波，频率可以达到 300MHz～30GHz。微波炉通电工作时，将 220V、50Hz 的交流电经变压器、整流器、滤波器，供给磁控管所需要的各种电压(灯丝和阳极高压)，磁控管产生 2450MHz 超高频电磁场的微波能量，经波导传到炉腔各处。需要加热的介质处于交变的电场中，介质中的极性分子(如水、脂肪、蛋白质、糖等)或者离子就会随着电场做同频的振荡，从而产生热量，达到加热效果。

微波炉具有三个特点：①反射性，遇金属反射；②吸收性，被食物中的极性分子吸收；③穿透性，可穿透玻璃、陶瓷、纸张、聚乙烯等。

因此在使用中有几个注意事项：①忌用普通塑料容器，一是热的食物会使塑料容器变形，二是普通塑料会放出有毒物质，污染食物，危害人体健康；②忌用金属器皿，因为放入炉内的铁、铝、不锈钢、搪瓷等器皿（瓷制碗碟不能镶有金、银花边），微波炉在加热时会与之产生电火花并反射微波，既损伤炉体又不能加热食物；③忌使用封闭容器，加热液体时应使用广口容器，因为在封闭容器内食物加热产生的热量不容易散发，使容器内压力过高，易引起爆破事故。可以使用专门的微波炉器皿盛装食物放入微波炉中加热。

【项目小结】

本项目介绍了 IGBT 的工作原理、外部特性和典型参数，详细分析了驱动电路、保护电路的工作原理以及应用场合；介绍了电压型串联谐振电路、电流型并联谐振电路以及中频感应加热电源的工作原理，并对实际的电磁炉电路进行了分析与设计。

思考与练习四

4-1　简述绝缘门极晶体管 IGBT 的结构及工作原理。

4-2　与 GTR、MOS 相比，IGBT 管有何特点（从开关速度、电流容量、耐压、结温、通态压降等方面进行比较）？

4-3　对 IGBT 的栅极驱动电路有哪些要求？IGBT 的驱动电路有哪几种形式？

4-4　IGBT 管的主要参数有哪些？

4-5　什么是 IGBT 的擎住效应？如何避免擎住效应？

4-6　中频感应加热的基本原理是什么？加热效果与电源频率大小有什么关系？

4-7　中频感应加热与普通的加热装置比较有哪些优点？中频感应加热能否用来加热绝缘材料构成的工件？

4-8　中频感应加热电源主要应用在哪些场合？

4-9　分析 RLC 串联谐振电路和 RLC 并联谐振电路输出波形的异同，若要使负载电路呈容性或感性，该怎样改变工作频率？

4-10　试述图 4-28 所示电磁炉主电路的工作原理？

4-11　微波炉的加热原理与电磁炉有何不同？

4-12　微波炉在使用过程中应注意些什么？

项目五　以太阳能光伏发电并网逆变器为典型应用的有源逆变电路

【项目聚焦】

通过引入太阳能光伏发电并网系统，主要讲述光伏电池的工作原理、光伏发电的最大功率点跟踪(MPPT)技术、光伏并网逆变器、孤岛效应及其反孤岛技术、太阳能光伏并网系统相关电路的设计及应用注意事项。

【知识目标】

【器件】

① 了解驱动芯片 IR2110S、PWM 芯片 SG3525 的引脚及作用。

② 了解光伏电池的电气特性及输出特性。

【电路】

① 了解工频隔离型光伏逆变器、高频隔离型光伏并网逆变器、单级非隔离型光伏并网逆变器、多级非隔离型光伏并网逆变器的基本拓扑结构和工作原理；

② 掌握太阳能系统充电电路、推挽式升压电路以及输出滤波器的的工作原理。

【控制】

① 掌握最大功率点跟踪(MPPT)技术的工作原理，了解几种常用的 MPPT 方法；

② 了解孤岛效应的含义、危害及几种常用的反孤岛技术。

【技能目标】

① 会分析隔离型、非隔离型光伏逆变系统的拓扑结构及基本工作原理；

② 掌握芯片 IR2110S、SG3525 等的应用；

③ 会对太阳能系统充电电路、推挽式升压电路以及输出滤波器进行设计；

④ 了解光伏并网逆变器安装及保护等工程应用注意事项。

【学时建议】 16 学时。

【任务导入与项目分析】

由于传统能源的日渐耗竭和环境污染的日益严重，改善能源结构和开发、利用新能源已经成为世界各国能源发展的战略性措施。太阳能被认为是最具发展前景的可再生能源，具有存储量丰富、清洁安全、扩容方便、分布广泛且不污染环境等特点。太阳能光伏发电技术是指利用太阳能电池将太阳光能转化为电能，它是最广泛的太阳能利用形式，在太阳能应用领域中占据了的重要地位。光伏并网发电技术已经成为世界光伏产业的主要发展趋势，而连接光伏阵列和电网的光伏并网逆变器便是整个光伏并网发电系统的关键。

图 5-1 所示为太阳能光伏并网发电系统的组成及原理。图 5-1(a)表示与建筑相集成的光伏并网发电系统(BIPV,即 Building Integrated Photovoltaic),其中①为光伏电池,②为开关/保护/防雷装置,③是电缆,④是并网逆变器,⑤是电度表(光伏电量);图 5-2(b)表示了光伏发电系统的组成,它由太阳能电池组件、太阳能控制器、DC/DC 变换器、DC/AC 逆变器(有的系统还包含蓄电池组)组成,太阳能光伏发电是将太阳能电池板吸收太阳能后转化成电能(直流电),然后由 DC/DC 控制器对其做一定要求的控制,最后把直流电通过逆变器转化成交流电并接入电网。光伏并网逆变器是把太阳能电池所输出的直流电转换成符合电网要求的交流电再输入电网的设备,是并网型光伏系统能量转换与控制的核心。

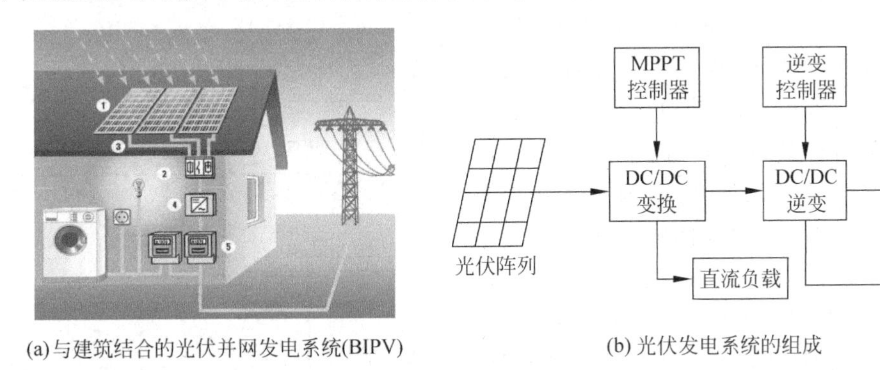

(a)与建筑结合的光伏并网发电系统(BIPV)　　(b) 光伏发电系统的组成

图 5-1　太阳能光伏并网发电系统

由图 5-1 可见,要对太阳能光伏并网逆变器进行设计与制作,首先需要了解太阳能光伏发电技术的一些基本原理和并网逆变器的基本拓扑。因此,本项目分解成认识太阳能光伏电池、了解光伏发电的最大功率点跟踪(MPPT)技术、认识光伏并网逆变器、了解孤岛效应及其反孤岛技术、分析与设计常用的光伏发电系统电路以及光伏并网逆变器的工程应用等任务。

任务一　了解光伏电池的工作原理

一、太阳能光伏发电原理

1. 太阳能电池的物理基础

物质的导电性能决定于原子结构。常用的半导体材料硅(Si)和锗(Ge)均为四价元素,它们的最外层电子既不像半导体那么容易挣脱原子核的束缚,也不像绝缘体那样被原子核束缚得那么紧,因而其导电性介于二者之间。

本征半导体:将纯净的半导体经过一定的工艺过程制成单晶体,即为本征半导体。

杂质半导体:通过扩散工艺,在本征半导体中掺入少量杂质元素,便可得到杂质半导体。按掺入的杂质元素不同,可形成 N 型半导体和 P 型半导体;控制掺入杂质元素的浓度,就可控制杂质半导体的导电性能。

N 型半导体:在纯净的硅晶体中掺入五价元素(如磷),使之取代晶格中硅原子的位置,就形成了 N 型半导体。由于杂质原子的最外层有五个价电子，所以除了与其周围硅原子形成共价键外，还多出一个电子。多出的电子不受共价键的束缚，成为自由电子。N 型半导体中，自由电子（负电荷）的浓度大于空穴（正电荷）的浓度，故称自由电子为多数载流子（简称“多子”），空穴为少数载流子（简称“少子”）。

P 型半导体：在纯净的硅晶体中掺入三价元素（如硼），使之取代晶格中硅原子的位置，就形成了 P 型半导体。由于杂质原子的最外层有三个价电子，所以当它们与其周围硅原子形成共价键时，就产生了一个“空位”，当硅原子的最外层电子填补此空位时，其共价键中便产生一个空穴。因而 P 型半导体中，空穴为多子，自由电子为少子。

PN 结：采用不同的掺杂工艺，把 P 型半导体和 N 型半导体制作在一起时，在它们的交界面，两种载流子的浓度差很大，因而 P 区的空穴必然向 N 区扩散，与此同时，N 区的自由电子也必然向 P 区扩散（也叫扩散运动）。由于扩散到 P 区的自由电子与空穴复合，而扩散到 N 区的空穴与自由电子复合，所以在交界面附近多子的浓度下降，P 区出现负离子区，N 区出现正离子区，它们是不能移动的，称为空间电荷区（空间电荷区中没有载流子，故也称为耗尽层），从而形成内建电场，其方向由 N 区指向 P 区，正好阻止扩散运动的进行。在无外电场和其他激发作用下，参与扩散运动的多子数目等于参与漂移运动的少子数目，从而达到动态平衡，形成 PN 结。图 5-2 表示 PN 结扩散运动和空间电荷区原理图。

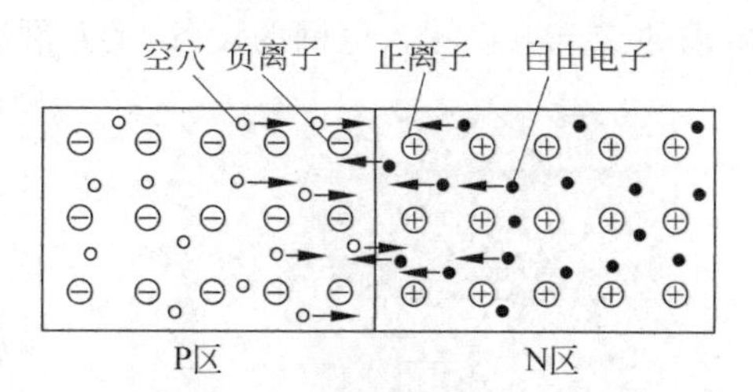

(a) PN结扩散运动示意

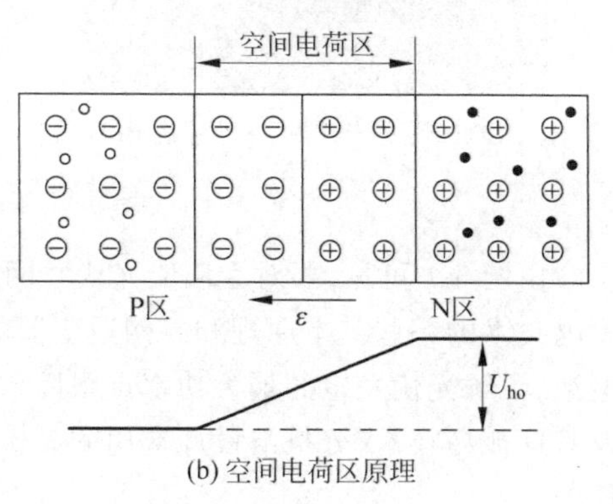

(b) 空间电荷区原理

图 5-2 PN 结原理示意

漂移运动：在 PN 结中内建电场力作用下，少数载流子的运动称为漂移运动（空穴从 N 区向 P 区运动，而自由电子从 P 区向 N 区运动）。

在无外电场和其他激发作用下，参与扩散运动的多子数目等于参与漂移运动的少子数目，从而达到动态平衡，空间电荷区的宽度相对稳定，流过 PN 结的扩散电流和漂移电流大小相等、方向相反，总电流保持为零。

2. 单晶硅光伏电池单体的工作原理

太阳能光伏电池的工作原理是指利用光生伏特效应使太阳辐射在电池板上的能量转换为电能，光伏电池工作原理如图 5-3 所示。太阳能电池是由若干个 PN 结构成的，在晶体中 P 型硅和 N 型硅对电路是呈电中性的。当太阳光照射到电池板上的 PN 结时，有一部分光线会被反射，而剩下的光则会被 PN 结吸收，被吸收的能量除了转换为热能外，其余部分是以光子的形式存在，P 型硅和 N 型硅在具有足够能量的光子作用下能够将电子从共价键中激发，以致产生电子空穴对。

在内建电场的作用下，光生的电子和空穴被分离，各向相反方向作漂移运动，电子将流向 N 区，空穴将流向 P 区，最后 N 区会有多余的电子，P 区会有多余的空穴，于是 PN 结两

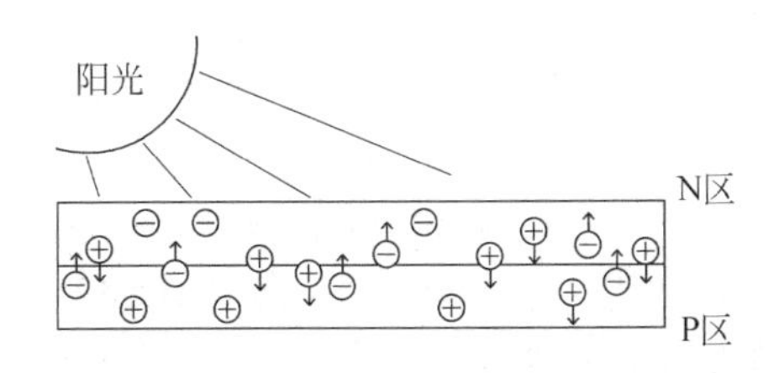

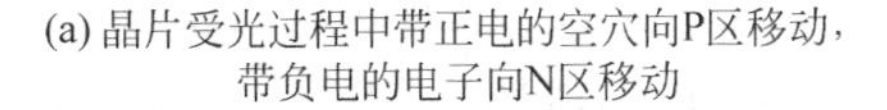
(a) 晶片受光过程中带正电的空穴向P区移动，带负电的电子向N区移动

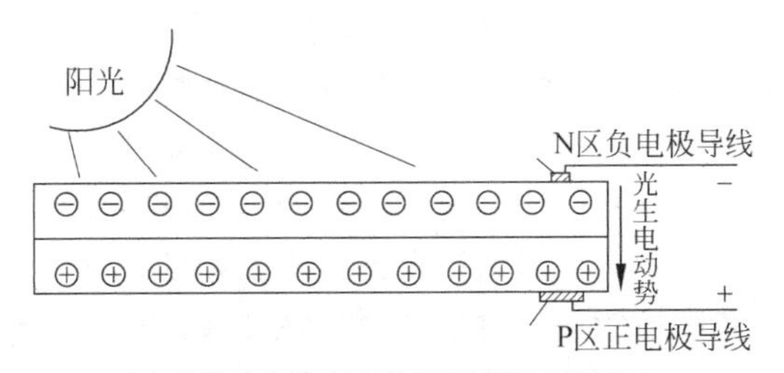

(b) 晶片受光后空穴从P区的正电极流出，电子从N区的负极流出

图 5-3　光伏电池工作原理

端出现正负电荷的积累，这样就会对外形成一个与 PN 结内电场方向相反的光生电场。光生电场抵消部分内建电场外，由于 P 区带正电，N 区带负电，产生由 N 区指向 P 区的光生电动势，一旦电路形成通路，电路中就会有电流从 P 区流出，经过负载流入 N 区回到电池，输出电能。

如果将 P-N 结两端开路，可以测得这个电动势，称之为开路电压 U_{oc}。对晶体硅电池来说，开路电压的典型值为 0.5～0.6V。如果将外电路短路，则外电路中就有与入射光能量成正比的光电流流过，这个电流称为短路电流 I_{sc}。光伏电池单体是光电转换的最小单元，尺寸为 4～100cm^2 不等。光伏电池单体的工作电压约为 0.5V，工作电流约为 20～25mA/cm^2。光伏电池单体不能单独作为光伏电源使用，将光伏电池的单体进行串、并联封装后，构成光伏电池组件，其功率一般为几瓦至几十瓦，是单独作为光伏电源使用的最小单元。光伏电池组件的光伏电池的标准数量是 36 片（10cm×10cm），大约能产生 17V 的电压，能为额定电压为 12V 的蓄电池充电。太阳能电池单元用一定的方式组合在一起，可以形成一个大的太阳能光伏电池组件，从而在足够光强的太阳能作用下产生一定的电压和电流，实现光电转换。光伏电池组件经过串、并联组合安装在支架上，构成了光伏电池阵列，可以满足光伏发电系统负载所要求的输出功率。光伏电池的单元、组件和阵列的组合示意如图 5-4 所示。

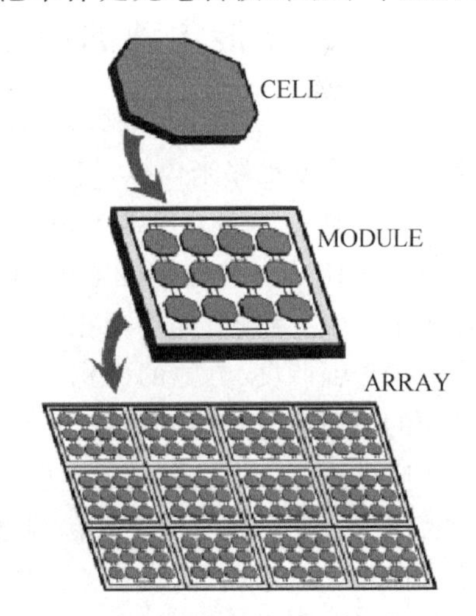

图 5-4　光伏电池的单元、组件和阵列

光能到电能转换只有在 P-N 结界面活性层发生，并且一个光子只能激发出一个电子-空穴对。具有足够能量的光子进入 P-N 结区附近才能激发电子-空穴对。温度升高，P-N 结界面活性层变薄，造成电池电压降低、光能到电能转换能力降低。

3. 单晶硅、多晶硅和非晶硅

日常所见到的固体分为非晶体和晶体两大类，非晶体物质的内部原子排列没有一定的规律，当断裂时断口也是随机的（如塑料和玻璃）等，而晶体物质内部的原子是按照一定的规律整齐地排列起来，外形呈现天然的有规则的多面体，具有明显的棱角与平面，故破裂时也按照一定的平面断开（如食盐、水晶）等。有的晶体是由许许多多的小晶粒组成，若晶粒之间的排列没有规则，这种晶体称之为多晶体，如金属铜和铁。但也有晶体本身就是一个完整的大晶粒，这种晶体称之为单晶体，如水晶和金刚石。目前主要有三种商品化的硅光伏电池：单晶硅光伏电池、多晶硅光伏电池、非晶硅光伏电池（薄膜电池为主）。

单晶硅光伏电池技术成熟，光电转换效率高（15%～17%），稳定性好，但其生产成本较高，技术要求高，以致于它还不能被大量广泛和普遍地使用。由于单晶硅一般采用钢化玻璃以及防水树脂进行封装，因此其坚固耐用，使用寿命最高可达25年。

多晶硅光伏电池的制作工艺与单晶硅光伏电池差不多，但是多晶硅光伏电池的光电转换效率则要降低不少，多晶硅光伏电池的制造成本比单晶硅低，转换效率略低于单晶硅光伏电池（13%～15%）。多晶硅太阳能电池的使用寿命也要比单晶硅太阳能电池短。从性能价格比来讲，单晶硅太阳能电池要略好。

非晶硅太阳能电池是一种以非晶硅化合物为基本组成的薄膜太阳能电池，它与单晶硅和多晶硅太阳电池的制作方法完全不同，工艺过程大大简化，硅材料消耗很少，电耗更低，能量回收期短，高温性能好，弱光条件也能发电，但其光电转换效率偏低（6%～10%）且不稳定。

单晶和多晶电池用量最大，非晶电池用于一些小系统和计算器辅助电源等。但随着技术的进步，薄膜硅电池在民用领域具有广阔的应用前景。薄膜硅电池在民用领域具有广阔的应用前景，如光伏建筑一体化、大规模低成本发电站。

二、太阳能电池的数学模型

为了描述电池的工作状态，往往将电池及负载系统用一个等效电路来模拟，如图5-5所示。

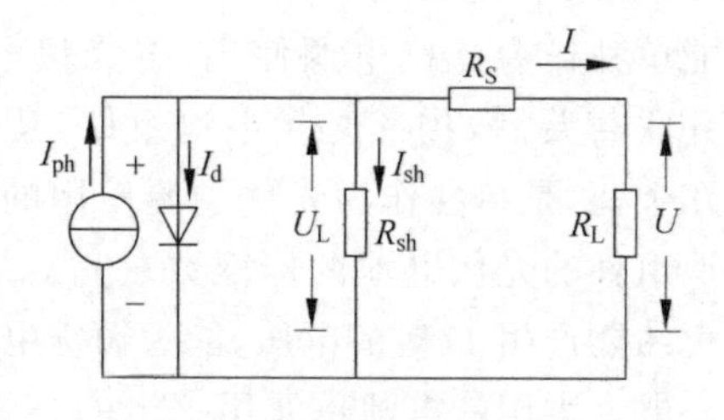

图5-5　光伏电池的等效电路

恒流源I_{ph}：为光电池电流源。在恒定光照下，一个处于工作状态的太阳能电池，其光电流不随工作状态而变化，在等效电路中可把它看做是恒流源。该数值取决于辐照度、电池的面积和本体的温度。I_{ph}与入射光的辐照度成正比，而温度升高时I_{ph}略有上升。

暗电流I_d：为二极管工作电流。光电流一部分流经负载R_L，在负载两端建立起端电压U，反过来，它又正向偏置于PN结，引起一股与光电流方向相反的暗电流，削弱了光生电流。

串联电阻R_S：主要由电池的体电阻、表面电阻、电极导体电阻、电极与硅表面之间接触电阻所组成。在等效电路中，可将它们的总效果用一个串联电阻R_S来表示（低阻值，通常小于1Ω）。

并联电阻R_{sh}：由于电池边沿的漏电和制作金属化电极体内存在缺陷时引起，使一部分本应通过负载的电流短路，这种作用的大小可用一个并联电阻R_{Sh}来等效（高阻值，数量级为kΩ）。

电流I：光伏模块输出电流。

I_{sh}：漏电流。

R_L：负载电阻。

U：负载电压。

根据图5-5可知负载电流I为

$$I = I_{ph} - I_d - I_{sh} = I_{ph} - I_0(e^{q(U+IR_s)/AkT} - 1) - \frac{I(R_s + R_L)}{R_{sh}} \tag{5-1}$$

其中：

I_0——二极管反向饱和电流（对于光伏单元而言，其数量级为 10^{-4}A）；

q——电子电荷（1.6×10^{-19}C）；

k——波尔兹曼常量（1.38×10^{-23}J/K）；

T——光电池绝对温度；

A——P-N 结的曲线常数（正偏电压大时 A 值为 1，正偏电压小时 A 值为 2）。

$$I_{ph}=[I_{sc}+k_t(T-298)]\frac{G}{1000} \tag{5-2}$$

其中：

I_{sc}——标准测试条件下的短路电流（常量）；

k_t——标准测试条件下短路电流温度系数（常量，2.06mA/℃）；

G——光照强度（变量）；

标准测试条件是指光伏电池温度为 25℃、光照强度为 1000W/m^2 的环境条件。

$$I_o=I_{do}\left(\frac{T}{T_{ref}}\right)^3 e^{\frac{qE_G}{Ak}\left(\frac{1}{T_{ref}}-\frac{1}{T}\right)} \tag{5-3}$$

其中：

T_{ref}——参考温度（常量 298K，25℃）；

qE_G——半导体禁带宽度（常量）；

I_{do}—— 二极管反向饱和电流。

$$V=V_{ocs}+K_T(T-298) \tag{5-4}$$

其中：

k_T——标准测试条件下开路电压温度系数（常量，-0.77V/℃）

V_{ocs}——标准测试条件下开路电压（常量）。

在图 5-5 所示电路中，如果增大 R_{sh}，不会影响到短路电流，但开路电压会变小，如果增大 R_s，基本不会影响开路电压，但短路电流会变小。讨论实际等效电路时，由于 R_{sh} 很大（一般为数千欧），因此可将其忽略，得到图 5-5 的简化电路如图 5-6 所示，相应的输出特性方程为

$$I=I_{ph}-I_0(e^{qU/AkT}-1) \tag{5-5}$$

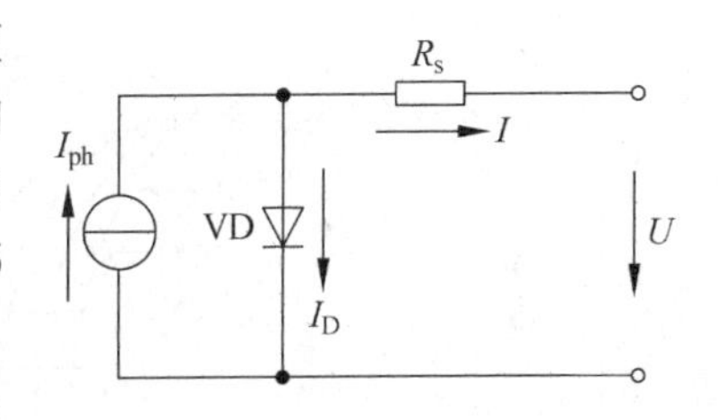

图 5-6　光伏电池的简化等效电路

外部负载短路时，有 $U=0$，I_{ph} 将全部流向外部的短路负载，近似有 $I_{sc}=I_{ph}$；外部负载开路时，$I=0$，I_{ph} 全部流经二极管 VD。此时开路电压如下：

$$V_{oc}=\frac{AkT}{q}\ln\left(\frac{I_{ph}}{I_o}+1\right) \tag{5-6}$$

三、光伏电池的输出特性

光伏电池的输出电流与太阳光照强度、温度高低、光伏电池面积和光伏电池的并联形式有关。光伏电池的输出特性不仅与电池自身的参数有关，还与光照强度和电池温度等外界环境有关，呈非线性。光伏电池是一个既非恒压源又非恒流源的非线性直流电源。I-V 的关系代表了光伏电池的外特性，即输出特性，这是光伏发电系统设计的重要基础。图 5-7 为光伏电池的电气特性。

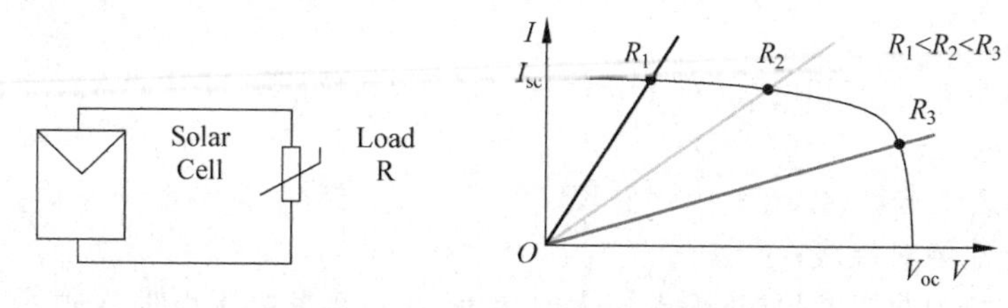

图 5-7　光伏电池的电气特性

照度和**温度**是确定光伏电池输出特性的两个重要参数。图 5-8 为光伏电池在不同温度和不同光照下的输出特性曲线。由图 5-8(a)可以看出当外界光照强度一定，而温度不同时，光伏电池的输出电压变化很大，而短路电流却很接近，温度越高，输出电压越小；由图 5-8(b)可以看出，在一定的光照强度下，电池的输出功率随着温度的升高而降低；由图 5-8(c)可以看出当温度一定，光照强度变化很大时，光伏电池的输出电流变化很大，光照强度对开路电压影响不大，照度越大，短路电流越大；由图 5-8(d)可以看出，在一定的温度下，输出功率随着太阳光照强度升高而升高。注意：其中所指的温度应为光伏阵列本体的温度，而非环境温度。光伏电池的温度与环境温度的关系为

$$T = T_{air} + kS \tag{5-7}$$

式中：T——光伏电池的温度(℃)；

T_{air}——环境温度(℃)；

S——照度(W/m^2)；

k 为系数，可在实验室测定($℃ \cdot m^2$)

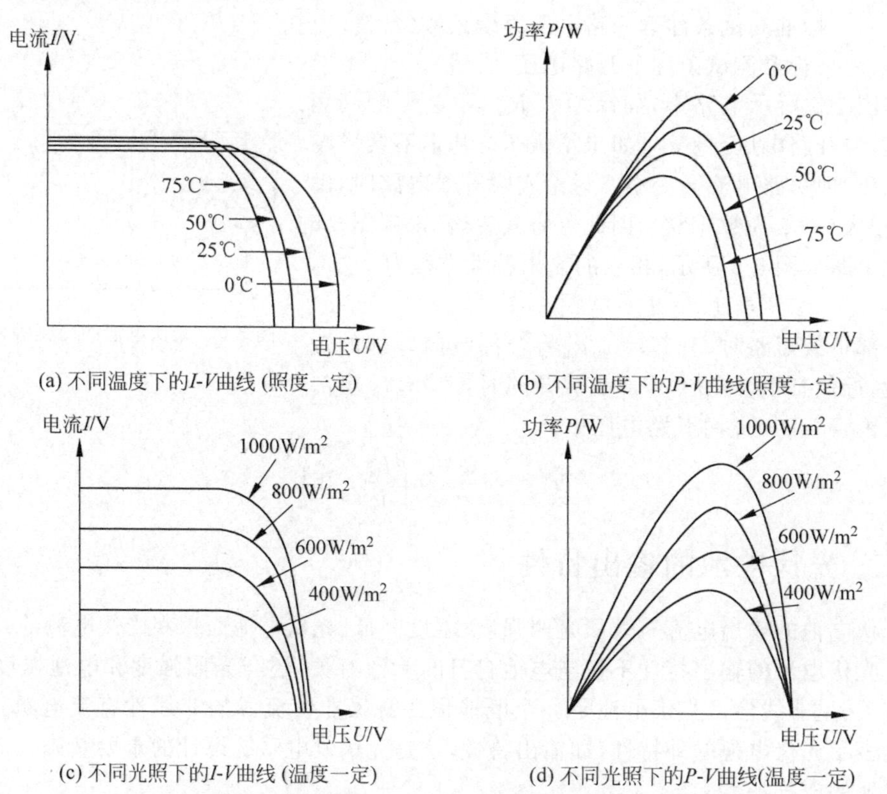

图 5-8　不同温度和光照下的电池输出特性

任务二　了解光伏发电的最大功率点跟踪(MPPT)技术

一、太阳能电池的功率特性

太阳能电池的电气特性主要是指 I-V 输出特性(也称为 V-I 特性曲线),如图 5-9 所示。由式(5-1)可知,太阳能电池的输出特性方程属于非线性方程,显示了太阳能电池的输出电流与输出电压在太阳能辐照度一定下的数学关系。在太阳能电池的输出特性曲线中,短路电流(I_{sc})、开路电压(V_{oc})、最大工作点电流(I_m)以及最大点功率(P_{max})是太阳能电池的几个主要技术参数。

由图 5-9 可知,太阳能电池不属于恒定的电流(电压)源,而是一种输出为非线性的直流电源。其中,I_m 为最大工作点电流,即最大输出状态所对应的电流;V_m 是最大工作点电压,即最大输出状态所对应的电压。如果太阳能电池电路短路,即有输出电压 $V=0$,此时的电流被称为短路电流 I_{sc};如果电路开路,此时的电压被称为开路电压 V_{oc}。

通过图 5-9 所示的输出特性曲线可知:太阳能电池的工作电压在特定范围内增加时,其对应的工作电流基本不变;若其工作电压超出某个特定的值,随着工作电压的继续增加,其工作电流会迅速减小直至为零,而工作电压的变化率较小。由此可见,太阳能电池在正常工作过程中无法产生及输出任意大的功率。

太阳能电池的输出功率等于流过该组件的电流和电压的乘积,即 $P=VI$,太阳能电池的 P-U 输出特性曲线如图 5-10 所示。

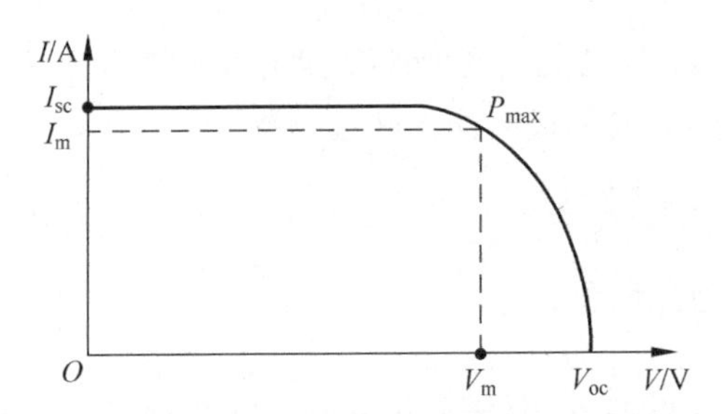

图 5-9　太阳能电池 I-V 输出特性曲线

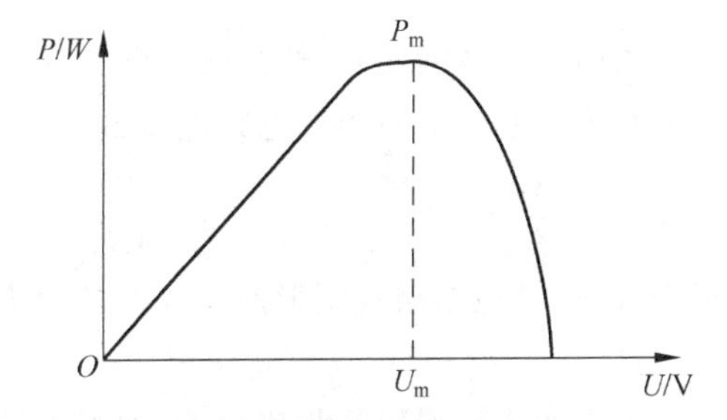

图 5-10　太阳能电池 P-U 输出特性曲线

当流进负载 R_L 的电流为 I,负载 R_L 的端电压为 U 时,则输出功率为

$$P=IU=\left[I_L-I_0\left(e^{q(U-IR_s)/AkT}-1\right)-\frac{I(R_s+R_L)}{R_{sh}}\right]U$$

$$=\left[I_L-I_0\left(e^{q(U-IR_s)/AkT}-1\right)-\frac{I(R_s+R_L)}{R_{sh}}\right]^2R_L \tag{5-8}$$

太阳能电池输出电压 U 与输出功率 P 的关系是一一对应的,所以在特定的使用环境条件下,太阳能电池有且仅有一个最大功率点,即太阳能电池运行于该工作点时,可以得到最大的输出功率。当工作点处于最大功率点的左侧时,太阳能电池的所产生的输出功率正比与输出电压;而当工作点位于最大功率点的另一侧,即右侧时,随着输出电压的继续增加,

太阳能电池的输出功率开始降低直至为零。

二、影响太阳能最大功率点的因素

1. 最大功率点

当负载 R_L 从 0 变化到无穷大时，输出电压 U 则从 0 变到 U_{oc}，同时输出电流便从 I_{sc} 变到 0，即可得到如图 5-11 所示太阳能电池输出特性曲线。调节负载电阻 R_L 到某一值 R_m 时，在曲线上得到一点 M，其对应的工作电压和工作电流之积最大，即 $P_m = I_m V_m$，将此 M 点定义为最大功率输出点（MPP）或太阳能电池的最佳工作点。I_m 为最佳工作电流，U_m 为最佳工作电压，R_m 为最佳负载电阻。

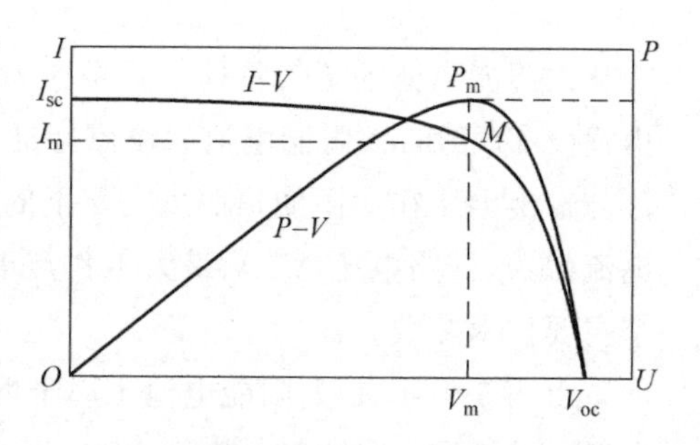

图 5-11 光伏电池的 U-A 特性和 P-U 特性

2. 填充因数

最大输出功率与（$U_{oc} \times I_{sc}$）之比称为填充因数（FF），这是用以衡量太阳能电池输出特性好坏的重要指标之一。填充因数表征太阳能电池的优劣，在一定光谱辐照度下，FF 越大，曲线越"方"，输出功率也越高。

$$\mathrm{FF} = \frac{P_m}{U_{oc} I_{sc}} = \frac{U_m I_m}{U_{oc} I_{sc}} \tag{5-9}$$

3. 太阳能电池的效率

太阳能电池受光照射时，输出电功率与入射光功率之比 η 称为太阳能电池的效率，也称光电转换效率。一般指外电路连接最佳负载电阻 R_L 时的最大能量转换效率。

$$\eta = \frac{P_m}{A_t P_{in}} = \frac{I_m U_m}{A_t P_{in}} = \frac{(\mathrm{FF}) I_{sc} U_{oc}}{A_t P_{in}} \tag{5-10}$$

式中，A_t——包括栅线图形面积在内的太阳能电池总面积；

P_{in}——单位面积入射光功率。

栅线的主要作用是收集电流，相当于导线。栅线越多，对于电流的收集效果越好，稳定性越好。但是栅线的增加也会相应减少面板的采光面积，降低效率。而栅线的价格较高，增加栅线也会增加产品的成本。

计算太阳能电池的理论效率，必须把从入射光能到输出电能之间所有可能发生的损耗都计算在内，其中有些是与材料及工艺有关的损耗，而另一些则是由基本物理原理所决定的损耗。

4. 影响效率的因素

提高太阳能电池效率，必须提高开路电压 U_{oc}、短路电流 I_{sc} 和填充因子 FF 这三个基本参量。而这三个参量之间往往是互相牵制的，如果单方面提高其中一个，可能会因此而降低另一个，以至于总效率不仅没提高反而有所下降。因而在选择材料、设计工艺时必须全盘考虑，力求使三个参量的乘积最大。

(1) 材料能带宽度

开路电压 U_{oc} 随能带宽度 E_g 的增大而增大，但另一方面，短路电流密度随能带宽度 E_g 的增大而减小。结果可期望在某一个确定的 E_g 处出现太阳电池效率的峰值。用 E_g 值介于 1.2～1.6eV 的材料做成太阳电池，可望达到最高效率。

(2) 温度

少子的扩散长度随温度的升高稍有增大，因此光生电流也随温度的升高有所增加，但 U_{oc} 随温度的升高急剧下降。填充因子下降，所以转换效率随温度的增加而降低。温度每升高 1℃，电池的输出功率损失为 0.35%～0.45%，也就是说，在 20℃工作的硅太阳能电池的输出功率要比在 70℃工作时高 20%。

(3) 辐照度

随着辐照度的增加，短路电流线性增加，最大功率不断增加。将阳光聚焦于太阳能电池，可使一个小小的太阳电池产生出大量的电能。

(4) 掺杂浓度

对 U_{oc} 有明显影响的另一因素是半导体掺杂浓度。掺杂浓度越高，U_{oc} 越高。但当硅中杂质浓度过高时会引起禁带收缩、杂质不能全部电离和少子寿命下降等现象，应该予以避免。

(5) 光生载流子复合寿命

对于太阳能电池的半导体而言，光生载流子的寿命应该越长越好(光生载流子不得很快复合)，短路电流会越大。达到长寿命的关键是在材料制备和电池的生产过程中，要避免形成复合中心。在加工过程中，适当而且经常进行相关工艺处理，可以使复合中心移走，从而延长寿命。

(6) 表面复合速率

低的表面复合速率有助于提高 I_{sc}。

(7) 串联电阻和金属栅线

串联电阻来源于引线、金属接触栅或电池体电阻，而金属栅线不能透过阳光，为了使 I_{sc} 最大，金属栅线占有的面积应最小。一般将金属栅线做成又密又细的形状，可以减少串联电阻，同时增大电池透光面积。

(8) 采用绒面电池设计和选择优质减反射膜

依靠表面金字塔形的方锥结构，对光进行多次反射，不仅减少了反射损失，而且改变了光在硅中的前进方向并延长了光程，增加了光生载流子产量。曲折的绒面又增加了 PN 结的面积，从而增加对光生载流子的收集率，使短路电流增加 5%～10%，并改善电池的红光响应。

(9) 阴影对太阳电池的影响

太阳电池会由于阴影遮挡等造成不均匀照射，输出功率大大下降。

三、最大功率点跟踪控制

在光伏系统中，通常要求光伏电池的输出功率保持在最大，从而提高光伏电池的转换效率，也就是对光伏电池进行最大功率点跟踪(maximum power point tracking，简称 MPPT)。在一定的光照强度和电池结温下，光伏电池的最大功率点是唯一的，且对应唯一的最大功率点电压。光伏电池的最大功率点随光照强度和电池结温的变化而变化。所谓最大功率点跟踪就是在变化的环境下，通过合适的控制算法，使光伏电池始终工作在最大功率点处。由于光照和电池结温是无法控制的，我们可以通过改变光伏电池的负载大小来使光伏电池始终工作在最大功率点处。

光伏电池的输出特性具有非线性特点。最大功率点跟踪（MPPT）就是一个不断测量和不断调整以达到最优的过程。在这一过程中不需要知道光伏阵列精确的数学模型，通过测量电压、电流和功率，比较它们之间的变化关系，决定当前工作点与峰值点的位置关系，然后控制电流（或电压）从当前工作点向峰值功率点移动，最后控制电流（或电压）在峰值功率点附近一定范围内来回摆动。

由于负载阻抗的不同，光伏电池可以工作在不同的输出电压状态，通过调节光伏电池的负载阻抗，使输出电压达到最大功率点电压，光伏电池的输出功率达到最大值，这时光伏电池的工作点就达到了 *P-U* 曲线的最高点。通过实时检测光伏电池的输出功率，并通过一定的控制算法判断光伏电池是否工作在最大功率点处，如果没有，则改变当前的负载阻抗情况，调整光伏电池的工作点，使光伏电池始终处在最大功率点附近。

1. 基于直流变换器的 MPPT 实现原理

图 5-12 为一个常规的线性系统，为使负载从供电系统处获得最大功率，通常要进行恰当的负载匹配，使负载值满足一定条件，具体分析如下。

图中，V_s、R_s、R_L 分别代表系统的电源电压、电压源内阻和负载阻抗，则负载消耗的功率为

$$P_L = I^2 R_L = \left(\frac{V_S}{R_S + R_L}\right)^2 R_t \tag{5-11}$$

式中，V_S 和 R_S 均是常数，对 R_L 求导，令 $dP_L/dR_L=0$，即 $R_s=R_L$ 时，P_L 取得最大值。即当负载阻抗与电源内阻相等时，就可以从电源处获得最大功率。然而这种方法只适用于电源内阻固定的系统，对光伏发电系统并不适用，因为光伏电池的内阻受外界条件，如光照强度、电池温度等的影响，会随时间产生动态变化。这个问题的解决方法如图 5-13 所示，要使光伏电池带任意负载时都能工作在最大功率点，有最大功率输出，则需要在光伏电池与负载之间加入一个阻抗变换器。目前，一般使用 DC/DC 变换器来实现阻抗变换功能，调节变换器开关管的通断时间比（占空比）就相当于调节了变比 K，从而实现光伏系统的 MPPT 控制。加入阻抗变换器的等效电路如图 5-13 所示。

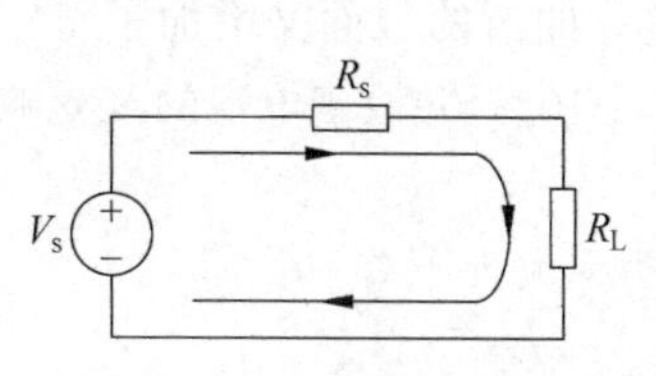

图 5-12　简单的线性电路图

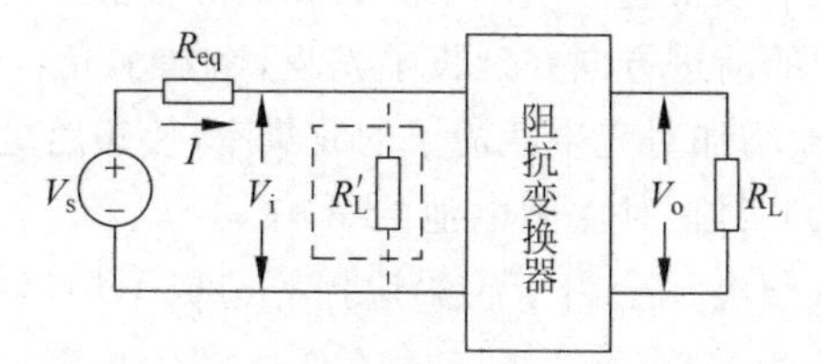

图 5-13　加入阻抗变换器的等效电路

在图 5-13 中，R_{eq} 是光伏电池内阻。设变比 $K=V_i/V_o$，阻抗变换器的效率为 1，则 $R_{L'}=K^2R_L$，调节 K 便可使 $R_{L'}=R_{eq}$，这样就能使光伏电池有最大功率输出。

2. 常用的 MPPT 控制方法

在光伏发电系统中，通常要求光伏电池一直输出最大功率，这就要求系统要一直工作在

最大功率点附近。太阳能光伏电池的伏安特性曲线如图 5-14 所示,其中特性曲线Ⅰ、特性曲线Ⅱ分别对应不同光照强度下的输出特性曲线,a 和 b 对应为不同光照强度下的光伏电池输出最大功率点。当光伏电池工作在 a 点时,此时光照突然加强,因为负载没有改变,此时光伏电池的工作点变为 c 点,即不再工作在最大输出功率点。只有使光伏电池工作在 b 点,光伏电池在特性曲线 1 时才能仍旧输出最大功率。这就要求对光伏电池的外部电路进行控制,让负载特性从负载曲线 1 变为负载曲线 2,实现与光伏电池的功率匹配,这样,光伏电池才能输出最大功率。光伏电池的最大功率点跟踪的原理就是如此。常用的 MPPT 控制方法有固定电压跟踪法(CVT)、扰动观察法、电导增量法等。

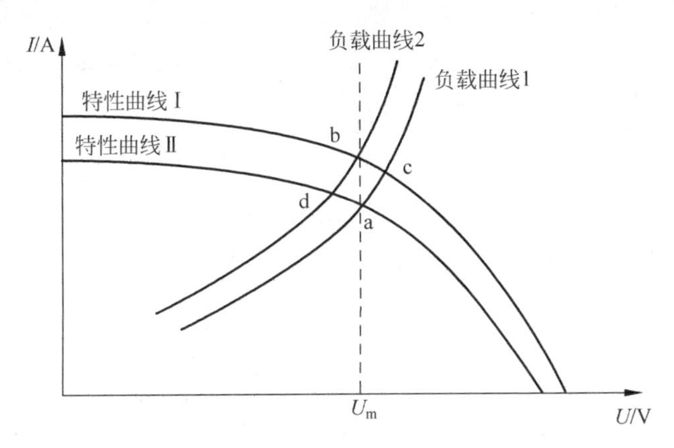

图 5-14　光伏电池最大功率点跟踪原理

(1) 固定电压跟踪法(CVT)

由图 5-8(d)可知,在不同的光照强度下,当温度一定时,不同曲线的最大功率点几乎落在同一根垂直线上。这就表明,光伏电池的最大功率输出点近似为一恒定电压 U_m。固定电压跟踪法就是将最大功率线近似看成输出电压为常数的一根垂直线,使光伏电池工作于某一固定的电压。由此,只要控制光伏电池输出电压恒定为最大功率点电压值(根据经验数据,其值一般为开路电压的 70%～82%),就可以达到最大功率跟踪的目的。这就大大简化了系统 MPPT 的控制设计,即仅需从生产厂商处获得 U_{oc} 数据,并使阵列的输出电压钳位于 U 值即可。实质是把 MPPT 控制简化为稳压控制。

固定电压跟踪法的优点是控制简单、易于实现、可靠性高、稳定性好。缺点是:实际中,光伏电池的输出电压会随着温度的升高而减小,而固定电压跟踪法忽略了温度对光伏电池开路电压的影响,使其控制精度差,若外界环境变化较大时,难以实现 MPPT 的效果,且不能满足不同光伏阵列系统的跟踪要求,造成能量的损耗,所以此方法适应性差,引起了系统运行的不便。

应用 CVT 法实现 MPPT 的控制,因为其独特的优点,仍被较多应用于独立光伏发电系统。目前,出现一些经过改进的 CTV 算法,如根据温度查表改变电压值、手动调节电位器等。随着光伏控制技术的计算机化及微处理器化,该方法将逐渐被新方法取代。

(2) 扰动观察法

扰动观察法,也称作爬山法。扰动法的工作原理是首先测量当前光伏电池阵列的输出功率(P_1),再在原来输出电压基础上添加一个微小的电压分量($\pm\Delta U$),此时,输出功率会发生改变，再测量此时的功率(P_2)，将当前功率(P_2)与扰动前的功率(P_1)进行比较，得出功率差 $\Delta P(\Delta P=P_2-P_1)$，由此来判断功率的变化方向。假如功率是增大($\Delta P>0$)的，那就继续对原扰动方向进行扰动，如果功率是减小($\Delta P<0$)的，则改变原扰动的方向进行扰动。

图 5-15 演示了扰动观测法的工作过程，由图可知假设此刻系统工作点在 U_1 处，光伏电池输出功率是 P_1，此时电压扰动方向为 $+\Delta U$，则系统的工作点就转移到了 $U_2=U_1+\Delta U$，此时光伏电池输出功率是 P_2，将当前功率 P_2 与记忆功率 P_1 进行比较，得 $\Delta P>0$，即 $P_2>P_1$，这就表明电压扰动方向正确，输出功率变大；然后继续按原方向加大电压，此时系统工作点转到了 $U_3=U_2+\Delta U$，此时光伏电池的输出功率为 P_3，再比较 P_3 与 P_2，得 $\Delta P>0$，即 $P_3>P_2$。假设工作点在 U_4 处，此时已经越过了 P_m，光伏电池输出功率是 P_4，此时仍按原扰动方向进行扰动，则系统的工作点转到了 $U_5=U_4+\Delta U$，此时光伏电池的输出功率是 P_5，比较 P_5 和 P_4，得 $\Delta P<0$，即 $P_5<P_4$。这就表明电压扰动方向为功率下降方向，此时就需要将扰动方向反向为 $-\Delta U$。

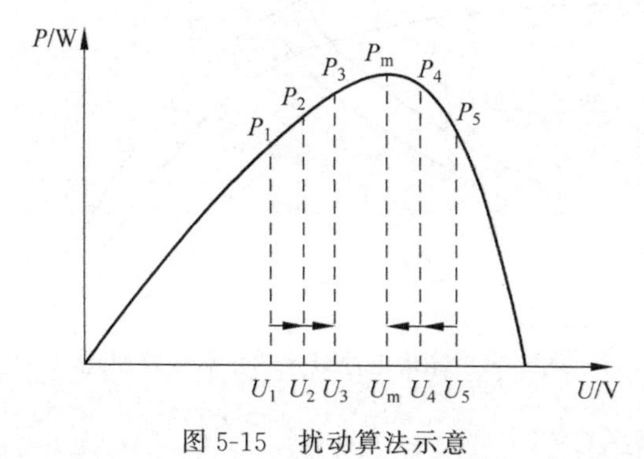

图 5-15　扰动算法示意

扰动观察法的优点是跟踪原理简单，控制概念清晰，易于实现；此外，对传感器的精度要求不高。但是，也其缺点：

① 在使用扰动观察法时，光伏阵列的工作点总是在实际最大功率点附近振荡运行，由此导致部分能量的损耗。

② 若其跟踪步长过长，会影响精度；而若其跟踪步长过短，则会影响响应速度。

③ 当环境温度变化较快的情况下，会出现误判及失控的情况。

扰动观察法实现最大功率跟踪软件流程图如图 5-16 所示。

(3) 电导增量法

电导增量法是另一种最常用的 MPPT 控制方法，是在扰动观察法基础上做了适当的改进。扰动观察法是通过不断调整工作点电压，使之慢慢接近最大功率点，此方法刚开始并不知道最大功率点处于哪一侧，所以这个扰动具有一定盲目性。而电导增量法可以避免这一弊端，能够准确判断出工作点电压和最大功率点电压两者之间的关系，其主要控制思想也与扰动观察法大同小异，下面阐述一下电导增量法的基本原理。

假设光伏阵列的输出功率为

$$P=UI$$

式中对 U 求导可得

$$\frac{\mathrm{d}P}{\mathrm{d}U}=\frac{\mathrm{d}(UI)}{\mathrm{d}U}=I+U\frac{\mathrm{d}I}{\mathrm{d}U} \tag{5-12}$$

由光伏电池的 P-U 特性曲线可以看出在最大功率点处的斜率为零 $\mathrm{d}P/\mathrm{d}U=0$，即得

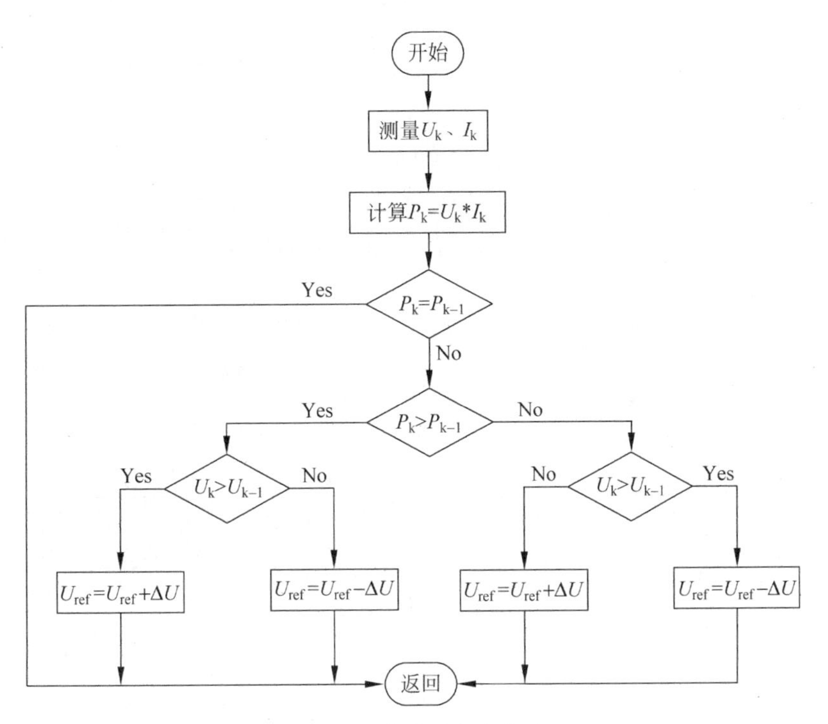

图 5-16　扰动观察法流程

$$\frac{dI}{dU}=-\frac{I}{U} \tag{5-13}$$

式(5-13)为工作在最大功率点处的条件，只要式(5-13)成立，光伏电池阵列的输出就在最大功率点处。当 $dP/dU>0$ 即 $dI/dU>-I/U$ 时，此时工作点在最大功率点的左边，$U<U_{max}$，这时就需要增大参考电压；当 $dP/dU<0$ 即 $dI/dU<-I/U$ 时，此时工作点在最大功率点的右边，$U>U_{max}$，这时就需要减小参考电压。电导增量法示意如图 5-17 所示。

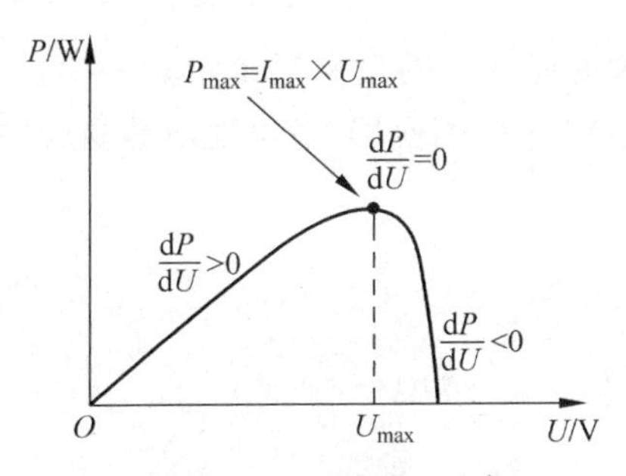

图 5-17　电导增量法示意

图 5-18 为电导增量法的软件流程图。和其他跟踪方法相比，电导增量法具有明显的优势。当日照强度发生较大变化时，系统具有良好的跟踪性能，且跟踪的准确性较好。和扰动观察法相比，输出电压波动较小。增量电导法和扰动观察法相比，控制精度比较准确，响应速度快，不同的逻辑判断有效地减少了振荡，消除了误判现象。但这种方法的缺点是算法较为复杂，对参数检测精度高，两次除法运算，要求运算速度快，对硬件的传感器精度要求较高，系统成本较高，迭代步长的选择难以选取，且会因为受到杂波信号的干扰而发生较大的误动作。

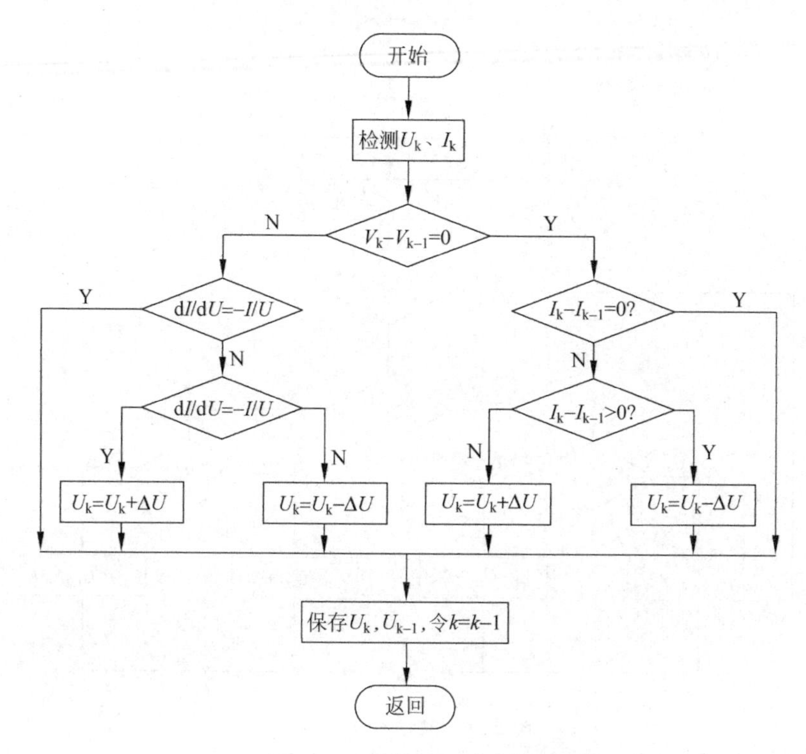

图 5-18 增量电导法流程图

任务三 认识光伏并网逆变器

一、太阳能光伏发电系统的构成

图 5-19 所示为一个简单的光伏并网发电系统示意。一套完整的光伏发电系统通常是由太阳能电池阵列、控制器、DC/AC 逆变器、蓄电池组等构成的,如图 5-20 所示。其中各部分的作用如下:

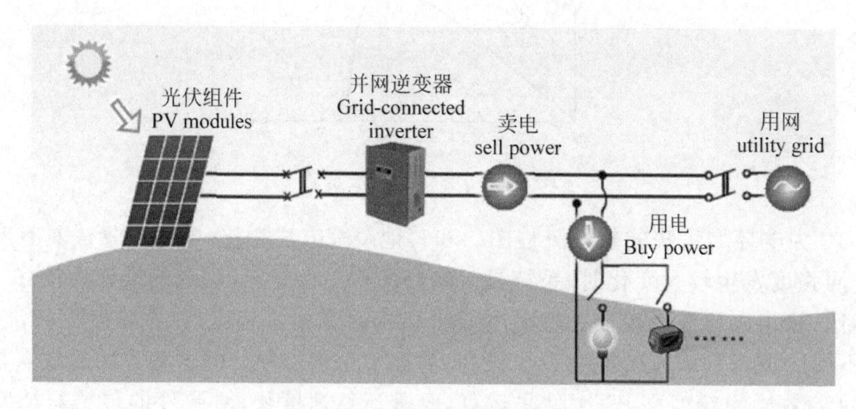

图 5-19 光伏并网发电系统示意

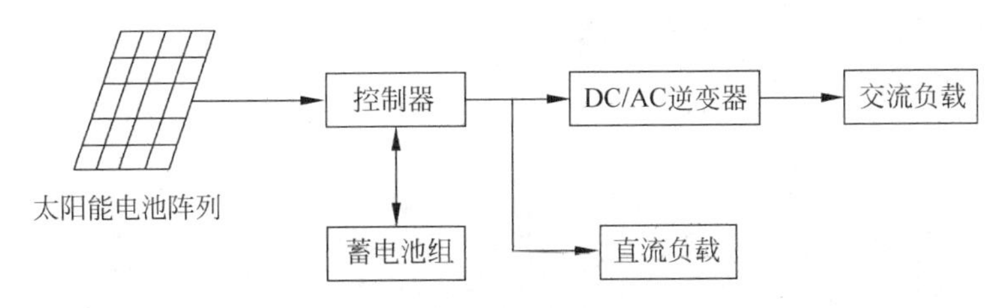

图 5-20　太阳能光伏发电系统基本结构框图

① 太阳能电池阵列。太阳能电池阵列是太阳能光伏发电系统中最关键的组成部分，同时也是价值最高的部分。它是收集太阳能的核心组件，可实现太阳的辐射能到电能的转换。

② 蓄电池。蓄电池是太阳能光伏发电系统中的储能设备，它的作用是在有太阳光照时将太阳能电池阵列所产生的电能保存下来，便于在需要的情况下将其释放出来。

③ 控制器。控制器的作用是保证太阳能电池阵列和蓄电池能够高效、安全、可靠地运作，来获得最高效率并延长蓄电池的使用寿命。同时，会对蓄电池和控制起到一定的保护作用。

④ DC/AC 逆变器。在太阳能光伏发电系统中，若存在交流用电负载，则需要使用 DC/AC 逆变器，将太阳能电池阵列产生的直流电或蓄电池所释放的直流电转换为负载需要的交流电，实现对系统中交流负载的供电。

太阳能光伏发电系统按照与电力系统的关系，通常可分为独立发电系统、并网发电系统和混合发电系统等三种。下面对几种发电系统进行逐一介绍。

1. 独立光伏发电系统

独立光伏发电系统是一种独立运行的、与常规的电力系统无任何连接的发电系统，它是通过太阳能电池阵列以及蓄电池组形成一个能够向负载提供所需电能的独立供电系统。当太阳能电池阵列输出的功率无法满足负载需求时，就由蓄电池组给予补偿；而当其输出的电能大于负载要求时，就会将剩余的电能存储于蓄电池组中；当系统中存在交流负载时，则需要使用 DC/AC 逆变器，完成直流电到交流电的转换。独立供电的光伏发电系统一般是由太阳能电池阵列、控制器、蓄电池组、DC/AC 逆变器以及用电负载组成的。一个典型的独立光伏发电系统的结构框图如图 5-21 所示。

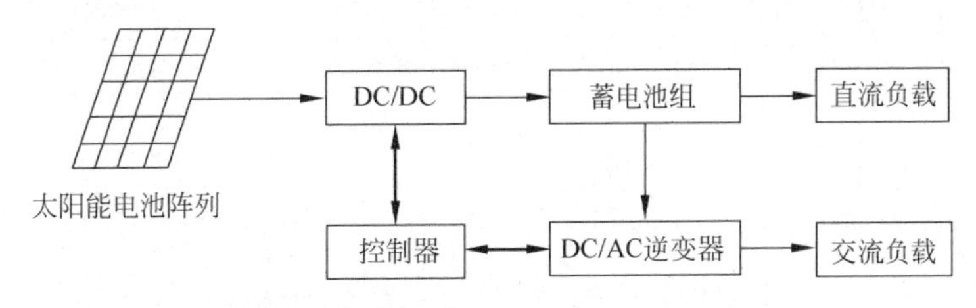

图 5-21　独立光伏发电系统的结构框图

2. 并网光伏发电系统

并网光伏发电系统是由太阳能电池阵列、控制器、并网逆变器、用电负载和公共电网组成，一般的并网发电系统的结构框图如图 5-22 所示。

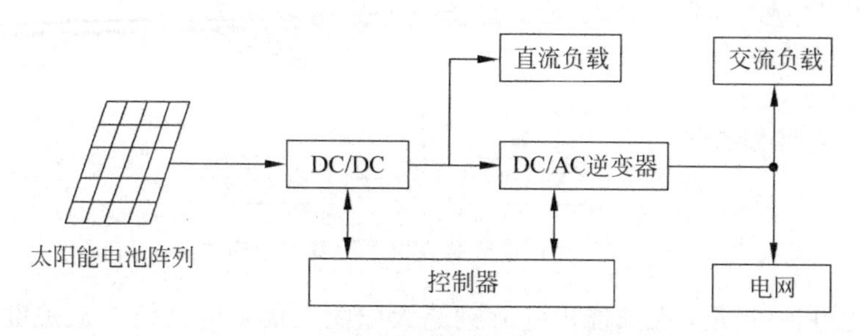

图 5-22　并网光伏发电系统的结构框图

同独立光伏发电系统相比，并网光伏发电系统最明显的一个特征是，太阳能电池阵列输出的直流电能可以通过 DC/AC 并网逆变器转化成为满足市电电网要求的交流电能后直接并入公共电网。当太阳能电池阵列所产生的输出功率无法满足用电负载的需求时，就由公共电网给予供给；而当太阳能电池阵列输出的电能大于负载要求时，则将剩余的电能馈送给公共电网。这就要求，在该发电系统中需要含有专用的并网逆变器，来确保输出的电能符合市电电网对电能相位、幅值、频率等性能指标的要求。

并网光伏发电系统的优点是：可以同时利用公共电网和太阳能光伏阵列来给系统中的交流用电负载供电，这样能够有效地降低整个电力系统用电负载的缺电率，除此之外，还可以对公共电网起到调峰的作用。同时，由于并网光伏发电系统属于分散式发电系统，因此会给传统的属于集中式发电系统的公共电网带来一些诸如孤岛效应、谐波污染等不利的影响。

3. 混合型光伏发电系统

混合型光伏发电系统的结构如图 5-23 所示，这种太阳能光伏发电系统中除了使用太阳能电池阵列之外，还使用了发电机作为备用电源。当太阳能光伏阵列输出的电能或蓄电池组储备不足时，系统就通过启动发电机，一方面给交流负载直接供电，另一方面，发出的交流电能经整流后实现对蓄电池的充电，因此将该发电系统称之为混合型光伏发电系统。

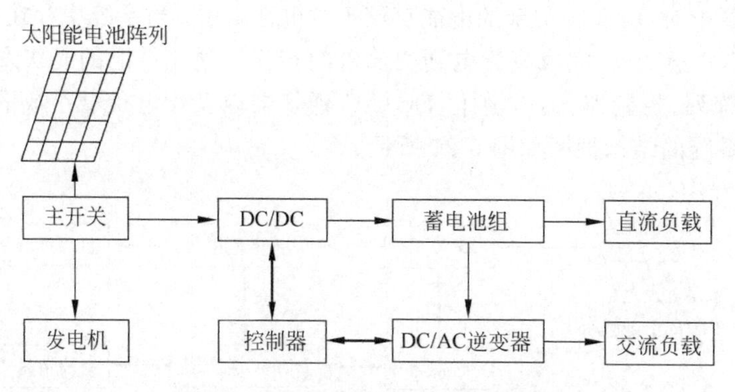

图 5-23　混合型光伏发电系统的结构

二、光伏并网逆变器的分类

光伏发电系统中的逆变器，包括无源逆变和有源逆变两种形式。其中无源逆变用于孤立型光伏发电站，通过逆变器将直流逆变为方波或经 SPWM 调制为正弦波交流电，直接向交流负载供电。有源逆变器用于并网光伏发电，通过逆变器以 SPWM 的方式产生交流调制正弦电源，并使输出正弦波的电压幅值、频率及相位等变量与公共电网一致。光伏并网逆变器是把太阳电池所输出的直流电转换成符合电网要求的交流电再输入电网的设备，是并网型光伏系统能量转换与控制的核心。光伏并网逆变器的性能不仅影响和决定整个光伏并网系统是否能够稳定、安全、可靠、高效地运行，同时也影响整个系统的使用寿命。

光伏发电系统中的逆变器按输入侧直流储能元件类型可进一步划分为电压型逆变和电流型逆变两类；按拓扑结构又可分为单相半桥逆变电路、单相全桥逆变电路和三相全桥逆变电路三种。

光伏并网逆变器应具备的基本功能：

① 逆变功能。将光伏阵列发出的直流电转换为符合电能质量要求的交流电。

② 最大功率点跟踪(MPPT)功能。根据光照强度实时调节控制变量，保证系统输出最大功率。

③ 当电网因故障或维修而停电时，各个用户端的光伏并网发电系统应及时检测出停电状态并中断运行。

根据有无隔离变压器，目前市场上的并网逆变器可分为非隔离型和隔离型光伏并网逆变器，而隔离型又分为工频变压器隔离型和高频变压器隔离型，具体介绍如下。

1. 隔离型光伏并网系统

在光伏并网系统中，通常可使用一个变压器将电网与光伏阵列隔离，光伏并网系统中将具有隔离变压器的并网逆变器称为隔离型光伏并网逆变器。按照变压器种类将隔离型光伏并网逆变器分为工频隔离型和高频隔离型两类。

当前已知日本与美国等部分发达国家，已经禁止不隔离的并网逆变器并网。当前业界最先进的技术是主电路采用高频变压器隔离，控制回路采用光耦隔离，这也是应用范围最广的产品。

(1) 工频隔离型光伏逆变器

工频隔离型光伏并网系统是光伏发电市场最早发展、最常使用的结构。工频隔离型光伏并网逆变器常规的拓扑形式有单相结构、三相结构以及三相多重结构。图 5-24 所示为工频隔离型光伏并网系统结构示意，图 5-25 所示为工频隔离型单相全桥逆变器结构。在工频隔离型光伏并网系统中，光伏电池发出的直流电通过逆变器转化为工频交流电，再经过具备电压匹配与隔离能力的工频变压器送至电网。

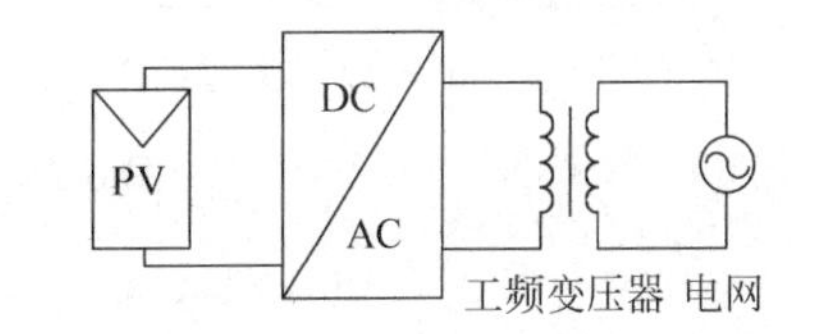

图 5-24　工频隔离型光伏并网系统结构

该系统使用工频变压器进行电压变换和电气隔离，具有以下优点：

① 使得系统的输入与输出隔离，简化了主电路和控制电路的设计，增大了光伏电池直流输入电压的匹配范围。

② 使系统不会向电网注入直流分量，有效地防止了配电变压器的饱和。

③ 有效地杜绝了当人接触到光伏侧时，通过桥臂形成回路的电网电流对人构成伤害的现象出现，使系统的安全性得以提高。

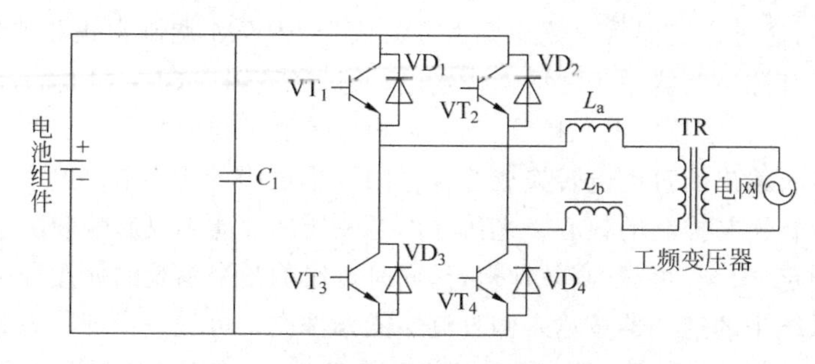

图 5-25 工频隔离型单相全桥逆变器结构

缺点：由于系统采用的是工频变压器，所以存在体积大、质量重、噪声高、效率低等缺点。

随着逆变技术的发展，在保留隔离型并网逆变器优点的基础上，为克服工频隔离型逆变器的缺点，便出现了高频隔离型光伏并网逆变器。

(2) 高频隔离型光伏并网逆变器

与工频变压器相比，高频变压器具有体积小、质量轻、效率高等优点，因此高频隔离型光伏并网逆变器有着广泛的应用。高频隔离变压器主要采用了高频链逆变技术。高频链逆变技术用高频变压器替代了低频逆变技术中的工频变压器来实现输入与输出之间的电气隔离，减小了变压器的体积与重量，并显著改变了逆变器的特性。

高频隔离型光伏并网逆变器工作时，先通过 DC/DC 变换器，将光伏电池输出的直流电压升高或者降低，变换成符合并网要求的直流电压，经过 DC/AC 环节后直接与电网相连。系统中高频变压器的位置既可处于 DC/DC 变换器内，又可处于 DC/AC 变换器内，前者称为 DC/DC 变换型（DC/HFAC/DC/LFAC），后者称为周波变换型（DC/HFAC/LFAC）。图 5-26 所示为高频隔离型光伏并网系统结构，图 5-27 所示为一种高频隔离逆变器电路拓扑。

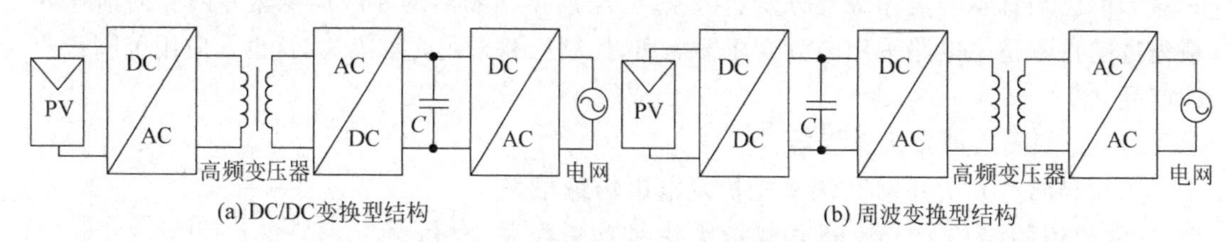

图 5-26 高频隔离型光伏并网系统结构

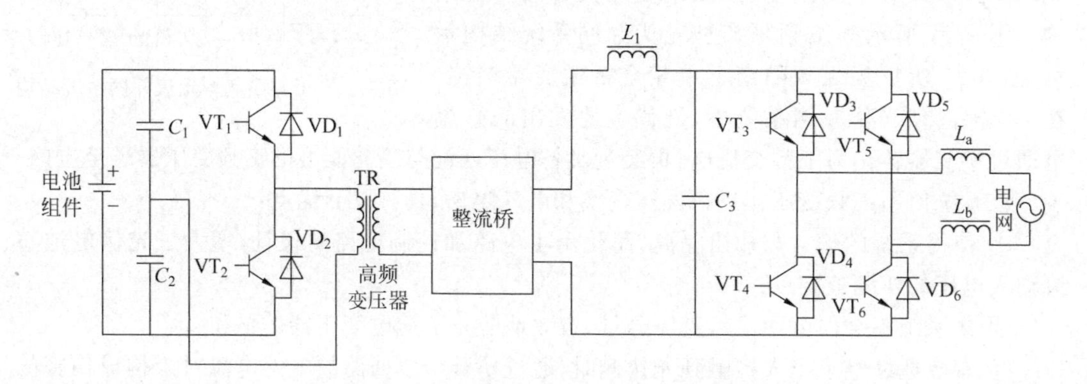

图 5-27 高频隔离光伏逆变器电路拓扑

高频隔离型光伏并网逆变器的优点：

① 与工频隔离拓扑结构相比，由于采用高频开关信号，系统中的隔离变压器体积和重量可大大减小。

② 此拓扑具备电气隔离和重量轻的双重优点。

高频隔离型光伏并网逆变器的缺点：

① 受高频变压器散热的制约，DC/AC的逆变功率等级一般较小，所以这种拓扑结构集中应用在5kW以下的光伏并网逆变器中。

② 高频DC/AC逆变工作频率较高，一般为几十千赫兹以上，系统的EMC比较难设计。

③ 系统的抗冲击性能差。

2. 非隔离型光伏并网逆变器

在隔离型光伏并网发电系统中，隔离变压器将电能转化成磁能，然后再转化成电能，中间会产生能量的损失。变压器的容量越小，能量损失比例越高（可能达到5%或更多）。要想提高并网系统效率，一个方法就是并网逆变器采用无变压器的非隔离型结构。除去了笨重的工频变压器或复杂的高频变压器之后，使得非隔离型光伏并网发电系统的效率变高，并且结构更简单，质量更轻，成本更低。非隔离型光伏并网系统按所使用的并网逆变器拓扑结构可以分为单级和多级两类。

(1) 单级非隔离型光伏并网逆变器

单级非隔离型光伏并网逆变器结构示意如图5-28所示，图(a)为单级非隔离型光伏并网系统结构示意图，图(b)为单相单级非隔离型逆变器拓扑。逆变器工作在工频模式，光伏电池通过逆变器直接耦合并网。系统要求光伏电池具有较高的输出电压，来使直流侧电压达到能直接并网逆变的电压等级。

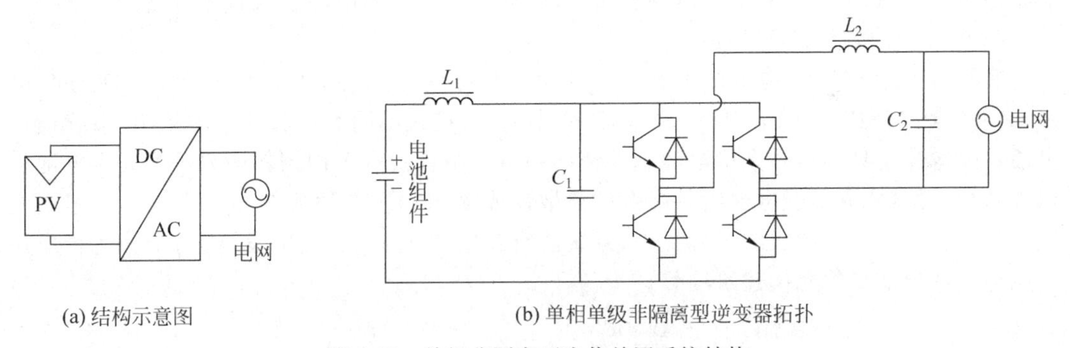

(a) 结构示意图　　(b) 单相单级非隔离型逆变器拓扑

图5-28　单级非隔离型光伏并网系统结构

优点：省去了笨重的工频变压器，具有较高的效率（98%左右），重量轻，结构简单。

缺点：① 太阳电池板与电网没有电气隔离，太阳电池板两极有电网电压，对人身安全不利。

② 对于太阳能电池组件乃至整个系统的绝缘有较高要求，如果达不到要求，容易出现漏电现象。

③ 无BOOST升压，输入电压范围较窄，此电路拓扑直流侧输入端电压需要高于350V，对太阳能电池板的电气绝缘要求较高，否则会出现对地漏电情况。

④ 由于内部无隔离变压器，输入侧的直流分量易进入到输出端的交流电网，对电网造成不利影响。

（2）多级非隔离型光伏并网逆变器

系统如图 5-29 所示，图(a)为多级非隔离型光伏并网系统结构示意图，图(b)为单相多级非隔离型逆变器拓扑。逆变器功率变换部分一般由 DC/DC 和 DC/AC 两级变换器级联组成。一般在这种拓扑中需采用 BOOST 电路用于 DC/DC 直流输入电压的提升，太阳电池阵列的直流输入电压范围可以很宽，所以对光伏电池的输出电压要求没有单级光伏并网系统那么苛刻，因此整个系统设计的自由度有所提高。由于采用高频变换技术，所以这种逆变器也称为高频非隔离型光伏并网逆变器。

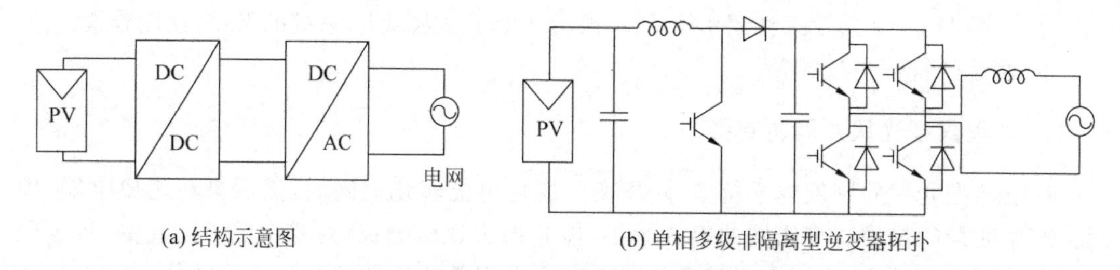

(a) 结构示意图　　(b) 单相多级非隔离型逆变器拓扑

图 5-29　多级非隔离型光伏并网系统结构

该系统具有效率高、重量轻的优点，但也存在如下缺点：

① 太阳电池板与电网没有电气隔离，太阳电池板两极有电网电压。

② 使用了高频 DC/DC，EMC 设计难度加大。

③ 可靠性较低。

非隔离型结构的逆变器在体积、质量、效率和成本等方面存在较大优势。但是由于在非隔离型光伏并网系统中，光伏电池与公共电网不是隔离的，而是直接连接。数量众多的光伏电池组与大地之间不可避免地会存在较大的分布电容，由此产生了光伏电池对地的共模漏电流，并且由于系统中没有工频隔离变压器，因此比较容易向电网注入直流分量。

（3）非隔离型-多支路结构

非隔离型-多支路结构拓扑如图 5-30 所示。其优点是：此拓扑由于具有多个 DC-DC 电路，具有多路 MPPT 设计，组串一致性好，效率高，可接入不同类型和数量的组串，系统设计灵活。故适合于具有多个光伏电池组件或同一电池组件中有不同倾斜面方阵的光伏电池板组件系统，可避免太阳能电池组件参数的离散性或太阳辐射条件的差异在大规模太阳能电池组件并联情况下所造成的能量损失，系统能有效增加 3%～10%的发电量，十分适合应用于电池组件分散型的光伏建筑项目。

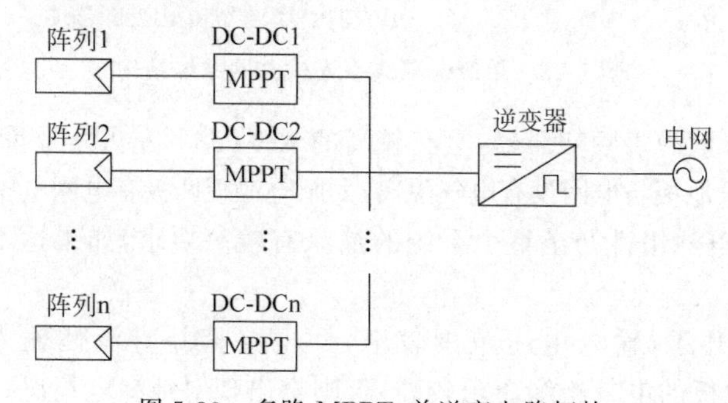

图 5-30　多路 MPPT、单逆变电路拓扑

缺点：此电路拓扑输入、输出侧无电气隔离，对整个系统的绝缘、接地及人身安全不利。

三、并网逆变器的工作原理

并网逆变器最终实现将太阳能电池阵列输出的直流电能转换成为与市电电网电压同频率、同相位的交流电能，而后输送给市电电网。由于正常运行状况下，三相并网逆变控制系统可视为平衡系统，下面就以单相为例来分析并网逆变器的基本工作原理。并网逆变器工作原理的等效电路如图 5-31 所示。

其中，图 5-31 中具体参数含义如下：

U_P——并网逆变器的输出电压；

U_o——公共电网电压；

R——整个线路的等效电阻；

L——串联在电路中的滤波电感器；

I——最后输送给电网的电流。

为实现回馈功率因数为 1 的控制目标，回馈给电网的电流相位与电网电压的相位差必须为零。若设定以 U_o 的相位作为参考相位，则由电路基本原理可知，输送给电网的电流的相位与参考相位一致，对应的矢量图由图 5-32 给出。

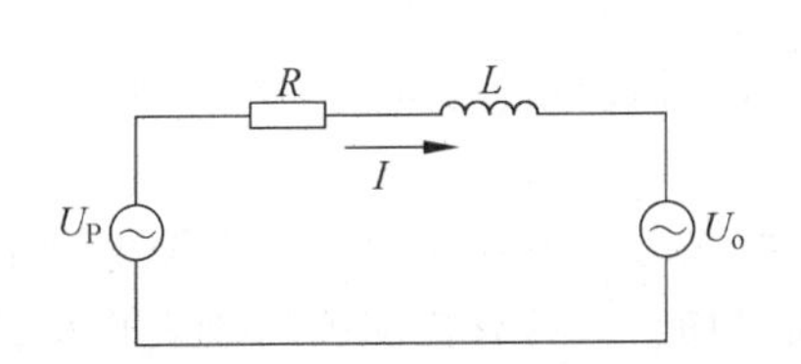

图 5-31　并网逆变器工作原理图的等效电路

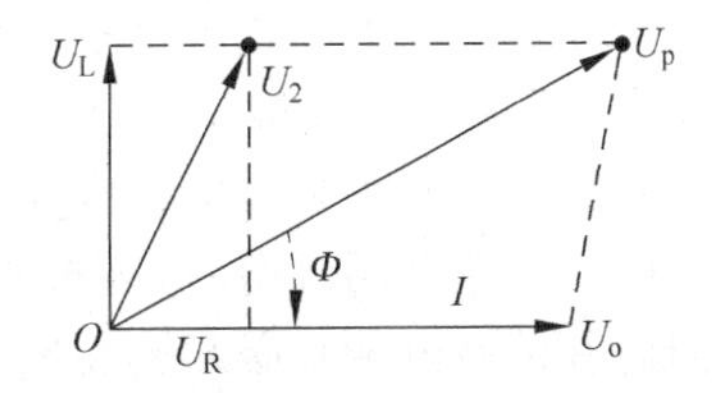

图 5-32　并网逆变器电路运行矢量图

等效电阻两端的电压与电网电压相位一致，而电感两端的电压 U_L 的相位比 U_o 落后 90°，则可求得为：

$$U_P = I * (R + \omega L) + U_o \tag{5-14}$$

其中，ω——市电电网固有角频率。

在实际应用系统中，利用传感器可以检测出 U_o 的幅值、相位和频率。而要得到等效电阻 R 的值是很困难的，故需要通过电流负反馈的方法来获得馈入电流 I 的相位值，可以将公共电网的相位设定为电流的参考相位。

任务四　孤岛效应及其反孤岛技术

一、孤岛效应

光伏逆变器直接并网时，除了应具有基本的保护功能外，还应具备防孤岛效应的特殊功能。孤岛效应问题是包括光伏发电在内的分布式发电系统(指发电功率在几千瓦至几十兆瓦的小型模块化、分散式、布置在用户附近的高效、可靠的发电单元)存在的一个基本问题。所谓孤岛效应是指当电网由于电气故障、误操作或自然因素等原因中断供电时，各个用户端的太阳能发电系统未能及时检测出停电状态将自身脱离市电电网，则太阳能发电系统和负载形成一个公共电网系统无法控制的自给供电孤岛。光伏并网发电系统的孤岛效应原理图见图 5-33。

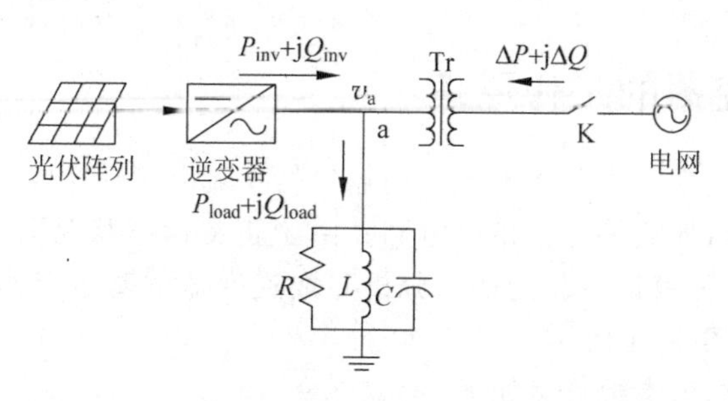

图 5-33　光伏并网发电系统的孤岛效应原理图

孤岛的危害表现在以下方面：

① 孤岛效应使电压及其频率失去控制，如果分布式发电系统中的发电装置没有电压和频率的调节能力，且没有电压和频率保护继电器来限制电压和频率的偏移，孤岛系统中的电压和频率将会发生较大的波动，从而对电网和用户设备造成损坏。

② 孤岛发生时，当电网恢复正常有可能造成非同相合闸，或者产生很高的冲击电流，导致线路再次跳闸，对光伏并网逆变器和其他用电设备造成损坏。

③ 孤岛效应可能导致故障不能清除（如接地故障或相间短路故障），从而可能导致电网设备的损害，并且干扰电网正常供电系统的自动或手动恢复。

④ 孤岛效应使得一些被认为已经与所有电源断开的线路带电，这会给相关人员（如电网维修人员和用户）带来被电击的危险。

由上可知，当主电网跳闸时，分布式发电装置的孤岛运行将对用户以及配电设备造成严重损害，因此并网发电装置必须具备反孤岛保护的功能，即具有检测孤岛效应并及时与电网切离的功能。从用电安全与电能质量的角度考虑，孤岛效应是不允许出现的，孤岛效应发生时必须快速、准确地将并网逆变器从电网切离。这就需要及时准确地检测出孤岛效应并采取有效措施。

二、反孤岛技术

通过研究孤岛现象发生过程中电参数的变化，判断是否发生孤岛现象，并且采取相应的处理措施。如图 5-33 所示，光伏并网系统中光伏阵列通过逆变器与负载直接相连，再通过断路器 K 与电网连接。由于太阳光强度是变化的，所以逆变器输出功率也是变化不定的。当太阳光照强度大，逆变器输出能量大于负载所需时，剩余能量输送到电网以供其他负载使用，并注入与电网电压同频同相的正弦电流。当太阳光强度弱，逆变器输出能量小于负载所需时，负载所需不足的能量将从电网获取。电网可视为一个无穷大的系统，在正常工作时，其电压和频率分别稳定在 220V 和 50Hz。光伏并网逆变器输出、负载所需和电网之间能量的传输存在如下关系：设逆变器输出功率为 $P_{inv}+jQ_{inv}$，负载功率为 $P_{load}+jQ_{load}$，电网提供的功率为 $\Delta P+j\Delta Q$，则有

$$P_{load}=P_{inv}+\Delta P \tag{5-15}$$

$$Q_{load}=Q_{inv}+\Delta Q \tag{5-16}$$

若断路器 K 断开后，电网停止供电，只有逆变器以电流源方式向负载供电。若 ΔP 或 ΔQ 很大，即逆变器输出功率与负载功率不匹配，则公共连接点 a 的电压幅值或频率将发生变化。当逆变器电源与负载有功不匹配时，负载端电压发生变化；当逆变器电源与负载无功不匹配时，频率发生变化。当功率不匹配程度足够大而引起的负载电压频率值超过逆变

器的过压(OVR)、欠压(UV)、过频(OF)和欠频(UF)继电器的额定范围，逆变器检测到这一异常电压或者频率值就会马上进行保护，从而使并网逆变器在大多数情况下具备了较好的反孤岛效应功能。

但是，当负载和并网逆变器容量近似匹配时，逆变器的输出功率与负载的输出功率差异较小，即负载电压频率变化在允许范围之内，保护电路会因电压幅值和频率未超出正常范围而检测不到孤岛发生，即出现检测盲区。也就是说，逆变器通过电压幅值或者频率值异常保护这一功能来实现系统的反孤岛效应就会变得不可靠。当 ΔP 或 ΔQ 较小且同时满足以下公式时即进入检测盲区：

$$Q_f \cdot \left(1-\left(\frac{f}{f_{\min}}\right)^2\right) \leqslant \frac{\Delta Q}{P} \leqslant Q_f \cdot \left(1-\left(\frac{f}{f_{\max}}\right)^2\right) \tag{5-17}$$

$$\left(\frac{u}{U_{\max}}\right)^2 - 1 \leqslant \frac{\Delta P}{P} \leqslant \left(\frac{u}{U_{\min}}\right)^2 - 1 \tag{5-18}$$

式中，$U_{\max}$、$U_{\min}$ 和 $f_{\max}$、$f_{\min}$ 分别是电压继电器和频率继电器动作的上下限，Q_f 为品质因数，$Q_f=R\sqrt{\frac{C}{L}}$。

孤岛效应检测技术在并网逆变器侧主要可分为主动式检测和被动式检测。另外，孤岛效应也可以在电网侧进行远程检测，比如利用电力载波通信等手段实时监控电网状态。

1. 被动式检测方法

通过检测电网参数(公共点电压、频率、相位、谐波等)确定是否发生孤岛效应。被动检测法在逆变器与负载功率匹配并且是纯阻性负载时会失去效果，此时，从电网流向负载的功率为零，电压、电流或谐波在孤岛时基本无变化。被动式检测方法的共同缺点是：阈值难以整定，有检测盲区，只适合于逆变器电源和负载容量不匹配程度较大时才能有效。

2. 主动式检测方法

为弥补被动式检测的不足，人们提出了多种主动式方法来提高孤岛检测的准确率。通过主动引入小幅度扰动的方式(比如对无功、有功、频率等)形成正反馈，利用累计效应来推断是不是发生孤岛，主动方法对逆变器的输出性能有一定影响。

被动检测方法与主动检测方法结合使用，可以获得满意的反孤岛效应控制效果。

3. 电网侧孤岛检测

孤岛检测除了在逆变器并网侧进行，也可以在电网侧进行。

(1) 电力线载波通信方式(PLCC)

电网通过 PLCC 系统传送一个低能量的通信信号给光伏系统，光伏系统通过接收器可以通过判断是否收到正确的通信信号来检测孤岛。PLCC 技术没有降低光伏系统的并网质量，可应用于多种光伏系统并联运行。其缺点在于通信信号的选取困难，而且由于电力载波信道的有限性，不易被电网公司所采用。

(2) 监控与数据采集方式(SCADA)

SCADA 技术已经广泛的应用于电力系统中，其通过检测每一个开关节点的辅助触点来监控系统状态，当孤岛产生以后，SCADA 系统能迅速判断出孤岛区域，从而做出判断。这种方法要求光伏系统与电网间要有紧密的联系，加大了光伏系统的投资成本和复杂性。

任务五 光伏发电系统的分析与设计

一、光伏系统充电电路

1. 充电主电路

本节以南京康尼科技公司的 KNT-WP01 光伏发电实训系统为例来说明充电电路的设计。光伏系统充电电路拓扑如图 5-34 所示。光伏充电系统主电路采用降压型(BUCK)电路拓扑,如图 5-34(a)所示,主要由光伏电池、功率器件、滤波电感、电容、续流二极管、蓄电池组成。其具体电路如图 5-34(b)所示,光伏电池由“WS+”、“WS-”接入,通过改变 PWM 信号的占空比调节 MOS 管 IRF2807 的导通/关断时间,输出电压经过电感、电容滤波后给蓄电池充电。控制电路采用电流、电压的双闭环控制,通过 DSP(数字信号处理器)输出 PWM 波形实现充电,对负载波动具有很好的抗扰作用。

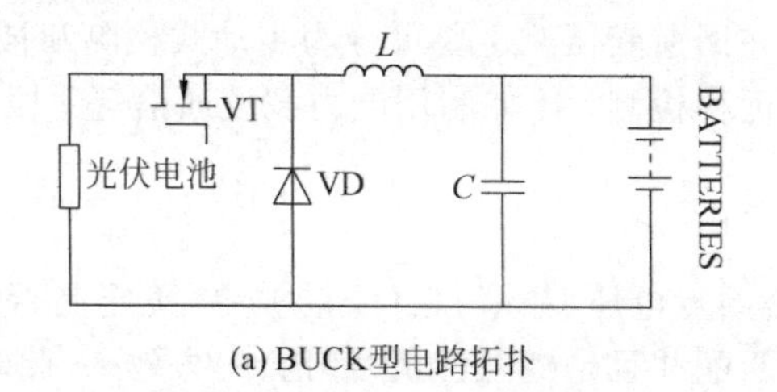

(a) BUCK型电路拓扑

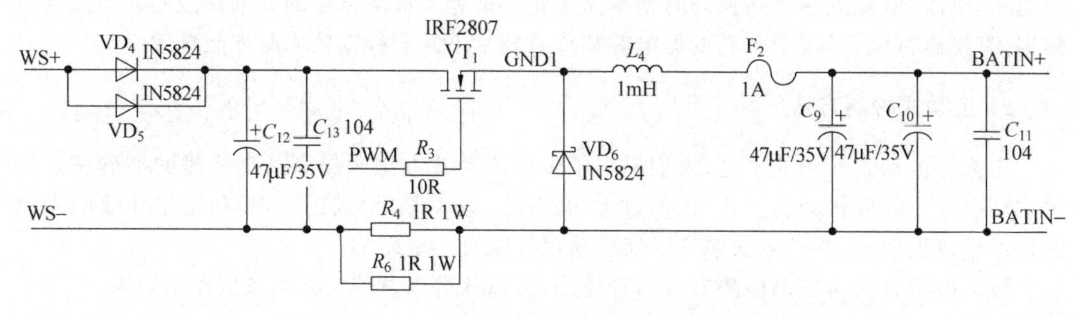

(b) 充电电路

图 5-34 光伏系统充电电路拓扑

MOSFET 的驱动电路模块采用 IR2110S(如图 5-35 所示)。IR2110S 兼有光耦隔离(体积小)和电磁隔离(速度快)的优点,其最大开关频率为 500kHz,隔离电压可达 500V。IR2110S 可以直接驱动大功率场效应管,使半桥或全桥电路的驱动电路大大简化。

2. 充电保护电路

① 过充保护电路设计:为了防止蓄电池过充电(蓄电池额定电压 12V),损坏蓄电池的性能,影响蓄电池的使用寿命,在蓄电池充满后控制电路进入过充保护,当蓄电池检测电压达到设定值(13.5V)之后,充电电路停止工作。

② 蓄电池过电流保护:为了防止蓄电池发生过流、短路等严重故障,在电路中加入了

过流保护，防止过电流对蓄电池造成损坏，发生过流保护之后 MOS 管的驱动脉冲被封锁，系统停止工作。

③ 蓄电池过放保护：为了防止充电池深度放电，影响蓄电池寿命，在电路中加入了过放保护，当蓄电池检测电压小于设定值(11V)之后 DSP 输出信号将继电器 K1 由常闭状态改为断开状态，蓄电池停止放电，如图 5-36 所示。

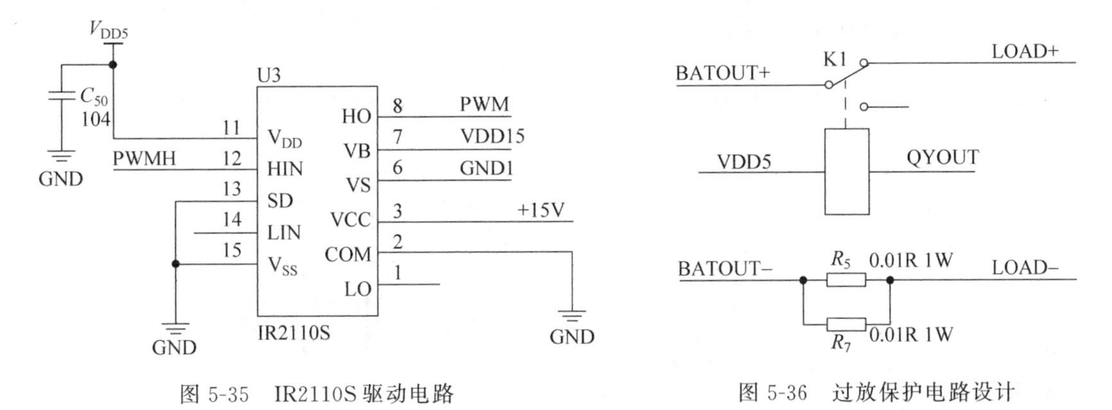

图 5-35　IR2110S 驱动电路　　　图 5-36　过放保护电路设计

二、升压电路

逆变器的工作过程是将蓄电池 12V 的直流电通过 DC-DC 和 DC-AC 变换，然后转变成正弦波 220V/50Hz 的工频交流电。

1. 升压主电路

逆变器中的 DC-DC 升压部分采用推挽电路，通过两个互补的方波脉冲来驱动两个 MOS 管，使得 MOS 管互补导通。经过变压器 T_1 升压过后，再经过整流电路达到 315V 稳定的直流高压。升压主电路如图 5-37 所示。当 MOS 管 VT_1 导通时，变压器 T_1 一次侧电

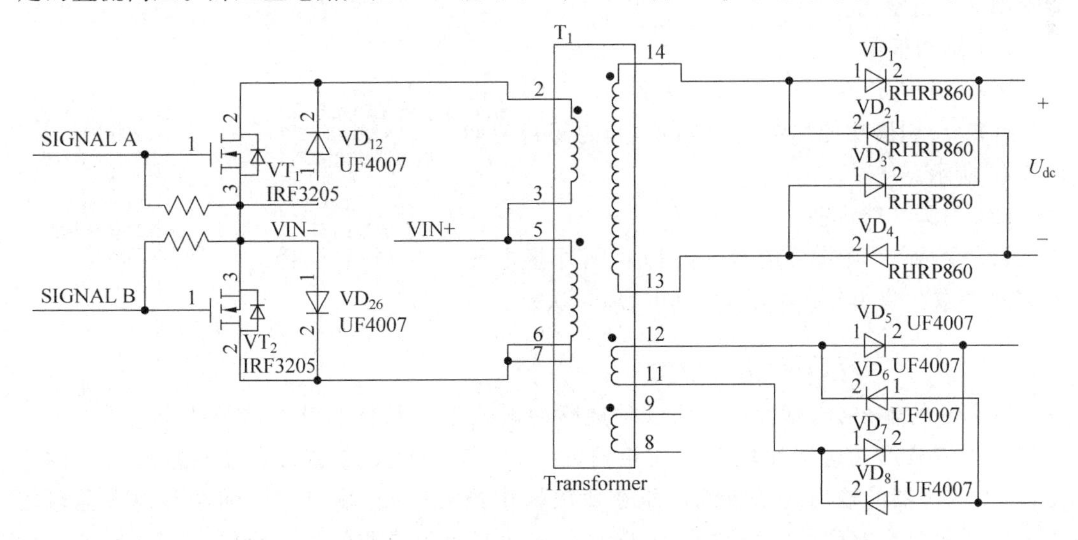

图 5-37　升压主电路

流通路是：VIN+→初级线圈端子3→初级线圈端子2→VT_1→VIN−；变压器T_1二次侧电流通路是：次级线圈端子13→VD_3→U_{dc}+→负载→U_{dc}−→VD_2→T_1次级线圈端子14。当MOS管VT_2导通时，变压器T_1一次侧电流通路是：VIN+→初级线圈端子5→初级线圈端子6→VT_2→VIN−；变压器T_1二次侧电流通路是：次级线圈端子14→VD_1→U_{dc}+→负载→U_{dc}−→VD_4→T_1次级线圈端子13。

2. 脉宽调制器芯片SG3525简介

升压电路的MOS管是用SG3525驱动的，SG3525升压驱动电路如图5-38所示。

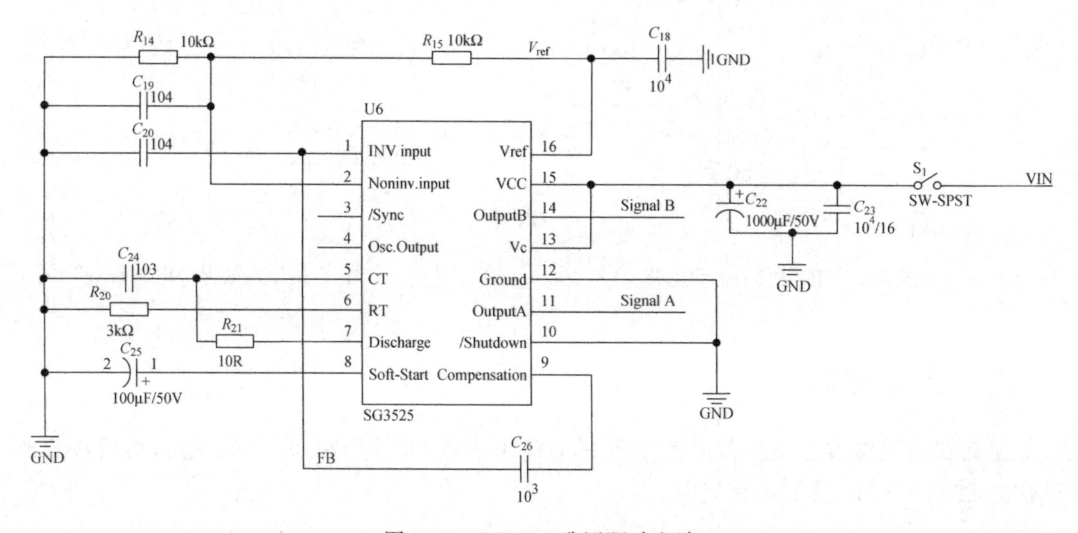

图5-38　SG3525升压驱动电路

SG3525是美国硅通用半导体公司推出的用于驱动N沟道功率MOSFET的单片集成PWM控制芯片，它简单可靠及使用方便灵活，输出驱动为推拉输出形式，增加了驱动能力。内部含有欠压锁定电路、软启动控制电路、PWM锁存器，有过流保护功能，频率可调，同时能限制最大占空比。

(1) 结构框图

SG3525是定频PWM电路，采用16引脚标准DIP封装，各引脚功能如图5-39所示，其内部封装如图5-40所示。

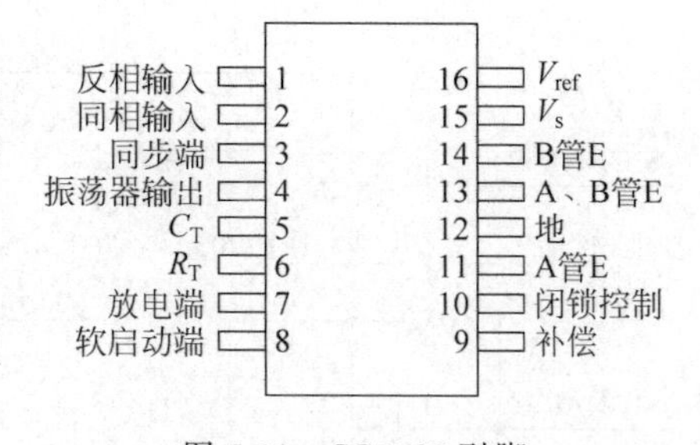

图5-39　SG3525引脚

(2) 引脚功能说明

振荡器脚5须外接电容C_T，脚6须外接电阻R_T。振荡器频率由外接电阻R_T和电容C_T决定：

$$f=\frac{1}{C_T(0.7R_T+3R_D)}$$

振荡器的输出分为两路，一路以时钟脉冲形式送至双稳态触发器及两个或非门；另一路以锯齿波形式送至比较器的同相输入端，比较器的反向输入端接误差放大器的输出，误差放大器的输出与锯齿波电压在比较器中进行比较，输出一个随误差放大器输出电压高低而改变宽度的方波脉冲，再将此方波脉冲送到或非门的一个输入端。或非门的

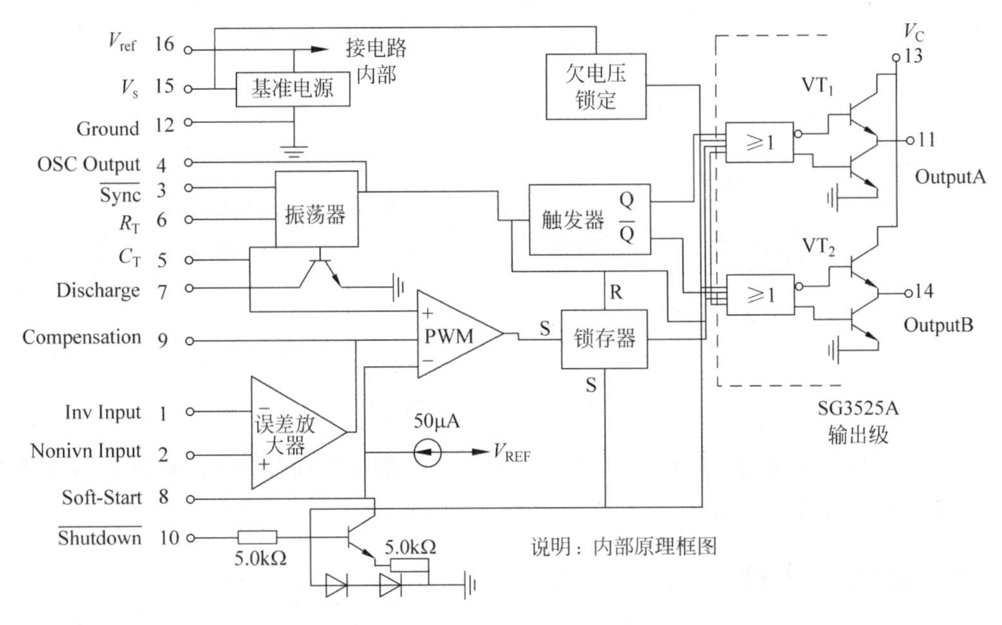

图 5-40　SG3525 内部封装

另两个输入端分别为双稳态触发器和振荡器锯齿波。双稳态触发器的两个输出互补，交替输出高低电平，将 PWM 脉冲送至三极管 VT_1 及 VT_2 的基极，锯齿波的作用是加入死区时间，保证 VT_1 及 VT_2 不同时导通。最后，VT_1 及 VT_2 分别输出相位相差为 180°的 PWM 波。

其性能特点如下：

① 工作电压范围宽：8～35V。

② 内置 5.1V±1.0%的基准电压源。

③ 芯片内振荡器工作频率宽变为 100Hz～400kHz。

④ 具有振荡器外部同步功能。

⑤ 死区时间可调。为了适应驱动快速场效应管的需要，末级采用推拉式工作电路，使开关速度更陕，末级输出或吸入电流最大值可达 400mA。

⑥ 内设欠压锁定电路。当输入电压小于 8V 时芯片内部锁定，停止工作（基准源及必要电路除外），使消耗电流降至小于 2mA。

⑦ 有软启动电路。比较器的反相输入端即软启动控制端芯片的引脚 8，可外接软启动电容。该电容器内部的基准电压 U_{ref} 由恒流源供电，占空比由小到大（50%）变化。

⑧ 内置 PWM（脉宽调制）。锁存器将比较器送来的所有的跳动和振荡信号消除。只有在下一个时钟周期才能重新置位，系统的可靠性高。

三、电压反馈电路

电压反馈电路是稳压的一个重要组成部分，为了提高电源的可靠性和电压的稳定性，逆变器中的电压反馈保护电路如图 5-41 所示。

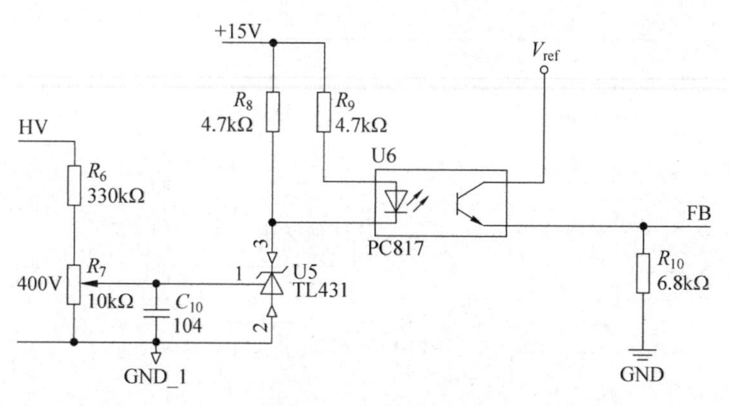

图 5-41 电压反馈保护电路

电压反馈保护就是把升压后的高压部分的电压采集反馈到 SG3525 驱动器，并根据电压实时调节驱动脉冲的占空比，以实现输出高压稳定的作用。

四、逆变主电路

逆变主电路主要是由 4 个 IRF740 N 型沟道 MOSFET 和 4 个二极管组成的，由 DSP 发出的 SPWM 脉冲来控制 4 个桥臂的轮流导通，主电路如图 5-42 所示。全桥逆变部分采用 DSP 芯片实现正弦脉宽调制(SPWM)。

图 5-42 所示电路中，U_{dc}是前级升压电路产生的直流高压，约 350V 左右，$VT_1 \sim VT_4$ 为 4 个功率开关管 MOSFET，LC 为 AC 滤波元件。控制器发出 SPWM 脉冲经隔离驱动模块放大，驱动 $VT_1 \sim VT_4$ 以控制开关管通断。逆变主电路采用的 MOSFET 为 IRF740，其漏源之间电压可高达 500V，源极电流 10A 以上，栅源电压 10V 左右即可导通。

五、输出滤波器设计

逆变后的滤波器是一种低通滤波器，其目的是充分抑制高频成分通过，使低频成分畅通。LC 滤波器的性能主要由电感 L 和电容 C 之间的谐振频率决定，LC 谐振频率为 f_s，$f_s = \dfrac{1}{2\pi\sqrt{LC}}$，为了使输出电压更接近正弦波，同时又不会引起谐振，谐振频率必须要远小于电压中所含有的最低次谐波频率，同时又要远大于基波频率。为了达到比较优良的性能，应满足以下关系：

$$10f_1 < f_s < f_c/10 \tag{5-19}$$

其中，f_c 为滤波器的谐振频率；f_1 为基波频率；f_c 为载波频率。

根据上式，如果基波频率为 50Hz，则载波频率 f_s 可达到 5kHz 以上。输出滤波电感最小值由流过电感的允许电流纹波决定，一般取 10%～20% 的额定电流，这里取 20%，在 220V/1kW 的情况下有：

$$\Delta I_{max} = 20\% \times (1000/220) = 0.91A$$

电感的状态满足下式：

$$\Delta I_L = \frac{V_{DC} - U_o(t)}{L} \times \frac{D}{f_c} \tag{5-20}$$

式中，f_c——输出电压载波频率；D——开关占空比；V_{DC}——直流母线电压；$U_o(t)$——输

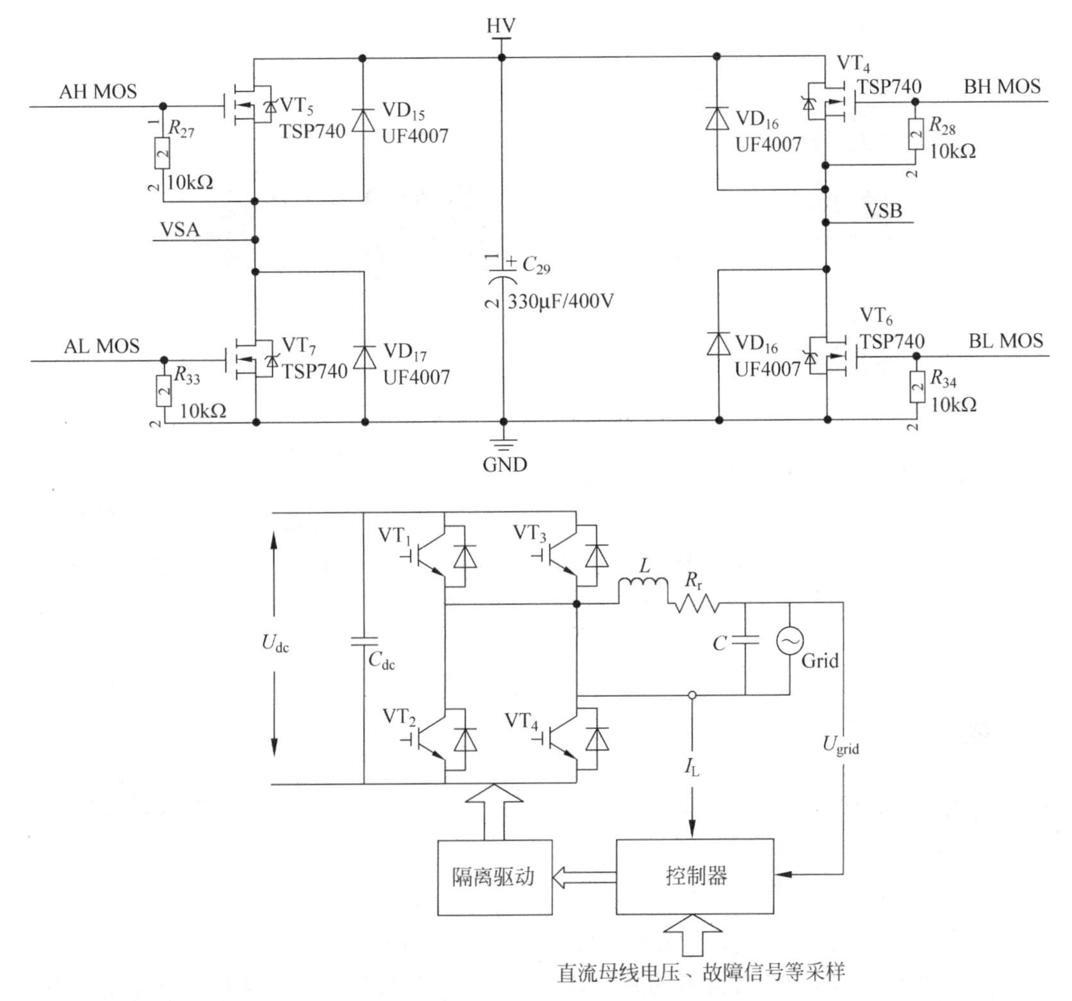

图 5-42　逆变主电路图

出电压。

根据单极性倍频 SPWM 调制的原理，由于开关频率远远大于输出频率，所以有 $U_o(t)=DU_{dc}$。当 $D=1/2$ 时有最大值 $\Delta I_L=U_{dc}/(8Lf_c)$。本设计中，$U_{dc}=360V$，$f_c=16kH_Z$，$\Delta I_{max}=0.91A$，故有 $L\geqslant 3.0mH$，可进一步求得 $C=3.4\mu F$，本设计中取 $4\mu F$。

任务六　了解太阳能光伏并网逆变器的应用

一、NSG-500K3TL 光伏并网逆变器

1. 主电路

光伏并网发电系统是将太阳能转换为电能并向电网输送电力的发电系统。它主要由太阳能光伏组件、并网逆变器以及配电设备组成。而并网逆变器是光伏并网发电系统的关键设备。江苏兆伏新能源有限公司生产的 NSG-500K3TL 光伏并网逆变器就是这种能将太阳能电池板产生的直流电转换为与电网同频同相的正弦波交流电并馈入电网的设备。由它组

成的光伏并网发电系统如图 5-43 所示。

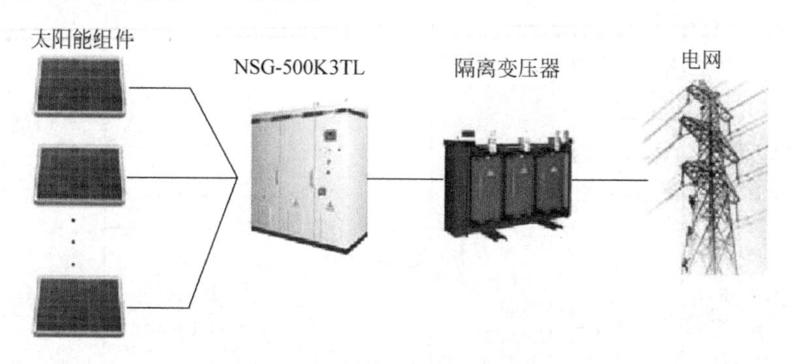

图 5-43 光伏并网发电系统

NSG-500K3TL 光伏并网逆变器采用 MPPT 技术，实现太阳能电池板的最大功率输出。内置完善的并网保护装置，具有主动和被动双重防孤岛保护功能。并网控制的目标：输出稳定高质量的正弦波，与电网同压、同频率、同相位。NSG-500K3TL 光伏并网逆变器的机柜外部主要包括显示屏、按键、指示灯、急停开关、交流断路器等。NSG-500K3TL 外观如图 5-44 所示。

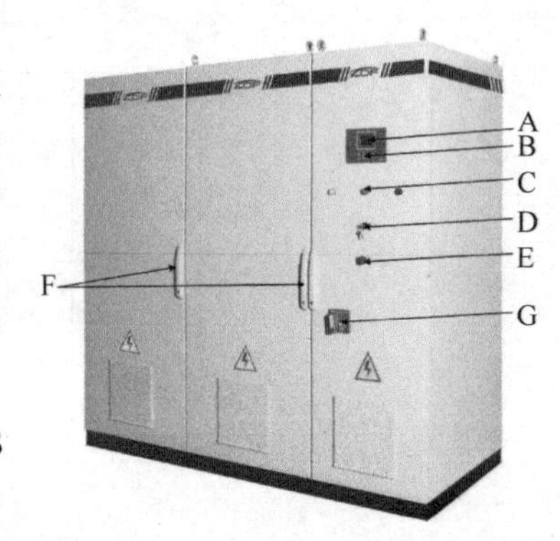

图 5-44 NSG-500K3TL 外观

在图 5-44 中，A 为显示屏，显示系统状态与参数；B 为轻触按键，输入控制命令；C 为指示灯，显示设备工作状态(黄灯待机，绿灯正常工作，红灯故障)；D 为钥匙开关，控制逆变器开断；E 为急停开关，出现紧急状况时，按下按钮，逆变器立即停止工作；开关松开后，逆变器才能开机。

NSG-500K3TL 逆变器主电路框图如图 5-45 所示，光伏阵列的直流电经逆变器主功率单元逆变后并通过滤波器滤波后，经过隔离变压器升压然后并入电网。电路中直流侧熔断器用于输入端的过流保护，输入侧熔断器和防雷模块用于输入端防雷，直流 EMI 滤波器用于滤除直流输入杂波，直流断路器用于控制直流侧的连通与关断，防反二极管用于防止直流反接，功率单元用于控制系统斩波逆变和保护，LC 滤波器用于低通滤波，交流 EMI 滤波器用于滤除高频干扰信号，交流接触器用于控制系统运行与停止，交流断路器用作控制交流电的连通与关断，防雷熔断器和防雷模块用于输出端防雷保护，输出端防雷输出端熔断器用于输出端过流保护。其中交流断路器和防雷器为设备提供安全保护，电抗器、变压器、滤波器为电网输送谐波小的正弦交流电。

2. 工作模式

将 NSG-500K3TL 与光伏组件和电网相连接，当系统检测到光伏电压处于工作电压范围、电网电压正常且受到开机指令时，逆变器进入待机状态，否则继续保持停机状态。逆变器有四种模式：

(1) 开机

逆变器安装完毕，并检查接线无误、交流断路器闭合、急停开关断开、柜门闭合后，通过

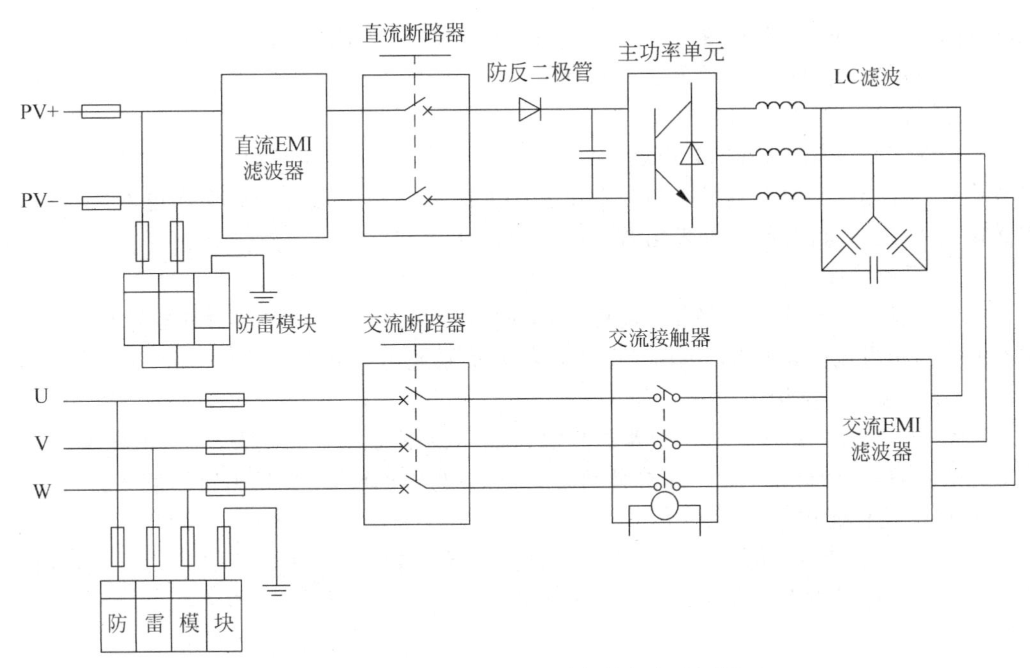

图 5-45　NSG-500K3TL 逆变器主电路框图

触摸按键发出开机指令。

(2) 待机

系统收到开机指令且检测光伏电压、电网电压等满足开机条件后进入此状态。此时交流接触器是断开的。

(3) 运行

开机条件满足且保持超过两分钟时,逆变器交流接触器吸合,系统进入运行状态,开始并网发电。

(4) 停机

出现以下情况时,系统将会停机:

- 柜门打开;
- 急停开关闭合;
- 孤岛现象;
- 开机条件未满足;
- 从触摸按键发出指令停机;
- 保护功能启动。

(5) 保护功能

① 过/欠电压。

逆变器正常运行时,电网接口处电压的允许偏差应符合 GB/T12325 的规定。三相电压的允许偏差为额定电压的±7%。当电网接口处电压超出正常电压范围时,逆变器停止工作,并发出警示信号。

② 过/欠频率。

逆变器正常运行时,电网接口处频率的允许偏差应符合 GB/T 15945 的规定,即偏差值允许范围为±0.5Hz。当电网接口处频率超出正常频率范围时，过/欠频率保护在0.2s内动作，将逆变器与电网断开，并发出警示信号。

③ 孤岛效应(电网失压)。

为确保光伏系统在并网和并联工作中的可靠运行，NSG-500K3TL光伏并网逆变器采用主动检测控制策略和被动检测方法双重检测方式防止孤岛效应。确保当电网失压时，逆变器在0.2s内与电网断开，并发出警示信号。

④ 电网短路保护。

逆变器具有交流输出短路保护功能，当电网发生短路时，逆变器控制系统将过电流限制在不大于额定电流的150%，并在0.1s以内将光伏系统与电网断开，同时发出指示信号。

⑤ 直流端过压保护。

NSG-500K3TL光伏并网逆变器直流输入电压范围为450～850V，当直流侧输入电压超出此范围时，逆变器在0.2～1s内停机，将逆变器与电网断开，并发出警示信号。

⑥ 极性反接保护。

NSG系列逆变器内部设有光伏阵列极性防反接保护电路，并配备防反接插头，防止光伏阵列极性反接对逆变器和光伏阵列造成损害。

⑦ 过载保护。

当逆变器并网电流达到或超过额定并网电流值的110%时，逆变器自动限流工作在额定电流的110%。

⑧ 过热保护。

逆变器内部具有防止过热所采取的保护措施，当逆变器功率达到60kW时，逆变器功率单元风扇自动启动。当IGBT温度大于90℃时，系统停机。

⑨ 温湿度调节。

逆变器内部具有防止过热或湿度过高所采取的保护措施，当逆变器机箱温度超过40℃或湿度超过50%时，逆变器柜顶风扇自动启动。

⑩ 工作自动调节。

由于超限状态导致光伏系统停止向电网送电后，在电网的电压、频率度等参数恢复到正常范围150s后，逆变器重新启动恢复向电网供电。

(6) 技术参数

NSG-500K3TL逆变器的技术参数见表5-1。

表5-1　NSG-500K3TL逆变器的技术参数

1	输入参数	
	推荐的最大功率 P_V/kW	550
	最高系统电压/V	880
	MPPT输入电压/V	450-850
	最大输入电流/A	1120
	直流输入路数	16
2	输出参数	
	额定交流输出功率/kW	500
	额定交流输出电流/A	965
	允许电网电压波动范围/V	3 * 300V±15%
	额定交流频率/Hz	50/60
	功率因数	>0.99

续表

3	转换效率	
	峰值效率(额定输入电压)	98.7%
	欧洲效率(额定输入电压)	98.5%
4	环境参数	
	防护等级	IP20
	温度范围	−25～+55℃
	相对湿度	0～95%,无凝露

二、CPS SC 系列光伏并网逆变器

上海正泰电源公司的 CPS SC20KTL-O/CN 并网光伏系统由太阳能电池组件、并网逆变器和交流配电单元组成，如图 5-46 所示。太阳能量通过电池组件转化为直流电，再通过并网逆变器将直流电转化为与电网同频率、同相位的交流电，全部或部分给当地负荷供电，剩余电力馈入电网。

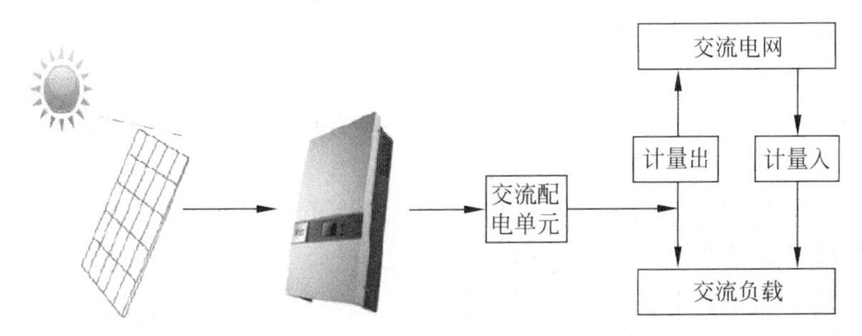

图 5-46 并网光伏发电系统

1. 逆变器电路结构

光伏并网逆变器 CPS SC20KTL-O/CN 的主电路如图 5-47 所示。光伏 PV 输入经防雷保护电路和直流 EMI 滤波电路，再经过前级 BOOST 电路实现最大功率跟踪和升压功能，BOOST 电路并联有旁路开关，当输入电压较高时，可以关断 BOOST 功率管，吸合旁路开关，使输入电压直接到达逆变器输入端，以提高整机变换效率。后级的逆变器将直流电压变换为三相交流电压，经输出滤波器滤除高频分量，再经过两级继电器和 EMI 滤波器输出。该逆变器具有 MPPT 追踪功能，体积小、重量轻、功率密度高，并有多种灵活的安装方式，易于安装维护。

2. 安装的基本要求

安装时要注意以下要求：

① 不要将逆变器直接暴露在阳光直射下，以免使机器内部温度过高而导致转换效率降低。

② 检查安装处的环境温度是否在−20～+65℃范围内。

③ 电网电压是否在 323～418V 内。

④ 已得到当地电力部门的并网许可。

⑤ 安装人员必须是专业电工或已接受过专业培训。

⑥ 充足的对流空间。

⑦ 远离易燃、易爆物。

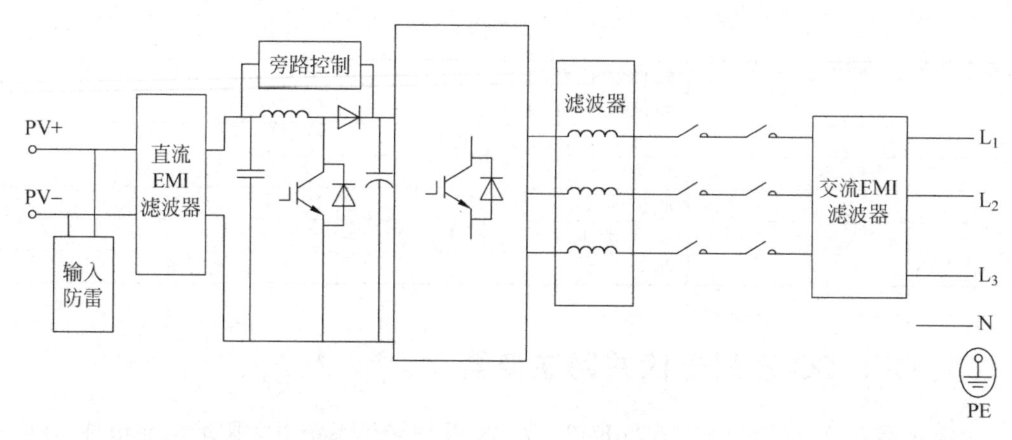

图 5-47　CPS SC20KTL-O/CN 并网逆变器的主电路

3. 并网逆变器的运行

并网逆变器在运行前首先确保光伏组串最大开路电压在任何条件下都低于 850V，逆变器最大直流输入电流为 42A。

① 自动开机：当 PV 电池板输出电压及输出功率满足设定值，交流电网一切正常，环境温度在允许范围时，逆变器自动开机。

② 自动停机：当 PV 电池板输出电压及输出功率低于设定值，或者交流电网出现故障，或者环境温度超出正常范围时，逆变器自动关机。

③ 待机状态：当 PV 电板的输电压以及输出功率不满足开机条件或者逆变器运行过程中发现 PV 电压及输入功率低于设定值时，逆变器转入待机状态，此状态下，逆变器会实时自动检查是否满足开机条件，直到逆变器转入正常工作模式。如果逆变器发生故障，逆变器会从待机状态转入故障模式。

④ 并网发电：CPS SC20KTL-O/CN 并网逆变器的并网发电过程都是自动的，会自动检测交流电网是否满足并网发电条件，同时也会检测光伏阵列是否有足够能量。当一切条件满足后其会进入并网发电模式。在并网发电过程中，逆变器一直以最大功率点跟踪（MPPT）方式使光伏阵列输出的能量最大，同时时刻检测电网情况。当出现异常情况时，立刻进入保护程序。若太阳光较弱，发电量很小时，逆变器进入待机模式。当光伏阵列电压稳定大于设定值时，逆变器会再尝试并网发电。

⑤ 故障停机：当光伏发电系统出现故障时，如输出短路，电网电压过压、欠压，电网频率过频、欠频，环境温度太高，以及机器内部故障，逆变器会自动停机。

4. 并网逆变器的保护

并网逆变器的保护参数见表 5-2，主要体现在以下几方面。

① 过温保护：环境温度，或者逆变器内部温度过高。

② 电网电压异常：电网电压超出规定范围，或者检测不到电网电压。

③ 电网频率异常：电网电压频率出现异常，或者检测不到电网频率。

④ PV（太阳能电池）电压过高：PV 电压超过规定值。

⑤ 漏电流过大：系统漏电流过大。

⑥ 绝缘阻抗过低：PV＋对地或者 PV－对地的绝缘阻抗超出规定范围。

表 5-2　并网逆变器的保护参数

序　　号	参 数 名 称	设置范围(下限,默认,上限)
1	电网线电压上限/V	(200,418,520)
2	电网线电压下限/V	(0,323,400)
3	电网频率上限/Hz	(50,50.5,65)
4	电网频率下限/Hz	(45,49.5,60)
5	绝缘阻抗下限/kΩ	(500,1100,1210)
6	有功降额	(80%,100%,100%)
7	无功补偿	(－60%,0%,60%)

5. 并网逆变器的技术数据

CPS SC20KTL-01CN 并网逆变器的技术数据见表 5-3。

表 5-3　CPS SC20KTL-01CN 并网逆变器的技术数据

输入侧参数	
最大直流电压	850V
最大功率跟踪范围	430～800V
最大直流功率	22kW
最大输入电流	42A
最大直流短路电流	55A
最大输入路数	5
输出侧参数	
额定输出功率	20kW
额定电网电压	380V 三相
允许电网电压	323～418V
额定电网频率	50Hz
总电流波形畸变率	<2%
功率因数	－1
系统	
最大功率	98.0%
欧洲效率	97.5%
防护等级	IP65
工作温度	－20～＋65℃
海拔高度	4000m
允许相对湿度	0～95%,无冷凝
冷却方式	风冷,风速可调
夜间自耗电	<20W
显示与通讯	
标准通讯方式	RS485
显示	LCD
机械参数	
外形尺寸(长×宽×高)	545mm×220mm×750mm
重量	50kg

任务七　认识有源逆变电路(拓展)

一、逆变的概念

前面讨论的是把交流电能变换为直流电能并供给负载的可控整流电路。但生产实际中,往往还会出现需要将直流电能变换为交流电能的情况。例如,应用晶闸管的电力机车,当机车下坡运行时,机车上的直流电机将由于机械能的作用作为直流发电机运行,此时就需要将直流电能变换为交流电能回送电网,以实现电机制动。又如,运转中的直流电机,要实现快速制动,较理想的办法是将该直流电机作为直流发电机运行,并利用晶闸管将直流电能变换为交流电能回送电网,从而实现直流电机的发电机制动。整流与逆变的能量传递关系见图5-48。

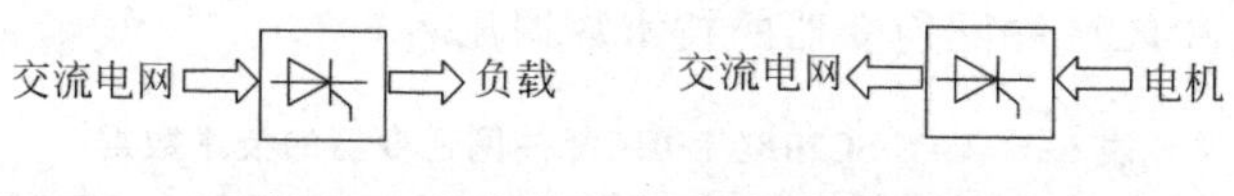

图5-48　整流与逆变的能量传递关系

相对于整流而言,逆变是它的逆过程,一般习惯于称整流为顺变,则逆变的含义就十分明显了。整流装置在满足一定条件下可以作为逆变装置应用。即同一套电路,既可以工作在整流状态,也可以工作在逆变状态,这样的电路统称为变流装置。

根据输出交流电能的去向,逆变器电路可分为有源逆变和无源逆变两大类。

如果将逆变器的交流侧接到交流电网上,把直流电逆变为同频率的交流电反送到电网上,称为有源逆变。它用于直流电动机的调速、绕线型异步电动机的串级调速、电力机车的下坡行驶、电梯和卷扬机的重物下放时、高压直流输电和太阳能发电等方面。

如果逆变器的交流侧不与交流电网连接,而是直接接到负载,即把直流电逆变为某一固定频率或可调频率的交流电供给负载,则称为无源逆变或变频电路。它在交流电动机的变频调速、感应炉加热、不间断电源、开关电源等方面应用十分广泛,是电力电子技术应用的一个重要方向。

二、有源逆变过程的能量转换

分析有源逆变电路的关键是把握电源间的能量转换关系。整流与逆变的根本区别就是能量传递方向不同。图5-49所示是直流发电机与直流电动机之间电能的流动关系,其中M是他励直流电动机,G是直流发电机。控制发电机G电动势的大小和极性可实现直流电动机M的四象限运行,现就下面几种情况分析电路的能量关系。

下面电路分三种情况加以说明分析,注意这三个电路的连接有什么不同。

图5-49(a)中表示发电机G向电动机M供电,$E_G>E_M$,电流I_d从E_G流向E_M,电能由发电机流向电动机,转变为电动机的机械能,电动机电动运行。

负载电流I_d为

$$I_d=\frac{E_G-E_M}{R_Z}\tag{5-21}$$

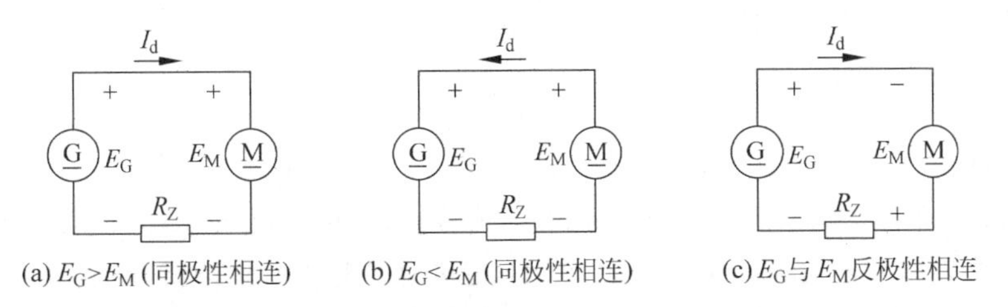

图 5-49　直流发电机与直流电动机之间电能的流动关系

发电机输出功率：

$$P_G = E_G I_d \tag{5-22}$$

电动机吸收功率：

$$P_M = E_M I_d \tag{5-23}$$

图 5-49(b)中电动机 M 运行在发电制动状态，$E_G<E_M$，电流反向流动，I_d 从 E_M 流向 E_G，故电动机输出功率，发电机吸收功率。电动机输出的机械能转变为电能反送给发电机。负载电流 I_d 为

$$I_d = \frac{E_M - E_G}{R_Z} \tag{5-24}$$

图 5-44(c)中改变电动机 G 励磁电流方向，使 E_M 与 E_G 的方向一致。这时两个电动势顺向串联，向电阻 R_Z 供电。发电机和电动机都输出功率，因电阻 R_Z 一般都很小，形成很大的短路电流(这种情况是不允许的)，如下式所示：

$$I_d = \frac{E_M + E_G}{R_Z} \tag{5-25}$$

综上所述，可得出以下结论：

① 两电动势同极性相连，电流总是从高电势流向低电势，其电流的大小取决于两个电势之差与回路总电阻的比值。两个电源反极性相连，如果电路的总电阻很小，将形成电源间的短路，实际中应避免发生这种情况。如果回路电阻很小，则很小的电势差也足以形成较大的电流，两电动势之间发生较大能量的交换。

② 电流从电动势的正极流出，该电动势输出电能；而电流从电动势的正极流入，该电动势吸收电能。电源输出或吸收功率的大小由电势与电流的乘积来决定，若电势或者电流方向改变，则电能的传送方向也随之改变。两个电势源同极性相连接时，电流的流向：高电势→低电势。

三、有源逆变电路的工作原理

以卷扬机械为例，由单相全波整流电路供电给直流电动机为动力，分析提升和下放重物两种工作情况。

1. 提升重物时，变流器工作于整流状态($0^\circ \leqslant \alpha \leqslant 90^\circ$)

图 5-50 为提升重物的直流卷扬系统原理及输出波形。电动机 M 处于电动状态，提升

重物。整流器输出功率，电动机吸收功率。输出平均电流 I_d 为

$$I_d = \frac{U_d - E}{R_d} \tag{5-26}$$

式(5-25)中，E 为电动机的反电动势，R_d 为电机绕组电阻，如果减小 α 则 U_d 增大，I_d 瞬时随之增大，导致电动机电磁转矩增大而大于负载转矩，电机做加速运行，转速升高，提升速度加快。随着转速升高，$E=C_e\Phi n$ 增大，使 I_d 随转速的升高而逐渐降低，当 I_d 减小至 U_d 增大前的数值时，电路达到平衡，电机结束加速过程，在较高的转速下匀速提升重物。反之 α 增大则电动机转速会下降。所以，改变控制角 α 可以方便地改变提升速度。

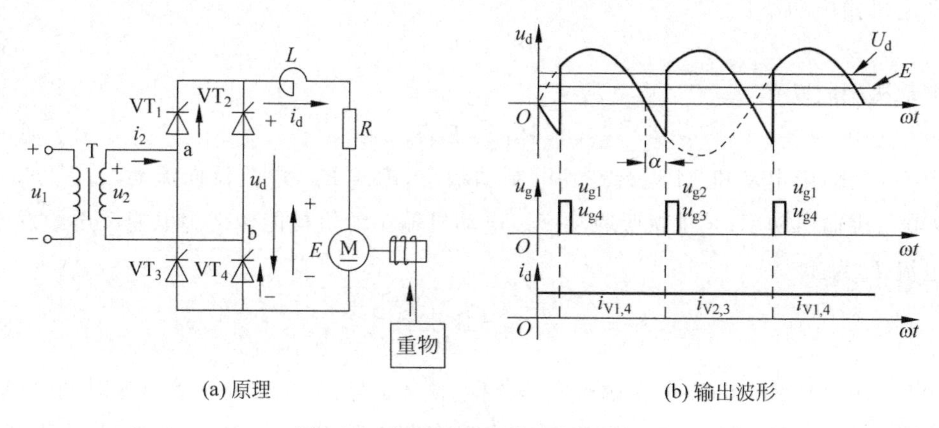

图 5-50　提升重物的直流卷扬系统

2. 下放重物时，变流器工作于逆变状态(90°≤α≤180°)

下放重物时由于重力作用，重物的重力拖动电动机反转，使电动机处于发电状态，其原理及输出波形如图 5-51 所示。电机反转时其电动势 E 的极性也发生改变，变为上负下正。如果整流电路的控制角 α 仍在 0～90°范围内变化，U_d 的极性就不会变，这样就会和电动势 E 顺向串联形成短路。为了保证安全，要求 U_d 的极性必须反过来，即上负下正。因此，整流电路的控制角 α 必须在 90°～180°范围内变化。此时，电流 I_d 为

$$I_d = \frac{|E| - |U_d|}{R_a} \tag{5-27}$$

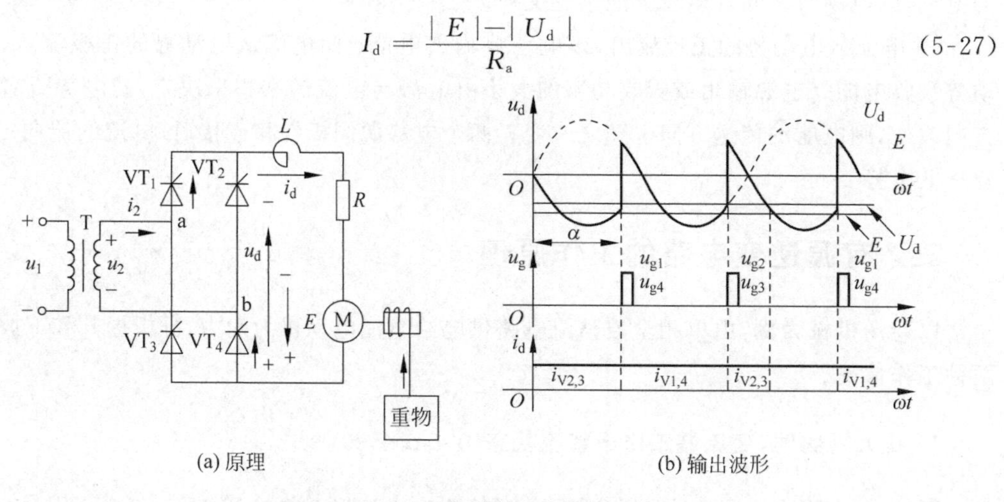

图 5-51　下放重物时的直流卷扬系统

由于晶闸管的单向导电性，I_d 方向仍然应该是从整流电路流入电动机负载保持不变。如果逆变时 $|E|<|U_d|$，则因晶闸管的单向导电性不能改变 I_d 的方向而迫使 $I_d=0$，如果 $|E|>|U_d|$，则 I_d 将保持整流状态时的方向，使回路中有电流通过，只是此时是由电动机电动势 E 的正极流出、负极流入而构成回路的，所以电动机的电势 $|E|$ 必须大于 $|U_d|$ 逆变回路中才能有电流。此时晶闸管的阳极电位大部分处于交流电压的负半周期，但由于有外接直流电动势 E 的存在，使晶闸管仍然承受正向电压导通。电动势 E 的极性发生了改变但电流的方向不变，因此处于发电状态的电动机就发出功率，通过变流电路，将直流功率逆变成 50Hz 的交流电返送回电网，这就是有源逆变工作状态。

从上述的分析可以归纳出要实现有源逆变有两个条件：

① 外部条件。务必要有一个极性与晶闸管导通方向一致的直流电势源。这种直流电势源可以是直流电机的电枢电势，也可以是蓄电池电势。它是使电能从变流器的直流侧回馈交流电网的源泉，其数值应稍大于变流器直流侧输出的直流平均电压。

② 要求变流器中晶闸管的控制角 $\alpha>\pi/2$，这样才能使变流器直流侧输出一个负的平均电压，以实现直流电源的能量向交流电网的流转。

上述两个条件必须同时具备才能实现有源逆变。

必须指出，对于半控桥或者带有续流二极管的可控整流电路，因为它们在任何情况下均不可能输出负电压，也不允许直流侧出现反极性的直流电势，所以不能实现有源逆变。

根据波形，逆变时的直流电压为

$$U_d = \frac{1}{R}\int_{\alpha}^{\alpha+\pi} \sqrt{2}U_2 \sin\omega t\,d(\omega t) = 0.9U_2\cos\alpha \tag{5-28}$$

逆变公式与整流时的输出电压计算公式相同。

因逆变时的 $\alpha>90°$，$\cos\alpha$ 计算不方便，所以引入逆变角 β 的概念，令 $\beta=180°-\alpha$，则

$$U_d = 0.9U_2\cos(180°-\beta) = -0.9U_2\cos\beta \tag{5-29}$$

逆变角为 β 的触发脉冲，可看成是控制角 $\alpha=180°$ 的脉冲前移（左移）β 角。

四、三相半波逆变电路

图 5-52 为三相半波可控电路，其负载为电动机。电动机的反电动势 E 的极性如图 5-52(a) 所示，当 $|E|>|U_d|$，控制角 $\alpha>90°$，可以实现有源逆变。逆变电路输出电压 U_d 计算公式和整流电路的计算公式相同（均为 $1.17U_2\cos\alpha$）。

由于逆变时 $\alpha>90°$，计算 $\cos\alpha$ 不方便，所以引入逆变角 β，二者的关系为 $\alpha=\pi-\beta$，则 U_d 的计算公式可改写成：

$$U_d = -1.17U_2\cos\beta \tag{5-30}$$

逆变角为 β 的触发脉冲起算点可从 $\alpha=180°$ 的时刻左移 β 角来确定。

图 5-52(b) 为 $\beta=60°$（即 $\alpha=120°$）时的逆变波形。在 $\beta=60°$ 时给晶闸管 VT_1 触发脉冲信号 u_{g1}，因有 E 的作用，u_a 为正，VT_1 管导通（即使 u_a 为负，但 $|E|>|u_a|$，VT_1 管仍可能承受正压而导通）。电动机此时具有发电功能，提供电能，电流 i_d 从 E 的正极流出，经 a 相流入 VT_1 管，$u_d=u_a$，电路中的开关器件按电源相序依次换相，每个晶闸管导通 120°，u_d 波形如图 5-52(b) 中实线所示，直流平均电压在横轴下面为负值，数值比电动机的反电动势 E 略小。

逆变时管子两端电压波形与整流时一样，以 VT_1 管为例，一个周期内先 120°导通，接着 120°由于 VT_2 管导通承受 u_{ab} 电压，最后 120°由于 VT_3 管导通承受 u_{ac} 电压，其波形如图 5-52(b)所示。

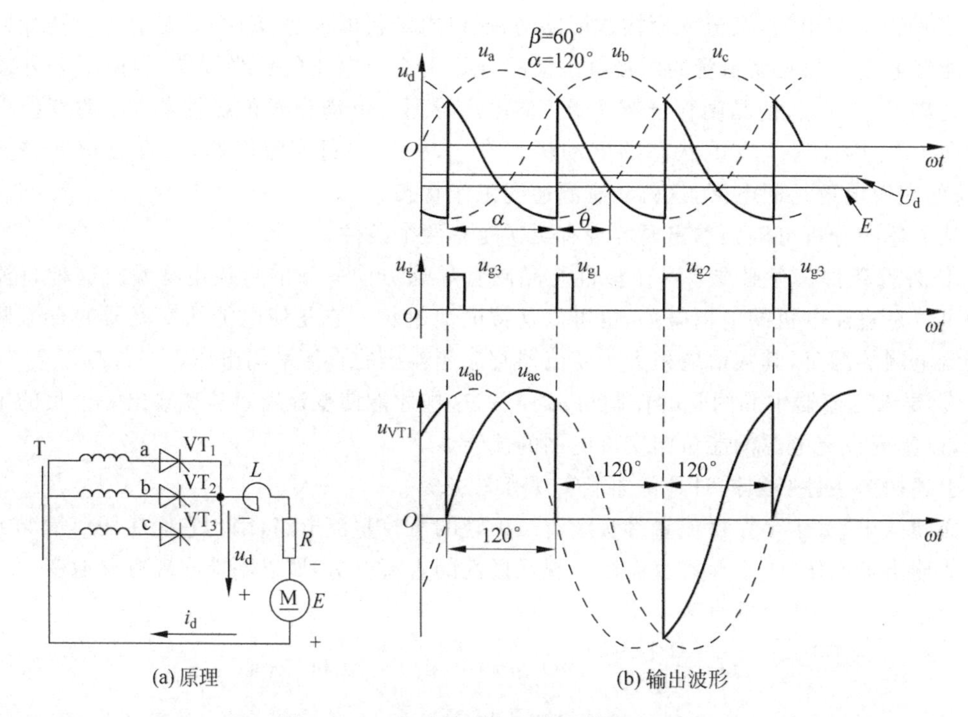

(a) 原理　　(b) 输出波形

图 5-52　三相半波逆变电路及其输出波形

五、三相桥式有源逆变电路

三相桥式全控整流电路用作有源逆变时，就成为三相桥式有源逆变电路。三相桥式逆变电路及其输出波形如图 5-53 所示。如果变流器输出电压 U_d 与直流电机电势 E_D 的极性如图所示(均为上负下正)，当电势 E_D 略大于平均电压 U_d 时，回路中产生的电流 I_d 为

$$I_d = \frac{E_D - U_d}{R} \tag{5-31}$$

式中，R 为变压器绕组的等效电阻和变流器直流侧总电阻之和。

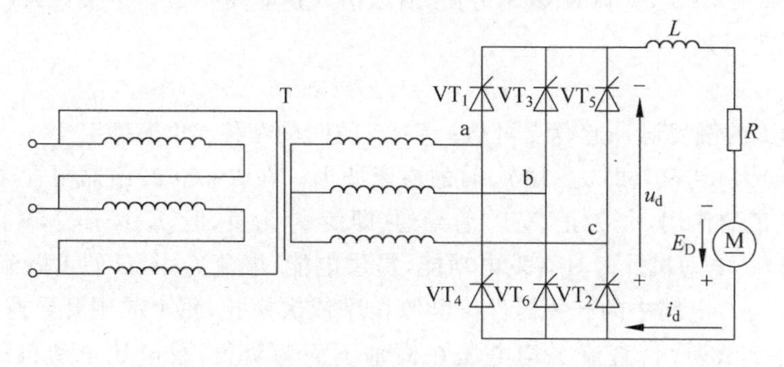

图 5-53　三相桥式逆变电路及其输出波形

电流 I_d 的流向是从 E_D 的正极流出而从 U_d 的正极流入，即电机向外输出能量，以发电状态运行；变流器则吸收能量并以交流形式回馈到交流电网，此时电路即为有源逆变工作状态。与三相桥式整流电路一样，要求每隔 60°依次触发一个晶闸管，使晶闸管 $VT_1 \sim VT_6$ 依次导通，保证每个瞬间共阴极组和共阳极组各有一个晶闸管导通。电流连续时，每个晶闸管导通 120°，触发脉冲必须是双窄脉冲或者是宽脉冲。输出直流侧电压为

$$U_d = -2.34U_2\cos\beta \tag{5-32}$$

式中，U_2 为交流侧变压器副边相电压有效值。

电势 E_D 的极性由电机的运行状态决定，而变流器输出电压 U_d 的极性则取决于触发脉冲的控制角。欲得到上述有源逆变的运行状态，显然电机应以发电状态运行，而变流器晶闸管的触发控制角 α 应大于 $\pi/2$，或者逆变角 β 小于 $\pi/2$。在有源逆变工作状态下，电路中输出电压的波形如图 5-54 实线所示。此时，晶闸管导通的大部分区域均为交流电的负电压，晶闸管在此期间由于 E_D 的作用仍承受极性为正的相电压(如在 VT_1/VT_6 导通时，VT_3 的阳极阴极承受的电压就是 $U_{ba}>0$，所以输出的平均电压就为负值(U_{ab}的值)。

上述电路中，晶闸管阻断期间主要承受正向电压，而且最大值为线电压的峰值。

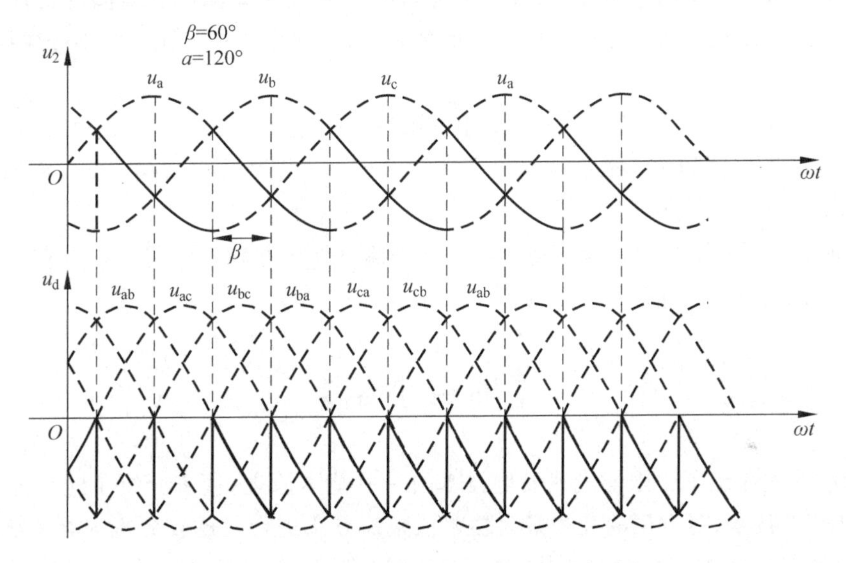

图 5-54　三相桥式逆变电路的输出波形

六、逆变失败原因分析及逆变角的限制

电路在逆变状态运行时，如果出现晶闸管换流失败，则变流器输出电压与直流电压将顺向串联并相互加强，由于回路电阻很小，必将产生很大的短路电流，以至可能将晶闸管和变压器烧毁，上述事故称之为逆变失败或叫做逆变颠覆。造成逆变失败的原因很多，大致可归纳为以下四个方面。

1. 触发电路工作不可靠

因为触发电路不能适时、准确地供给各晶闸管触发脉冲，造成脉冲丢失或延迟以及触发功率不够，均可导致换流失败。一旦晶闸管换流失败，势必形成一只元件从承受反向电压导通延续到承受正向电压导通，U_d 反向后将与 E_D 顺向串联，出现逆变颠覆。

2. 晶闸管出现故障

如果晶闸管参数选择不当,例如额定电压选择裕量不足,或者晶闸管存在质量问题,都会使晶闸管在应该阻断的时候丧失了阻断能力,而应该导通的时候却无法导通。读者不难从有关波形图上分析发现,晶闸管出现故障也将导致电路的逆变失败。

3. 交流电源出现异常

从逆变电路电流公式 $I_d=\frac{E_D-U_d}{R}$ 可以看出:电路在有源逆变状态下,如果交流电源突然断电或者电源电压过低,上述公式中的 U_d 都将为零或减小,从而使电流 I_d 增大以至发生电路逆变失败。

4. 电路换相时间不足

有源逆变电路的控制电路在设计时,应充分考虑到变压器漏电感对晶闸管换流的影响以及晶闸管由导通到关断存在着时间延迟的影响,否则将由于逆变角 β 太小造成换流失败,从而导致逆变颠覆的发生。

在设计逆变电路时,应考虑到最小 β 角的限制,用 β_{min} 角除受上述重叠角 γ 的影响外,还应考虑到元件关断时间 t_q(对应的电角度为 δ)以及一定的安全裕量角 θ_α,从而取 $\beta_{min}=\gamma+\delta+\theta_\alpha$

一般取 $\beta_{min}=30°\sim35°$,以保证逆变时正常换流。一般在触发电路中均设有最小逆变角保护,触发脉冲移相时,确保逆变角 β 不小于 β_{min}。

【项目小结】

本项目首先介绍了太阳能光伏发电技术的一些基本原理,接着介绍了光伏发电中常用的几种 MPPT 技术,对常用的几种最大功率点跟踪方法进行了比较分析;紧接着介绍了隔离型、非隔离型光伏并网系统的拓扑结构和工作原理,还介绍了孤岛效应及其反孤岛技术,并以南京康尼科技公司的光伏发电实训系统为例对光伏系统的充电电路、升压电路、逆变主电路、输出滤波器进行了分析与设计,最后介绍了两个光伏并网逆变器的应用实例,在拓展任务中介绍了有源逆变的原理。

思考与练习五

5-1 若要利用太阳能光伏发电技术为额定电压为 48V 的蓄电池进行充电,需要多少片光伏电池?(为保证可靠充电,一般太阳能控制板的电压为电池的 1.5 倍)

5-2 试从光电转换效率、制作成本、技术成熟度等方面比较单晶硅、多晶硅、非晶硅的特点。

5-3 光伏电池的输出特性除与电池自身的参数有关外还与哪些参数有关?在光照强

度一定的情况下,温度变化对光伏电池的短路电流、输出电压、输出功率有何影响?当温度一定时,光照强度对光伏电池的短路电流、输出电压、输出功率有何影响?

5-4　试述什么是太阳能电池的填充因数?它与太阳能电池的效率有何区别?

5-5　试述影响太阳能电池效率的因素以及提高太阳能电池效率的方法。

5-6　什么是最大功率点跟踪(MPPT)技术?常用的 MPPT 控制方法有哪几种?各有何优缺点?

5-7　太阳能光伏发电系统由哪几部分构成?其作用是什么?

5-8　独立光伏发电系统和并网光伏发电系统有何区别?

5-9　试分析光伏并网逆变器与电网进行并网的工作原理。

5-10　光伏并网逆变器应具备哪些基本功能?

5-11　高频隔离型光伏并网逆变器的有何优点与缺点?它主要分为哪两种拓扑结构?

5-12　非隔离型光伏并网逆变器与隔离型光伏并网逆变器相比有何优缺点?

5-13　什么是光伏并网系统的孤岛效应?孤岛效应有何危害?

5-14　常用的反孤岛技术有哪几种?各有何优缺点?

5-15　简述 PWM 控制芯片 SG3525 的引脚名称及作用。

5-16　图 5-55 所示为某公司的光伏并网逆变器主电路,试简要分析其工作原理,并说明其是隔离型还是非隔离型系统,是单级系统还是多级系统。

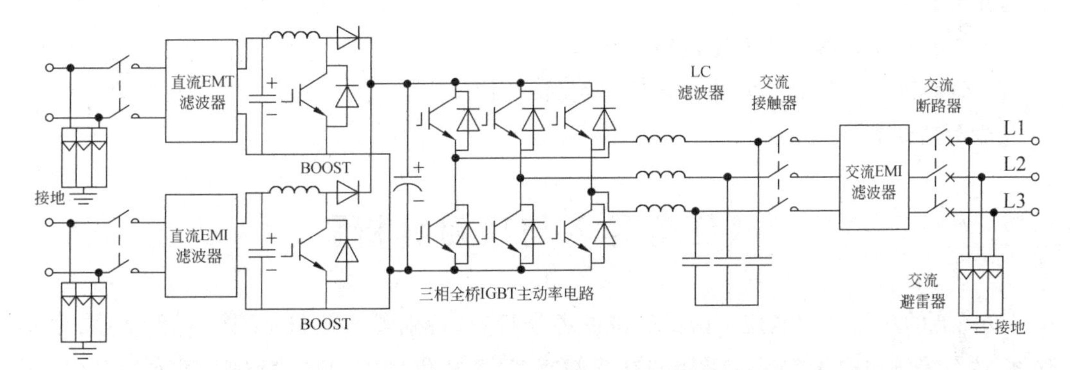

图 5-55　某公司的光伏并网逆变器主电路

5-17　光伏并网逆变电路中低通滤波器的谐振频率是如何设计的?

5-18　在实际应用中光伏并网型逆变器有哪些保护措施?

项目六　以变频器为典型应用的交-直-交变换电路

【项目聚焦】

通过对西门子变频器的分析，介绍逆变器主电路的原理、功能及安装调试注意事项。

【知识目标】

【器件】 了解 GTR、IGBT 等全控型器件在变频器中的应用。

【电路】 掌握应用于变频器的 DC-AC 变换电路的拓扑结构和工作原理。

【控制】 ① 掌握变频器的变频控制原理。

② 掌握 SPWM 控制电路的基本构成和原理。

【技能目标】

① 能够对变频器相关电路进行分析；

② 能够进行变频器的安装调试、故障分析及检修。

【学时建议】 8 学时。

【任务导入与项目分析】

变频器的应用几乎涵盖了国民经济的各个行业，特别是在建材、钢铁、有色金属、采油、石化、纺织等领域应用广泛。采用变频器调速，除了替代过去的老式调速，更多的是用于老式调速无法胜任的新的调速领域。变频器即电压频率变换器，是一种将工频交流电变为频率和电压可调的三相交流电的电气设备，用于驱动交流电动机进行连续平滑调速。与传统的直流调速装置相比，变频器控制精度更高、工作更安全、操作过程更简便、节能效果更好。图 6-1 所示为西门子通用变频器外形图，图 6-2 所示为变频器的外部接线图，图 6-3 所示为变频器的主电路图。

变频器作为电动机的电源装置，在工业生产中使用广泛。以西门子工业通用变频器为载体，可将本项目分为认识变频器、变频调速电路分析、变频器故障检修等 3 个任务来学习。通过本项目的学习与训练后希望能够做到：

- ◇ 了解变频器的发展和应用；
- ◇ 掌握变频器的结构及工作原理；
- ◇ 掌握三相桥逆变电路的工作原理；
- ◇ 熟悉 SPWM 控制电路的基本构成和原理。

图 6-1　西门子通用变频器外形图

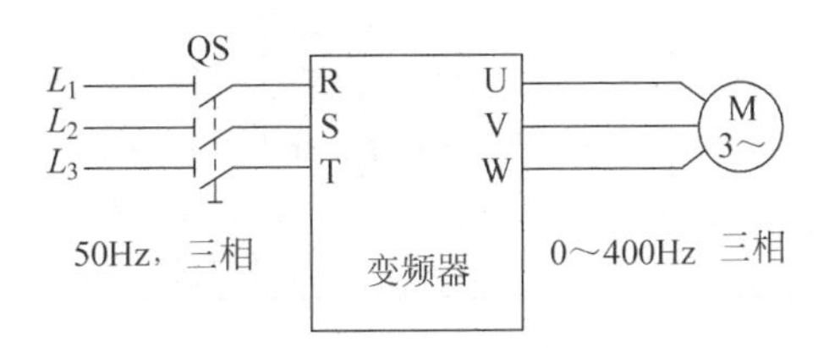

图 6-2　变频器外部接线图

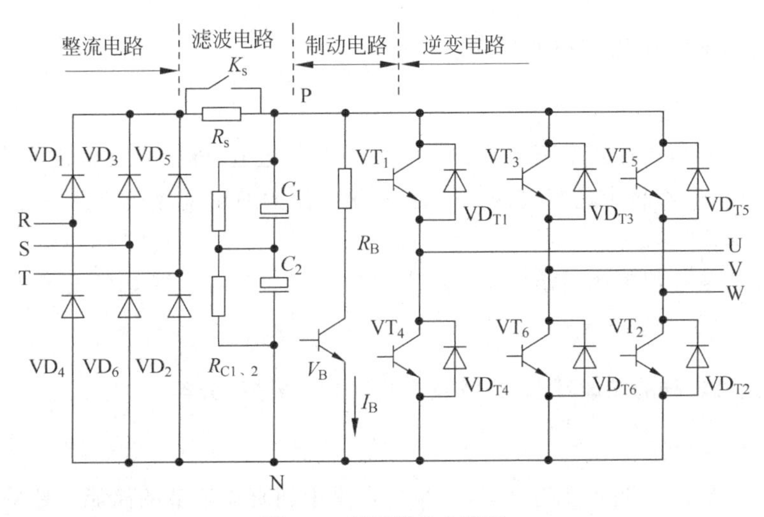

图 6-3　变频器主电路图

任务一　认识变频器

一、变频器应用概述

变频器是一种静止的频率变换器，可将电网电源的 50Hz 频率交流电变成频率可调的交流电。作为电动机的电源装置，变频器具有体积小、重量轻、精度高、保护齐全、可靠性高、通用性强等优点，变频器除了具有卓越的调速性能之外，还具有显著的节能作用，是企业技术改造和产品更新换代的理想调速方式。变频器作为节能应用与速度工艺控制中越来越重要的自动化设备，得到了快速发展和广泛的应用，变频器的应用见表 6-1。

表 6-1　变频器的应用

应 用 目 的	应用范围及效果
节能	风机、泵类、挤压机、搅拌机等。通过调节电动机转速达到节能目的，通过节能在几年内即可收回改造成本
自动化	提高搬运机械停止位置的精度；提高生产线速度、控制精度；采用有反馈装置的流量控制实现自动化
提高产品质量	生产加工实现最佳速度控制及协调生产线内各装置的速度，使其同步、同速，以提高产品的质量和加工精度
提高生产率	根据产品种类联网控制，实现生产线的最佳速度，提高生产率
增加设备使用寿命	采用对设备不产生冲击的启动、停止及空载低速运行等方式，增加设备的使用寿命
增加舒适度	电梯、电车等，采用平滑加速、减速，以提高乘坐的舒适性；改变空调间断运行为变速连续运行，使室内温差减小，增大环境舒适度

二、变频器的分类与特点

1. 根据变频器的变流环节的不同进行分类

(1) 交直交变频器

交直交变频器是先将频率固定的交流电整流成直流电，再把直流电逆变成频率任意可调的三相交流电，又称间接式变频器。目前，应用广泛的通用型变频器都是交直交变频器。

(2) 交交变频器

交交变频器就是把频率固定的交流电直接转换成频率任意可调的交流电，而且转换前后的相数相同，又称直接式变频器。

2. 根据直流电路的储能环节(或滤波方式)的不同进行分类

(1) 电压型变频器

电压型变频器的储能元件为电容器，其特点是中间直流环节的储能元件采用大电容，负载的无功功率将由它来缓冲，直流电压比较平稳，直流电源内阻较小，相当于电压源，故称电压型变频器，常选用于负载电压变化较大的场合，如图 6-4(a)所示。

(2) 电流型变频器

电流型变频器的储能元件为电感线圈，因此其特点是中间直流环节采用大电感作为储能环节，缓冲无功功率，即扼制电流的变化，使电压接近正弦波，由于该直流内阻较大，故称电流型变频器，如图 6-4(b)所示。

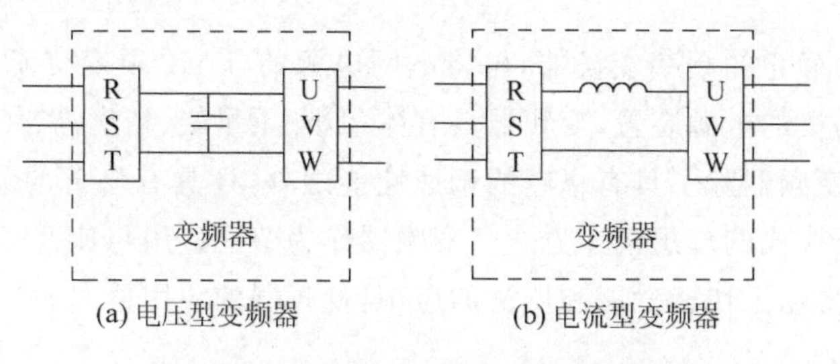

(a) 电压型变频器　(b) 电流型变频器

图 6-4　电压型变频器和电流型变频器

3. 根据电压的调制方式不同进行分类

(1) 正弦波脉宽调制(SPWM)变频器

正弦波脉宽调制变频器是指输出电压的大小是通过调节脉冲占空比来实现的,且载波信号用等腰三角波,而调制信号采用正弦波。中、小容量的通用变频器几乎全都是此类变频器。

(2) 脉幅调制(PAM)变频器

脉幅调制变频器是指将变压与变频分开完成,即在把交流电整流为直流电的同时改变直流电压的幅值,而后将直流电压逆变为交流电时改变交流电频率的变压变频控制方式。

4. 根据应用场合分类不同进行分类

(1) 通用变频器

通用变频器的特点是其通用性,可应用在标准异步电机传动、工业生产及民用、建筑等各个领域。通用变频器的控制方式,已经从最简单的恒压频比控制方式向高性能的矢量控制、直接转矩控制等发展。

(2) 专用变频器

专用变频器的特点是其行业专用性,它针对不同的行业特点集成了可编程控制器以及很多硬件外设,可以在不增加外部板件的基础上直接应用于行业中。比如,恒压供水专用变频器就能处理供水中变频与工频切换、一拖多控制等。

5. 根据控制方式不同进行分类

(1) V/F 控制

V/F 控制是在改变变频器输出频率的同时改变输出电压的幅值,以维持电动机磁通基本不变,从而在较宽的调速范围内,使电动机的效率、功率因数不下降。属于开环控制,无需速度传感器,控制电路简单。

(2) 转差率控制

转差率控制是指能够在控制过程中保持磁通的恒定,能够限制转差率的变化范围,且通过转差率调节异步电动机的电磁转矩的控制方式。转差频率控制需检测出电动机的转速,速度调节器的输出为转差频率,然后以电动机速度与转差频率之和作为变频器的给定输出频率。属于闭环控制,速度的静态误差小,控制能力提高。

(3) 矢量控制

采用矢量坐标变换来实现对异步电机定子励磁电流分量和转矩电流分量的解耦控制,保持电机磁通的恒定,进而达到良好的转矩控制性能,实现高性能控制。

6. 按电压等级不同分类

(1) 低压变频器

低压变频器电压通常为 220V、三相 380V。容量为 0.2～280kW,属于中小容量变频器,采用 IGBT 管作为开关器件,本项目介绍的就是此类变频器。

(2) 高压变频器

高压变频器一种是采用升降压变压器形式的，称为“高-低-高”式变频器；另一种是采用高压大容量 GTO 晶闸管，无输入、输出变压器。

三、电压型变频器和电流型变频器主电路

变频电路分为交交变频和交直交变频两种。目前已被广泛地应用在交流电动机变频调速中的变频器是交直交变频器，它是先将恒压恒频的交流电通过整流器整流成直流电，再经过逆变器将直流电变换成可调的交流电的间接型变频电路，其主电路结构框图如图 6-5 所示。

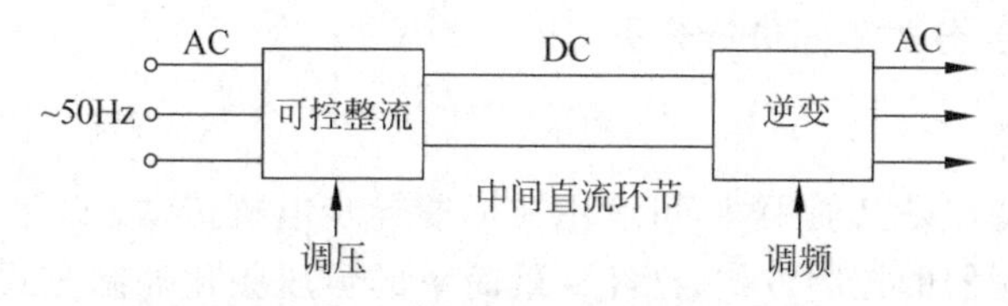

图 6-5 变频器主电路结构框图

在交直交变频器中，当中间直流环节采用大电容滤波时，直流电压波形比较平直，输出交流电压是矩形波或阶梯波，这类变频器叫做电压型变频器；当中间直流环节采用大电感滤波时，直流电流波形比较平直，输出交流电流是矩形波或阶梯波，这类变频器叫做电流型变频器。电压型变频器和电流型变频器的特点见表 6-2。

表 6-2 电压型变频器和电流型变频器的特点

名　称	电压型变频器	电流型变频器
储能元件	电容器	电抗器
输出波形的特点	电压波形为矩形波 电流波形近似正弦波	电流波形为矩形波 电压波形为近似正弦波
回路构成上的特点	有反馈二极管，直流电源并联大容量电容(低阻抗电压源)，电动机四象限运转需要再生用变流器	无反馈二极管，直流电源串联大电感(高阻抗电流源)，电动机四象限运转容易
特性上的特点	负载短路时产生过电流 开环电动机也可能稳定运转	负载短路时能抑制过电流 电动机运转不稳定需要反馈控制
适用范围	适用于作为多台电机同步运行时的供电电源但不要求快速加减的场合	适用于一台变频器给一台电机供电的单电机传动，但可以满足快速启制动和可逆运行的要求

1. 电压型变频器的逆变电路

电压型变频器的逆变电路采用三相桥式电路结构，如图 6-6 所示。该图中用 6 个 IGBT 管作为可控元件，VT_1 与 VT_4、VT_3 与 VT_6、VT_5 与 VT_2 构成三对桥臂，二极管 $VD_1 \sim VD_6$ 为续流二极管。电压源型三相桥式变频电路的基本工作方式为 180°导电型，即每个桥臂的导电角度为 180°，同一相上下桥臂交替导电，各相开始导电的时间依次相差 120°。由于每次换流都在同一相上下桥臂之间进行，因此称为纵向换流。在一个周期内，6 个管子触发导

通的次序为 VT_1～VT_6，依次相隔 60°，任意时刻均有三个管子同时导通，导通的组合顺序为 $VT_1VT_2VT_3$、$VT_2VT_3VT_4$、$VT_3VT_4VT_5$、$VT_4VT_5VT_6$、$VT_5VT_6VT_1$ 和 $VT_6VT_1VT_2$，每种组合工作 60°电角度。由于每个控制脉冲的宽度为 180°，因此每个开关元件的导通宽度也为 180°。如果改变控制电路中一个工作周期 T 的长度，则可改变输出电压的频率。改变变频桥开关管的触发频率，能改变输出电压的频率及相序，从而可实现电动机的变频调速。

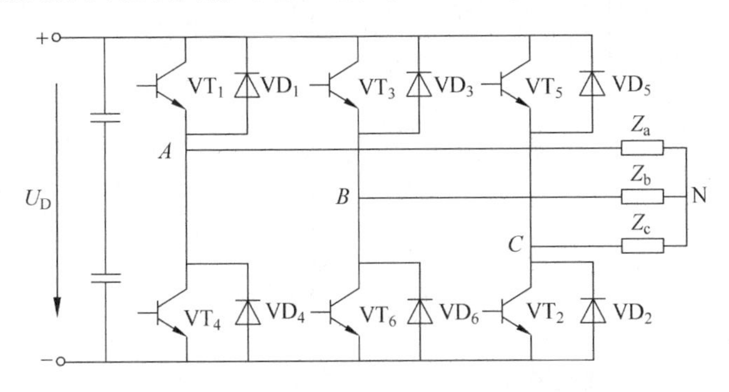

图 6-6　电压型变频器逆变电路图

对于 180°导电压型变频电路，由于是纵向换流，存在着同一桥臂上的两个元件一个关断、同时另一元件导通的时刻，例如在 $\omega t=\pi/3$ 时，要关断 VT_1，同时控制导通 VT_4。所以为了防止同相上、下桥臂同时导通而引起直流电源的短路，必须采取先断后通的方法，即上、下桥臂的驱动信号之间必须存在死区，即两个元件同时处于关断状态，其工作状态见表 6-3。

表 6-3　三相电压型变频电路工作状态

ωt		$0\sim\frac{1}{3}\pi$	$\frac{1}{3}\pi\sim\frac{2}{3}\pi$	$\frac{2}{3}\pi\sim\pi$	$\pi\sim\frac{4}{3}\pi$	$\frac{4}{3}\pi\sim\frac{5}{3}\pi$	$\frac{5}{3}\pi\sim2\pi$
导通开关		VT_1、VT_2、VT_3	VT_2、VT_3、VT_4	VT_3、VT_4、VT_5	VT_4、VT_5、VT_6	VT_5、VT_6、VT_1	VT_6、VT_1、VT_2
负载等效电路		+ Z_a Z_b N Z_c −	+ Z_b N Z_a Z_c −	+ Z_a Z_c N Z_a −	+ Z_c N Z_a Z_b −	+ Z_a Z_c N Z_b −	+ Z_a N Z_a Z_c −
输出相电压	u_{AN}	$\frac{1}{3}U_D$	$-\frac{1}{3}U_D$	$-\frac{2}{3}U_D$	$-\frac{1}{3}U_D$	$\frac{1}{3}U_D$	$\frac{2}{3}U_D$
	u_{BN}	$\frac{1}{3}U_D$	$\frac{2}{3}U_D$	$\frac{1}{3}U_D$	$-\frac{1}{3}U_D$	$-\frac{2}{3}U_D$	$-\frac{1}{3}U_D$
	u_{CN}	$-\frac{2}{3}U_D$	$-\frac{1}{3}U_D$	$-\frac{1}{3}U_D$	$\frac{2}{3}U_D$	$\frac{1}{3}U_D$	$-\frac{1}{3}U_D$
输出线电压	u_{AB}	0	$-U_D$	$-U_D$	0	U_D	U_D
	u_{BC}	U_D	U_D	0	$-U_D$	$-U_D$	0
	u_{CA}	$-U_D$	0	U_D	U_D	0	$-U_D$

电压型变频器的主电路如图 6-7 所示。由图 6-7 可知，整流器采用二极管构成三相桥式不可控整流电路，完成交流到直流的变换，其输出直流电压 U_d 是不可控的；中间直流环

节用大电容 C 滤波；IBGT 管 $VT_1 \sim VT_6$ 构成三相桥式逆变器，完成直流到交流的变换，并能实现输出频率和电压的同时调节，$VD_1 \sim VD_6$ 是电压型逆变器所需的反馈二极管。

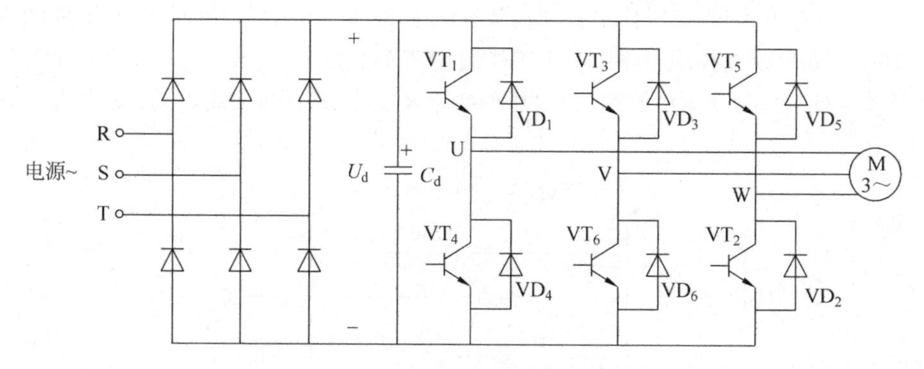

图 6-7　电压型变频器主电路

2. 电流型变频器的逆变电路

电流型变频器的主电路如图 6-8 所示。由图 6-8 可知，整流器采用晶闸管构成的三相桥式可控整流电路，完成交流到直流的变换，输出可控的直流电压 U，实现调压功能；中间直流环节用大电感 L 滤波；逆变器采用晶闸管构成的串联二极管式电流型逆变电路，完成直流到交流的变换，并实现输出频率的调节。

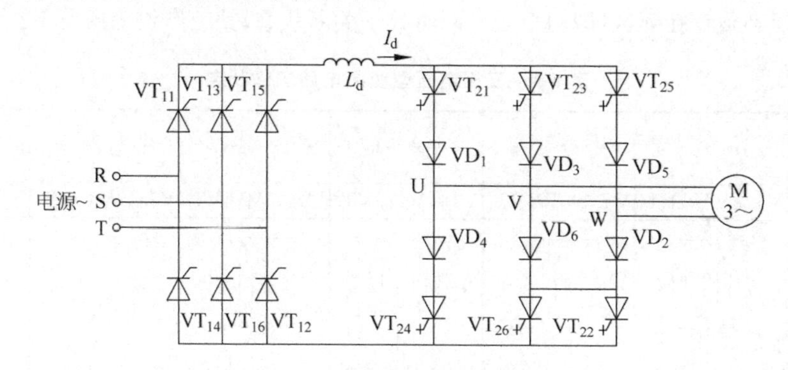

图 6-8　电流型变频器主电路图

电流型变频器的逆变电路采用三相桥式电路结构，如图 6-9 所示。电流型三相桥式变频电路的基本工作方式是 120°导通方式，每个可控元件均导通 120°，与三相桥式整流电路相似，任意瞬间只有两个桥臂导通。导通顺序为 $VT_1 \sim VT_6$，依次相隔 60°，每个桥臂导通 120°，这样，每个时刻上桥臂组和下桥臂组中都各有一个臂导通。换流时，在上桥臂组或下桥臂组内依次换流，称为横向换流，所以即使出现换流失败，即出现上桥臂（或下桥臂）两个 IGBT 同时导通的时刻，也不会发生直流电源短路的现象，上、下桥臂的驱动信号之间不必存在死区。为了避免 IGBT 管在电路中承受过高的反向电压，图 6-9 中每个 IGBT 的发射极都串有二极管，即 $VD_1 \sim VD_6$。它们的作用是，当 IGBT 承受反向电压时，由于所串二极管同样也承受反向电压，二极管呈反向高阻状态，相当于在 IGBT 的发射极串接了一个大的分压电阻，从而减小了 IGBT 所承受的反向电压。如果改变控制电路中一个工作周期 T 的长度，则可改变输出电流的频率。电流型变频电路工作波形如图 6-10 所示。改变控制电路

中一个工作周期 T 的长度，则可改变输出电流的频率。

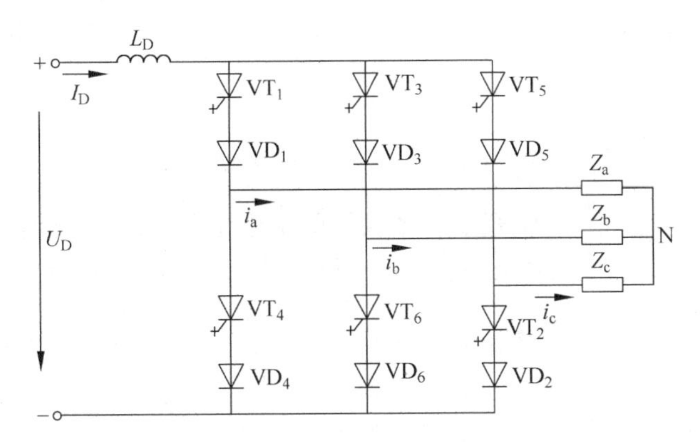

图 6-9　电流型变频器逆变电路图

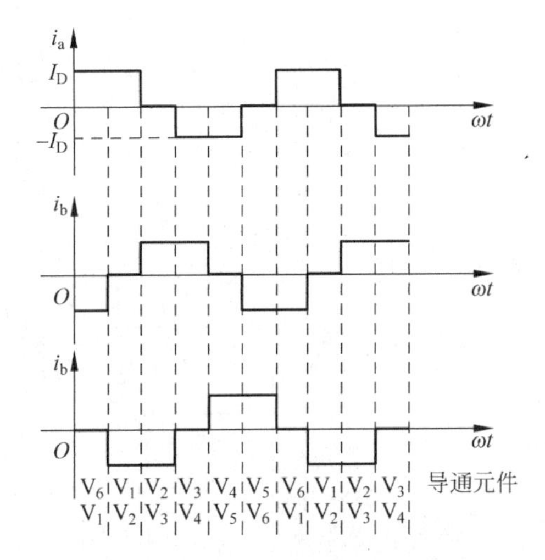

图 6-10　电流型变频电路工作波形图

任务二　变频器的工作原理

变频器是把电压、频率固定的交流电变成电压、频率可调的交流电的电力电子装置，通用变频器大多采用交—直—交变频变压方式，主要由主电路和控制电路组成，其基本结构如图 6-11 所示。由图 6-11 可知，主电路主要包括整流电路、直流中间电路和逆变电路。整流电路的功能是将外部的工频交流电源转换为直流电，给逆变电路和控制电路提供所需的直流电源。直流中间电路的功能是对整流电路的输出进行平滑滤波，以保证逆变电路和控制电路能够获得质量较高的直流电源。逆变电路的功能是将中间环节的直流电源转换为频率和电压都任意可调的交流电源。控制电路的主要功能是将接受的各种信号送至运算电路，使运算电路能够根据驱动要求为变频器主电路提供必要的驱动信号，并对变频器以及异步电动机提供必要的保护，输出计算结果。

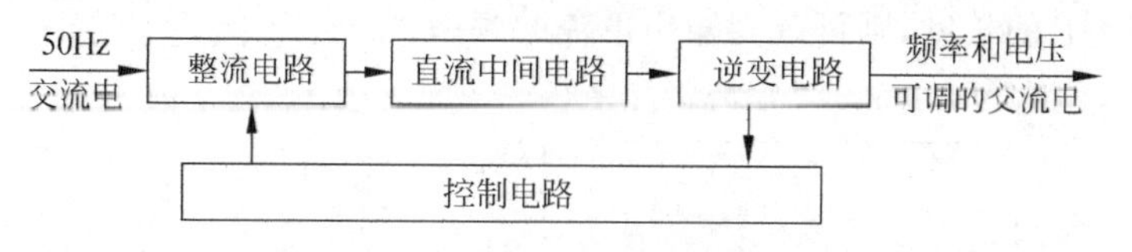

图 6-11　交—直—交变频器结构图

变频器的内部电路如图 6-12 所示。变频器的主电路主要包括：交直变换电路、直交变换电路及制动电路。控制电路主要包括：中央处理单元、驱动控制单元、保护单元及参数设定单元。

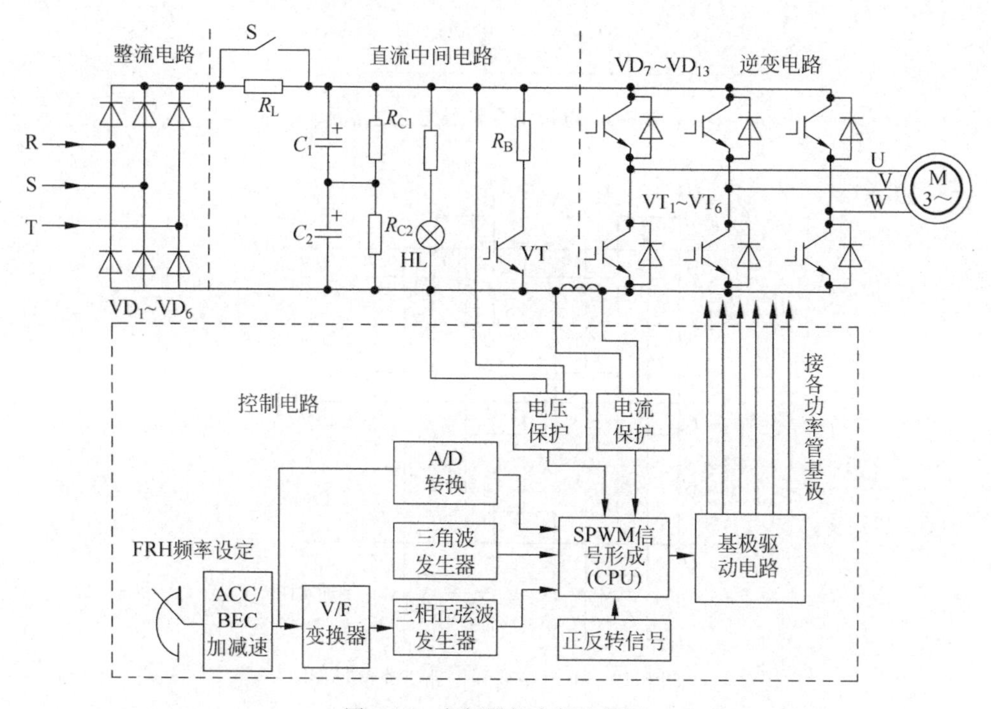

图 6-12　变频器的内部电路图

一、变频器各部分电路功能介绍

1. 交直变换电路

① 整流电路　由 $VD_1\sim VD_6$ 构成的三相桥式不可控整流桥。三相交流电源一般需经过吸收电容和压敏电阻网络再引入整流桥的输入端，以吸收交流电网的高频谐波信号和浪涌过电压，从而避免由此而损坏变频器。当电源电压为三相 380V 时，整流器件的最大反向电压一般为 1200～1600V。整流后的平均电压为 $U_D=1.35U_L$（U_L 为电源的线电压）。

② 滤波电路　由 C_1、C_2 及 RC_1、RC_2 组成。C_1、C_2 的作用是对整流电路的输出进行滤波以减小直流电压和电流的波动。RC_1、RC_2 的作用：一是作为放电电阻，关机后将电容上的电荷放掉；另一个是均压，保持滤波电容上的电压相等。同时，逆变器的负载属感性负载的异步电动机，无论异步电动机处于电动或发电状态，在直流滤波电路和异步电动机之间，总会有无功功率的交换，这种无功能量要靠直流中间电路的储能元件来缓冲。通用变频器

直流滤波电路的大容量铝电解电容，通常是由若干个电容器串联和并联构成电容器组，以得到所需的耐压值和容量。另外，因为电解电容器容量有较大的离散性，这将使它们的电压不相等。因此，电容器要各并联一个阻值等相的匀压电阻，消除离散性的影响，因而电容的寿命会严重制约变频器的寿命。

③ 开启电流吸收回路　由 S、R_L 组成。防止接通电源瞬间，对电容充电的过大电流损坏三相整流桥的二极管。当电容充电到一定程度，令开关 S 接通，将 R_L 短路掉。

④ 电源指示。电源指示 H_L 除表示电源接通外，还有一个重要功能，即在变频器切断电源后，指示电容器上的电荷是否已经释放完毕。

2. 交直交变换电路

(1) 逆变电路

由 $VT_1 \sim VT_6$ 构成的三相逆变桥。最常见的逆变电路结构形式是利用六个功率开关器件(IGBT 即绝缘栅双极型晶体管)组成的三相桥式逆变电路，有规律地控制逆变器中功率开关器件的导通与关断，可以得到任意频率的三相交流输出。

(2) 续流电路

由 $VD_7 \sim VD_{13}$ 构成。续流电路的功能是：当频率下降时，异步电动机的同步转速也随之下降，为异步电动机的再生电能反馈至直流电路提供通道；在逆变过程中，为寄生电感释放能量提供通道。另外，当位于同一桥臂上的两个开关同时处于开通状态时将会出现短路现象，并烧毁换流器件。所以在实际的通用变频器中还设有缓冲电路等各种相应的辅助电路，以保证电路的正常工作和在发生意外情况时，对换流器件进行保护。

(3) 制动电路

① 制动电阻(RB)。当变频器输出频率下降过快(减速)时，电动机处于发电制动状态，拖动系统动能回馈到直流电路中，使直流电压上升，导致变频器本身的过电压保护电路动作，切断变频器输出。因此，需要将这部分能量消耗掉，R_B 就是用来消耗这部分能量的。

② 制动单元(VB)。当直流中间电路的电压上升到一定值时，制动三极管导通，将回馈到直流电路的能量消耗在制动电阻上。

3. 控制电路

(1) 中央处理单元(CPU)

CPU 用来处理各种外部控制信号、内部检测信号以及用户对变频器的参数设定信号等，然后对变频器进行相关的控制，是变频器的控制中心。

(2) 驱动控制单元

驱动控制单元主要作用是产生逆变器开关管的驱动信号，受中央处理单元控制。

(3) 保护单元

主要通过对变频器的电压、电流、温度等的检测，出现异常或故障时，该单元将改变或关断逆变器的驱动信号，使变频器停止工作，实现对变频器的自我保护。

(4) 参数设定单元

主要用于对变频器的参数设定和监视变频器当前的运行状态。

二、变频电路的 PWM 控制

PWM 控制方式是对变频电路开关器件的通断进行控制以改变交流电压的大小和频率，使主电路输出端得到一系列幅值相等而宽度不相等的脉冲，用这些脉冲来代替正弦波或者其他所需要的波形。在 PWM 波形中，各脉冲的幅值是相等的，若要改变输出电压等效正弦波的幅值，只要按同一比例改变脉冲列中各脉冲的宽度即可。从理论上讲，在给出了正弦波频率、幅值和半个周期内的脉冲数后，脉冲波形的宽度和间隔便可以准确计算出来。然后按照计算的结果控制电路中各开关器件的通断，就可以得到所需要的波形。但在实际应用中，人们常采用正弦波与等腰三角波相交的办法来确定各矩形脉冲的宽度和个数，由于它的脉冲宽度接近于正弦规律变化，故又称之为正弦脉宽调制波形，即 SPWM。

1. 单相桥式 PWM 变频电路的工作原理

单相桥式 PWM 变频电路如图 6-13 所示，由三相桥式整流电路获得一恒定的直流电压，由四个全控型大功率晶体管 $VT_1 \sim VT_4$ 作为开关元件，二极管 $VD_1 \sim VD_4$ 是续流二极管，为无功能量反馈到直流电源提供通路。希望输出的信号为调制信号，用 u_r 表示，把接受调制的三角波称为载波，用 u_c 表示。当调制信号是正弦波时，所得到的便是 SPWM 波形。

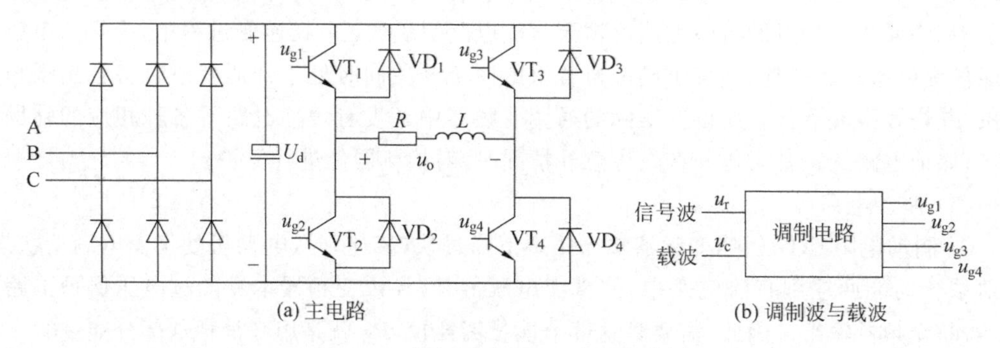

(a) 主电路　　(b) 调制波与载波

图 6-13 单相桥式 PWM 变频电路图

(1) 单极性 PWM 控制方式工作原理

在 u_r 的正半周期，保持 VT_1 导通，VT_4 交替通断。当 $u_r > u_c$ 时，使 VT_4 导通，负载电压 $u_o = U_D$；当 $u_r \leqslant u_c$ 时，使 VT_4 关断，由于电感负载中电流不能突变，负载电流将通过 VD_3 续流，负载电压 $u_o = 0$。在 u_r 的负半周期，保持 VT_2 导通，VT_3 交替通断。当 $u_r < u_c$ 时，使 VT_3 导通，负载电压 $u_o = -U_D$；当 $u_r \geqslant u_c$ 时，使 VT_3 关断，负载电流将通过 VD_4 续流，负载电压 $u_o = 0$。像这种在 u_r 的半个周期内三角波只在一个方向变化，所得到的 PWM 波形也只在一个方向变化的控制方式称为单极性 PWM 控制方式。单极性 PWM 控制方式原理波形如图 6-14 所示。

(2) 双极性 PWM 控制方式工作原理

与单极性 PWM 控制方式对应，另外一种 PWM 控制方式称为双极性 PWM 控制方式，其载波信号还是三角波，基准信号是正弦波，它与单极性正弦波脉宽调制的不同之处在于它们的极性随时间不断地正、负变化，如图 6-15 所示。当 u_r 处于正半周时，在 $u_r > u_c$ 的各区间，使 VT_1 和 VT_4 导通，VT_2 和 VT_3 关断，输出负载电压 $u_o = U_D$；在 $u_r < u_c$ 的各区间，使

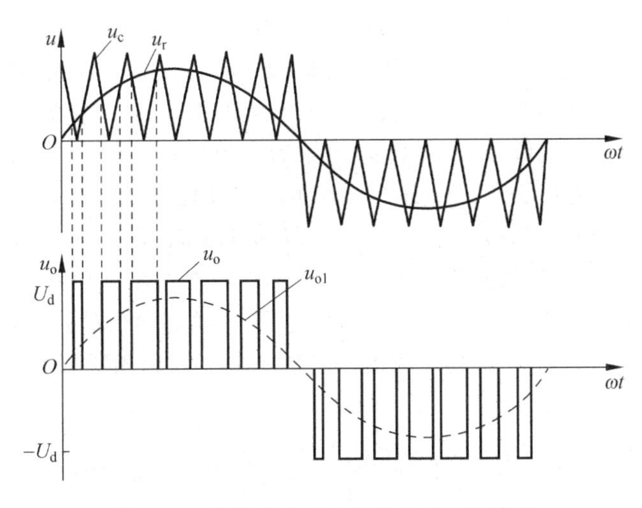

图 6-14　单极性 PWM 控制方式原理波形

VT_1 和 VT_4 关断，VT_2 和 VT_3 导通，输出负载电压 $u_o=-U_D$。当 u_r 处于负半周时，在 $u_r>u_c$ 的各区间，使 VT_1 和 VT_4 导通，VT_2 和 VT_3 关断，输出负载电压 $u_o=U_D$；在 $u_r<u_c$ 的各区间，使 VT_1 和 VT_4 关断，VT_2 和 VT_3 导通，输出负载电压 $u_o=-U_D$。在双极性控制方式中，三角载波在正、负两个方向变化，所得到的 PWM 波形也在正、负两个方向变化，在 u_r 的一个周期内，PWM 输出只有 $\pm U_D$ 两种电平，变频电路同一相上、下两臂的驱动信号是互补的。

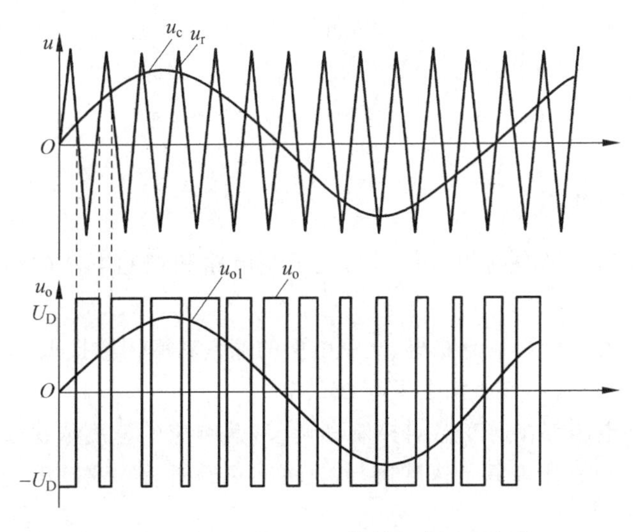

图 6-15　双极性 PWM 控制方式原理波形

调节调制信号 u_r 的幅值可以使输出调制脉冲宽度作相应变化，这能改变变频电路输出电压的基波幅值，从而可实现对输出电压的平滑调节；改变调制信号 u_r 的频率则可以改变输出电压的频率，即可实现电压、频率的同时调节。所以，从调节的角度来看，SPWM 变频电路非常适用于交流变频调速系统中。

2. 三相桥式 PWM 变频电路的工作原理

在 SPWM 变换器中，使用最多的是三相桥式逆变器。三相桥式逆变器一般都采用双极性控制方式，U、V和W三相的SPWM的控制公用一个三角波载波信号，用三个相位互差120°的正弦波作为调制信号，以获得三相对称输出。U、V和W各相功率开关器件的控制规律相同，其电路如图6-16所示。由图6-16可以看出，A、B、C三相的PWM控制共用一个三角载波信号u_c，三相调制信号u_{rA}、u_{rB}、u_{rC}分别为三相正弦波信号，三相调制信号的幅值和频率均相等，相位依次相差120°。A、B、C三相的PWM控制规律相同。现以A相为例，当$u_{rA}>u_c$时，使VT_1导通，VT_4关断；当$u_{rA}<u_c$时，使VT_1关断，VT_4导通。VT_1、VT_4的驱动信号始终互补。三相正弦波脉宽调制波形如图6-17所示。由图6-17可以看出，任何时刻始终都有两相调制信号电压大于载波信号电压，即总有两个晶体管处于导通状态，所以负载上的电压是连续的正弦波。其余两相的控制规律与A相相同。

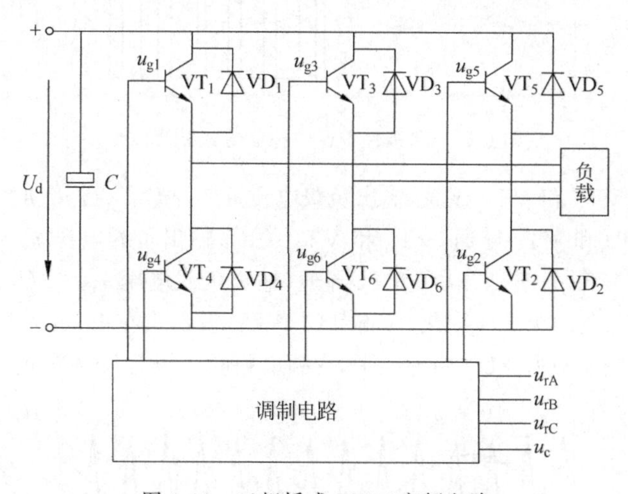

图6-16　三相桥式PWM变频电路

3. SPWM控制的优点

① 在一个可控功率级内调频、调压，简化了主电路和控制电路的结构，使装置的体积小、重量轻、造价低。

② 直流电压可由二极管整流获得，交流电网的输入功率因数接近1；如有数台装置，可由同一台不可控整流器输出作直流公共母线供电。

③ 输出频率和电压都在逆变器内控制和调节，其响应的速度取决于控制回路，而与直流回路的滤波参数无关，所以调节速度快，并且可使调节过程中频率和电压相配合，以获得好的动态性能。

④ 输出电压或电流波形接近正弦，从而减少谐波分量。

4. SPWM的控制方式

在SPWM变换器中，载波频率与调制信号频率之比称为载波比。根据载波和信号波是否同步及载波比的变化情况，SPWM变换器可以有异步调制和同步调制两种控制方式。

(1) 异步调制

在异步调制方式中，调制信号频率变化时，通常保持载波频率固定不变，因而载波比m是变化的。在调制信号的半个周期内，输出脉冲的个数不固定，脉冲相位也不固定，正负半

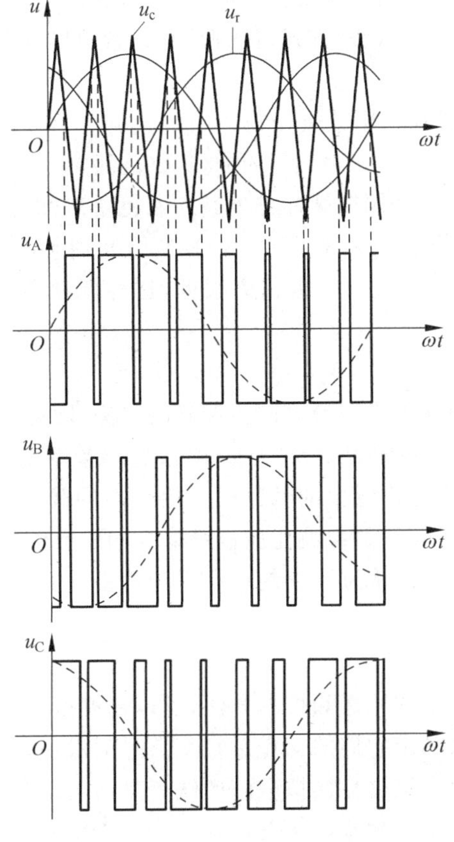

图 6-17　三相双极性 PWM 波形

周期的脉冲不对称。当调制信号频率较低时,载波比 m 较大,半周期内的脉冲数较多,正负半周期脉冲不对称和半周期内前后 1/4 周期脉冲不对称的影响都较小,输出波形接近正弦波。当调制信号频率增高时,载波比 m 就减小,半周期内的脉冲数减少,输出脉冲的不对称性影响就变大,还会出现脉冲的跳动。对于三相 SPWM 型变换器来说,三相输出的对称性也变差。因此,在采用异步调制方式时的高频段,希望尽量提高载波频率。异步调制控制方式的特点是:

① 控制相对简单。

② 在调制信号的半个周期内,输出脉冲的个数不固定,脉冲相位也不固定,正负半周的脉冲不对称,而且半周期内前后 1/4 周期的脉冲也不对称,输出波形就偏离了正弦波。

③ 载波比 m 越大,半周期内调制的 PWM 波形脉冲数就越多,正负半周不对称和半周内前后 1/4 周期脉冲不对称的影响就越大,输出波形越接近正弦波。所以在采用异步调制控制方式时,要尽量提高载波频率 f_c,使不对称的影响尽量减小,输出波形接近正弦波。

(2) 同步调制

在变频时使载波信号和调制信号的载波比 m 等于常数的调制方式称为同步调制。调制信号半个周期内输出的脉冲数是固定的,脉冲相位也是固定的。为了使一相的波形正、负半周期对称,同时使三相输出波形严格对称,m 应取 3 的整数倍的奇数。当变换器输出频率很低时,因为在半周期内输出脉冲的数目是固定的,所以由 SPWM 调制而产生的谐波频率也相应降低。这种频率较低的谐波通常不易滤除，如果负载为电动机，就会产生较大的转矩脉动和噪声。因此，在采用同步调制方式时的低频段，希望尽量提高载波比。同步调制控制方式的特点是：

① 控制相对较复杂，通常采用微机控制。

② 在调制信号的半个周期内，输出脉冲的个数是固定不变的，脉冲相位也是固定的。正负半周的脉冲对称，而且半个周期脉冲排列其左右也是对称的，输出波形等效于正弦。

当逆变电路要求输出频率 f_o 很低时，由于半周期内输出脉冲的个数不变，所以由PWM调制而产生 f_o 附近的谐波频率也相应很低，这种低频谐波通常不易滤除，而对三相异步电动机造成不利影响。

(3) 分段同步调制

为了克服上述缺点，通常都采用分段同步调制的方法，即把变频器的输出频率范围划分成若干频段，每个频段内都保持载波比 m 为恒定，在输出频率的高频段采用较低的载波比，以使载波频率不致过高。在输出频率的低频段采用较高的载波比，以使载波频率不致过低而对负载产生不利影响。各频段的载波比应该都取3的整数倍且为奇数。提高载波频率可以使输出波形更接近正弦波，但载波频率的提高受到功率开关器件允许最高频率的限制。

5. SPWM 波形的生成

根据SPWM变换器的基本原理和控制方法，可以用模拟电路构成三角波载波和正弦调制波发生电路，用比较器来确定它们的交点。在交点时刻对功率开关器件的通断进行控制，这样就可得到SPWM波形。但这种模拟电路的缺点是结构复杂，难以实现精确的控制。采用专门产生SPWM波形的大规模集成电路芯片可简化控制电路和软件设计，降低成本，提高可靠性。目前，应用得较多的SPWM芯片有HEF4752、SLE4520、MA818、8XC196MC。SPWM控制是变换器中关键技术之一，而且仍然是在不断深入研究的重要课题。

任务三　变频器的调试及故障检修

一、变频器使用注意事项

变频器在使用时有以下注意事项：

① 严禁将变频器的输出端子U、V、W连接到AC电源上。

② 变频器要正确接地，接地电阻小于10Ω。

③ 变频器存放两年以上，通电时应先用调压器逐渐升高电压。存放半年或一年应通电运行一天。

④ 变频器断开电源后，待几分钟后方可维护操作，直流母线电压(P+，P−)应在25V以下。

⑤ 避免变频器安装在产生水滴飞溅的场合。

⑥ 不准将P+、P−、PB任何两端短路。

⑦ 主回路端子与导线必须牢固连接。

⑧ 变频器驱动三相交流电机长期低速运转时，建议选用变频电机。

⑨ 变频器驱动电机长期超过 50Hz 运行时，应保证电机轴承等机械装置在使用的速度范围内，注意电机和设备的震动、噪声。

⑩ 变频器驱动减速箱、齿轮等需要润滑机械装置，在长期低速运行时应注意润滑效果。

⑪ 变频器在一确定频率工作时，如遇到负载装置的机械共振点，应设置跳跃频率避开共振点。

⑫ 变频器与电机之间连线过长，应加输出电抗器。

⑬ 严禁在变频器的输入侧使用接触器等开关器件进行频繁启停操作。

⑭ 不能在变频器端子之间或对控制电路端子之间用兆欧表进行测量，否则会损坏变频器。

⑮ 对电机绝缘检测时必须将变频器与电机连线断开。

⑯ 在变频器的输出侧，严禁连接功率因数补偿器、电容、防雷压敏电阻。

⑰ 变频器的输出侧严禁安装接触器、开关器件。

⑱ 变频器在海拔 1000m 以上地区使用时，须降额使用。

⑲ 变频器输入侧与电源之间应安装空气开关和熔断器。

⑳ 变频器输出侧不必安装热继电器。

㉑ 变频器使用寿命。影响变频器寿命的元件大致有三种：一是自身冷却风扇；二是上电时限流电阻短路接触器；三是中间环节大容量电解电容。前两个元件是机械磨损元件，一般寿命为五年，第三个元件的寿命规定为五年，一般情况下五年后测量一下电容值，如果小于额定值的 80%就应更换，实际上，如果变频器一直连续运行，电解电容可用十年。

二、变频器的安装调试

变频器安装时要注意以下事项：

① 变频器最好安装在控制柜内的中部，变频器要垂直安装，正上方和正下方要避免安装可能阻挡排风、进风的大元件。

② 采用独立进风口。单独的进风口可以设在控制柜的底部，通过独立密闭地沟与外部干净环境连接，此方法需要在进风口处安装一个防尘网，如果地沟超过 5m 以上时，可以考虑加装鼓风机。

③ 密闭控制柜内可以加装吸湿的干燥剂或者吸附毒性气体的活性材料，并定期更换。

④ 使用环境对变频器影响很大，其中温度、湿度、污染度在很大程度上影响变频器工作的可靠性和寿命，特别是温度应该在 40℃以下。因此应对使用环境进行降温、除湿、封闭。在日常检查中要特别检查电解电容器的变化情况以及对变频器进行清扫、检查。

⑤ 逆变器要良好接地，否则不能可靠运行甚至损坏变频器。

三、变频器的故障检修

1. 整流电路的检修

如图 6-18 所示，找到变频器内部直流电源的 P(positive)端和 N(negative)端，将万用表调到电阻×10 挡,红表棒接到 P,黑表棒分别依到 R、S、T,应该有大约几十欧的阻值,且基本平衡。相反将黑表棒接到 P 端,红表棒依次接到 R、S、T,有一个接近于无穷大的阻值。将红表棒接到 N 端,重复以上步骤,都应得到相同结果。

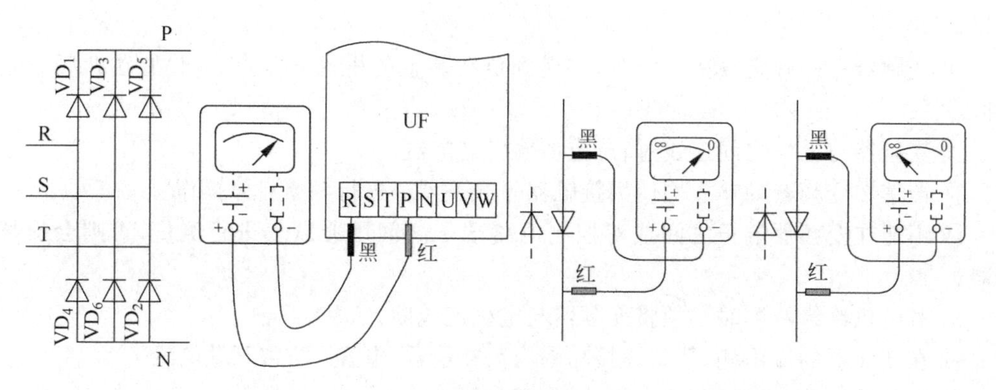

图 6-18 整流桥的检测

电路出现异常的两种情况:

① 阻值三相不平衡,可以说明整流桥故障;

② 红表棒接 P 端时,电阻无穷大,可以断定整流桥故障或启动电阻出现故障。

整流桥损坏的原因:

① 进线有冲击电压;

② 后续电路故障;

③ 进线电压不平衡。

2. 滤波电路的检修

滤波电路的检测如图 6-19 所示,滤波电路的损坏原因:有交流电压窜入;电容上的电压分配不均;变频器主电路中的漏电流过大;充电限流电阻损坏。

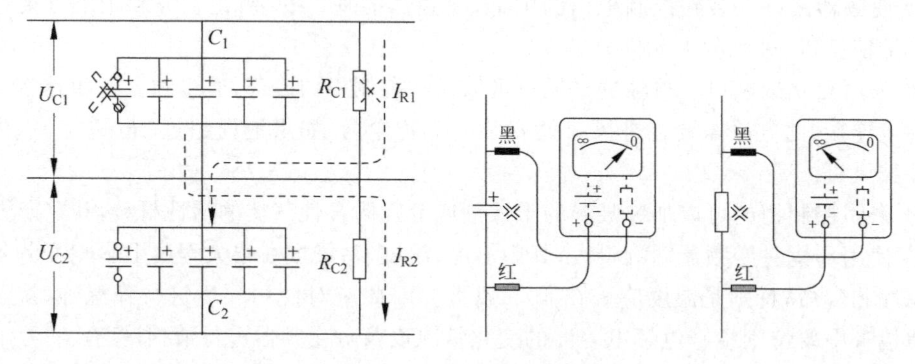

图 6-19 滤波电路的检测

3. 逆变电路的检修

将红表笔接到 P 端,黑表笔分别接 U、V、W 上,应该有几十欧的阻值,且各相阻值基本相同,反相应该为无穷大。将黑表笔接到 N 端,重复以上步骤应得到相同结果,否则可确定逆变模块故障。

4. 变频器的动态测试

在静态测试结果正常以后，才可进行动态测试，即上电试机。在上电前后必须注意以下几点：

① 上电之前，须确认输入电压不要搞错，将380V电源接入220V级变频器之中会出现炸机(炸电容、压敏电阻、模块等)。

② 检查变频器各接驳口是否已正确连接，连接是否有松动，连接异常有时可能导致变频器出现故障，严重时会出现炸机等情况。

③ 上电后检测故障显示内容，并初步断定故障及原因。

④ 如未显示故障，首先检查参数是否有异常，并将参数复归后，进行空载(不接电机)情况下启动变频器，并测试U、V、W三相输出电压值。如出现缺相、三相不平衡等情况，则模块或驱动板等有故障。

⑤ 在输出电压正常(无缺相、三相平衡)的情况下，带载测试。测试时，最好是满负载测试。

四、变频器的常见故障及处理

1. 外部噪声的影响

和变频器处于同一控制柜内的其他设备及在同一供电电源上的其他设备通过辐射及电源线传导干扰，引起变频器跳闸及烧毁变频器。处理方法：

① 在带有内部线圈的设备的旁边以并联的方式接入浪涌吸收器。

② 控制电路用线采用屏蔽线和双绞线。

③ 接地线应尽可能使用较粗的线，并按照要求与接地端连接。

④ 在变频器的输入端插入噪声滤波器和交流电抗器。

2. 电源异常

由电源异常而造成变频器异常和故障的原因：

① 由电源波形畸变带来的控制电路误动作。

② 因为遭受雷击或者电源变压器开闭时的浪涌电压等造成的半导体开关器件的损坏。

③ 由于电源电压不足、缺相或停电而造成的控制电路误动作。

处理方法：

① 在各个变频器或整流器的输入端分别插入交流电抗器。

② 在变频器内部设有浪涌吸收器。

③ 采取将门极脉冲移位的措施或增加变频器输出频率的方式。

3. 变频器产生的高次谐波对周边设备带来的不良影响及处理方法

① 引起电网电源波形畸变。

② 产生无线电干扰波。

③ 电动机出现噪声、振动和过热等现象。

处理方法：

① 插入电抗器。

② 插入滤波器。

③ 采用 PWM 控制方式的整流电路。

任务四 认识门极可关断晶闸管(GTO)(拓展)

一、GTO 的工作原理

门极可关断晶闸管简称 GTO(Gate-Turn-Off Thyristor)，是晶闸管的一种派生器件。普通晶闸管靠门极正信号触发之后，撤掉信号亦能维持通态。欲使之关断，必须切断电源，使正向电流低于维持电流 I_H，或施以反向电压强劲关断。这就需要增加换向电路，不仅使设备的体积增大，而且会降低效率，产生波形失真和噪声。GTO 克服了上述缺陷，它既保留了普通晶闸管耐压高、电流大等优点，同时具有自关断能力，使用方便，是理想的高压、大电流开关器件。

GTO 的结构也可以等效看成是由 PNP 与 NPN 两个晶体管组成的反馈电路(参同晶闸管的等效电路)。两个等效晶体管的电流放大倍数分别为 α_1 和 α_2。GTO 的触发导通原理与普通晶闸管相似：当它的阳极与阴极之间承受正向电压，门极加正脉冲信号(门极为正，阴极为负)时，可使 $\alpha_1+\alpha_2>1$，从而在其内部形成电流正反馈，使两个等效晶体管接近临界饱和导通状态。导通后的管压降比较大，一般为 2～3V。

GTO 的关断原理、方式与普通晶闸管大不相同。普通晶闸管门极正信号触发导通后就处于深度饱和状态维持导通，除非阳、阴极之间正向电流小于维持电流 I_H 或电源切断之后才会由导通状态变为阻断状态。而 GTO 导通后接近临界饱和状态，可以通过在门极施加负的脉冲电流使其关断。当 GTO 的门极加负脉冲信号(门极为负，阴极为正)时，门极出现反向电流，此反向电流将 GTO 的门极电流抽出，使其电流减小，α_1 和 α_2 也同时下降，以致无法维持正反馈，从而使 GTO 关断。

GTO 采取了特殊工艺，使管子导通后处于接近临界饱和状态；由于普通晶闸管导通时处于深度饱和状态，用门极抽出电流无法使其关断，而 GTO 处于临界饱和状态，因此可用门极负脉冲信号破坏临界状态使其关断。由于 GTO 门极可关断，关断时，可在阳极电流下降的同时再施加逐步上升的电压，不像普通晶闸管关断时是在阳极电流等于零后才能施加电压的。因此，GTO 关断期间功耗较大。另外，因为导通压降较大，门极触发电流较大，所以 GTO 的导通功耗与门极功耗均较普通晶闸管大。

GTO 耐压高、电流大，与普通晶闸管接近，因而在兆瓦(10^6)级以上的大功率场合仍有较多的应用。它的外形和电气符号如图 6-20 所示，有阳极 A、阴极 K 和门极 G 三个电极。

二、GTO 的特定参数

GTO 的基本参数与普通晶闸管大多相同，现将不同的主要参数介绍如下。

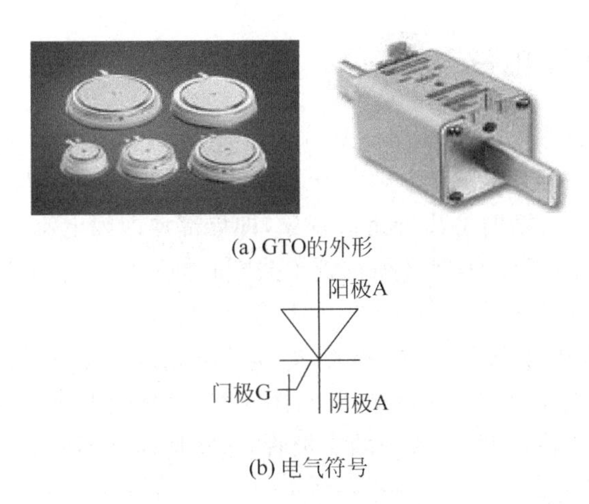

(a) GTO的外形

(b) 电气符号

图 6-20　GTO 的外形及电气符号

1. 最大可关断阳极电流 I_{ATO}

最大可关断阳极电流 I_{ATO}是可以通过门极进行关断的最大阳极电流，当阳极电流超过I_{ATO}时，门极负电流脉冲不可能将 GTO 关断。通常将最大可关断阳极电流 I_{ATO}作为 GTO 的额定电流。应用中，最大可关断阳极电流 I_{ATO}还与工作频率、门极负电流的波形、工作温度以及电路参数等因素有关，它不是一个固定不变的数值。

2. 门极最大负脉冲电流 I_{GRM}

门极最大负脉冲电流 I_{GRM}为关断 GTO 门极施加的最大反向电流。

3. 电流关断增益 β_{OFF}

电流关断增益 β_{OFF}是用来描述 GTO 关断能力的。β_{OFF}为最大可关断阳极电流 I_{ATO}与门极负电流最大值 I_{GRM}的比值，$\beta_{OFF}=I_{ATO}/I_{GRM}$。$\beta_{OFF}$反映门极电流对阳极电流控制能力的强弱，$\beta_{OFF}$值越大控制能力越强 。这一比值比较小，一般为 5 左右，这就是说，要关断 GTO 门极的负电流的幅度也是很大的。如 $\beta_{OFF}=5$ ，GTO 的阳极电流为 1000A，那么要想关断它，必须在门极加 200A 的反向电流。目前大功率 GTO 的关断增益为 3～5。采用适当的门极电路，很容易获得上升率较快、幅值足够大的门极负电流，因此在实际应用中不必追求过高的关断增益。

4. 擎住电流（I_L）

与普通晶闸管定义一样，I_L 是指门极加触发信号后，阳极大面积饱和导通时的临界电流。GTO 由于工艺结构特殊，其 I_L 要比普通晶闸管大得多，因而在电感性负载时必须有足够的触发脉冲宽度。

GTO 有能承受反压和不能承受反压两种类型，GTO 承受反向电压的能力比晶闸管小，在使用时要特别注意。

三、GTO 的缓冲电路

GTO 设置缓冲电路的目的是：

① 减轻 GTO 在开关过程中的功耗。为了降低开通时的功耗，必须抑制 GTO 开通时阳极电流上升率。GTO 关断时会出现挤流现象，即局部地区因电流密度过高导致瞬时温度过高，甚至使 GTO 无法关断。为此必须在管子关断时抑制电压上升率。

② 抑制静态电压上升率。过高的电压上升率会使 GTO 因位移电流产生误导通。图 6-21 为 GTO 的阻容缓冲电路，其电路形式和工作原理与普通晶闸管电路基本相似。图 6-21(a)只能用于小电流电路；图 6-21(b)与图 6-21(c)是较大容量 GTO 电路中常见的缓冲器，其二极管尽量选用快速型、接线短的二极管，这将使缓冲器阻容效果更显著。

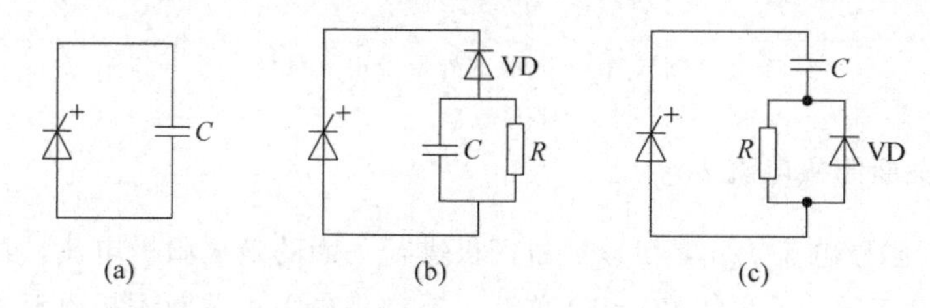

图 6-21　GTO 阻容缓冲电路

四、GTO 的门极驱动电路

用门极正脉冲可使 GTO 开通，门极负脉冲可以使其关断，这是 GTO 最大的优点。但要使 GTO 关断的门极反向电流比较大，约为阳极电流的 1/5 左右。尽管采用高幅值的窄脉冲可以减少关断所需的能量，但还是要采用专门的触发驱动电路。

图 6-22(a)所示为小容量 GTO 门极驱动电路，属电容储能电路。工作原理是利用正向门极电流向电容充电触发 GTO 导通；当关断时，电容储能释放形成门极关断电流。图中 E_C 是电路的工作电源，U_1 为控制电压。当 $U_1=0$ 时，复合管 VT_1、VT_2 饱和导通，VT_3、VT_4 截止，电源 E_C 对电容 C 充电，形成正向门极电流，触发 GTO 导通；$U_1>0$ 时，复合管 VT_3、VT_4 导通，电容 C 沿 VD_1、VT_4 放电，形成反向门极电流，使 GTO 关断，放电电流在 VD_1 上的压降保证了 VT_1、VT_2 截止。

图 6-22(b)是一种桥式驱动电路。当在晶体管 VT_1、VT_3 的基极加控制电压使其饱和导通时，GTO 触发导通；当在晶闸管 VT_2、VT_4的门极加控制电压使其导通时，GTO 关断。考虑到关断时门极电流较大，所以关断时用普通晶闸管组。晶体管组和晶闸管组是不能同时导通的。图中电感 L 的作用是在晶闸管阳极电流下降期间释放所储存的能量，补偿 GTO 的门极关断电流，提高了关断能力。

以上两种触发电路都只能用于 300A 以下的 GTO 的导通，对于 300A 以上的 GTO 可以用图 6-22(c)所示电路进行触发控制。当 VT_1、VD 导通时，GTO 导通；当 VT_2、VT 导通时，GTO 关断。由于控制电路与主电路之间用了变压器进行隔离，GTO 导通、关断时的电流不影响控制电路，所以提高了电路的容量，实现了用较小电压对大电流电路的控制。

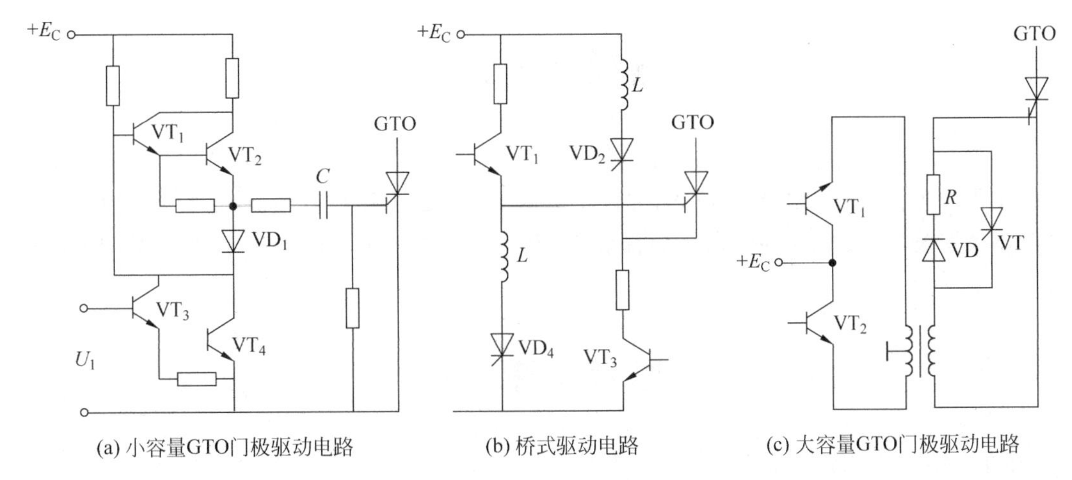

图 6-22　GTO 门极驱动电路

五、GTO 的典型应用

因内部有电子和空穴两种载流子参与导电，所以它属于全控型双极型器件。由于 GTO 是电流驱动型，所以它的开关频率不高。GTO 晶闸管既具有普通晶闸管的优点，同时又具有 GTR 的优点，是目前应用于高压、大容量场合中的一种大功率开关器件。GTO 主要用于高电压、大功率场合的直流变换电路（即斩波电路）、逆变器电路中，例如恒压恒频电源（CVCF）、常用的不停电电源（UPS）等。另一类 GTO 的典型应用是调频调压电源，即 VVVF，此电源较多用于风机、水泵、轧机、牵引等交流变频调速系统中。

此外，由于 GTO 的耐压高、电流大、开关速度快、控制电路简单方便，因此还特别适用于汽油机点火系统。图 6-23 所示电路中 GTO 为主开关，控制 GTO 导通与关断可使脉冲变压器 TR 次级产生瞬时高压，使汽油机火花塞电极间隙产生火花。在晶体管 VT 的基极输入脉冲电压，低电平时，VT 截止，电源对电容 C 充电，LC 组成的谐振电路发生谐振，产生高压触发 GTO。高电平时，晶体管 VT 导通，电容 C 通过 VT 对地放电，并将其电压加于 GTO 门极，使 GTO 迅速、可靠地关断。图中 R 为限流电阻，电容 C 与 GTO 并联，可以限制 GTO 的电压上升率。

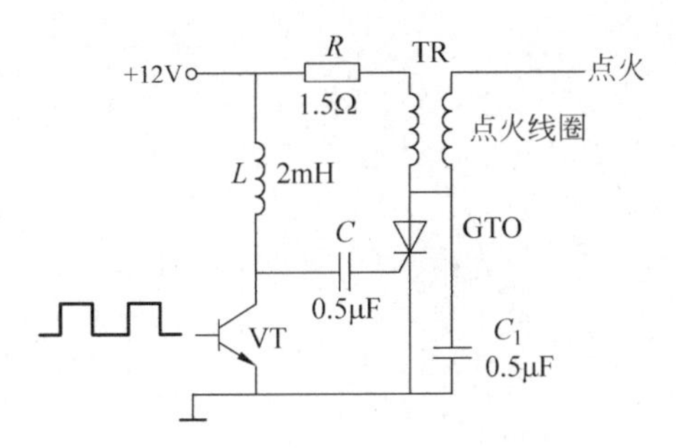

图 6-23　用电感、电容关断 GTO 的点火电路

【项目小结】

本项目首先讲述了变频器的发展、应用和分类，分析比较了电压型变频器与电流型变频器的工作原理，介绍了SPWM技术，并以实际运用较广的电压型变频器为例，介绍其主电路功能以及安装调试注意事项，在拓展任务中，对GTP的工作原理、外部特性和典型参数进行了详细介绍。

思考与练习六

6-1 变频器有哪些分类？

6-2 什么是电压型和电流型逆变电路？各有何特点？

6-3 电压型变频电路中的反馈二极管的作用是什么？

6-4 试说明PWM控制的工作原理。

6-5 SPWM控制有何优点？

6-6 单极性和双极性调制有什么区别？

6-7 变频器在使用时有哪些注意事项？

项目七　以软启动器为典型应用的交流调压电路

【项目聚焦】 通过引入电机软启动器，主要讲述了单相交流调压电路和三相交流调压电路的原理，同时介绍了交流开关、固态开关和一些新型电力电子器件（SIT、SITH、MCT、IGCT）的工作原理。

【知识目标】

【器件】 了解交流开关、固态开关的基本形式与工作原理。

【电路】 ① 掌握单相交流调压电路的工作原理；

② 了解三相交流调压电路的工作原理；

③ 了解交流过零调功电路和斩控电路的工作原理。

【控制】 了解电机软启动器的控制原理。

【技能目标】

① 会设计、制作简单的单相交流调压电路；

② 能读懂电机软启动器的控制电路图。

【拓展部分】

了解新型电力电子器件（SIT、SITH、MCT、IGCT）的工作原理。

【学时建议】 8 学时。

【任务导入与项目分析】

交流调压电路可用于异步电动机的调压调速、恒流软启动，交流负载的功率调节，灯光调节，供电系统无功调节，用作交流无触点开关、固态继电器等，应用领域十分广泛。

电动机直接合闸启动时，启动瞬时的冲击电流可达电机额定电流的 4～8 倍，这将对电网造成很大的冲击，直接影响电网中其他用电设备的正常工作；另外启动时的冲击转矩也将近是额定转矩的两倍，这会影响电动机本身及其拖动设备的使用寿命。因此，在电机启动过程中必须采取一些控制技术对启动电流和冲击转矩加以有效控制，以实现比较平稳启动，改善系统工况，延长设备使用寿命，而电机软启动器解决了这些问题。

软启动器（Soft Starter）是一种集电机软启动、软停车、轻载节能和多种保护功能于一体的新型电机控制装置，它是以微处理器作为控制单元，采用三对反并联大功率晶闸管作为开关元器件串接于电机的三相供电线路之间，利用晶闸管的电子开关特性，通过微处理器控制其触发导通角的大小，以此来改变软启动器的输出电压，以达到控制电机启动特性的目的。图 7-1 所示为电机软启动器的实物及主回路。

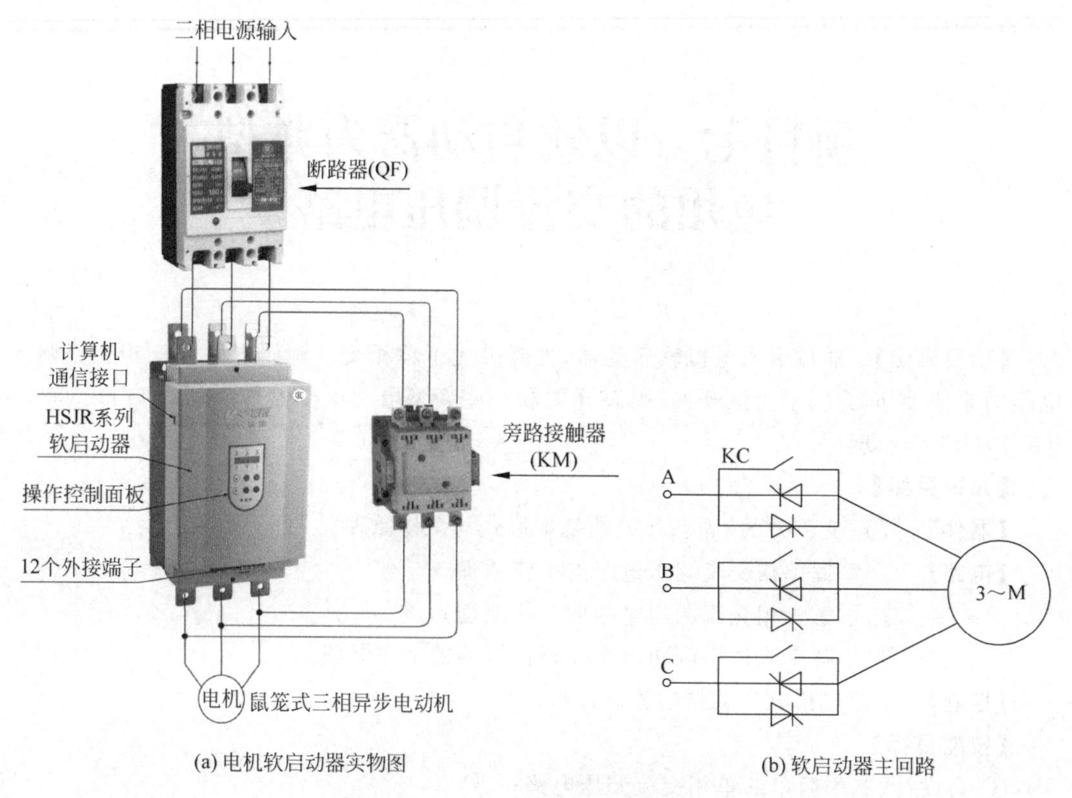

(a) 电机软启动器实物图　　(b) 软启动器主回路

图 7-1　电机软启动器的实物及主回路

任务一　了解交流开关

利用晶闸管的导通与关断特性，晶闸管可以当作开关使用。通过控制晶闸管的通断，就可以控制阳极与阴极间高电压、大交流电路的通断。与机械开关相比，用晶闸管组成的开关具有无触点、动作迅速、寿命长和几乎不用维修等优点，现已经获得广泛应用。

一、晶闸管交流开关的基本形式

晶闸管交流开关的基本形式如图 7-2 所示。图 7-2(a)为普通晶闸管反并联构成的交流开关，其特点是负载回路结构简单。假设正弦交流电压的某半个周期内 VT_1 阳极承受正向电压，当 S 闭合时，在门极触发电流作用下使其导通；而在接下来的半个周期内，VT_1 阳极承受反压而关断。同理，VT_2 也在承受的正、反压半周内实现通、断工作状态。图 7-2(b)为双向晶闸管交流开关，双向晶闸管工作于Ⅰ+、Ⅲ−触发方式，这种线路比较简单，但其工作频率低于反并联电路。图 7-2(c)为带整流桥的晶闸管交流开关。该电路只用一只普通晶闸管，且晶闸管在正弦交流电压每个半周内都可以被触发导通，而在每次电压过零时关断，且晶闸管不受反压。其缺点是串联元件多，压降损耗较大。

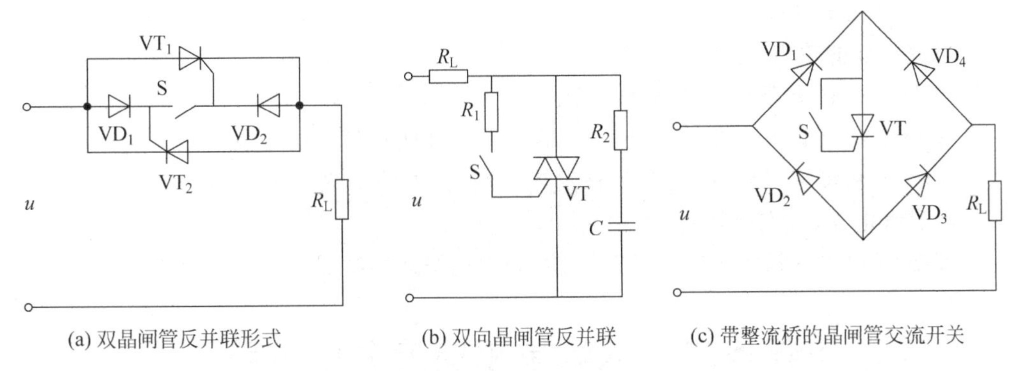

(a) 双晶闸管反并联形式　　(b) 双向晶闸管反并联　　(c) 带整流桥的晶闸管交流开关

图 7-2　晶闸管交流开关的基本形式

二、固态开关

固态开关也称固态继电器或固态接触器(Solid State Switch/Relay/Contactor),是以双向晶闸管为基础构成的无触点通断组件。固态开关一般采用环氧树脂封装,具有体积小、工作频率高的特点,适用于频繁工作或潮湿、有腐蚀性以及易燃的环境中。图 7-3 所示为有触点继电器的原理图。图 7-4 所示为晶闸管交流开关的基本形式。

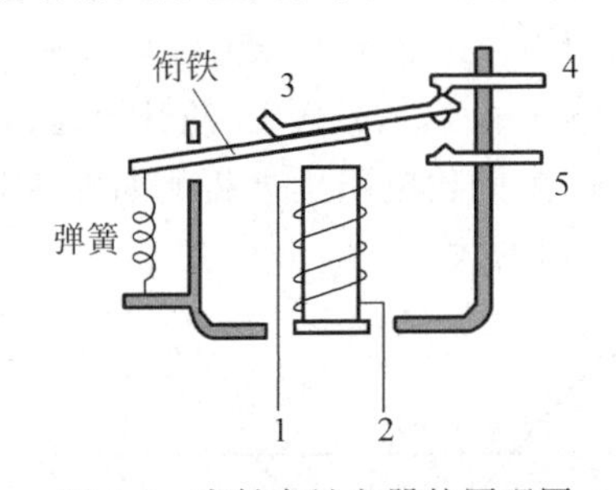

图 7-3　有触点继电器的原理图

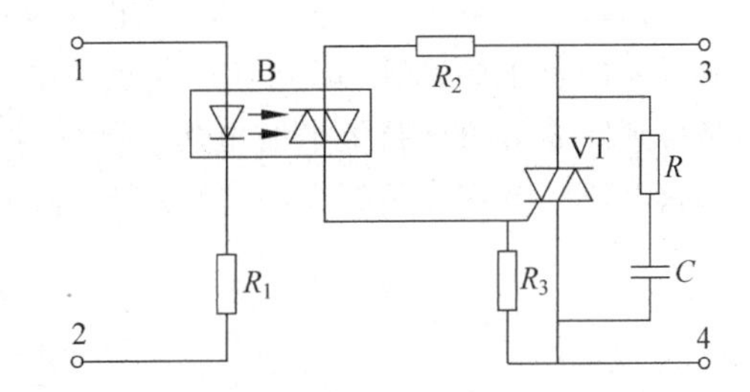

图 7-4　晶闸管交流开关的基本形式

在图 7-4 所示的光电双向晶闸管耦合器电路中，用光耦代替开关，同时起光电隔离作用。1 和 2 为输入端,相当于继电器或接触器的线圈；3 和 4 为输出端,相当于继电器或接触器的一对触点,与负载串联后接到交流电源上。输入端 1 和 2 有信号时,光电双向晶闸管耦合器 B 导通,3-4 回路有电流通过,两端压降为双向晶闸管 VT 提供触发信号。这种电路相对于输入信号的任意相位交流电源均可同步接通。

固体继电器实现了弱信号对强电信号的控制,同时具有以下特点：

① 无运动零部件,无机械磨损,无动作噪声,无机械故障,可靠性高。

② 无燃弧触点,无触点间的火花、电弧,无触点抖动和磨损,对外干扰小。

③ 开关速度迅速,动作时间可达 10ms 以下。

④ 灵敏度高,控制功率小,能很好地与 TTL、CMOS 电路兼容。

⑤ 抗冲击振动性能优良,容易实现"零"压切换。

⑥ 一般用绝缘材料灌封成全封闭整体,所以具有良好的防潮、防霉、防腐性能,防爆性能也极佳。

⑦ 半导体器件作为开关,寿命长。

⑧ 易实现附加功能。

固态继电器的缺点是：

① 导通后的管压降大，正向降压可达 1～2V。

② 关断后仍可有数微安至数毫安的漏电流，不能实现理想的电隔离。

③ 由于管压降大，导通后的功耗和发热量也大，大功率固态继电器的体积远远大于同容量的电磁继电器，成本也较高。

④ 固态继电器对过载有较大的敏感性，必须用快速熔断器进行过载保护。

任务二 认识单相交流调压电路

交流调压电路采用两普通晶闸管反并联或双向晶闸管，实现对交流电正、负半周的对称控制，达到方便地调节输出交流电压大小或实现交流电路通、断控制的目的。

一、带电阻性负载的单相交流调压电路

单相交流调压电路及其工作波形如图 7-5 所示，主电路由两只晶闸管组成，接电阻负载。在电源 u 的正半周内，晶闸管 VT_1 承受正向电压，当 $\omega t=\alpha$ 时，触发 VT_1 使其导通，则负载上得到缺 α 角的正弦半波电压，当电源电压过零时，VT_1 管电流下降为零而关断。在电源电压 u 的负半周，VT_2 晶闸管承受正向电压，当 $\omega t=\pi+\alpha$ 时，触发 VT_2 使其导通，则负载上又得到缺 α 角的正弦负半波电压。持续这样的控制，在负载电阻上便得到每半波缺 α 角的正弦电压。改变 α 角的大小，便改变了输出电压有效值的大小。

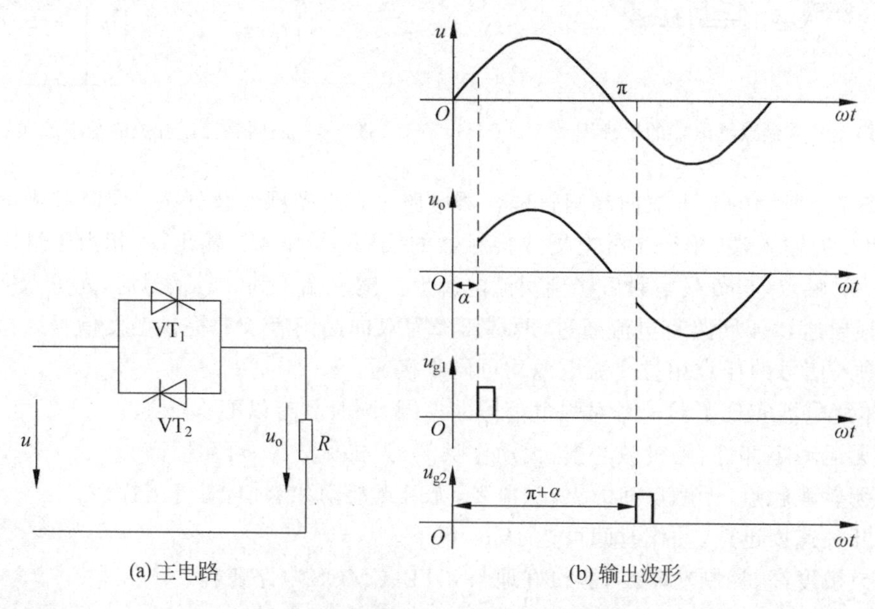

(a) 主电路　(b) 输出波形

图 7-5 单相交流调压电路及其工作波形

设 $u=\sqrt{2}U\sin\omega t$，则负载电压的有效值为

$$U_o = \sqrt{\frac{1}{\pi}\int_{\alpha}^{\pi}[\sqrt{2}U\sin(\omega t)]^2 d(\omega t)} = U\sqrt{\frac{1}{2\pi}\sin 2\alpha + \frac{\pi-\alpha}{\pi}} \tag{7-1}$$

负载电流的有效值为

$$I_o = \frac{U_o}{R} = \frac{U}{R}\sqrt{\frac{1}{2\pi}\sin 2\alpha + \frac{\pi-\alpha}{\pi}} \tag{7-2}$$

功率因数为

$$\cos\varphi = \frac{P}{S} = \frac{U_o I_o}{U_1 I_o} = \frac{U_o}{U_1} = \sqrt{\frac{1}{2\pi}\sin 2\alpha + \frac{\pi-\alpha}{\pi}} \tag{7-3}$$

式(7-3)中，U_1 为输入交流电压的有效值。由式(7-2)中可以看出，随着 α 角的增大，U_o 逐渐减小；当 $\alpha=\pi$ 时，$U_o=0$。因此，单相交流调压器对于电阻性负载，其电压的输出调节范围为 $0\sim U$，控制角 α 的移相范围为 $0\sim\pi$。

交流调压电路的触发电路完全可以套用整流移相触发电路，但是脉冲的输出必须通过脉冲变压器，其两个二次线圈之间要有足够的绝缘。

二、带电感性负载的单相交流调压电路

当负载为线圈、交流电动机或经过变压器再接电阻负载时，这种负载称为电感性负载。图 7-6 所示为电感性负载的交流调压电路。由于电感的作用，在电源电压由正向负过零时，负载中电流要滞后一定 φ 角才能到零，即管子要继续导通到电源电压的负半周才能关断。晶闸管的导通角 θ 不仅与控制角 α 有关，而且与负载的(阻抗角)功率因数角 φ 有关。控制角越小则导通角越大，负载的功率因数角 φ 越大，表明负载感抗大，自感电动势使电流过零的时间越长，因而导通角 θ 越大。

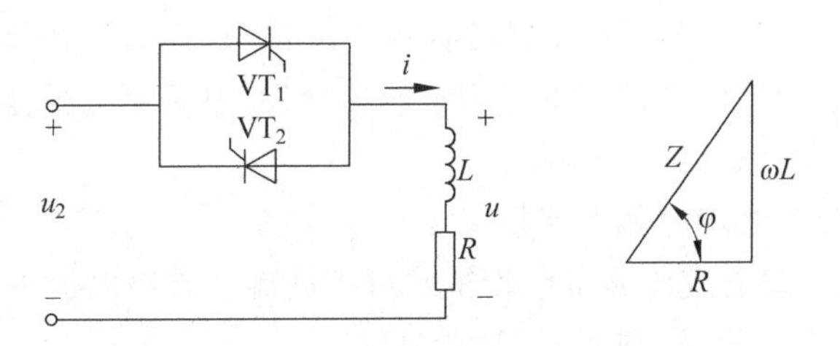

图 7-6　带电感负载的单相交流调压电路

下面分三种情况加以讨论。

1. $\alpha>\varphi$

由图 7-6 可见，当 $\alpha>\varphi$ 时，$\theta<180°$，即正负半周电流断续，且 α 越大，θ 越小。可见，α 在 $\varphi\sim180°$ 范围内，交流电压连续可调。电流电压波形如图 7-7(a)所示。

2. $\alpha=\varphi$

由图 7-6 可知，当 $\alpha=\varphi$ 时，$\theta=180°$，即正负半周电流临界连续。相当于晶闸管失去控制，电流电压波形如图 7-7(b)所示。

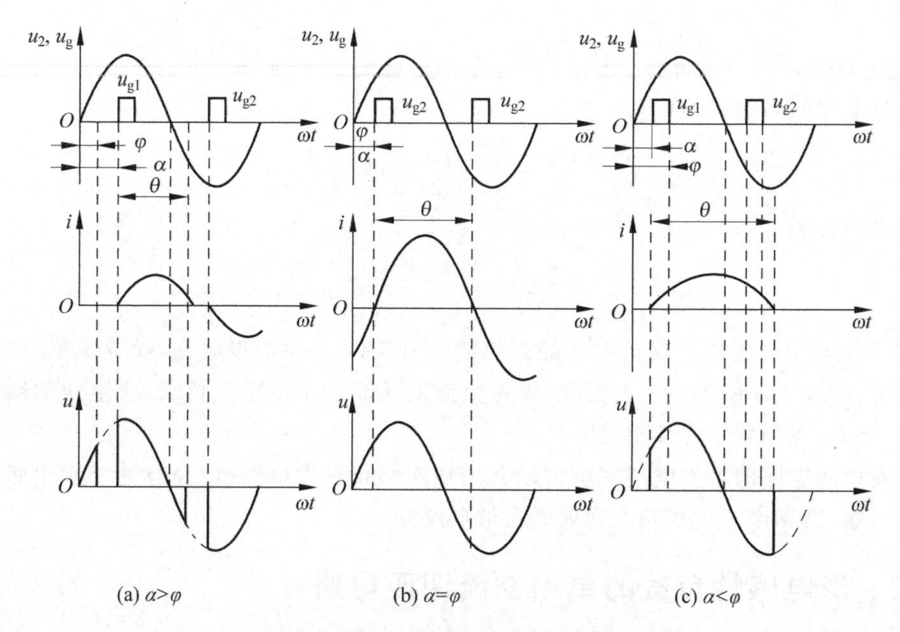

(a) $\alpha>\varphi$ (b) $\alpha=\varphi$ (c) $\alpha<\varphi$

图 7-7 单相交流调压电感负载波形图

3. $\alpha<\varphi$

此种情况若开始给 VT_1 管以触发脉冲，VT_1 管导通，而且 $\theta>180°$。如果触发脉冲为窄脉冲，当 u_{g2} 出现时，VT_1 管的电流还未到零，VT_1 管关不断，VT_2 管不能导通。当 VT_1 管电流到零关断时，u_{g2} 脉冲已消失，此时 VT_2 管虽已受正压，但也无法导通。到第三个半波时，u_{g1} 又触发 VT_1 导通。这样负载电流只有正半波部分，出现很大直流分量，电路不能正常工作。因而电感性负载时，晶闸管不能用窄脉冲触发，可采用宽脉冲或脉冲列触发。电流电压波形如图 7-7(c)所示。

综上所述，单相交流调压有如下特点：

① 电阻负载时，负载电流波形与单相桥式可控整流交流侧电流一致。改变控制角 α 可以连续改变负载电压有效值，达到交流调压的目的。

② 电感性负载时，不能用窄脉冲触发。否则当 $\alpha<\varphi$ 时，会出现一个晶闸管无法导通，产生很大直流分量电流，烧毁熔断器或晶闸管。

③ 电感性负载时，最小控制角 $\alpha_{min}=\varphi$(阻抗角)。所以 α 的移相范围为 $\varphi\sim180°$，电阻负载时移相范围为 $0\sim180°$。

当一个晶闸管导通时，其负载电流 i_o 的表达式为

$$i_o=\frac{\sqrt{2}U}{Z}\left[\sin(\omega t-\varphi)-\sin(\alpha-\varphi)e^{\frac{\alpha-\omega t}{\tan\varphi}}\right] \tag{7-4}$$

式中，$\alpha\leqslant\omega t\leqslant\alpha+\theta$，负载阻抗为 $Z=[R^2+(\omega L)^2]^{\frac{1}{2}}$，负载阻抗角 $\varphi=\arctan\dfrac{\omega L}{R}$。

例 7-1 由晶闸管反并联组成的单相交流调压器，电源电压有效值 $U_o=2300V$。

(1) 电阻负载时，阻值在 $1.15\sim2.3\Omega$ 之间变化，预期最大的输出功率为 2300kW，计算晶闸管所承受的电压的最大值以及输出最大功率时晶闸管电流的平均值和有效值。

(2) 如果负载为感性负载，$R=2.3\Omega$，$\omega L=2.3\Omega$，求控制角范围和最大输出电流的有效值。

解：(1) ①当 $R=2.3\Omega$ 时，如果触发角 $\alpha=0$，负载电流的有效值为

$$I_o=\frac{U_o}{R}=\frac{2300}{2.3}=1000\text{A}$$

此时，最大输出功率 $P_o=I_o^2R=1000^2\times2.3=2300\text{kW}$，满足要求。流过晶闸管的电流有效值 I_V 为 $I_V=\frac{I_o}{\sqrt{2}}=\frac{1000}{\sqrt{2}}=707\text{A}$。

输出最大功率时，由于 $\alpha=0$，$\theta=180°$，负载电流连续，所以负载电流的瞬时值为

$$i_o=\frac{\sqrt{2}U_o}{R}\sin\omega t$$

此时晶闸管电流的平均值为

$$I_{dt}=\frac{1}{2\pi}\int_0^{\pi}\frac{\sqrt{2}U_o}{R}\sin\omega t\,\mathrm{d}(\omega t)=\frac{\sqrt{2}U_o}{\pi R}=\frac{1.414\times2300}{3.1415\times2.3}=450\text{A}$$

② $R=1.15\Omega$ 时，由于电阻减小，如果调压电路向负载送出原先规定的最大功率保持不变，则此时负载电流的有效值计算如下。

由 $P_o=I_o^2R=2300\text{kW}$，得 $I_o=1414\text{A}$，因为 I_o 大于 $R=2.3\Omega$ 时的电流，所以 $\alpha>0$，晶闸管电流的有效值为

$$I_V=\frac{I_o}{\sqrt{2}}=\frac{1414}{\sqrt{2}}=1000\text{A}$$

③ 加在晶闸管上正、反向最大电压为电源电压的最大值，为$\sqrt{2}\times2300=3253\text{V}$。

(2) 电感性负载的功率因数角为 $\varphi=\arctan\frac{\omega L}{R}=\arctan\frac{2.3}{2.3}=\frac{\pi}{4}$，最小控制角为 $\alpha_{\min}=\varphi=\frac{\pi}{4}$，故控制角的范围为 $\pi/4\leqslant\alpha\leqslant\pi$。最大电流发生在 $\alpha_{\min}=\varphi=\pi/4$ 处，负载电流为正弦波，其有效值为

$$I_o=\frac{U_o}{\sqrt{R^2+(\omega L)^2}}=\frac{2300}{\sqrt{2.3^2+2.3^2}}=707\text{A}$$

单相交流调压电路简单、调节方便，缺点是输出电压和负载电流脉动大。主要用于电热控制、交流电动机速度控制、灯光调节和交流稳压器场合。与自耦变压器调压方法相比，交流调压电路有控制方便、调节速度快、质量轻、体积小等特点。

三、单相交流调压电路的典型应用

电风扇无级调速器在日常生活中随处可见，它实际上是带电感性负载的单相交流调压电路。图 7-8 是常见的电风扇无级调速器，旋动旋钮便可以调节电风扇的速度。由图 7-8 可知，调速器电路由主电路和触发电路两部分构成，在双向晶闸管的两端并接 RC 元件，是利用电容两端电压瞬时不能突变，作为晶闸管关断过电压的保护措施。电风扇无级调速器的工作原理是接通电源后，电容 C_1 充电，当电容 C_1 两端电压的峰值达到氖管 HL 的阻断电

压时，HL亮，双向晶闸管VT被触发导通，电扇转动。改变电位器 R_P 的大小，即改变了 C_1 的充电时间常数，使VT的导通角发生变化，也就改变了电动机两端的电压，因此电扇的转速改变。由于 R_P 是无级变化的，因此电扇的转速也是无级变化的。

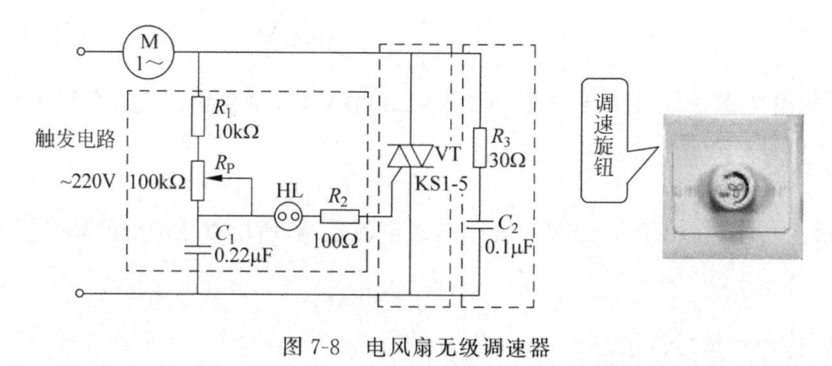

图 7-8 电风扇无级调速器

调光灯电路除了采用相控调压方式进行控制外，也可以采用交流调压控制方式，将上图中的电机换成调光灯则可以实现调压。

任务三 认识三相交流调压电路

一、Y型连接的三相交流调压电路

图 7-9 为Y型连接的三相交流调压电路，这是一种最典型、最常用的三相交流调压电路。用三只双向晶闸管作开关元件，分别接至负载就构成了三相调压电路。负载可以是Y连接也可以是△连接。通过控制触发脉冲的相位控制角 α，便可以控制加在负载上的电压的大小。对触发电路的要求是：

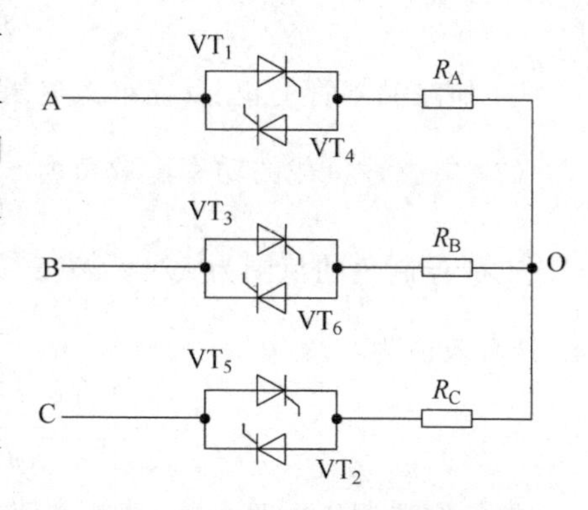

图 7-9 Y连接的三相交流调压电路

① 任一相导通须和另一相构成回路。

② 对于这种不带零线的调压电路，为使电流连续，任意时刻至少要有两个晶闸管同时导通。

③ 触发脉冲顺序和三相桥式全控整流电路一样，为 VT_1～VT_6，依次相差60°。

④ 三相正(或负)触发脉冲依次间隔120°，而每一相正、负触发脉冲间隔180°。

⑤ 为了保证电路起始工作时能两相同时导通，以及在感性负载和控制角较大时仍能保持两相同时导通，和三相全控桥式整流电路一样，要求采用双脉冲或宽脉冲(大于60°)触发。

⑥ 相电压过零点定为 α 的起点，α 角的移相范围是0°～150°。

⑦ 为了保证输出三相电压对称可调，应保持触发脉冲与电源电压同步。

1. $\alpha=0°$

在 A 相电压正半周的零起点处发出脉冲，触发晶闸管 VT_1，而后依次每隔 60°产生脉冲触发 VT_2、VT_3、VT_4、VT_5、VT_6。在这种情况下，晶闸管相当于一个二极管，任何时刻三相晶闸管同时导通。忽略其管压降，此时调压电路相当于一般的三相交流电路，加到负载上的电压 u_{RA} 是电源相电压 u_A，波形如图 7-10(a)所示。

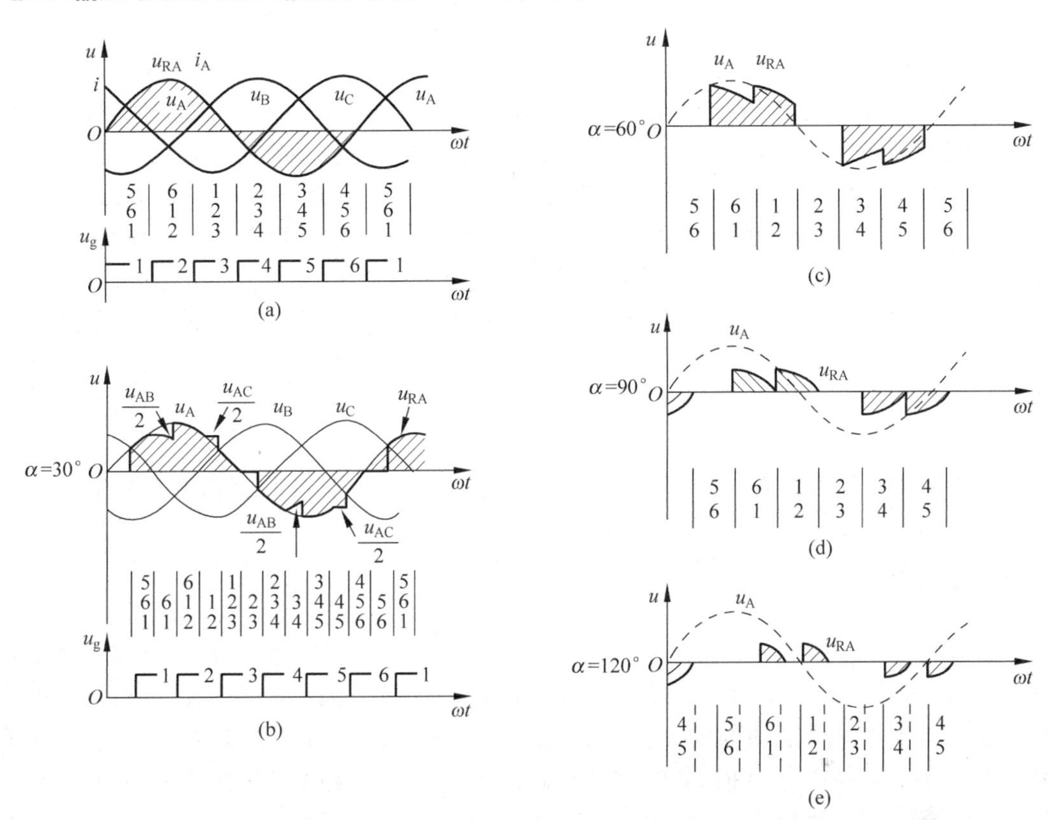

图 7-10　Y接三相交流调压电路输出电压、电流波形(电阻负载)

2. $\alpha=30°$

这时每个晶闸管都自零点滞后 30°触发导通，其波形如图 7-10(b)所示。波形中 $\omega t=0°\sim30°$时，VT_1 没有触发导通，A 相没有电压输出；VT_6 原已触发导通，B 相输出负电压；VT_5 原已触发导通，C 相输出正电压。$\omega t=30°\sim60°$时，VT_1 在 $\omega t=30°$时得到触发而导通，此时 VT_1、VT_5、VT_6 全部导通，A 相负载电压等于电源相电压。$\omega t=60°\sim90°$时，VT_1、VT_6 仍导通，A、B 相分别输出正、负电压；但在 $\omega t=60°$时，C 相电压过零而使 VT_5 关断，故 A 相负载上的电压为$(u_A-u_B)/2$，即为 A、B 相线电压的一半，所以电压波形出现缺口。$\omega t=90°\sim120°$时，VT_2 得到触发而导通，此时三个晶闸管都导通，A 相负载输出电源相电压波形；$\omega t=120°\sim150°$时，VT_1、VT_2 仍导通，A、C 相分别输出正、负电压。但在 $\omega t=120°$时，B 相电压过零使 VT_6 关断，故 A 相负载上的电压为$(u_A-u_C)/2$，即为 A、C 相线电压的一半，所以电压波形升高一块。$\omega t=150°\sim180°$时，VT_1、VT_2、VT_3 三个晶闸管又全部导通，A 相负载又输出电源的相电压波形。$\omega t=180°$时，A 相电压过零使 VT_1 关断，A 相没有电压输出。负半周的分析方法与正半周完全相同，A 相负载获得与正半周对称的电压波形。

$\alpha=30°$时的导通特点如下：每管持续导通 150°；有的区间由两个晶闸管同时导通构成两相流通回路，也有的区间三个晶闸管同时导通构成三相流通回路。

3. $\alpha=60°$

这时每个晶闸管都自零点滞后 60°触发导通，其波形如图 7-10(c)所示。波形中当 $\omega t=0°\sim60°$时，VT_1 没有触发导通，A 相没有电压输出，VT_5、VT_6 原已触发导通，B 相输出负电压，C 相输出正电压。当 $\omega t=60°\sim90°$时，VT_1 在 $\omega t=60°$时得到触发而导通，而 C 相电压此时正好过零点而使 VT_5 关断，VT_6 继续导通，故 A 相负载上的电压为$(u_A-u_B)/2$，即为 A、B 相线电压的一半。$\omega t=90°\sim120°$时，VT_1、VT_6 继续导通，VT_2 没有触发而继续关断，故 A 相负载上的电压继续为 A、B 相线电压的一半。$\omega t=120°\sim180°$时，VT_1 仍然导通，但在 $\omega t=120°$时，VT_2 得到触发而导通，同时 B 相电压过零点而使 VT_6 关断，故 A 相负载上的电压为$(u_A-u_c)/2$，即为 A、C 相线电压的一半。$\omega t=180°$时，A 相电压过零点使 VT_1 关断，A 相没有电压输出。负半周的分析方法与正半周完全相同，负载上获得与正半周对称的电压波形。

归纳 $\alpha=60°$时的导通特点如下：每个晶闸管导通 120°；每个区间由两个晶闸管构成回路。

4. $\alpha=90°$

波形如图 7-10(d)所示。波形中当 $\omega t=0°\sim90°$时，VT_1 没有触发导通，A 相没有电压输出。当 $\omega t=90°\sim120°$时，VT_1 在 $\omega t=90°$时得到触发而导通，VT_6 原已导通，而 C 相电压此时已过零，VT_5 关断且尚未触发，故 A 相负载上的电压为$(u_A-u_B)/2$，即为 A、B 相线电压的一半。当 $\omega t=120°\sim150°$时，VT_1 继续导通，$\omega t=120°$时，B 相电压虽然过零，但由于 VT_5 没有触发继续关断，而 $u_A>u_B$，故 VT6 继续导通，故 A 相负载上的电压继续为 A、B 相线电压的一半。当 $\omega t=150°\sim180°$时，在 $u_A=u_B$，即 $\omega t=150°$时流过 VT_6 的电流等于零而关断，VT_2 正好在此时被触发导通，VT_1 通过负载和 VT_2 构成回路而维持导通，故 A 相负载上的电压为 A、C 相线电压的一半。在 $\omega t=180°\sim210°$时，VT_2 继续导通，$\omega t=180°$时，A 相电压虽然过零，但由于此时 VT_3 继续关断，而 $u_A>u_C$，故 VT_1 仍承受正电压在原正脉冲触发导通后继续导通，故 A 相负载上的电压为 A、C 相线电压的一半。当 $\omega t=210°$时，$u_A=u_C$，流过 VT_1 的电流等于零，VT_1 关断，A 相没有电压输出。负半周的分析方法与正半周完全相同，负载上获得与正半周对称的电压波形。

归纳 $\alpha=90°$时的导通特点如下：每个晶闸管通 120°，各区间有两个管子导通。

5. $\alpha=120°$

$\alpha=120°$时波形如图 7-10(e)所示。波形中当 $\omega t=0°\sim120°$时，VT_1 没有触发导通，A 相没有电压输出。当 $\omega t=120°\sim150°$时，VT_1 在 $\omega t=120°$时得到触发而导通，B 相电压虽已过零点，但由于 VT_2 关断尚未触发，且 $u_A>u_B$，VT_6 继续导通，故 A 相负载上的电压为 A、B

相线电压的一半。$\omega t=150^{\circ}\sim180^{\circ}$时，$VT_6$ 在 $u_A=u_B$，即 $\omega t=150^{\circ}$时关断，而此时 VT_2 没有触发继续关断，所以 VT_1 因没有电流通路而关断。故在此期间，A 相负载上电压为零。$\omega t=180^{\circ}\sim210^{\circ}$时，$VT_2$ 在 $\omega t=180^{\circ}$触发而导通，在设计时采用双脉冲或宽度大于 60°的宽脉冲，A 相的原正脉冲此时还存在，再因 $u_A>u_C$，故 VT_1 被触发而再次导通。故 A 相负载上的电压为 A、C 相线电压的一半。$\omega t=210^{\circ}$时，$u_A=u_C$，流过 VT_1 的电流等于零，VT_1 关断，A 相负载输出电压为零。负半周的分析方法与正半周完全相同，负载上获得与正半周对称的电压波形。

$\alpha=120^{\circ}$时的导通特点如下：每个晶闸管触发后通 30°，断 30°，再触发导通 30°；各区间要么由两个管子导通构成回路，要么没有管子导通。

6. $\alpha=150^{\circ}$

根据电压波形分析可知，当 $\alpha\geqslant150^{\circ}$时，三个晶闸管不能构成导通条件，所以这种由三个双向晶闸管构成的三相Y连接调压电路的最大移相范围为 150°。控制角 α 由 0°变化至 150°时，输出的交流电压可以连续地由最大调节至零。

随着 α 的增大，电流的不连续程度增加，每相负载上的电压已不是正弦波，但正、负半周对称。因此，这种调压电路输出的电压中只有奇次谐波，以三次谐波所占比重最大。由于这种线路没有零线，故无三次谐波通路，减少了三次谐波对电源的影响。

工作状态小结：

① $\alpha<30^{\circ}$：处于第一类工作状态（三相同时导电）；

② $30^{\circ}<\alpha<60^{\circ}$：每隔 30°交替地出现第一类和第二类工作状态；

③ $60^{\circ}<\alpha<90^{\circ}$：处于第二类工作状态（两相同时导电）；

④ $90^{\circ}<\alpha<150^{\circ}$：交替处于第一类工作状态和断流状态；

⑤ $\alpha>150^{\circ}$：电路全断流，不能工作。

所以，电阻负载控制角 α 的调控范围为 $0^{\circ}\sim150^{\circ}$。

三相交流调压电路带电感性负载时，分析工作很复杂，因为输出电压与电流存在相位差，在线电压或相电压过零瞬间，晶闸管将继续导通，负载中仍有电流流过，此时晶闸管的导通角 θ 不仅与控制角 α 有关，而且与负载功率因数角 φ 有关。如果负载是感应电动机，则功率因数角 φ 还要随电机运行情况的变化而变化，这将使波形更加复杂。

但从实验波形可知，三相感性负载的电流波形与单相感性负载时的电流波形的变化规律相同，即当 $\alpha\leqslant\phi$ 并采用宽脉冲触发时，负载电压、电流总是完整的正弦波；改变控制角 α，负载电压、电流的有效值不变，即电路失去交流调压作用。要实现交流调压的目的，则最小控制角 $\alpha=\phi$，在相同负载阻抗角 φ 的情况下，α 越大，晶闸管的导通角越小，流过晶闸管的电流也越小。

二、其他三相调压电路形式

上面描述了典型的三相Y连接全波调压电路的工作原理，实际上三相调压电路的形式很多，各有千秋，在表 7-1 中对常用的三相调压电路作了比较。

表 7-1　常用三相调压电路形式及特点

电路名称	电　路　图	晶闸管工作电压（峰值）/V	晶闸管工作电流（峰值）/A	移相范围/(°)	线路性能特点
星形带中性线的三相交流调压	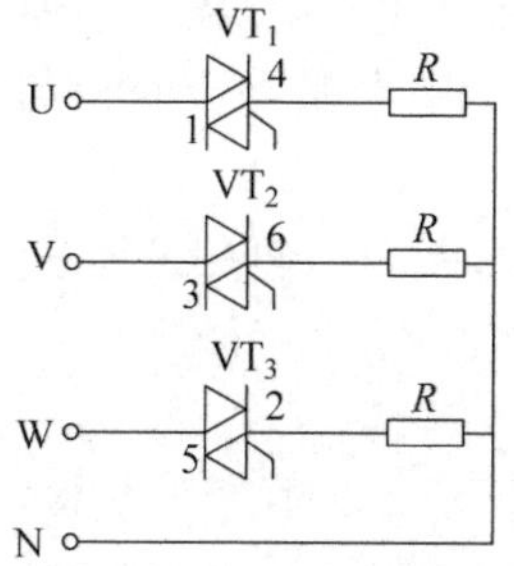	$\sqrt{\frac{2}{3}}U_1$	$0.45I_1$	0～180	1. 是3个单相电路的组合 2. 输出电压、电流波形对称 3. 因有中性线可流过谐波电流，特别是3次谐波电流 4. 适用于中、小容量可接中性线的各种负载
晶闸管与负载连接成内三角形的三相交流调压	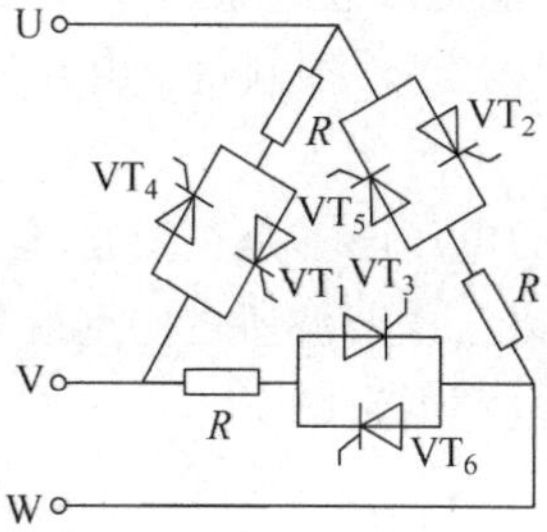	$\sqrt{2}U_1$	$0.26I_1$	0～150	1. 是3个单相电路的组合 2. 输出电压、电流波形对称 3. 与Y连接比较，在同容量时，此电路可选电流小，耐压高的晶闸管 4. 此种接法实际应用较少
三相三线交流调压	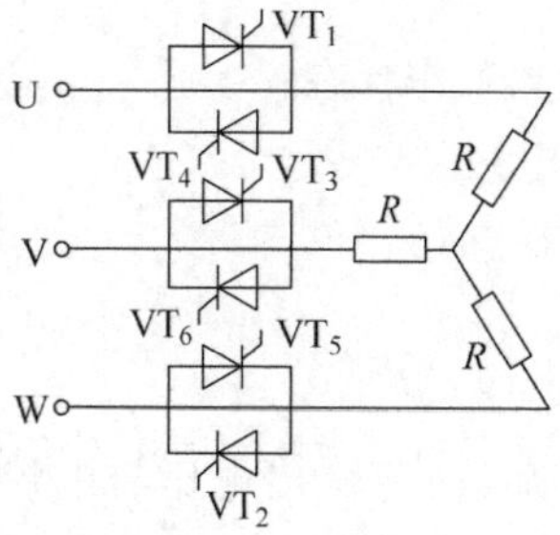	$\sqrt{2}U_1$	$0.45I_1$	0～150	1. 负载对称，且三相皆有电流时，如同3个单相组合 2. 应采用双窄脉冲或大于60°的宽脉冲触发 3. 不存在3次谐波电流 4. 适用于各种负载
控制负载中性点的三相交流调压	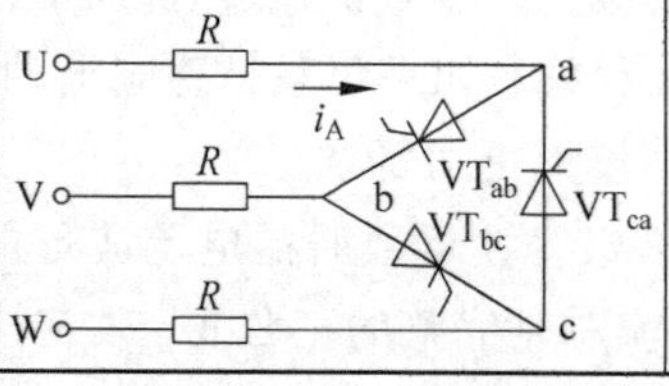	$\sqrt{2}U_1$	$0.68I_1$	0～210	1. 线路简单，成本低 2. 适用于三相负载Y连接，且中性点能拆开的场合 3. 因线间只有一个晶闸管，属于不对称控制

任务四　认识交流过零调功电路和斩控电路

前面介绍的移相触发调压电路，使得电路中的正弦波形出现缺角，包含较大的高次谐波。为了克服这种缺点，可采用过零触发的通断控制方式。这种方式的开关对外界的电磁干扰最小。

控制方法如下：在设定的周期内，使晶闸管开关接通几个周波然后断开几个周波，改变通断时间比，就改变了负载上的交流平均电压，可达到调节负载功率的目的。因此这种装置也称为交流调功器。

一、调功器的工作原理

图 7-11 为过零触发单相交流调功器和三相交流调功电路。交流电源电压 u 以及 VT_1 和 VT_2 的触发脉冲 u_{g1}、u_{g2} 的波形分别如图 7-12 所示。由于各晶闸管都是在电压 u 过零时加触发脉冲的，因此就有电压 u_o 输出。如果不触发 VT_1 和 VT_2，则输出电压 $u_o=0$。由于是电阻性负载，因此当交流电源电压过零时，原来导通的晶闸管因其电流下降到维持电流以下而自行关断，这样使负载得到完整的正弦波电压和电流。由于晶闸管是在电源电压过零的瞬时被触发导通的，负载电压电流都是正弦波，不对电网电压电流造成通常意义的谐波污染，同时可以保证大大减小瞬态负载浪涌电流和触发导通时的电流变化率 di/dt，从而使晶闸管由于 di/dt 过大而失效或换相失败的几率大大减少。

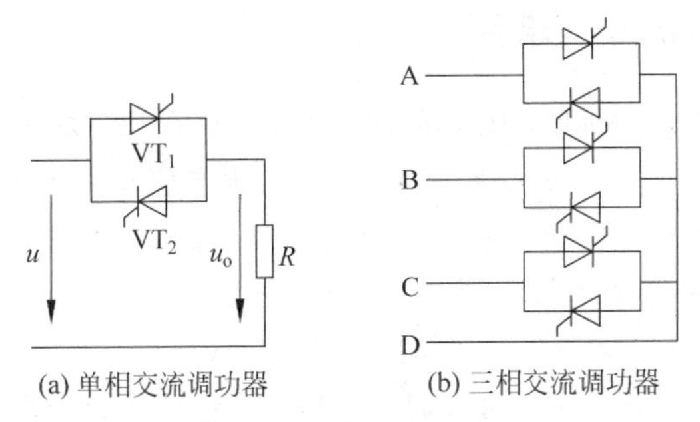

(a) 单相交流调功器　(b) 三相交流调功器

图 7-11　交流调功器

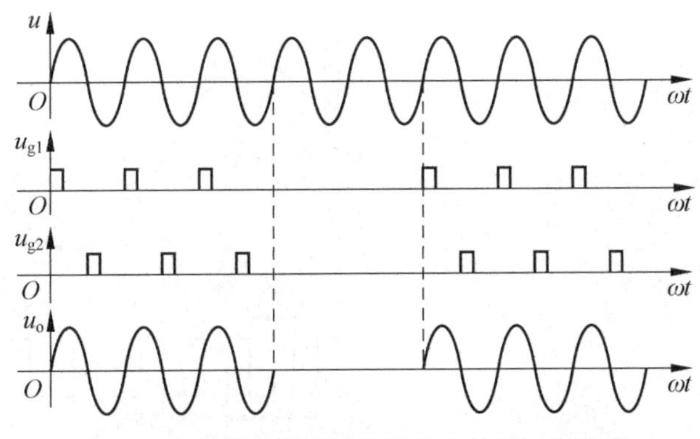

图 7-12　单相交流零触发开关电路的工作波形

如果设定运行周期 T_C 内的周波数为 n，每个周波的频率为 50Hz，周期为 T(20ms)，则调功器的输出功率 P_2 为

$$P_2=\frac{n\cdot T}{T_C}P_N=k_zP_N \tag{7-6}$$

$$P_N=U_{2N}I_{2N}$$

输出电压的有效值是：

$$U=\sqrt{\frac{nT}{T_C}}U_n$$

T_C 应大于电源电压一个周波的时间且远远小于负载的热时间常数，一般取 1s 左右就

可满足工业要求。

式中，T——电源的周期(ms)；

n——调功器运行周期内的导通周波数；

P_N——额定输出容量(晶闸管在每个周波都导通时的输出容量)；

U_{2N}——每相的额定电压(V)；

I_{2N}——每相的额定电流(A)；

$$k_z = \frac{nT}{T_C} = \frac{n}{T_C \cdot f} \tag{7-7}$$

k_z——导通比，f 为电源的频率。

由输出功率 P_2 的表达式可见，控制调功电路的导通比就可实现对被调对象(如电阻炉)的输出功率的调节控制。

二、斩控式交流调压电路

交流斩波调压电路及其输出电压波形如图 7-13 所示。开关 S_1 用于斩波控制，导通时间为 t_{on}，其关断时间为 t_{off}，开关周期为 $T(t_{on}+t_{off})$，则交流斩波器的导通比为 $d=t_{on}/T$，改变脉冲宽度 t_{on}或者改变斩波周期 T 就可改变导通比，在负载上获得可调的交流电压 u。S_2 为续流器件，为负载提供续流回路。输出电压可表示为

$$u = Gu_2 = GU_{2m}\sin\omega t$$

其中，G 为开关函数，当 S_1 闭合、S_2 打开时 $G=1$；当 S_1 打开、S_2 闭合时 $G=0$，所以 G 的波形为一脉冲序列。

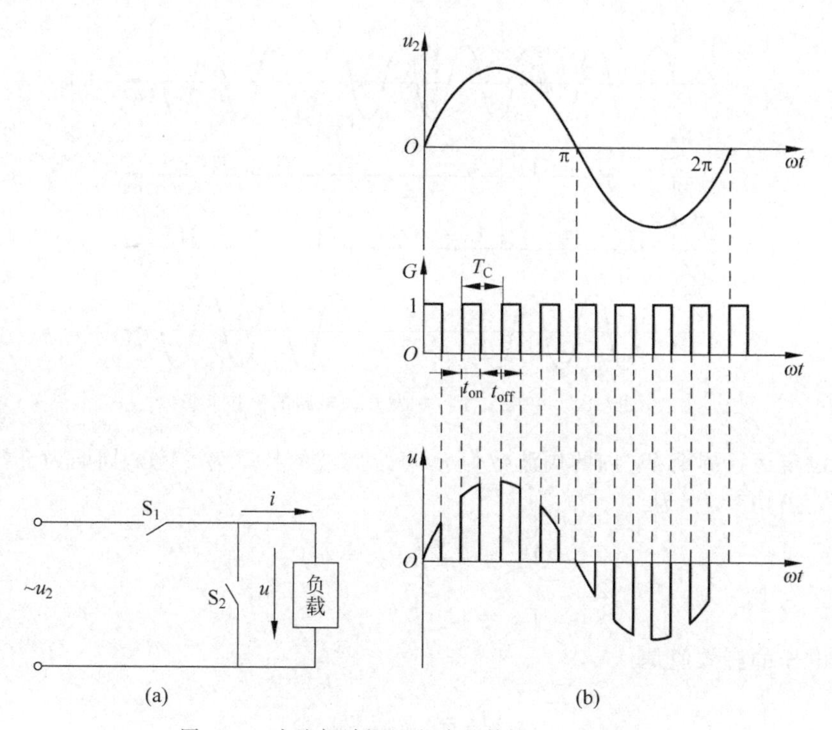

图 7-13 交流斩波调压电路及其输出电压波形

一般采用全控型器件作为开关器件，采用全控型器件 IGBT 的斩控式交流调压电路如图 7-14 所示。

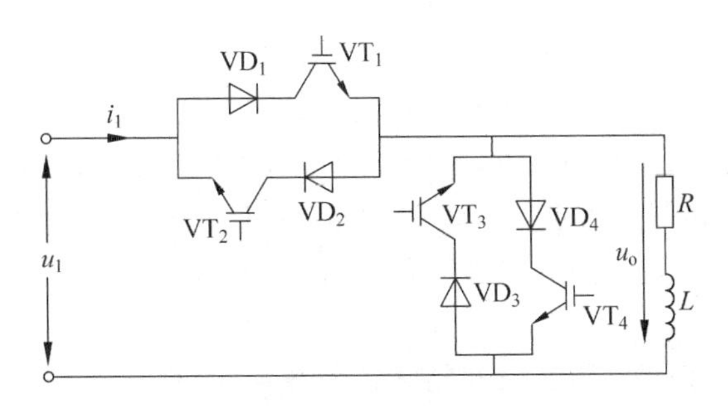

图 7-14　采用全控式器件的斩控式交流调压电路

在交流电源 u_1 的正半周用 VT_1 进行斩波控制，用 VT_3 给负载电流提供续流通道；在交流电源 u_1 的负半周用 VT_2 进行斩波控制，用 VT_4 给负载电流提供续流通道。下面分电阻性负载和电感性负载进行讨论。

1. 电阻负载

电源电流的基波分量和电源电压同相位，即位移因数为 1。电源电流不含低次谐波，只含和开关周期 T 有关的高次谐波，功率因数接近 1。

2. 电感负载

负载电流滞后电压，输出的电压、电流波形见图 7-15。输入电压的正半周，VT_1 斩波，VT_4 关断，VT_2、VT_3 导通；输入电压的负半周，VT_2 斩波，VT_3 关断，VT_1、VT_4 导通。

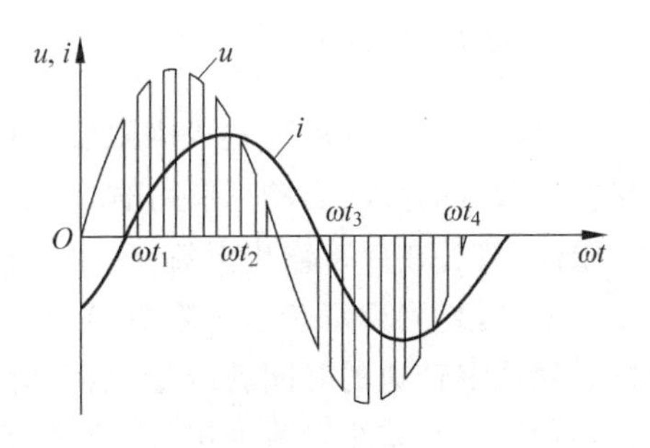

图 7-15　斩控式交流调压电路电感性负载的输出电压、电流波形

在 $0\sim\omega t_1$ 期间，负载电流 $i<0$，通过 VT_2 将负载功率送回电源侧，VT_1 无需再做斩波工作。

在 $\omega t_1\sim\omega t_2$ 期间，负载电流 $i>0$，此时工作情况与直流斩波类似，VT_1 斩波，VT_3 续流。负半周工作情况类似。

斩波调压与相控调压的比较。相控调压输出电压谐波分量较大，相控调压控制角大时，功率因数低，相控调压电源侧电流谐波分量高；对于斩波控制，在一定的导通比下，斩波频率越高，感性负载的畸变越小，波形越接近正弦波，电路的功率因数也越高，但开关器件频率增加，损耗增加。

任务五　认识晶闸管电机软启动器

软启动器主要是由串接于电源与被控电机之间的三相反并联闸管及其电子控制电路组成。运用不同的方法，控制三相反并联闸管的导通角，使被控电机的输入电压按不同的要求而变化，就可实现不同的功能。图 7-1 所示为电机软启动器的实物与主电路图。

一、软启动器的原理

晶闸管电机软启动器实质就是晶闸管交流调压器,通过这个交流调压器来改变加到电机上的电源电压。软启动器一般采用相位控制方式,即通过控制晶闸管的通断来控制电源电压的输出波形。不同的控制角 α 可以得到不同的输出电压,从而起到调压的作用。控制角 α 的范围是 $\phi \leqslant \alpha \leqslant 150°$(过零点为0),导通角 $\theta = 180° - \alpha + \phi$,$\phi$ 为功率因数角。当 $\alpha \geqslant 150°$时,从三相电压波形可知,当a相相位大于150°以后,$U_a < U_b$,晶闸管承受的是反电压,不导通,不起调压作用。

软启动器的工作原理:控制其内部晶闸管的导通角,使电机输入电压从零以预设函数关系逐渐上升,直至启动结束,赋予电机全电压,即为软启动。在软启动过程中,电机启动转矩逐渐增加,转速也逐渐增加。软启动结束,旁路接触器闭合,使软启动器退出运行,直至下次启动时,再次投入,这样既延长了软启动器的寿命,又使电网避免了谐波污染,还可减少软启动器中的晶闸管发热损耗。软启器本质上仍属于减压启动装置,但是减压范围更宽,且可以调整。星—三角减压启动器,电机只能在此两个电压点上运行,为有级减压启动模式。软启动器,启动初始电压可以调整为任意电压值,如60V,然后由60V上升至380V,电机的启动过程更为柔和,是一种电机电压平滑上升的无级减压启动模式,减缓了启动时造成的机械和电气冲击,能将启动电流限制在电机额定电流的4倍以内。

软启动器可以提供多种软启动方式,用户可以根据自身及系统电网要求进行选择并设置启动参数,以达到最佳的启动效果,常用的软启动方式有以下几种。

1. 限流软启动

指在电动机的启动过程中限制其启动电流不超过某一设定值 I_m 的软启动方式。主要用在轻载时的降压启动,其输出电压从零开始迅速增长,直到其输出电流达到预先设定的电流限值,然后在保持输出电流 $I < I_m$ 的条件下逐渐升高电压,直到额定电压,使电动机转速逐渐升高,直到额定转速。限流启动时,若限流值较大,则此时电机的启动转矩也大,因此电机达到稳定转速的时间就越短,启动就越迅速。所以限流启动方式中,为保证有一定的启动转矩的同时又防止电流冲击,限流值的大小要合理选取。这种启动方式的优点是,启动电流小,对电网电压影响小,且可按需要调整启动电流的限值。其缺点是,在启动时难以知道启动压降,不能充分利用压降空间,损失启动转矩。该方式在生产实践中应用最多,特别适合风机泵类负载的启动。图7-16所示为限流软启动的波形。

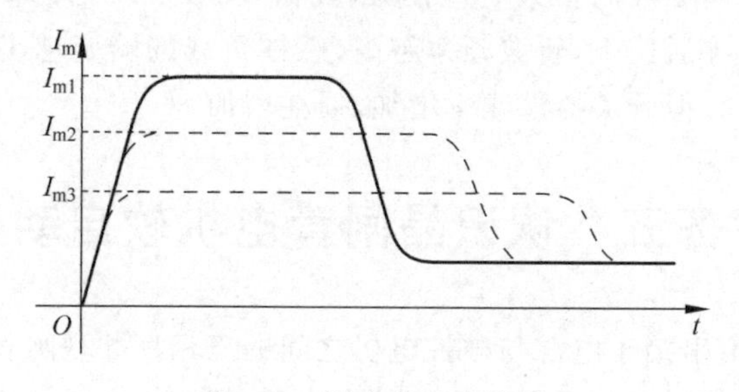

图7-16　限流软启动波形

2. 电压斜坡启动

如图 7-17 所示，输出电压先迅速升至 U_s（U_s 为电动机启动所需的最小转矩所对应的电压值），然后按设定的斜率逐渐升高电压，直至达到额定电压，初始电压和电压上升率可根据负载特性调整。在加速斜坡时间期间，电动机电压逐渐增加，加速斜坡时间在一定时间范围内可调整，加速斜坡时间一般在 2～60s。这种启动方式的特点是，启动电流相对较大，但启动时间相对较短。它实现了将传统的降压启动中的有级变为无级，主要用在重载启动中。随着电压的不断增加，电磁转矩也是逐渐上升的，当电磁转矩大于阻尼转矩和负载之和时，电机开始启动，并最终达到稳定运行。软启动一般有初始电压，即电机启动的瞬间就已经具有一定的电磁转矩，且初始电压一般并不高，这样既避免了电机启动时的转矩冲击又减小了电流冲击。此种软启动一般适用于轻载或空载的启动，也适用于启动转矩随着转速的增大而增大的设备，如普通车床、冲床及抽水泵等。

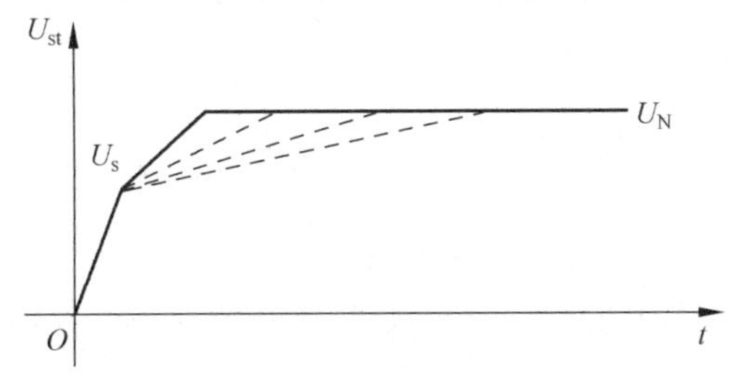

图 7-17　电压斜坡启动

该方式的缺点是，启动转矩小，且转矩特性呈抛物线形上升，对启动不利，且启动时间长，对电机也不利。同时，由于没有限流，在启动时将有较大的电流冲击，损坏晶闸管，对电网影响较大，在生产实践中应用不是很多。

3. 脉冲冲击软启动

在启动开始阶段，让晶闸管在极短时间内，提供一个较大的转矩，以较大电流导通一段时间后回落，满足在启动时需要一个较高启动转矩的负载，以克服负载的静摩擦力，再按原设定值线性上升，连入电压斜坡或恒流启动。此种启动方式适用于带较重负载启动或负载静摩擦力较大的场合，在一般负载中很少应用。脉冲冲击软启动的波形如图 7-18 所示。

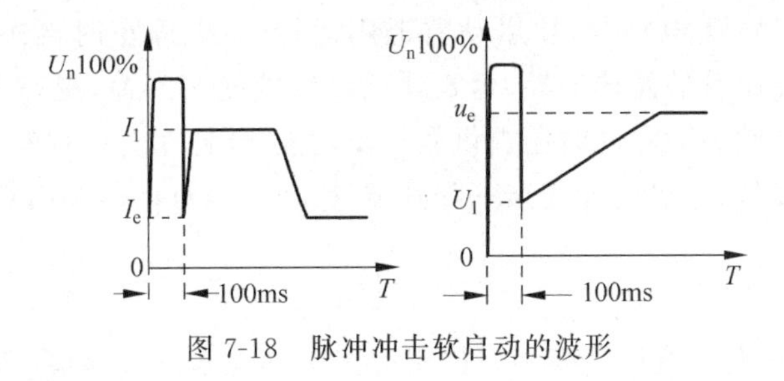

图 7-18　脉冲冲击软启动的波形

4. 阶跃启动

电机启动时，即以最短时间，使启动电流迅速达到设定值，即为阶跃启动。通过调节启动电流设定值，可以达到快速启动效果。

二、电机软启动器的功能特点

特点如下：

① 控制电机平滑启动，减小冲击电流，避免冲击电网。

② 启动电压可调，保证电机启动的最小启动转矩，避免电机过热和能源浪费。

③ 启动电流可根据负载情况调整，减小启动损耗，以最小的电流产生最佳的转矩。

④ 启动时间可调，在设定时间范围内，电机转速逐渐上升，避免转速冲击。

⑤ 自由停机和软停机可选，软停机时间可调。

⑥ 电机在轻载时，通过降低电机端电压，提高功率因数，达到轻载节能的目的；重载时，则可通过提高电机端电压，确保电机正常运行。

⑦ 具有对于缺相相序过热启动过程过流、运行过程过流、过载等故障的检测及保护功能，对过流过载值可调。

三、软启动器的电路

软启动电机控制柜主要由以下几部分组成：

① 主回路，包括输入端的断路器、软启动器（晶闸管与电子控制电路）、软启动器的旁路接触器。

② 控制电路（完成本地启动、远程启动、软启动及软启动器旁路等功能的选择与运行），有电压电流显示和故障运行工作状态等指示灯显示。下面以JJR2000系列软启动器为例具体介绍。

1. 主回路

软启动器采用三相反并联大功率晶闸管作为调压器，串联在电源和电机定子之间，主电路上电后，软启动器接收到启动信号，开始进行有关计算，确定晶闸管的触发信号，通过控制晶闸管触发导通角的大小使软启动器按设定的方式输出相应的电压，随着晶闸管的输出电压逐渐增加，电机逐渐加速，直到晶闸管全导通，电机工作在额定电压的机械特性上。实现了电机平滑启动，降低了启动电流，避免了启动过流跳闸，待电机达到额定转速时启动过程结束，旁路接触器KM1得电吸合，软启动器退出运行，直至停车时再次投入。旁路接触器的设计既可以降低晶闸管的发热损耗，延长软启动器的使用寿命，提高其工作效率，又使电网避免了谐波污染。软启动器同时还提供软停车功能，软停车与软启动过程相反，随着软启动器输出电压逐渐降低，电机转速逐渐下降到零，避免了因自由停车引起的转矩冲击。

2. 控制回路

图7-19为软启动器电机控制回路。控制回路中继电器KA1和接触器KM1分别定义为软启动器故障继电器、旁路接触器；软启动器的故障、旁路信号通过KA1与KM1的辅助触点反馈给PLC，用于对软启动器的运行状态进行监控。指示灯HL_1、HL_2分别用于指示软启动器的故障状态与旁路状态。软启动器的运行（RUN）和停机（STOP）逻辑采用2线控

制方式，将 RUN 和 STOP 端子短接，采用电平控制方式，高电平运行，低电平停机。在主电路上电后，RUN 端检测到高电平，软启动器启动；在故障手动复位后，RUN 端检测到高电平后，软启动器重新启动。电机软启动时，PLC 控制继电器 KA2 得电，KA2 辅助触点闭合，启动电机 当电机启动完成后，软启动器内部旁路继电器节点闭合，软启动器发出旁路（Bypass）信号。此信号反映了软启动器中的晶闸管已完全导通，即电压斜坡已经到顶，旁路信号控制软启动器旁路接触器 KM1 得电吸合，软启动器不再工作，直至停车时再次投入。软停车时，PLC 控制继电器 KA2 失电，KA2 辅助触点断开，软启动器软停止电机。

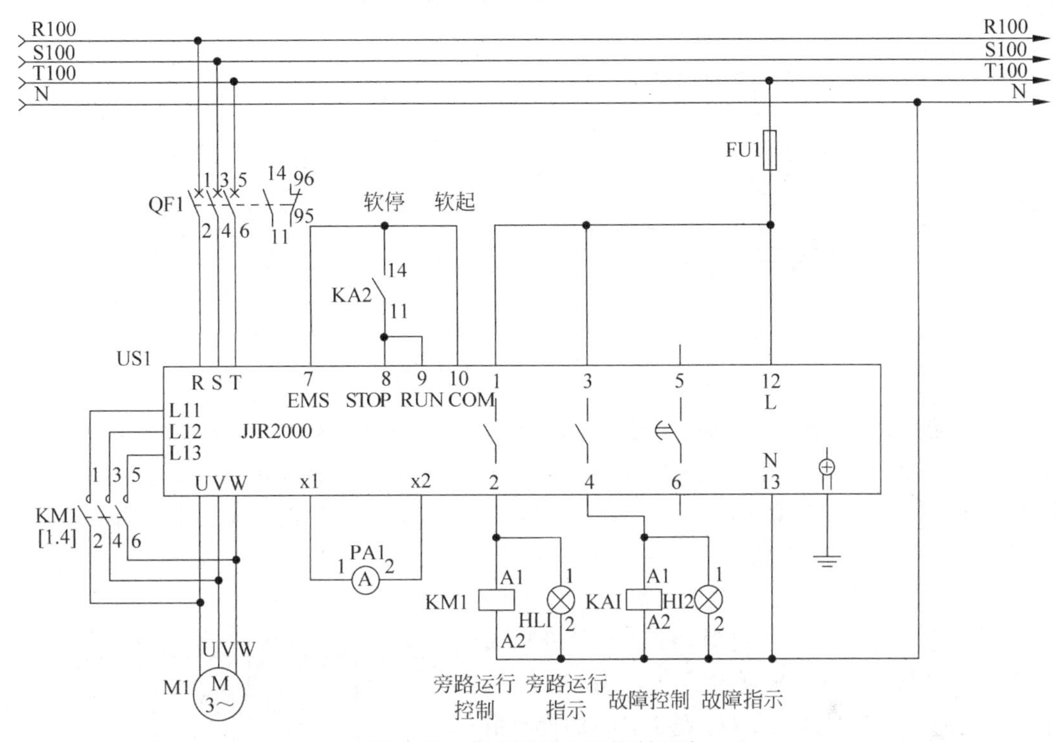

图 7-19　软启动器电机控制回路

软启动器的软启动和软停止功能可以使电机启动和停止电流的变化曲线变得更加软化，达到平滑启动和停止电机的目的。因此对于不需要调速的各种应用场合都可以使用软启动器，对于变负载工况或电机长期处于轻载运行，只有短时或瞬间处于满负荷运行的场合，应用软启动器则具有轻载节能的效果。

任务六　其他电力电子器件（拓展）

在全控型电力电子器件中，除了 GTR、MOS 管、IGBT 外，20 世纪 80 年代又出现了静电感应晶体管（SIT）、静电感应晶闸管（SITH）、MOS 控制晶闸管（MCT）、集成门极换流晶闸管（IGCT）以及功率集成电路（PIC）和智能功率模块（IPM）等新型器件。这些器件有很高的开关频率，为几十至几十万赫兹，有更高的耐压特性，电流容量也大，可以构成大功率、高频的电力电子电路。但是新一代器件的出现并不意味着旧的器件被淘汰，目前 SCR 仍是高压、大电流装置中常用的元件。

一、静电感应晶体管(SIT)

静电感应晶体管SIT(Static Induction Transistor),是一种多子导电的单极电压型控制器件,具有输出功率大、输入阻抗高、开关特性好、热稳定性好以及抗辐射能力强等优点。现已商品化的SIT可工作在几十万赫兹,电流达300A,电压达2000V,已广泛用于高频感应加热设备(如200kHz、200kW的高频感应加热电源)中。SIT还适用于高音质音频放大器、大功率中频广播发射机、电视发射机以及空间技术等领域。其结构和符号如图7-20所示。

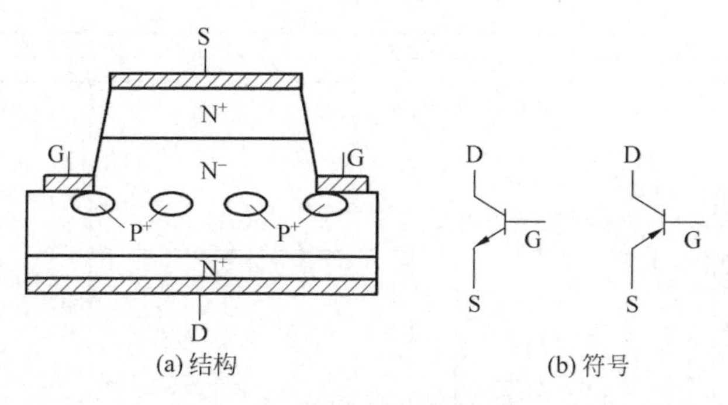

(a) 结构　　(b) 符号

图7-20　SIT的结构及其符号

SIT为常开通器件,以N-SIT为例,当栅-源电压U_{GS}大于或等于零,漏-源电压U_{DS}为正向电压时,两栅极之间的导电沟道使漏-源之间导通。当加上负栅-源电压U_{GS}时,栅源间PN结产生耗尽层。随着负偏压U_{GS}的增加,其耗尽层加宽,漏-源间导电沟道变窄。当$U_{GS}=U_P$(夹断电压)时,导电沟道被耗尽层夹断,SIT关断。

图7-21所示为N沟道SIT的静态伏安特性曲线。当漏-源电压U_{DS}一定时,对应于漏极电流I_D为零的栅源电压称为夹断电压U_P。在不同U_{DS}下有不同的U_P,漏源极电压U_{DS}越大,U_P的绝对值越大。SIT的漏极电流I_D不但受栅极电压U_{GS}控制,同时还受漏极电压U_{DS}控制,当栅-源电压U_{GS}一定时,随着漏-源电压U_{DS}的增加,漏极电流I_D也线性增加,其大小由SIT的通态电阻决定。因此,SIT不但是一个开关元件,而且是一个性能良好的放大元件。

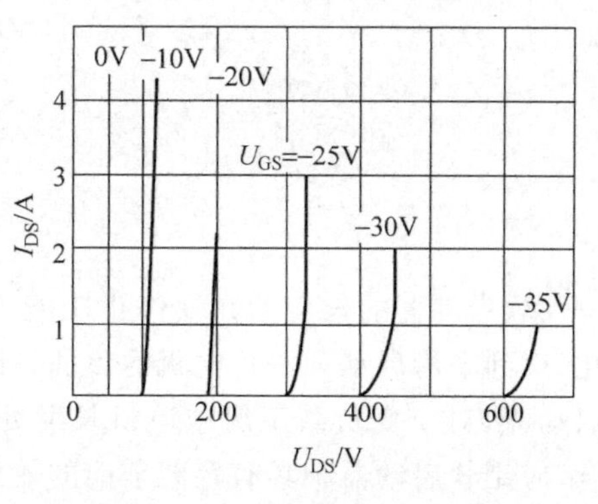

图7-21　N-SIT静态伏安特性

SIT的导电沟道短而宽,适应于高电压、大电流的场合;它的漏极电流具有负温度系数,可避免因温度升高而引起的恶性循环。SIT的漏极电流通路上不存在PN结,一般不会发生热不稳定和二次击穿现象,其安全工作区范围较宽。它的开关速度相当快,适用于高频场合。SIT的栅极驱动电路比较简单。一般来说,关断SIT需要加数十伏的负栅压($-U_{GS}$),使SIT导通可以加5～6V的正栅极偏压($+U_{GS}$),以降低器件的通态压降。

二、静电感应晶闸管(SITH)

静电感应晶闸管 SITH(Static Induction THyristor),它属于场控双极型开关器件,自1972 年开始研制并生产,发展至今已初步趋于成熟,有些已经商品化。与 GTO 相比,SITH 有许多优点,比如通态电阻小、通态压降低、开关速度快、损耗小、耐量高等,现有产品电流、电压规格有 1000A/2500V、2200A/450V、400A/4500V,工作频率可达 100kHz 以上。它在直流调速系统、高频加热电源和开关电源等领域已发挥着重要作用,但制造工艺复杂、成本高是阻碍其发展的重要因素。其结构和符号如图 7-22 所示。

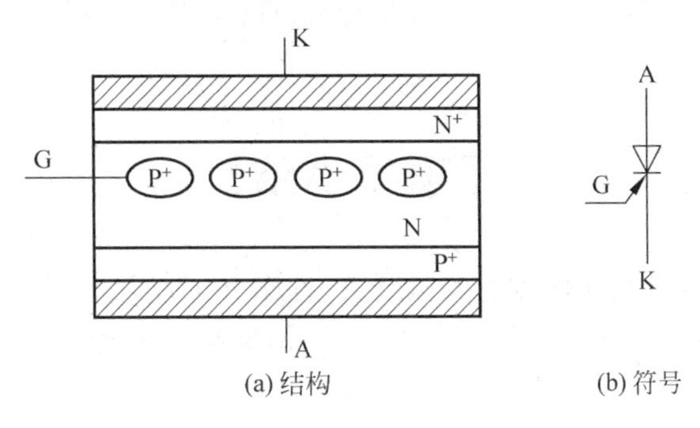

图 7-22　SITH 的结构及其符号

和 SIT 一样,SITH 也为常开通器件。栅极开路,在阳极和阴极间加正向电压,有电流流过 SITH,其特性与二极管正向特性相似。在栅极 G 和阴极 K 之间加负电压,G-K 之间 PN 结反偏,在两个栅极区之间的导电沟道中出现耗尽层,A-K 之间电流被夹断,SITH 关断。这一过程与 GTO 的关断非常相似。栅极所加的负偏压越高,可关断的阴极电流也越大。

图 7-23 所示为 SITH 的静态伏安特性曲线。由图 7-23 可知,特性曲线的正向偏置部分与 SIT 相似。栅极负压 $-U_{GK}$ 可控制阳极电流关断。已关断的 SITH,A-K 之间只有很小的漏电流存在。SITH 为场控少子器件,其动态特性比 GTO 优越。SITH 的电导调制作用使它比 SIT 的通态电阻、通态压降低,通态电流大;但因器件内有大量的存储电荷,所以它的关断时间比 SIT 要慢,工作频率要低。

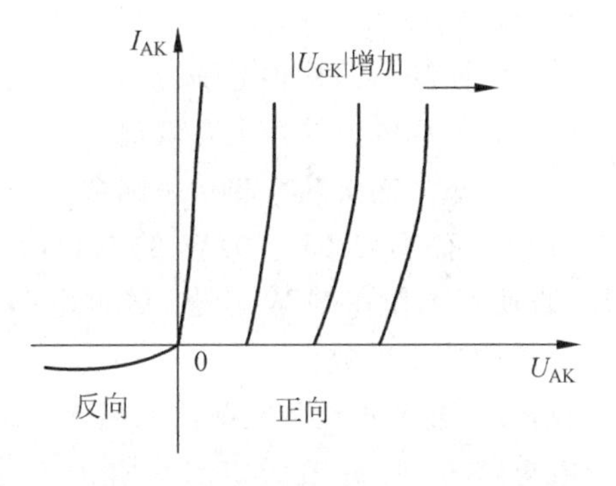

图 7-23　SITH 的静态伏安特性曲线

三、其他电力电子器件

近年来,还研制出了以下一些新型电力电子器件。

1. 集成门极换流晶闸管(IGCT)

IGCT 是 Integrated Gate-Commutated Thyristor 的缩写,20 世纪 90 年代后期出现,结合了 IGBT 与 GTO 的优点,容量与 GTO 相当,开关速度快 10 倍,且可省去 GTO 庞大而复杂的缓冲电路,只不过所需的驱动功率仍很大。IGCT 可望成为高功率高电压低频电力电子装置的优选功率器件之一。

2. MOS 场控晶闸管(MCT)

MOS 控制晶闸管 MCT(MOS-Controlled Thyristor)自 20 世纪 80 年代末问世,已生产出 300A/2000V、1000A/1000V 等规格的器件。MCT 的结构是晶闸管 SCR 和场效应管 MOSFET 复合而成的新型器件,其主导元件是 SCR,控制元件是 MOSFET。MCT 既具有晶闸管良好的导通特性,又具备 MOS 场效应管输入阻抗高、驱动功率低和开关速度快的优点,克服了晶闸管速度慢、不能自关断和高压 MOS 场效应管导通压降大的不足。

MOS 场控晶闸管的特点:耐高电压、大电流、通态压降低、输入阻抗高、驱动功率小、开关速度高。

【项目小结】

本项目在器件方面介绍了常用的交流开关、固态开关以及新型电力电子器件的工作原理,在电路拓扑方面介绍了单相交流调压电路、三相交流调压电路、交流过零调功电路和斩控电路,最后着重介绍了电机软启动器的工作原理。

思考与练习七

7-1　图 7-24 为单相晶闸管交流调压电路,$U_2=220\text{V}$,$L=5.516\text{mH}$,$R=1\Omega$,试求:

(1) 控制角的移相范围;

(2) 负载电流的最大有效值;

(3) 最大输出功率和功率因数。

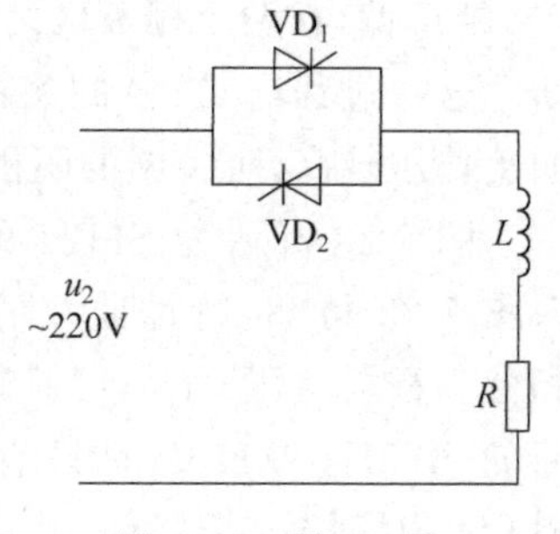

图 7-24　题 7-1 图

7-2　一台 220V、10kW 的电炉,采用晶闸管单相交流调压,现使其工作在 5kW 状态,试求电路的控制角 α、工作电流及电源侧功率因数。

7-3　某单相反并联调功电路,采用过零触发,$U_2=220\text{V}$,负载电阻 $R=1\Omega$;在设定的周期 T 内,控制晶闸管导通 0.3s,断开 0.2s。试计算送到电阻负载上的功率与晶闸管一直导通时所送出的功率。

7-4　采用双向晶闸管的交流调压器接三相电阻负载,如电源线电压为 220V,负载功率为 10kW,试计算流过双向晶闸管的最大电流。如使用反并联连接的普通晶闸管代替双向晶闸管,则流过普通晶闸管的最大有效电流为多大?

7-5　试以双向晶闸管设计家用电风扇调压调速实用电路。如手边只有一个普通晶闸管与若干二极管,则电路将如何设计?

7-6　软启动器的工作原理是什么?它在什么情况下具有节能效果?

参 考 文 献

[1] 徐立娟,冯凯. 电力电子技术. 北京：人民邮电出版社,2012.
[2] 贺益康，潘再平. 电力电子技术. 北京：科学出版社,2010.
[3] 曾方. 电力电子技术. 西安：西安电子科技大学出版社,2010.
[4] 刘雨棣. 电力电子技术及应用. 西安：西安电子科技大学出版社,2012.
[5] 张兴、曹仁贤. 太阳能光伏并网发电及其逆变控制. 北京：机械工业出版社,2012.
[6] 南京康尼科技实业有限公司. 风光互补发电系统实训教程. 2012.
[7] 董慧敏. 电力电子技术. 哈尔滨：哈尔滨工业大学出版社,2012.
[8] 梁奇峰. 开关电源原理与分析. 北京：机械工业出版社,2012.
[9] 张占松. 蔡宣三编. 开关电源的原理与设计. 北京：电子工业出版社,1998.
[10] 陈洁. 电动自行车充电器的原理与制作. 电子世界. 2011. 12.
[11] 陈竹. 电动自行车充电器原理与维修要点. 电动自行车. 2011. 12.
[12] 王来元. 电磁炉工作原理及使用. 物理通报. 2007. 9.
[13] 刘力灵. 软启动器在交流电机控制中的应用. 电力及自动化控制. 2013. 3.
[14] 王新岩. 软启动器的特点及其应用. 变频器世界. 2007. 6.